国家社科基金重点项目（11AZS009）成果

殷淑燕　等◎著

历史时期以来汉江上游
极端性气候水文事件及其社会影响研究

科学出版社
北京

图书在版编目(CIP)数据

历史时期以来汉江上游极端性气候水文事件及其社会影响研究/殷淑燕等著.—北京：科学出版社，2015.5

ISBN 978-7-03-044326-7

Ⅰ.①历… Ⅱ.①殷… Ⅲ.①汉水-上游-气象灾害-史料 Ⅳ.①P429

中国版本图书馆 CIP 数据核字（2015）第 105542 号

策划编辑：任晓刚 杨 静

责任编辑：付 艳 宋开金 /责任校对：胡小洁

责任印制：张 倩/封面设计：楠竹文化

编辑部电话：010-64033934

E-mail：fuyan@mail. sciencep. com

科学出版社 出版

北京东黄城根北街 16 号

邮政编码：100717

http://www. sciencep. com

中国科学院印刷厂 印刷

科学出版社发行 各地新华书店经销

*

2015 年 5 月第 一 版 开本：720×1000 1/16

2015 年 5 月第一次印刷 印张：23 1/4 插页：4

字数：425 000

定价：94.00 元

前　言

全球变暖导致现代气候多变而不稳定，近年来在全球范围内极端性气候水文事件频发，且对民生、社会经济发展影响巨大，如热浪、旱灾、暴雨、洪涝、台风等灾害性事件不断发生。对于典型区域、典型流域的极端性气候水文事件发生的规律、特点及其社会影响的深入研究，是当前世界范围内学术研究的一大热点问题。

对于全球气候水文事件的研究，目前主要有三种信息来源（郑景云等，2002；李燕，2007）：第一，观测记录，是指借助于各种观测技术手段所获得的环境信息，它们记录规范、精度高，但时间尺度短。世界上最长的气象观测记录仅有300余年，大多数地区也不足百年，而卫星遥感数据最长只有三四十年，还有许多观测项目也只是刚刚开始。第二，考古和历史文献记载，是指由人类物质文化活动而形成的物质和文字的记录。世界各国的历史文献都有关于气候状况的记载，内容丰富，包括关于气候的直接证据，如水灾、旱灾、霜冻、降雪、降雹、风沙、逐日的大气状况等；也有许多间接的证据，如湖泊、河流水位、冰冻、冰川进退、沙漠变迁、物候现象、动植物分布、农作物分布界限等。如果说，历史气候记载是研究历史时期气候变化的重要资料来源，那么在研究中国历史气候中，历史气候史料就有着更为重要的地位。在正史、地方志、地方官员奏折、地理书籍、笔记、游记史籍中存在着大量关于水、旱、霜、雪等异常气候记载、农业灾情报告和一些间接的气候变化证据资料。通过收集这些资料，分析其可靠性，排除各种不合理因素的影响，经过适当统计处理，取得某一气候要素的序列，则可以推论气候变化和自然灾害事件。存在的问题是，由于历史记载所固有的局限性，历史文献记载详细程度随时间和地点有非常大的变化，早期记录一般较少，近代相对增多；不同朝代对某一灾害的重视程度不同，也会导致记录详略有一定差异；定性记载多，缺乏定量数据，主观性强等。因此仅从历史记载资料进行分析可能存在一定缺陷。第三，古环境感应体，是指在过去某一时期形成并一直保存至今的各种自然体。它们具有更长的时间覆盖范围，分布地区广泛，能够弥补观测记录过短的不足，揭示更长时间尺度的全球变化历史。不同的古环境感应体记载的时间精度、时间范围有所不同，且与观测记录相比，代用资料多有局限性，如干扰因素多，需要提取、鉴别才能使用（表 0-1）。各种古环境感应体，大部分都存在于古地层中，通过地层中保留的各种代用性气候指标，如黄土、石笋、冰芯、孢粉、湖泊与深海沉积等的变化可分析古气候变化，通过古洪水滞流层沉积物可分析古洪水的发生时间、频率与流量。目前，通过古地层学研究，对古土壤、古洪水沉积物特性进行实验测定，进而分析不同区域全新世气候与水文变化的成果较为多见。例如，在国际上，美国、西班牙、印度、法国、日本、澳大利亚等国家都有学者通过古洪水沉积学剖面研究其所反映的古气候水文事件（古气候水文事件指发生在全新世的气候水文事件，包括历史时期），并且取得了显著成果（Baker V R，2006；Kale V S，2000；James C K，2000；Thorndycraft V R，et al. 2005；Knox J C，2000；et al.）；国内也有学者利用该方法研究了黄河、长江、淮河、海河的某些河段，并得出相应的古气候水文资料（谢悦波等，1999，2000，2001；詹道江等，2001；Huang C C，et al. 2013；查小春等，2007；姚平等，2008；李瑜琴等，2009；谢远云等，2007；杨晓燕等，2005；赵景波等，2009）。通过地层中保存的信息研究古气候水文事件，相对来说，研究成果更为客观、科学。但也存在时间分辨率有待提高、距今较远时期土层受扰动少，测定结果可靠性强；而距今较近时期土层受扰动多，分析结果受人为影响大等问题。

表 0-1　通过各种代用性气候指标可提取的气候、环境信息①

信息来源	时间精度	时间范围（年）	可提取的参数
树木年轮	年/季节	10^4	THCBVMS
湖泊沉积	年	$10^4 \sim 10^6$	TBM
极地冰芯	年	10^5	THCBVMS
中纬度冰芯	年/季节	10^5	THCBVMS
珊瑚	年	10^5	TCL
黄土	100 年	10^6	HCBM
深海岩芯	100 年	10^7	TCBM
孢粉	10～100 年	10^8	THB
古土壤	100 年	10^7	THCV
沉积岩	年	10^8	HCVML

注：T—温度，H—温度或降水，C—大气化学成分或土壤水的化学成分，B—生物圈的各种信息，V—火山活动，M—地磁场，S—宇宙事件，L—海平面

① 姚檀栋，王宁练：《冰芯研究的过去、现在和未来》. 科学通报，1997，42（3）：225-230.

本书所选择的研究区域，是长江最长的支流——汉江的上游河段。汉江处于中国南北分界线上，也是东亚温带与亚热带分界线上的一条大河。这样的地理位置决定了它对全球气候变化具有敏感性。汉江是陕南到湖北地区的一条经济利用价值极高的河流，同时也是长江支流中洪水灾害最为严重的一条河流。历史时期以来，由于受到气候和地形的影响，汉江上游极端性气候水文事件发生频率高、强度大，尤其是特大暴雨、洪水灾害极多且对民生和社会经济影响巨大。以安康城为例，据史料考证，在明代以后的近 600 年中，安康 9 次遭受汉江洪水淹城，4 次重建，两度迁城，1583、1693、1983 年发生的三次大洪水都使安康城遭受到毁灭性灾难（赵春明等，2002）。1983 年汉江上游的安康地区发生百年一遇的特大洪水，安康全城遭“灭顶之灾”，安康城区经济损失严重（表 0-2）；2010 年 7 月，由于强降雨影响，汉江干流再次发生了 50 年一遇的大洪水，安康市 7 万人撤离（新华报业网，2010）。

表 0-2　安康“83.3”洪水灾害损失一览表①

<table>
<tr><th>受灾范围</th><th>受灾户
（户）</th><th>受灾人口
（人）</th><th colspan="2">死亡人数
（人）</th><th colspan="2">倒房
（间）</th><th colspan="2">危房
（间）</th></tr>
<tr><td>安康全区</td><td>255 329</td><td>1 121 147</td><td colspan="2">1 063</td><td colspan="2">115 755</td><td colspan="2">137 320</td></tr>
<tr><td>安康城区</td><td>18 000</td><td>89 600</td><td colspan="2">870</td><td colspan="2">31 400</td><td colspan="2">38 100</td></tr>
<tr><td>经济损失
（万元）</td><td>企业</td><td>行政
事业</td><td>市政
设施</td><td>地方
道路</td><td>在建
项目</td><td>农田
水利</td><td>社队
企业</td><td>个人
损失</td></tr>
<tr><td>安康全区</td><td>21 831</td><td>10 052</td><td>5 575</td><td>3 700</td><td>1 301</td><td>5 177</td><td>1 313</td><td>23 255</td></tr>
<tr><td>安康城区</td><td>18 663</td><td>2 662</td><td>4 170</td><td>—</td><td>1 251</td><td>144</td><td>438</td><td>9 895</td></tr>
</table>

注：—表示无数据，以下类似处同

本书在详细统计分析汉江上游历史自然灾害文献资料和现代观测数据的基础上，将历史文献资料记载、现代观测数据与汉江上游古洪水沉积研究成果进行对比分析，并进一步分析了汉江上游极端性气候水文事件的社会影响、变化机理与变化趋势。从环境变迁的视野，通过历史地理学与环境科学的研究相结合，对古代汉江上游极端性气候水文事件进行深入研究。这项研究，作为全新世全球环境变迁区域响应研究的一部分，一方面对于汉江上游古代气候水文事件可获得更多的认识，同时对于全面掌握汉江上游全新世环境演变的基本规律具有重要的科学意义；另一方面，作为南水

① 来天成，郝宗刚：《安康“83.3”洪水灾害及防汛工作简析》. 灾害学，1991，6（3）：55-60.

北调中线工程的水源区，汉江上游的水文气象变化规律不仅与陕南地区的生态环境与经济发展息息相关，也与通过南水北调中线工程保障的京津供水区也有着密不可分的联系。同时，本书对于指导汉江上游生态环境建设、抗旱和防洪减灾、保障南水北调中线工程水源水资源的合理利用、存储和调度等方面，也具有实践指导意义。

本书由国家社科基金重点项目（11AZS009）“历史时期汉江上游极端性气候水文事件及其社会影响研究”资助完成和出版。感谢项目组成员黄春长、庞奖励、查小春、仇立慧、周忠学等老师为该课题研究所做的贡献；感谢黄春长、庞奖励、查小春、周亚利及以上老师所指导的博士、硕士研究生在汉江上游古沉积领域所做的研究，使本人和所指导的研究生可以在此基础上对历史文献资料与古沉积学研究进行对比分析；黄春长教授对该项目从立项到完成给予了总体设计与指导，在此特别表示感谢；我指导的硕士研究生彭维英、鲍小娟、孟婵、张钰敏、任利利、靳俊芳、王蒙、李慧芳、殷方圆，博士研究生党群等同学及2013届本科生陈林、张翻翻、石亚美、郑新茹、武川峻等同学，为本书的研究进行了大量的资料统计、分析研究工作；陕西师范大学西北历史环境与经济社会发展研究院朱士光教授对全书进行了审阅与指导，在此一并致以深厚谢意。

本书稿由我和我所指导的研究生共同完成。具体各章主要完成和撰写人员如下：第一章，殷淑燕；第二章，彭维英；第三章，孟婵、殷淑燕，靳俊芳；第四章，张钰敏、彭维英；第五章，殷淑燕、任利利、靳俊芳、王蒙，全书由殷淑燕统稿。

我是学习生物学和地理学出身，在完成本书过程中，深切感受到自己历史学基础薄弱，以致对历史灾害分析难以深入，穿凿附会或谬误千里之处也在所难免。敬请读者谅解和指正，著者将在以后研究中进一步完善。

殷淑燕

2014年9月于西安

目　录

第一章 研究区概况

汉江，又称汉水，《尚书·禹贡》曰：“潘冢导漾，东流为汉”，故汉水在沔县以上又有漾水和沔水之称，过襄阳以后又称襄河。汉江是长江的一级支流，发源于今陕西省西南部的汉中市宁强县嶓冢山，由西向东流经陕西省的汉中盆地和安康盆地，湖北省的西部和中部，进入鄂西后经郧县流入丹江口水库，出水库后继续向东南流，在武汉市汇入长江。汉江的干流河道全长1577km，流域面积15.9万km^2，平均海拔在2000m左右。全流域多年平均降水量873mm，多年平均径流量517亿m^3。流域处于北亚热带的北部，气候温和，雨量充沛。汉江自丹江口以西为上游，即宁强—丹江口段，主要包括陕西南部的汉中市、安康市、商洛市及湖北的十堰市（图1-1）。汉江上游北有秦岭山脉与干流平行，海拔在2500m以上；南以米仓山、大巴山为界，平均海拔在2000m左右，呈“两山夹一川”的地势结构（彩图1、彩图2）。流域主体分布在陕西省南部的秦巴山区，小部分分布在湖北省西北部，长约

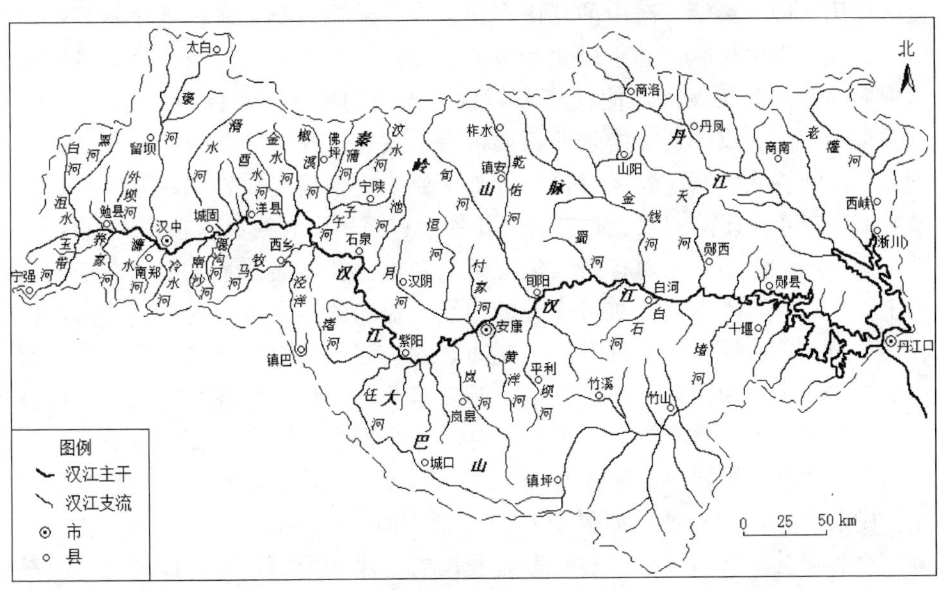

图1-1 汉江上游流域水系、站网示意图

注：根据1∶50 000地形图绘制

925km，流域面积 9.52 万 km^2，自西向东穿行于秦岭、大巴山之间，河谷深切入基岩层之中，河道蜿蜒曲折，河谷盆地与峡谷交替出现，主河段基本为“U”型峡谷，基岩裸露，河道窄深，水流湍急，水力资源丰富，因此成为国家南水北调中线工程的水源区（汉中地区志，2005；安康地区志，2004；陕西省志·地理志，2000）。

（一）地质地貌

汉江上游地处秦巴山区西段，北靠秦岭，南倚巴山，中为谷地平坝。横跨秦岭褶皱系和扬子准地台两个一级大地构造单元。境内地势南北高，中间低，形成了“两山夹一川”的地貌骨架。地形以高山、坡地为主，主河段基本为“U”型峡谷。该段在中国构造地貌类型中，属燕山运动隆起，喜马拉雅运动上升的山地和丘陵。现在秦巴山地的地貌基本轮廓，是由中生代（距今 2.25 亿～6500 万年）的燕山运动奠定的。燕山运动使地壳大幅度隆升，同时，伴随着激烈的岩浆活动，使本地秦巴高中山多由花岗岩、片麻花岗岩、变质片岩和石灰岩组成，构成了本地区巍峨挺拔的地貌骨架。在新生代（距今 6500 万～260 万年），主要又经历了喜马拉雅隆升运动。由于多次造山运动，使秦岭、巴山受到不同时期的断裂、掀升、扭曲等运动的影响，产生了许多近东西向的断层和山间断陷盆地，在新生代第三纪末期的新构造运动，以间歇性不等速上升运动为特点。由于山体位势提高，大大增强了河流冲刷侵蚀作用，加上秦岭、巴山的低山多由云母片岩、石英片岩、千枚岩等变质岩类组成，岩性松软，易于风化和被流水侵蚀，于是河流沿断裂带，避硬蚀软，向前迂回曲折发展，使汉江及其较大支流的中、下游河谷，深切曲流，峡谷极为广泛。比较破碎松软的断裂带间，发育成开阔平缓的河段或河谷平坝。汉水河谷从发源地到老河口的基础主要是古生代变质岩系，但洋县黄金峡、城固汉水南岸陈家坝、勉县大安驿等地有面积广大的花岗岩露头，石泉、郧县等县城附近小盆地内有第三纪红色岩系覆盖在变质岩系之上。在地质构造上，本段为秦岭东西褶皱带南翼的边缘，地层的走向主要为东—西向，但在洋县黄金峡、勉县大安驿等处，花岗岩露头附近，岩层走向变化较大，渭门以下主要走向为西西北—东东南，倾向东北，倾角一般在 40°～50°。河谷方向与岩层的走向常成斜交。在本段内，河谷的基岩如果是变质岩系（变质石灰岩、片岩、板岩和千枚岩等），则均成为或大或小的峡谷，如果是红色岩系，则成为宽坦的谷地，如果是花岗岩则因时期不同而有差异，在大安驿、陈家坝和洋县小峡口等处的震旦前纪花岗岩，风化极深，成为丘陵地，河谷的形状虽不及在红色岩系内那么宽坦，但亦不窄。黄金峡内部分花岗岩侵入体的时代约在二叠纪，岩性较坚硬，成为崇山峻岭，汉水河谷下切极深成为全河谷最窄的一段（沈玉昌，1956）。

现今一级阶地高出汉江平均水位3～5m，二级阶地高出5～10m，均由汉江冲积物组成。一级阶地土质偏沙，地下水位较高；二级阶地是汉江平坝的主体，地平土肥，主要城镇分布于此；三级阶地处于平坝与丘陵的交接地带，相对高度30～50m，南侧阶面较破碎，部分地段已发展为丘陵；四级阶地高出江面70～80m，已逐渐变为丘陵地带。

在海拔1800m以下的中山和低山丘陵地区，径流侵蚀强烈，尤其是在植被遭受破坏、岩石抗蚀能力弱的低山丘陵区，径流侵蚀更加严重。山地常见的砂岩、页岩、砾岩、红黏土层，河流堆积阶地和阶地下部的砾石层等，都是历史时期发生过洪水和土壤侵蚀现象的见证。由于气温较高，降水较多，岩石的物理风化、化学风化和溶蚀作用等也较强烈，在缓坡地带形成厚层的松散坡积物和棕黄色的亚黏土（黄褐土，俗称“黄泥巴”）堆积，成为重力地貌，因而滑坡、泥石流常有发生。而在碳酸盐岩分布地区则发育了岩溶（喀斯特）地貌。特别是在米仓山之脊，岩溶地貌分布广泛。

在海拔1800m以上的亚高山区，径流侵蚀逐渐减弱，而寒冻风化作用增强，在秦岭山区表现尤为明显。在秦岭海拔2500m以上的山地缓坡处，常见粗大的具有棱角的砾石堆积物，其中往往有超过1m直径的巨砾（汉中地区志，2005；安康地区志，2004；陕西省志·地理志，2000）。

（二）气候

汉江上游流域属北亚热带边缘湿润性季风气候区，作为我国南北气候的过渡地带，是气候变化极为敏感的一个区域。由于受秦岭、米仓山、大巴山地形的影响，气候垂直分布明显，同时兼有暖温带和中温带山地气候的特征。中国南北气候的分界线秦岭横亘于地区之北，米仓山、大巴山屏障于地区之南，它们对气流的运行有抬升阻滞作用，使寒潮暑气不易侵入，因此该区冬季气温较同纬度的东部地区高。总的趋势是，南北山区气温低，降水量大，中部河谷与丘陵区气温高，降水量较少，其他气象要素大体沿中部川道向南北两山呈规律性的变化。

本区整体上具有气候较温和、雨量充沛的特点。海拔450m以下的河谷丘陵地区，年均温在15℃以上，1960～2010年的50年间年降水量平均值为863.93mm（据国家气象中心数据统计，下文现代气象数据未标注来源者同）。由于季风气候的控制，降水的年内分配很不均匀。6月上旬东南季风前沿推进到我国江淮流域一带，此时西南季风也越过华西山地到达秦巴山区，致使本区开始多雨；9月下旬在我国北方出现秋高气爽的天气，而华西山地和秦巴山地却往往呈现阴雨连绵天气，原因是西南季风与西风带的南支波动重叠控制本区，而华北冷高压的前部边缘，此时的控制区也在华西、秦巴山地，促使本区呈“准静止锋”状态，而形成著名的“华西秋雨”，一般在10月中、下旬结束。6～9月份降水量占全年降水量的60%左右，降水量最多的月份在7月（近50年均值：161.97mm），其次为9月（145.54mm），再次为8月（129.83mm）、6月（102.77mm）、5月（92.47mm）、10月（81.97mm）。夏季风退出后，该区被寒冷干燥的冬季风控制，因此，冬、春两季降水量较少，只占全年降水量的20%左右，降水量最少的月份是1月（5.57mm），其次为12月（7.90mm）。

（三）河流水系

汉江上游干流是我国秦岭、巴山的分界线，也是构成汉江上游水系网络的骨架，两侧支流分别源于秦岭山地和巴山山地，形成不对称的羽毛状水系。

汉江干流北侧支流源于秦岭山地，流向大都为南—北向或西北—东南向，源远流长，坡陡谷峡，落差较大。重要一级支流有沮水、褒河、湑水河、西水河、金水河、子午河、池河、月河、旬河、乾佑河、蜀河、金钱河、天河、丹江等；南侧支流源于巴山山地，其流向多为西南—东北向或东南—西北向，一般水量较丰，流程短，落差大，水流湍急，重要一级支流有玉带河、养家河、濂水河、冷水河、南沙河、牧马河、渚河、任河、岚河、黄洋河、坝河、白石河、堵河等（图1-1）。

5～10月份的径流量占全年的75%左右，为长江各大支流中变化最大的一支。由于河槽泄洪能力与洪水来量严重不平衡，且米仓山、大巴山为秦岭南部的著名暴雨中心区，坡陡、流急，暴雨洪水集流汇合迅速，因此历史上暴雨、洪涝及次生地质灾害频发。其中，洪水主要由暴雨形成，峰高量大，并具有较明显的前后期洪水特点。前期往往是全流域性的，发生在8月之前；后期一般来自汉江上游地区的秋季洪水，多为连续洪峰。

（四）植被

研究区地处北亚热带北缘，北有秦岭阻挡寒流的侵袭，极端低温和一月均温高于同纬度的东部及淮河下游，气候温暖湿润，为亚热带植物提供了越冬条件。在水平地带上植被为常绿阔叶林、常绿落叶阔叶混交林或含有常绿阔叶树种的落叶阔叶林。常绿阔叶成分或半常绿成分越往南越多，落叶阔叶成分越往北越占优势，植被具有明显的过渡色彩。同时，由于本区山体高大，植被的垂直结构随海拔高度变化明显，形成亚热带与温带植物混交类型。随海拔升高，依次出现有常绿落叶阔叶混交林、落叶阔叶林、针叶林，同时广泛分布有竹林（汉中地区志，2005；安康地区志，2004；陕西省志·地理志，

2000）。

本区代表性植被类型有：

1. 常绿阔叶林

因人类生产活动加剧，常绿阔叶林砍伐过度，林地科属越来越少，成片的自然常绿阔叶林已不存在，只有在不同海拔高度参杂的落叶阔叶林中，形成当地常绿落叶阔叶林群落。常见类型，如橿子栎林、青冈栎林等。由于居民长期的定向培育，在海拔 1000m 以下，已形成了面积不等的常绿阔叶经济林，如茶叶、柑橘、油橄榄等。

2. 常绿落叶阔叶混交林

常绿落叶阔叶混交林是落叶阔叶林与常绿阔叶林之间的过渡类型，群落外貌有明显的季节变化，夏季呈绿色，秋冬季节落叶阔叶林树叶凋落，而常绿树依然如故。群落结构可分乔、灌、草三层。建群乔木多为岩栎、尖叶栎和栓皮栎；常绿阔叶树有橿子栎、乌冈栎、匙叶栎、巴东栎、青冈栎、苦槠、北樟、香樟、桢楠、川桂、乌药、香叶树等壳斗科、樟科乔木；其他落叶阔叶树有麻栎、枫树、白栎、化香树、板栗、白杨、苦楝树、槲树、岩桑等。

3. 落叶阔叶林

落叶阔叶林分布广泛，从海拔 200～500m 的河谷盆地到海拔 2000m 的亚高山地带均有分布，是一个极不稳定的植被类型，在 1300m 以下原来的常绿落叶阔叶混交林被破坏后也演变为落叶阔叶林。本区常见落叶阔叶林有栓皮栎林、麻栎林、锐齿栎林、枫香林和桦木林等。

4. 针叶林

针叶林包括落叶和常绿两个类型，以常绿针叶为主，主要由松属、杉木属、油杉属、冷杉属、云杉属、柏属占优势形成群落。其中以松属最为普遍，马尾松林、油松林、华山松林面积较大，巴山松只在南部巴山山地有分布。其他针叶树白皮松、铁杉、刺松、水杉、侧柏、红豆杉、圆柏、香柏、巴山榧树、中国粗榧等，只有零星树种。

5. 竹林

汉江上游的水热等生境条件适宜竹类生长和走茎繁殖，发笋率高，种类繁多，分布较广，垂直分布也较明显。常见的有刚竹属、慈竹属、箭竹属、苦竹属、箬竹属、拐棍竹属等。以刚竹最多最普遍，其次是水竹、金竹、楠竹、苦竹、箭竹、粉绿竹、阔叶箬竹、拐棍竹、慈竹等，少量的竹类是紫竹、罗汉竹、花竹、净竹、美竹、直秆黎子竹、大箭竹、冷箭竹等。毛竹、刚竹、罗汉竹、紫竹、慈竹主要分布在海拔 1000m 以下的地带；金竹、水竹、花竹的分布上限可达1300m，苦竹可上升到1600m；箭竹、大箭竹主要分布在1200～1800m的中山区。

历史上汉江上游地区分布着郁郁葱葱的秦巴山地森林植被景观，根据旧志记载及遗址考证，直到宋代、元代，汉江上游到处仍是茂密的亚热带森林。但随着人口的不断迁入和繁衍，经济活动日益频繁，自然森林植被遭到了严重破坏。明清至民国以来，在低山、河谷盆地区，农业植被开始取代天然的常绿阔叶林；在中、低山丘陵区，由于毁林开荒、历代战争及灾民大批迁入，以及不适度的开发多种经营生产，抬田造地，刀耕火种，以致乱砍滥伐，原生植被遭到破坏后，逆行演替为草、灌丛，甚至沦落为荒山荒坡，原始森林甚少只存在于偏远的中、高山区，在人烟稀少、交通阻塞处，仅存半原始性森林植被。中华人民共和国成立后，汉中、安康地区逐步扩大了柑橘园、茶园、桑园、桐园、竹林、漆树林等经济树木，引种油橄榄、油茶、温州蜜橘、桉树等。20世纪末期实施退耕还林政策后，一个以人工培育、更新和提高被覆率的进程，正从丘陵、低山向中山推进。但由于人口增长过快，乱砍滥伐有禁难止，森林植被的恢复和发展仍然较为缓慢。

（五）土壤

汉江上游地区土壤成土过程表现为矿物质转化的弱富铝化，有机质合成分解比较旺盛，形成与本区植被、气候带相适应的地带性土壤——黄棕壤；在第四纪黄土母质上形成黄褐土；盆地内部因人为长期栽培水稻形成了水稻土；秦岭山区形成棕壤和暗棕壤。其他非地带性土壤的出现，也都与相应的成土环境条件、成土过程和土壤属性相关联（汉中地区志，2005；安康地区志，2004；陕西省志·地理志，2000）。

本区主要土壤类型包括：

1. 黄棕壤

黄棕壤为本地区的主要地带性土壤，分布于秦岭南坡1500m以下，巴山北坡1800m以下的山、丘、河谷地带。普通黄棕壤土层较厚，腐殖质含量较多，质地黏重且较紧实，垦殖后腐殖层消失，形成耕层。由于其表层腐殖质含量较多，质地较轻，结构疏松，群众称为黄泡土。

2. 黄褐土

黄褐土主要分布在海拔800～900m以下的黄土质低山、丘陵和川道河谷地带，由于土质黏重，土色红黄，群众称为黄泥巴。土壤质地均匀、黏重，一般在重壤至轻壤范围，土壤盐基丰富，代换量高。该土壤是本区生产潜力最大的土壤类型，适种小麦、玉米、黄豆、油料等作物及植桑养蚕等。

3. 山地棕壤

山地棕壤亦称棕色森林土，分布在秦岭南坡 1500～2200m，巴山北坡 1800～2000m 的中山地带；在垂直分带上，分布于山地黄棕壤之上，是在落叶阔叶林和针阔叶混交林下多种母质上形成的。在自然植被下的山地棕壤，表层有暗褐色腐殖质层，开垦后土质松软，群众称为泡土。因侵蚀严重，多具薄层粗骨的特点，富含砂粒、石砾。

4. 山地暗棕壤

山地暗棕壤分布于秦岭南坡 2300m 左右以上山地，位于棕壤之上，针阔叶混交林下。土壤呈弱酸性反应，表层有机质含量高，呈暗棕色，团块、粒状结构，潮湿、松泡；心土层发育不明显，无铁锰淀积特征呈棕色，适于林产品生长。

5. 水稻土

水稻土分布广泛，但主要集中于河谷盆地，其次是海拔千米以下的沟谷地带。该土壤是本地区主要耕作土壤之一。经过长期耕作、施肥和季节性淹水，形成了不同特征的层次，即耕作层、犁底层、渗育层、潴育层、潜育层、母质层等，这些层次主要受水分状况和耕作时间的影响，并不全部出现，其组合不同直接影响水稻土的肥力状况和特性。

6. 潮土

潮土分布在汉江及其支流的一级阶地上的半水成土，是经人工垦殖而形成的耕作土壤，pH 为 6.5～7.3，呈灰色，粒状结构，质地粗，层次明显，单层结构；地下水流动频繁，水位多在 1～3m，且升降频繁，有潴育化现象，土体中出现锈斑、锈纹等新土体，铁锈网纹较多，土壤黏粒少，仅在 10%左右，土壤排水性差，保肥力弱，养分贫瘠，作物常受洪水干扰，一年只种一季。潮土的水热条件好，有机质及养分的含量较高，管理较方便，是较好的耕地，改造后可成为高产土壤，但易遭洪水袭击，采取修堤防洪，引洪漫淤、掺土、施土杂肥、轮作倒茬和熟化土壤等措施，可达到高产。

7. 石灰土

石灰土分布于秦巴中低山区石灰岩风化物上的岩成土，地带性特征不明显，一般土层较薄，pH 多在 7 左右，有石灰反应，土质黏重，土色暗棕。

8. 紫色土

紫色土是受母质强烈影响的岩成土，主要分布在巴山山地的紫色砂砾岩、紫色页岩风化物上。土层浅薄、侵蚀严重、发育程度差，无石灰反应，呈微酸性，土色呈暗紫—暗紫红色，全量养分和速效养分含量均低，有机质积累少，肥力低。

9. 新积土

新积土河流新冲积物上初步发育或没有发育的一类土壤，群众称为淤土，主要分布在河滩地上。具有一定的沉积、冲积的层理，且多含卵石、砂粒。

10. 石质土

石质土散见于秦岭、巴山坡度极大的石质山地，是裸露岩石极薄风化物上产生的初育土，土层厚度不足10cm，处于原始成土阶段，难以利用。

（六）历史文化及行政沿革

汉江上游谷地很早就有大量的原始人类聚居，著名的旧石器时代遗址，如郧县梅铺猿人遗址、南郑龙岗寺旧石器遗址；也有诸多的新石器时代遗址，如南郑龙岗寺新石器遗址、安康张家坝遗址、旬阳李家那遗址、石泉马岭坝遗址、白河张家庄遗址等。1975年发现于湖北郧县梅铺杜家沟龙骨洞的"郧县人"化石，根据古地磁法测定，其时代为中更新世早期，大约距今80～100万年。1959～1981年，先后在汉中地区和安康地区发现新石器时代出土文物，表明远在七八千年前，汉江两岸已形成原始聚落（刘康利等，1994；李启良，1983）。经1990年以来的多次发掘，在其文化层共出土石核、石片、砍砸器、刮削器、石锤等石器241件，以及大量打击碎片和带有打击痕的砾石，并出土似手斧的两面器。这表明了古老的汉江是汉民族文化的摇篮。

夏代以来，在行政建置方面，汉中、安康地区较为接近，两郧地区（郧西、郧县）辖区归属较为接近，商洛地区则基本一直隶属于商州（或商国、商郡）所辖。商洛地区夏代即有商国存在，《史记·秦始皇本纪》引《括地志》载："商州东八十里商洛县，本商邑，古之商国，帝喾之子契所封也。"虞司徒契佐大禹治水，以功封商，是为商国，其后各代，商或郡或州，历代相沿（商洛地区志，2006）。据《禹贡》载，夏禹时分天下为九州：秦岭以南，包括今陕南、陇南、四川、云南、贵州等地，皆为梁州之域；汉中、安康地区也皆属梁州；郧西为雍、梁二州之域；郧县为豫州之西域。夏代，汉中境内建有褒国，郧西、郧县境内属古麇国之地。

商、周时代，汉江上游是巴、蜀、褒、庸、楚、秦诸文化的交汇之地。夏商之际生活于巴山区域的巴族部落曾在汉水上游地区建立了"巴方"国，武王伐纣，实得巴蜀之师的援助。周灭殷后，周武王封巴国于今汉阴县境，并封周宗室贵族去统治，赐爵为"子"，称"巴子国"。蜀国是与巴国齐名的另一族国。西周建立后，周武王封蜀于今河南南阳以北地区。西迁过程中，曾建都于今旬阳县的蜀河一带。西周中期，兴于古丹淅之地的楚国日益发展壮大，向外扩展领土，蜀君为避难，遂又迁都于城固县，不久又迁都于四川彭县。与此同时，陕南东部还崛起了另一个族国，即庸国。庸人是黄帝之臣容成的后裔。郧县西南境内有渚河，古称“庸水”，属庸国辖地。商时（公元前16～前11世纪），庸人被殷王室逼迫，迁都于今湖北省竹山县境，自此，安康、商洛、郧西、郧县的一部分都属庸国的封地。东周前期（约公元前751～前740），褒国亡于庸，汉中亦归庸国。周匡王二年（公元前611），秦、楚、巴联合灭庸，汉中北部地区属秦，南部归巴国所有。西周初，安康地属庸，东周隶楚、隶蜀、隶秦，更变频繁。陨西、郧县春秋时属晋、属楚，战国属秦。

秦惠文王更元九年（公元前316），秦灭蜀国及巴国，褒汉之地尽归秦。至此，秦重置汉中郡，郡治西城县，位于汉江北部台地上，属今安康地区境内。汉中郡辖今汉中、安康地区及湖北省西北部。楚汉相争时期，公元前206年，刘邦被项羽封为汉王，“王巴、蜀、汉中，都南郑”[①]，汉高帝九年（公元前198）十二月，田叔为汉中太守，文载：“高帝九年，以田叔为汉中守，治西城，属县十二。”[②] 时汉中郡属县为：西城、锡、安阳、旬阳、长利、上庸、武陵、房陵、南郑、成固、褒中、沔阳（后4县在今汉中地区境内），汉中郡隶属于益州刺史部。

汉中地区行政建置在东汉至南宋时期变动较大，先后在今汉中城设汉中郡、梁州、山南道、山南西道、兴元府、利州路、利州东路等治所，境内东部设洋州等州郡，西部设兴州等州郡，辖区范围时大时小。唐代山南道辖区南至云南、贵州。元朝，汉中始划入陕西。至明朝，汉中府辖今汉中、安康及凤县等地区。清代辖今汉中及凤县地区。民国初期汉中道辖今汉中、安康及商洛的镇安、商南、宝鸡市凤县等25县；民国十七年（1928）后，辖今汉中及凤县地。中华人民共和国成立后，陕甘宁边区陕南行政区汉中分区辖区同今汉中地区境；后又几经调整，至1996年6月，以原汉中地区建置设汉中市，辖汉台区、南郑县、城固县、洋县、西乡县、镇巴县、佛坪县、勉县、宁强县、略阳县、留坝县[③]。

安康地区在秦至宋，基本属西城县所辖。秦时西城县辖区大体相当于今安康、汉阴、石泉、紫阳、岚皋、平利、镇坪七县在内的广大地区。之后辖区范围时有大小变动。秦至西汉时西城县为汉中郡治。东汉时汉中郡治移南郑县。建安二十一年（216）分东部为西城郡，划属荆州。三国时期，改西城

① （汉）司马迁：《史记》卷7《项羽本纪第七》，清乾隆武英殿刻本，第163页．笔者注：本书所引用古籍版本与页码信息查询自北京爱如生数字化技术研究中心研制之“中国基本古籍库”．

② （东晋）常璩撰：《华阳国志》卷2《汉中志》，四部丛刊景明刻本，第9页．

③ 汉中市地方志编纂委员会：《汉中地区志》，西安：三秦出版社，第一册，2005年，第4-17页．

郡为魏兴郡，治所仍为西城县。晋时西城县仍为魏兴郡治所，隶荆州。南北朝时西城县为魏兴郡治，隶梁州。西魏废帝三年（554）设金州，治所西城县。北周武成二年（560），撤销西城县，辖地并入吉安县。天和四年（569），吉安县治所迁回西城，县城改建汉江南岸，辖今安康、岚皋、平利、镇坪四县。北周末年废县，复置魏兴郡。隋代复设西城县。开皇十八年（598）改称吉安，仍属金州。大业三年（607）撤金州，设西城郡，吉安县改称金川，辖今安康、岚皋、平利、镇坪四县，隶西城郡。唐代武德元年（618），划金川县一部复设西城县，辖今安康、岚皋两地，并在城内复设金州，属山南道；开元二十一年（733），金川、西城划属山南东道；天宝元年（742）撤州设安康郡；至德二年（757）改名汉阴郡；乾元元年（758）又撤郡复设金州，治所西城。五代十国沿袭唐制，西城县属前蜀、后蜀统辖。宋代至道三年（997），西城县辖今安康、岚皋二县地，为金州治所，隶京西路；熙宁五年（1072）划归京西南路；南宋建炎四年（1130）改属利州路；绍兴十四年（1144）划属利州东路。元代金州属陕西行中书省兴元路。至元年间（1279～1294）金州改为散州，撤销附郭西城及平利、旬阳、汉阴、石泉诸县，至此废西城县，金州辖区相当于今安康、平利、镇坪、白河、旬阳、紫阳、岚皋、汉阴、石泉和镇安十县地境。明代金州属兴元路，万历十一年（1583）大水毁州城，于赵台山下筑新城，改名兴安州，属汉中府，辖今安康、岚皋县地。二十三年（1595），兴安州直属陕西布政司。清顺治四年（1647），兴安州城迁回老城；乾隆四十八年（1783），州升为府，以原兴安州并汉阴地在府城设县，取“安民康泰”之意，称安康县。民国前期，安康县属汉中道，民国二十二年（1933）废道，县直属于省；二十四年（1935），陕西省在安康地区设第五行政督察专员公署，后以地命名，辖十县，治所安康县。中华人民共和国成立后，建立县人民政府，隶陕甘宁边区安康分区行政督察专员公署；1988 年 9 月 14 日安康县以原建置基础改为市[①]。

两郧（郧西、郧县）地区自秦以来，先后隶属于汉中郡、魏兴郡、齐兴郡，淅阳郡，淅州、均州、武当郡、上津县、襄阳府、郧阳府、襄阳道、襄阳专署、郧阳专区、襄阳专区、郧阳地区，1994 年郧阳地区与十堰市合并，为十堰市所辖[②③]。

汉江上游聚落兴起早，发展时间长，历史时期以来，在汉江上游谷地，沿着汉江形成了一系列的中小城市，自源区以下有宁强、勉县、汉中、洋县、

---

① 安康市地方志编纂委员会：《安康地区志》，西安：陕西人民出版社，2004 年，第 105-164 页．

② 湖北省郧西县方志编纂委员会办公室：《郧西县志》，武汉：武汉测绘科技大学出版社，1995 年，第 77-93 页．

③ 湖北省郧县地方志编纂委员会：《郧县志》，武汉：湖北人民出版社，2001 年，第 89-126 页．

石泉、紫阳、安康、旬阳、白河、郧县等，沿着汉江呈带状分布（彩图 1）。这些城市历史悠久，因其特殊的地域性，尤其是历史上数次移民拥入，使地方文化在发展、嬗变中逐渐形成了自己的特色，即以鲜明的汉水流域文化为主，同时兼有秦蜀楚湘皖豫文化之特征，此特色在文学、民间艺术、美术、书画、雕刻、古建筑、古文化遗址、宗教信仰等诸方面均有体现。

（七）社会经济

本区自然资源丰富，但由于历史时期交通不便，导致该区域具有一定的封闭性，经济发展相对滞后。其社会经济发展深受汉江上游特殊的自然地理环境、气候变化及洪水灾害、地质灾害等自然因素影响。中华人民共和国成立后，本区经济以农业为主，汉中盆地和石泉—安康盆地是陕南的主要粮食生产基地；其次，林地面积广大，是陕西省最大的林业基地，同时是油桐的主要产区；工业以传统中小企业为主，基础薄弱，工业化进程缓慢；第三产业起步晚，基础设施不完善。近年来，随着交通运输条件的改善，汉中、安康成为进入西安的经济圈，扮演着西安“后花园”的角色，促动本区生态旅游业得到了较快的发展。

第二章 历史文献资料记载及统计

极端性气候水文事件是指在长期的时间序列中，气候发生的异常波动或突变，以及引起的水文变化。在人类出现之前或无人居住的地区，极端性的气候水文事件只是影响自然界；人类出现以后，在有人类居住的区域，极端性气候水文事件就会对人类社会各方面产生危害，而形成自然灾害，如洪灾、涝灾、旱灾、冻灾等气候性水文灾害，并常常进一步引发滑坡、泥石流、崩塌等次生地质灾害，以及饥荒、瘟疫、蝗灾等其他次生灾害。因此，历史时期关于气候水文灾害的文献记载，是当时气候水文条件异常变化的反映，是研究历史时期气候水文事件的基本资料。

在众多自然科学和历史地理学者的共同努力下，有关我国古代自然灾害情况和记录已形成大量的全国性和区域性的资料文献成果。20 世纪 80 年代以来，有关此方面研究比较典型的成果有：《中国主要气象灾害分析》（冯佩芝等，1985)、《中国西部农业气象灾害》（王建林等，2003)、《中国农业自然灾害史料集》（张波等，1994)、《中国古代重大自然灾害和异常年表集》（宋正海，1992)、《灾害和两汉社会研究》（陈业新，2002)、《中国历代自然灾害及历代盛世农业政策资料》（中国社会科学院历史研究所资料编纂组，1988)、《中国历代天灾人祸表》（陈高庸等，1988)、《中国气象灾害大典・陕西卷》（温克刚，2005)、《中国气象灾害大典・湖北卷》（温克刚，2007)、《陕西省志・气象志》（杨武圣等，2001)、《中国三千年气象记录总集》（张德二，2004)、《西北灾荒史》（袁林，1994)、《陕西省自然灾害史料》（陕西省气象局气象台，1976)、《陕西历史自然灾害简要纪实》（王寿森，2002)、《陕西干旱灾害年鉴（1949～1995)》（陕西省抗旱办公室农业气象中心，1999)，等等。随着现代科学技术及网络信息的发展，有的政府地情网也详细地记录了区域历史自然灾害事件。但这些大多是全国范围或区域性的，较少有专门就汉江上游地区进行长时间、大跨度研究的，而且不同作者统计的侧重点往往有所不同，难免有所遗漏，统计结果也会存在较大差异。为获得更加翔实可靠的数据信息，本书根据原始历史文献资料，如中国基本古籍“二十五史”、《资治通鉴》、《续资治通鉴》、《通志》、《行水金鉴》等记载的电子版进行全文检索，根据北京爱如生数字化技术研究中心研制的电子数据库“中国基本古籍库”和“爱如生古籍数据库”进行核对，对不同时期、不同文献中的气候水文灾害记载进行详细的对比参照，再结合前人统计整理的资料，以及当地各县县志资料（勉县志编纂委员会，1989；宁强县志编纂委员会，1985；南郑县地方志编纂委员会，1990；汉中市地方志编纂委员会，1994；安康市地方志编纂委员会，1989；旬阳县地方志编纂委员会，1996；白河县地方志编纂委员会，1996；石泉县地方志编纂委员会，1991；西乡县地方志编纂委员会，1991；洋县地方志编纂委员会，1996；紫阳县地方志编纂委员会，1989；城固县地方志编纂委员会，1994；汉中市地方志办公室，2005；湖北省郧西县地方志编纂委员会，1995；湖北省郧县地方志编纂委员会，2001；湖北省丹江口市地方志编纂委员会，1993 等）进行对照和补充。数据整理过程中，采取统一的统计尺度，并以灾害造成的损失程度、规模来统计干旱灾害、洪涝灾害和寒冻灾害发生的年份、季节和灾情，以获取汉江上游地区历史时期气候异常与灾害事件的基础资料。

汉江上游地区人类聚落出现较早，且自汉代以来，该地区就已成为政治上较重要的一个区域，形成了众多的中小城市，因此，在正史和地方志中很早就已出现了有关该区域自然灾害的记录。从古至今，我国对农业气象灾害的重视程度就很高，故而对研究区的灾害记载情况相对来说是比较完备的，地方志记载较详细且具连续性。通过搜集文献资料，本书整理了约从公元前200～公元 2010 年 2200 多年的洪涝、旱灾、冻灾等自然灾害的描述性资料[①]。统计结果详见附录 1～附录 3。再从气象灾害的频次统计、频次拟合和周期特征分析了汉江上游地区历史时期气候灾害发生的时间特征和空间分布特点。统计区域包括秦岭南坡的留坝、佛坪、宁陕、柞水和镇安；汉江谷地的宁强、勉县、南郑、汉中、城固、洋县、西乡、石泉、汉阴、安康、旬阳、白河、郧西和郧县，以及大巴山地的镇巴、城口、岚皋（图 1-1）。

特别需要说明的是，以上统计结果基本上是从历史灾害资料记载分析而来，因为历史灾害记录受人为因素影响较大，所得出的规律，与历史时期自然灾害的客观发生规律是存在一定差异的。例如，越接近现代，灾害记载越丰富，记录越详细，而远古时期记载较缺乏；战乱时期记载较少；政治与经济中心受人类重视程度强，记录也较为丰富等。这种统计一方面是对历史时期自然灾害发生规律的探索；另一方面，整理与分析结果都存在明显的人为主观因素，只能说明从历史灾害记录角度来看的灾害发生规律，同时，也可以从统计结果中明显看到人类历史灾害记录的特点与局限。

① 由于历史资料都是描述性的，为了统计尺度上的统一，现代数据也采用描述性资料，现代定量观测数据统计分析见本书第五章。

第一节 历史时期以来汉江上游地区洪涝灾害

一、洪涝灾害时间特征分析

历史时期汉江上游洪涝灾害统计结果见附录 1。根据统计，在公元前 208～公元 2010 年的共计 2219 年间，汉江上游地区有明确记载的洪水灾害共计发生了 336 次（该地区任一县、市内有洪涝灾害记录的均在计算之内，若一年之内发生两次及以上洪涝灾害的均按 1 次计算），平均 6.60a 发生一次。为了更加深入细致的研究历史时期汉江上游地区洪涝灾害在时间上的变化特点，本书分别以 10a 和 50a 为单位整理统计洪涝灾害发生的频次。

（一）洪涝灾害频次统计分析

图 2-1 和图 2-2 分别为以 10a 和 50a 为单位统计时段记录洪涝灾害发生的频次。

根据文献资料记载，公元前 159～公元 189、450～649、660～779、860～889、910～959、1210～1229、1270～1309 和 1350～1369 年，无洪涝灾害记录，为洪涝灾害少发期；1820～1829、1830～1839、1880～1889、

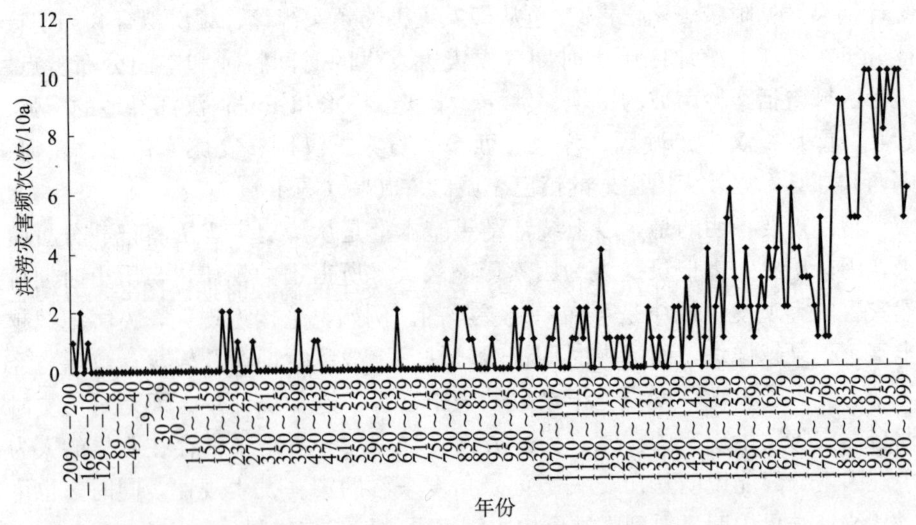

图 2-1 汉江上游地区洪涝灾害变化趋势（208B. C. ～2010A. D.，10a 间隔）

注：横坐标年份前“－”号表示公元前，下同；由于数据较密，横轴刻线与轴标每隔 4 点标注 1 个，为隔点标注。后文中数据点较密图同样皆为隔点标注，不再一一注明

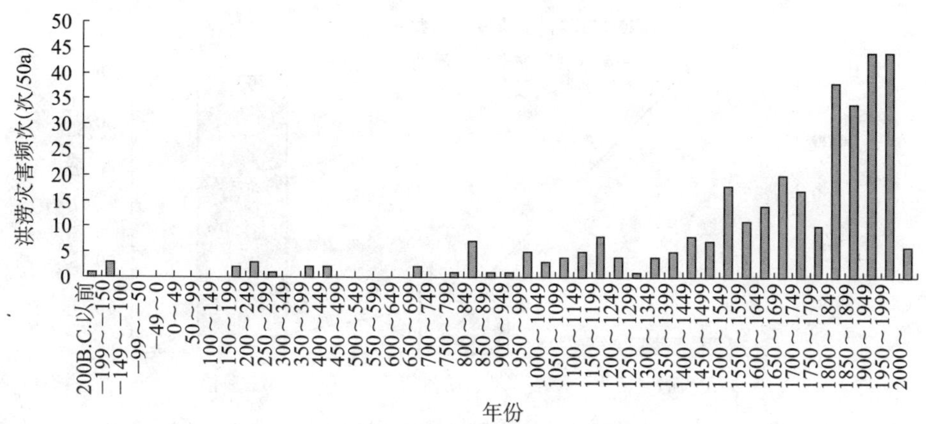

图 2-2　汉江上游地区洪涝灾害变化趋势（208B. C. ～2010A. D. ，50a 间隔）

1890～1899、1990～1909、1910～1919、1930～1939、1940～1949、1950～1959、1960～1969、1970～1979 和 1980～1989 年间洪涝灾害发生最为频繁，频次依次为 9、9、9、10、10、9、10、8、10、9、10、10 次。统计结果表明，1820～1839、1880～1919 和 1930～1990 年这些时段，即清代道光年间前期、清代光绪年间和民国后期至 20 世纪末期为洪涝灾害多发期；1991～2010 年的 20a 间洪涝灾害发生频次略微减少，这可能与汉江上游近年来降水量有减小的趋势有关（殷淑燕等，2012）。

由图 2-1 和图 2-2 分析，历史时期汉江上游地区的洪涝灾害可以分为三个阶段：第一阶段为公元前 200～公元 779 年，这 980 年间中，共发生洪涝灾害 16 次，平均 61.25a 发生一次，占洪涝灾害总数的 4.76%，是洪涝灾害发生最少时期，随后洪涝灾害呈增加趋势；第二阶段为 780～1499 年，持续了 720 年，发生洪涝灾害 64 次，平均 11.25a 发生一次，占洪涝灾害总数的 19.05%，是洪涝灾害发生频次相对较高的时期，但年际变化大；第三阶 1500～2010年，在这 600 年中，共发生洪涝灾害 256 次，平均 2.34a 发生一次，占洪涝灾害总数的 76.19%，是洪涝灾害发生的高频时期。图 2-3 为汉江上游地区洪涝灾害阶段变化图，结合上述分析可知，在约 2200 年间，汉江上游地区洪涝灾害呈现明显的上升趋势，且具有明显的阶段性变化的特征。洪水灾害发生频次增加，时间间隔缩短。

为了更清楚地反映汉江上游地区历史时期的洪涝灾害变化，对洪涝灾害频次数据序列做了距平处理（图 2-4）。由图 2-4 可知，第一阶段距平值以负值为主，正值零星出现，表明这个阶段洪涝灾害频次低于平均频次，是洪涝灾害低频期；第二阶段正值和负值交替出现，洪水灾害发生频次波动性增加，但速度相对较慢，此阶段洪涝灾害频次略高于平均频次，是洪涝灾害相对多

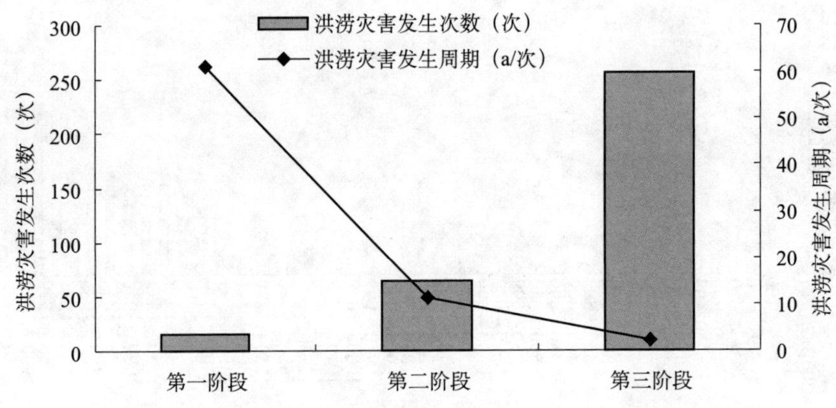

图 2-3　汉江上游洪水灾害阶段性变化（208B. C. ～2010A. D. ）

发期；第三阶段，除两个时间段低于平均值外，以正距平为主，洪涝灾害发生频次明显高于平均频次，是 2200 多年间洪涝灾害发生频次最高的时期。图 2-4 反映的洪涝灾害波动的上升趋势比图 2-1 和图 2-2 更明显。

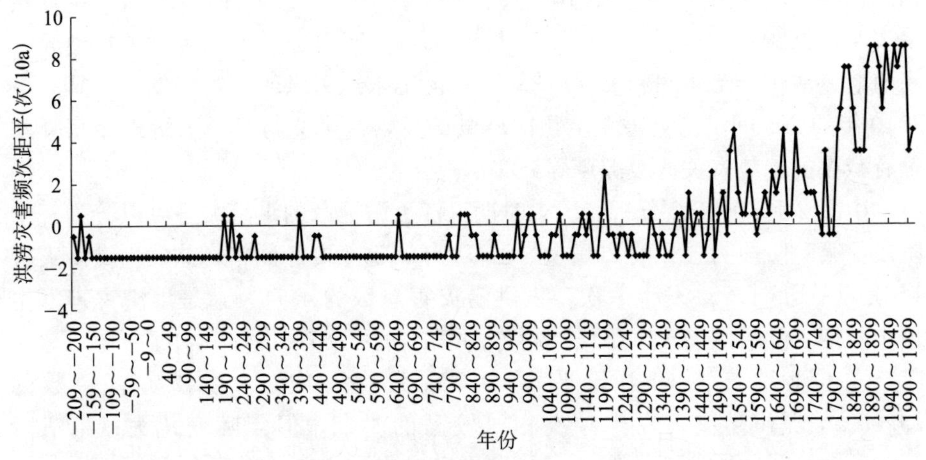

图 2-4　汉江上游洪涝灾害频次距平图（208B. C. ～2010A. D. ）

（二）洪涝灾害频次的拟合

最小二乘法在数理统计分析方法中被广泛应用，利用它可进行数据序列的拟合。图 2-5 是利用最小二乘法对洪水灾害进行的 6 次多项式的拟合，拟合曲线为：$y = -1E-12x^6 + 9E-10x^5 - 2E-07x^4 + 2E-05x^3 - 0.0007x^2 - 0.0006x + 0.332$；回归系数为 $R^2 = 0.7824$ ，$r=0.8845^{**}$ 。

式中，y 为洪涝灾害发生次数，x 为以 10a 为间隔的年序，r 为相关系数。此图更加直观地呈现了 10a 尺度下洪涝灾害的频次变化具有明显的波动性和阶段性（洪涝灾害发生低频期—波动增加期—快速增加期），回归曲线呈 J 形，洪涝灾害的发生频次以指数形式增加。

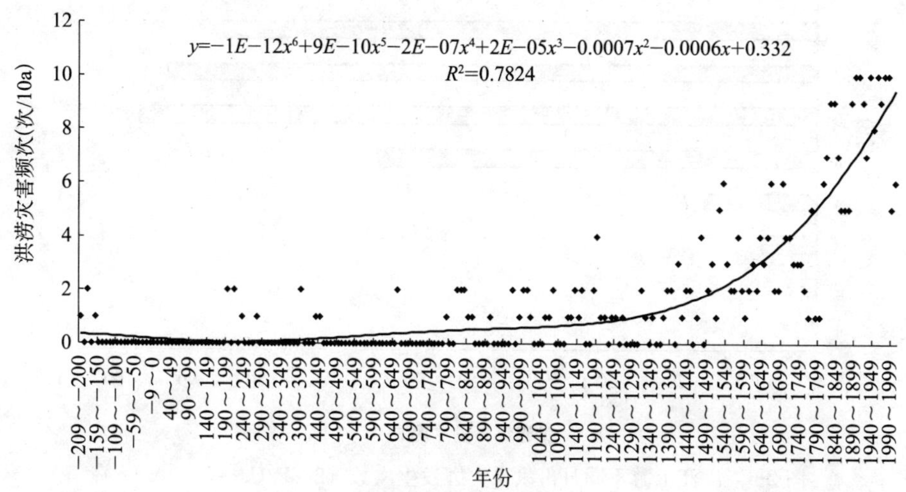

图 2-5　拟合后的汉江上游地区洪涝灾害变化曲线（208B. C. ～2010A. D.）

（三）洪涝灾害的季节和月份变化特征

洪涝灾害记录除了具有年际波动上升的特征之外，发生的季节与月份也呈现明显的特点。根据历史文献记载，对洪涝灾害发生的季节和月份进行统计分析（表 2-1 和图 2-6）。历史文献中，有明确月份记载的洪涝灾害有 225 年次（433 月次，二者不一致，原因是例如某一年 4、5、6 月三个月份连发洪水，在年次计算上为一年次，而月次计算中，4、5、6 月各计一次）。图 2-6 是洪涝灾害记载的月份图，根据图 2-6 分析可知，汉江上游地区洪涝灾害在月份上具有以下特点：

（1）洪涝灾害各月发生次数不均，6 月发生次数最多，占月份记载总数的 43.11%，11 月和 12 月无洪涝灾害发生记录；

（2）洪涝灾害集中发生在 5 月、6 月、7 月、8 月和 9 月，共占总数的 90.76%，具有明显的集中性。

表 2-1　汉江上游地区洪涝灾害的季节与月份分布特征（208B. C. ～2010A. D.）

春				夏				秋			冬			不详
29				191				111			4			42
春季	春夏	春夏秋	春秋	夏季	春夏	夏秋	春夏秋	秋季	春秋	秋冬	春夏秋	冬	秋冬	
6	6	15	2	121	6	49	15	92	2	2	15	2	2	

注：在两个季节都有发生的，两个季节都有统计

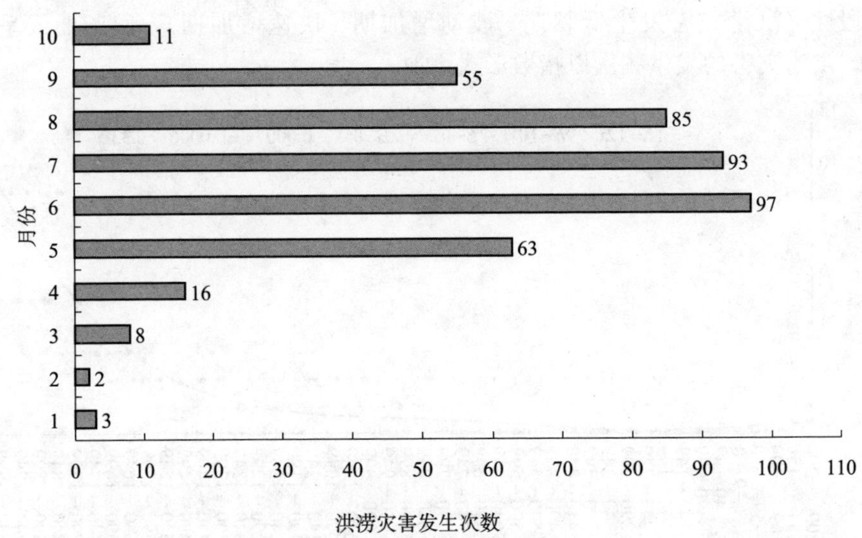

图 2-6　汉江上游不同月份洪涝灾害发生次数（208B. C. ～2010A. D.）

文献资料中，洪涝灾害有明确季节记载的有 295 次，其中 41 年次无详细记录。由表 2-1 和图 2-7 可知，春、夏、秋、冬四季中，单季节洪涝灾害发生总数有 221 次，占有季节记载的洪涝灾害总数的 74.92%。其中，夏季洪涝灾害发生频次最高，达 191 次，其次是秋季，92 次，春季、冬季较少。夏季和秋季洪涝灾害发生频次多是汉江上游地区历史时期洪涝灾害在时间分布上的一个显著特点。

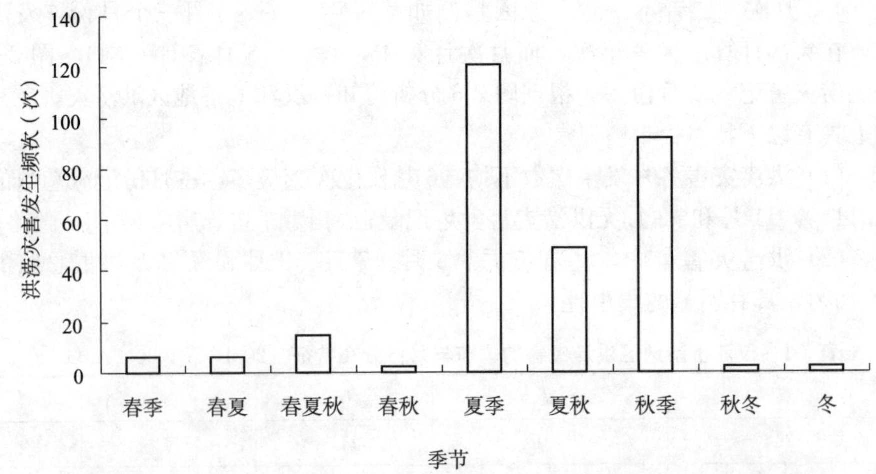

图 2-7　汉江上游洪涝灾害发生的季节变化分布图（208B. C. ～2010A. D.）

洪涝灾害除了单季节变化之外，连季性也是该区域洪涝灾害在时间分布上的一个特点。主要表现为：春夏季洪涝、夏秋季洪涝、秋冬季洪涝、春夏秋三季洪涝等类型；连季性洪涝以夏秋洪涝为主，共有 49 次，占有季节记载的洪涝灾害总数的 16.61%；两季洪涝连灾中秋冬季连涝发生频次最低，仅有 2 次；三季连涝共有 15 次，占 5.08%。且从统计结果来看（附录 1），连季性洪涝发生的年份与历史上重度洪涝灾害和特大洪涝灾害发生的年份基本一致，对人们的生产和生活造成严重损失。

（四）洪涝灾害等级

根据文献中对洪涝灾害的定性描述及其影响地域范围、持续时间的长短和危害程度的记载，将汉江上游地区的洪涝灾害划分为以下四个等级：轻度洪涝灾害、中度洪涝灾害、重度洪涝灾害和特大洪涝灾害。

1 级为轻度洪涝灾害。

历史文献中未记载洪涝灾害对人民的生活和生产产生影响或产生的影响较小，只是简单模糊地描述某地区或小范围内发生了“大水”、“大雨”事件，并将这类洪涝灾害归类为轻度洪涝灾害。如东晋太元十五年（390），汉中“汉中大水”①、勉县“沔中大水”②；南宋淳熙十六年（1189），安康“五月，利（州）西（路）诸道霖雨”③。需要注意的是，轻度涝灾的持续降水时间一般小于 10 日。如果降水持续日数大于或等于 10 日，则划归为第 2 级中度洪涝灾害。如明崇祯七年（1634），洋县“六月，连阴雨 40 日，庄稼无收，出现严重饥馑”④ 等。

2 级为中度洪涝灾害。

文献中常记载有降水持续时间较长、河水涨溢、淫雨伤害庄稼、官府免收赋税等，将其划分为中度洪涝灾害。如南宋淳熙十三年（1186），汉中“秋，霖雨，败禾稼”⑤；清道光二十年（1840），勉县“八月十九日，汉江大涨（较十五年小）”⑥。汉江上游地区降水季节变化显著，常集中在夏秋季节，加上其特殊的地貌特点，容易形成局部暴雨。局部地区暴雨洪涝灾害突发性强，往往造成人员伤亡。如 1954 年秋宁强“暴雨 9 小时，汉江上游河水暴涨，大安镇水漫街道。全县 38 乡 3659 户 12 132 人受灾，冲毁农田数千亩，房屋 87 间，毁路基桥 27 处，死 2 人”⑦。将这类虽受灾范围小，但是已造成人员伤亡，也列为第 2 级。此外，将降水持续时间小于 20 日的霖雨也划归这一级。

---

① 汉中市地方志编纂委员会：《汉中市志》，北京：中共中央党校出版社，1994，第 99 页．
② 勉县志编纂委员会：《勉县志》，北京：地震出版社，1989，第 122 页．
③ （清）沈清峰：《（雍正）陕西通志》卷 47《祥异二》，清文渊阁《四库全书》本，第 2214 页．
④ 洋县地方志编纂委员会：《洋县志》，西安：三秦出版社，1996，第 85 页．
⑤ 汉中市地方志编纂委员会：《汉中市志》，北京：中共中央党校出版社，1994，第 99 页．
⑥ 勉县志编纂委员会：《勉县志》，北京：地震出版社，1989，第 122 页．
⑦ 宁强县志编纂委员会：《宁强县志》，西安：陕西师范大学出版社，1995，第 103 页．

3 级为重度洪涝灾害。

历史文献中有记载描述大量民田被淹、城垣倒塌，受灾范围较广，造成人畜死伤的洪涝灾害，将这类灾害划分为重度洪涝灾害。如宋皇佑四年(1052)，“六月九日，汉水大溢，邑署漂没”①；明永乐十四年（1416），汉水“五月，汉水涨溢，淹没州城，公私庐舍无存者”②。此外，连续降水日数在20 日至 30 日之间的大霖雨也划归这一级，如魏太和四年（230），汉中“会大霖雨三十余日，或栈道断绝”③。

4 级为特大洪涝灾害。

表现为长时间降水或江河暴涨，强度大，影响范围广，人口大量死亡，对人民生命财产安全造成严重损害。把这类洪涝灾害划分为特大洪涝灾害。如汉高后三年（公元前 185 年）、后八年（公元前 180 年），特大洪涝灾害给当时人民生产和生活造成了重大的影响，文献中记载“夏，汉水溢流民四千余家”④，“夏，汉中、南郡水复出，流六千余家”⑤，影响到勉县、南郑、汉中、城固、安康、旬阳和白河等地，居民搬迁⑥；再如晋武帝咸宁三年(277)，一年发生了三次洪水，汉江上游沿岸地区受灾严重，“六月益、梁二州郡国大暴水，死三百余人，七月荆州大水，十月荆、益、梁又水”⑦。

根据以上的洪涝灾害等级划分标准，汉江上游地区在公元前 208 年～公元 2010 年的 2219 年间共发生轻度洪涝灾害 83 次，占洪涝灾害总数的24.70%；中度洪涝灾害发生 99 次，占总次数的 29.46%；重度洪涝灾害发生135 次，占洪涝灾害总数的 40.18%；特大洪涝灾害发生 19 次，占洪涝灾害灾总数的 5.66%（图 2-8）。历史时期以来汉江上游地区特大洪涝灾害发生的次数最少，重度洪涝灾害发生最多，中度洪涝灾害发生的频率也较高，中度

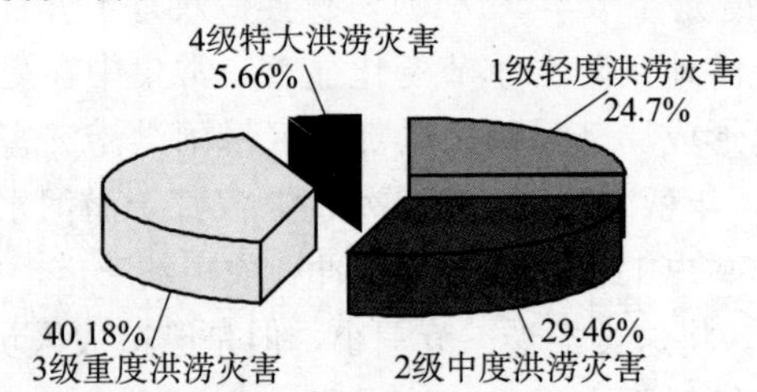

图 2-8　汉江上游地区洪涝灾害等级频次比例图（208B. C. ～2010A. D.）

① （清）李国麒续编：《（乾隆）兴安府志》卷 14，清道光二十八年刻本，第 451 页.
② 安康市地方志编纂委员会：《安康县志》，西安：陕西人民教育出版社，1989，第 135 页.
③ （晋）陈寿：《三国志》卷 9《魏书九》，百衲本景宋绍熙刊本，第 183 页.
④ （汉）班固：《汉书》卷 3《高后纪》，清乾隆武英殿刻本，第 48 页.
⑤ （汉）班固：《汉书》卷 27《五行志》，清乾隆武英殿刻本，第 358 页.
⑥ 见于以上各县县志.
⑦ （南北朝）沈约：《宋书》卷 33 志第 23《五行四》，清乾隆武英殿刻本，第 450 页.

洪涝灾害和重度洪涝灾害合计占到了洪涝灾害总数 2/3 以上（69.64%），这也是汉江上游地区洪涝灾害的一个突出特点。

各级洪涝灾害的发生时间如图 2-9 所示。

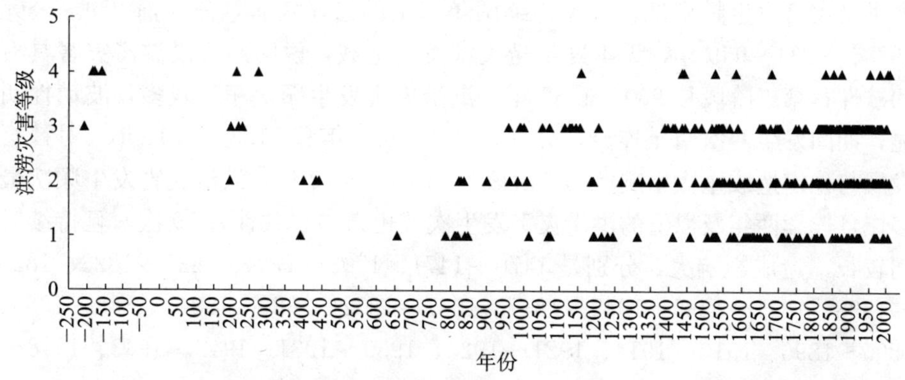

图 2-9　汉江上游地区洪涝灾害等级序列（208B. C. ～2010A. D. ）

由图 2-9 可以看出：

（1）轻度洪涝灾害具有明显的阶段性。晋太元十四年（389）前无记载，原因可能是早期政府及官员对轻度洪涝灾害的重视程度不高，文献中记录轻度洪涝灾害较少，公元 390～1499 年，轻度洪涝灾害发生频次缓慢增加，1500 年后发生频次快速增加。总体而言，轻度洪涝灾害可以分为三个阶段，依次为洪涝灾害发生频次最低（公元前 389）—波动缓慢增加（390～1499）—快速增加（1500～2010）。第三阶段轻度洪涝灾害发生持续两年或两年以上有 6 次，其中连续两年轻度洪涝灾害有 1507～1508、1522～1523、1578～1579、1663～1664、1991～1992，1713～1716 为连续四年发生轻度洪涝灾害。

（2）中度洪涝灾害发生次数相对较多。可以分为四个阶段：第一阶段是公元 820 年前，中度洪涝灾害发生频次很低，在这 1029 年间，中度洪涝灾害共发生了 4 次，平均 257a 发生一次，是中度洪涝发生频次最低的时段；第二阶段是 821～1200 年的 380 间为中度洪涝灾害发生频次相对较高阶段，共计发生了 11 次，发生频次在波动中增加；第三阶段是在 1200～1300 年间，持续 100 年左右，中度洪涝灾害发生频次较低，仅有 1 次洪涝灾害记录；第四阶段为 1300～2010 年，是中度洪涝灾害发生的高频期，灾害发生次数明显增加。17 世纪末，即 1690 年后，中度洪涝灾害连续两年及两年以上次数有 13 次，分别是 1692～1694、1747～1748、1806～1807、1838～1839、1899～1901、1908～1909、1918～1919、1934～1938、1944～1945、1950～1951、1962～1964、1976～1977、1988～1990，集中分布在 20 世纪，共计有 9 次，占总数的69.23%。

(3) 重度洪涝灾害发生频次最多，在年际变化上具有明显的阶段性、间歇性和连续性特征。大致可以分为三个阶段：第一阶段在公元959年前，重度洪涝灾害发生频率低，且无连续两年以上的洪涝灾害，公元前209～公元197年、231～959年，无重度洪涝灾害发生记载，说明此阶段洪涝灾害具有间歇性；第二阶段是960～1389年，洪涝灾害发生频次相对较多，波动性明显，期间发生两次两年连涝，分别是991～992年和1133～1134年，对社会发展与稳定造成重大影响；第三阶段是1390～2010年，洪涝灾害发生频次最多，且连续两年及以上的洪涝灾害发生次数也最多，共计有19次，且持续时间较长，造成影响大，分别是1470～1471、1703～1704、1822～1823、1826～1828、1831～1835、1842～1847、1867～1872、1880～1884、1888～1889、1895～1896、1910～1914、1921～1923、1930～1931、1942～1943、1948～1949、1952～1953、1955～1961、1974～1975、1980～1982。

(4) 与前三级洪涝灾害不同，在公元前已经有了特大洪涝灾害的记载。这可能是因为特大洪涝灾害造成了大量人员伤亡，损失惨重，所以在较早期的历史文献资料中就已被记录下来。但1850年以后，特大洪涝灾害的发生频次还是有明显增加。公元前208～公元2010年的2219年间，特大洪涝灾害共发生了19次，平均116a发生一次；但在1850年后的160a间，特大洪涝灾害发生了7次，平均23a发生一次，可见近现代以后特大洪涝灾害的发生间隔明显缩短。

(五) 洪涝灾害序列周期特征分析

为了明确历史时期汉江上游地区洪涝灾害发生的周期特征，在Matlab6.5软件平台上，利用小波分析方法对洪涝灾害时间序列和等级序列数据进行系统深入解析，结果详见彩图3和彩图4。由彩图3可以看出，洪涝灾害时间序列的周期不明显，但具有明显的阶段性，在公元1000年前，洪涝灾害发生周期频率信号弱，存在2～5a的不显著周期变化；在公元1000年以后，洪涝灾害发生周期信号渐渐增强，局部出现闭合中心，说明1800～1850年洪涝灾害发生频次较低，存在50a的不显著周期变化；近200年，洪涝灾害周期信号最强，存在120a左右的大尺度周期变化，洪涝灾害发生频次增多。

历史时期汉江上游地区洪涝灾害等级序列周期变化明显，存在3个明显的集中区和3个明显的峰值，即在低等级层次中存在2～5a频率，在中高等级中存在38～40a左右和120a的频率，在最高等级中存在160a的频率。这表明，该地区轻度涝灾存在着2～5a的周期，中度洪涝灾害存在着38～40a左右的周期，重度洪涝灾害存在 120a 的周期，特大涝灾存在着 160a 左右的周期。

二、洪涝灾害空间差异性分析

统计各县市洪涝灾害发生的频率结果见表 2-2 所示。

表 2-2　汉江上游地区各县市洪涝灾害发生频次表（208B.C.～2010A.D.）

县市	频次	县市	频次	县市	频次
留坝	84	南郑	91	西乡	72
佛坪	32	汉中	79	洋县	30
宁陕	35	紫阳	33	旬阳	150
柞水	20	石泉	47	白河	57
镇安	71	汉阴	57	郧县	28
宁强	72	镇巴	45	郧西	25
岚皋	38	安康	143		
勉县	88	城固	116		

注：在两个季节都有发生的，两个季节都有统计

为更加直观地看出汉江上游地区在约 2200 年间中洪涝灾害空间发生特点，借助 ArcGIS10 将表 2-2 的数据绘制成图 2-10 和彩图 7。从图和表可以看出：①洪涝灾害发生频次空间差异性明显，洪涝灾害发生频次较多的县市有旬阳、安康、城固、南郑、勉县、留坝、汉中，洪涝灾害发生的频次都在 75 次以上；其次为西乡、镇安、宁强、汉阴、白河、镇巴、石泉，洪涝灾害发生的频次在 45～75 次；岚皋、宁陕、佛坪、紫阳、柞水、洋县、郧县和郧西等地发生洪涝灾害频次较少。②洪涝灾害发生频次空间分布差异明显，以安康盆地和汉中盆地为中心向南、向北、向东、向西递减，存在两个高频中心和两个低频中心。两个高频中心分别是安康、旬阳，以及城固、南郑、汉中河段；两个低频中心是西乡至汉阴和白河至郧西河段，洪涝灾害发生频次相对较低。洪涝灾害平均发生次数谷地大于山地；秦岭南坡各县和大巴山地各县相差不大，秦岭南坡略多于大巴山地。

在汉江谷地中，安康盆地和汉中盆地是汉江上游开发历史较早、人口数量较大的两个主要区域，以安康、旬阳为中心的安康盆地和以城固、汉中为中心的汉中盆地洪涝灾害发生频率最高，一方面，与历史资料记载详略有一定关系；另一方面，也反映了由于人口增多，灾害程度加强，以及人类居住对环境的影响，导致洪涝灾害增多的事实。

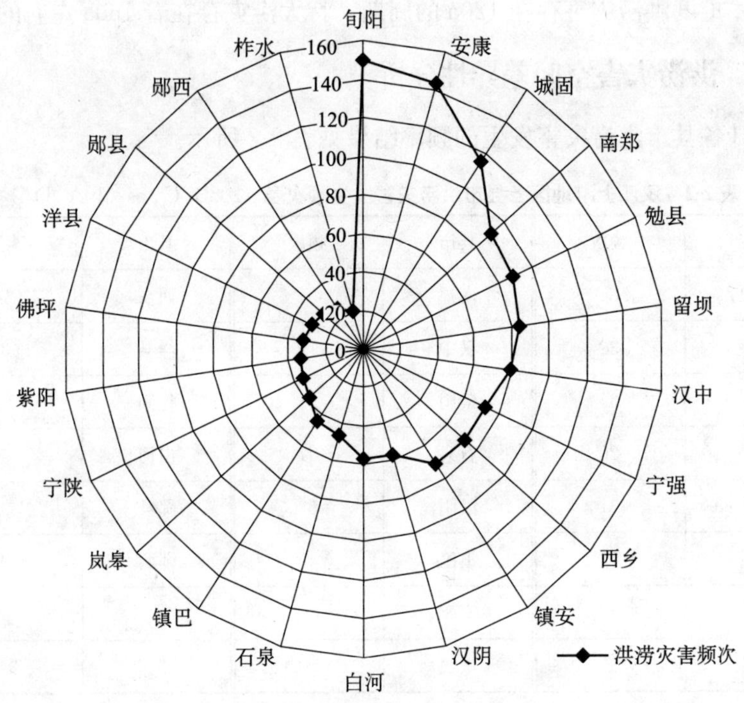

图 2-10 汉江上游地区洪涝灾害频次空间差异图（208B. C. ～2010A. D.）

第二节 历史时期以来汉江上游地区干旱灾害

一、干旱灾害时间特征分析

汉江上游年降水量在年内和年际间的分布极不均匀，常常发生先旱后涝，久旱久涝的灾情，干旱灾害是汉江上游的主要自然灾害之一。而且，受到全球气候变化影响，近年来汉江上游气候呈现明显暖干化，其降水量和水资源量减少，旱灾的发生频率有增大的趋势（殷淑燕等，2010；蔡新玲等，2008；赵德芳等，2005）。以往，人们较多地重视汉江上游洪涝情况而忽视了汉江上游也常发生旱灾的状况，相关研究较少，而旱灾的发生频率与灾害程度对于南水北调工程的水源保障有着重要的影响。认识历史时期以来汉江上游干旱灾害的发生规律，为干旱灾害的预测和防治，以及保持汉江水资源的可持续利用，保障南水北调的实效性与社会经济的高速发展可提供一定的历史借鉴。

历史时期汉江上游干旱灾害统计见附录 2。根据统计，公元前 190～2010

年的 2201 年间，汉江上游地区有明确记载的干旱灾害总计发生了 318 次（该地区任一县、市内有干旱灾害记录得均在计算之内，若一年之内发生两次及以上干旱灾害的均按 1 次计算），平均 6.92a 发生一次。为了更深入细致的研究历史时期汉江上游地区干旱灾害在时间上的变化特点，本文分别以 10a 和 50a 为单位整理统计干旱灾害发生的频次。

（一）干旱灾害频次统计分析

图 2-11 和图 2-12 分别为以 10a 和 50a 为单位分析各时段干旱灾害发生的频次，统计汉江上游地区干旱灾害的发生情况。分析和统计表明，历史时期汉江上游地区干旱灾害发生的频率具有一定的波动性，且波动中有上升的趋势。由图可知，1480～1489、1630～1639、1920～1929、1930～1939、1940～1949、1950～1959、1960～1969、1970～1979 和 1980～1989 年间干旱灾害最为频繁，发生频次依次为 8、8、10、10、10、10、10、10、10 次，说明 1480～1489、1630～1639 和 1920～1990 年这些时段为干旱灾害多发期；干旱灾害发生较少的时段是公元前 49～公元 119 年、180～279、380～609、690～809、940～989、1030～1069、1240～1309，无干旱灾害记录，或为干旱灾害少发期。

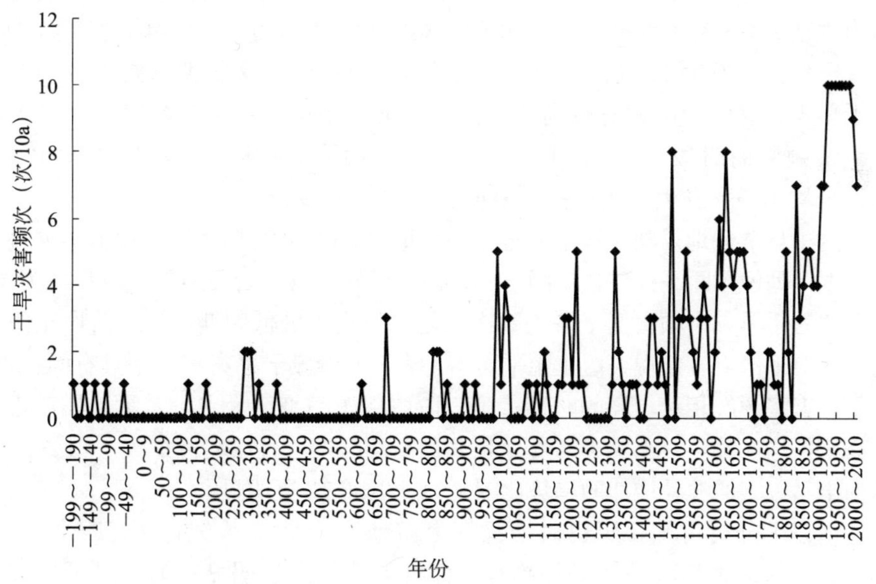

图 2-11　汉江上游地区干旱灾害频率统计（193B. C. ～2010A. D. ，10a 间隔）

具体而言，历史时期汉江上游地区干旱灾害可分为三个阶段：第一阶段大约在 809a 之前，这 1100 年中，干旱灾害发生 18 次，占干旱灾害总数的

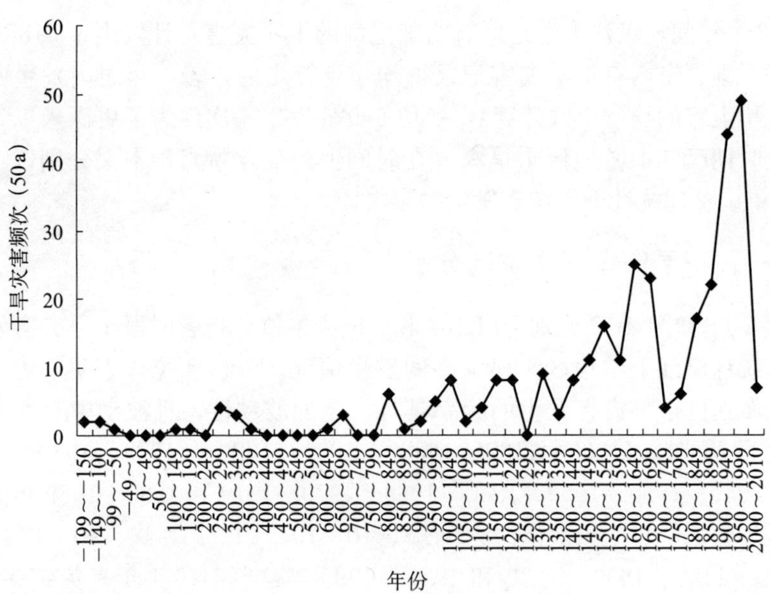

图 2-12　汉江上游地区干旱灾害频率 50 年间隔统计（193B. C. ～2010A. D.）

注：最后一个数据是 2000～2010 年，不足 50 年，只有 11 年

5.66％，平均 61.11a 发生一次，干旱灾害发生频率较低，波动较小，期间峰值出现在 280～329 和 680～689 年间；第二阶段为 810～1749 年，持续了 940 年，干旱灾害发生 154 次，平均 6.1a 发生一次，占干旱灾害总数的 48.43％，是干旱灾害发生频次相对较高的时期，呈波动中增加；第三阶段是干旱灾害发生最频繁的时段，从 1750～2010 年，持续了 260 年，干旱灾害发生 146 次，平均 1.78a 发生一次，占干旱灾害总数的 49.91％。

为了更清楚地反映汉江上游地区历史时期的干旱灾害变化，对干旱灾害频次数据序列做了距平处理，见图 2-13。由图可知，第一阶段距平值以负值为主，表明这一干旱灾害频次低于平均频次，是干旱灾害的低频期；第二阶段正距平值与负距平值交替出现，但正距平居多，表明此阶段干旱灾害发生具有间歇性，是干旱灾害频次相对较高的时期；第三阶段以正距平值为主，表示干旱灾害次数高于平均次数，是干旱灾害发生频率最高的时期，且波动性最大。图 2-13 显示的干旱灾害的波动增加的趋势比图 2-11 和图 2-12 更明显。

由以上分析可知，历史时期汉江上游地区干旱灾害发生具有四个特点：第一是干旱灾害呈波动性增加趋势，而且趋势越来越明显；第二是干旱灾害发生具有阶段性；第三是汉江上游地区干旱灾害发生频次较高，尤其是清后期到现代，是干旱灾害发生频率最高的时期；第四是干旱灾害连年发生次数较多（表 2-3）。历史时期汉江上游地区干旱灾害发生的事件中，有 43 次属于连年发生，仅有 94a 干旱灾害没有连年发生，占干旱灾害总数的 29.56％。干

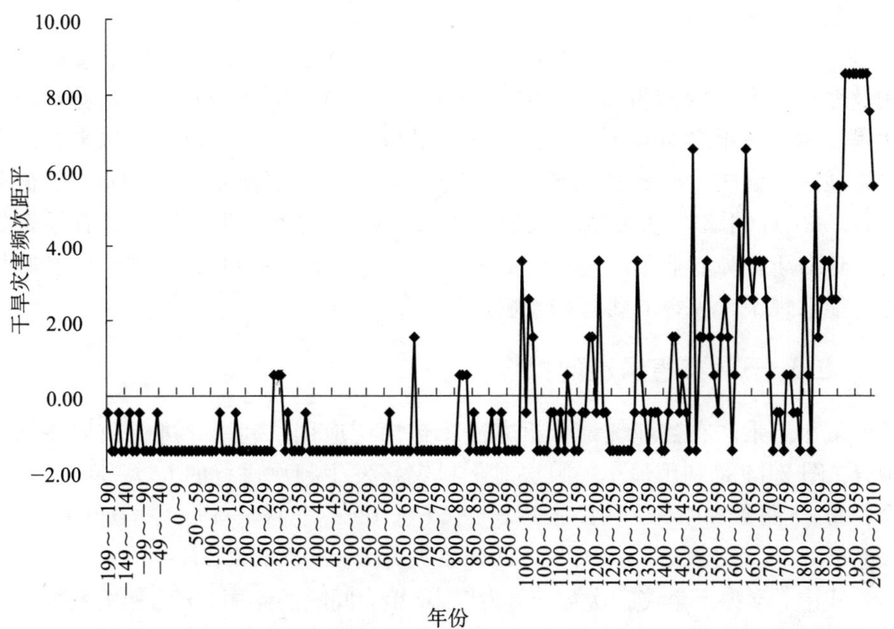

图 2-13　汉江上游地区干旱灾害频次距平图（193B. C. ～2010A. D. ）

表 2-3　汉江上游地区干旱灾害连发年份统计表（193B. C. ～2010A. D. ）

（单位：年）

连发年数	连发次数	具体年份
2	21	285～286、296～297、684～685、837～838、1196～1197、1509～1510、1514～1515、1521～1522、1537～1538、1573～1574、1577～1578、1585～1586、1610～1611、1621～1622、1645～1646、1684～1685、1813～1814、1843～1844、1856～1857、1867～1868、1891～1892
3	11	1183～1185、1211～1213、1426～1428、1436～1438、1526～1528、1628～1630、1655～1657、1677～1679、1886～1888、1899～1901、1907～1909
4	2	1615～1618、1875～1878
5	6	990～994、1017～1021、1324～1328、1663～1667、1833～1837、2003～2007
6	1	1687～1692
7 及 7 以上	4	1481～1488、1633～1641、1913～1991、1993～2001

注：在两个季节都有发生的，两个季节都有统计

旱持续的时间长短不同，其中两年干旱灾害连发次数最多，占总连发次数的 46.67％；三年干旱灾害连发次数次之，干旱灾害持续 6 年只有一次。干旱灾害连年发生以持续 2 年和 3 年为主，需要指出的是 7 年及 7 年以上次数有 4 次，1913 年以后，汉江上游不同地区不同季节几乎连年有大小不同的旱情发生，且因为旱情导致绝收、人畜饮水困难的事件比比皆是（附录 2）。连年干

旱持续时间越长，干旱灾害对人们生产生活的影响就越大，受灾程度越重。从形成因素来看，汉江上游谷地每年第一次雨季过后，由于受副热带高压控制及地形因素（两侧为山地，中间为谷地，气流下沉强烈）影响，通常都有伏旱发生，各年之间的差异主要表现为旱情大小不同。20 世纪初以来，汉江上游地区气候暖干化趋势明显（殷淑燕等，2010；蔡新玲等，2008；赵德芳等，2005 ），干旱灾害发生频次明显增多，强度增大，几乎每年都有旱情发生，这对于保障农业生产是一个不利的因素。因此，在预防洪涝灾害的同时，也不能忽视干旱灾害的威胁和影响。

（二）干旱灾害频次的拟合

最小二乘法在数理统计分析方法中被广泛应用，利用它进行数据序列的拟合。图 2-14 是利用最小二乘法对干旱灾害发生频次进行的 6 次多项式的拟合，拟合曲线为：$y=9E-12x^6-5E-09x^5+1E-06x^4-0.0001x^3+0.0065x^2-0.1365x+0.9509$，回归系数为 $R^2=0.6665$ ，$r=0.8165$。

式中，y 为干旱灾害次数；x 为以 10 年为间隔的年序；r 为相关系数。此图更加明显的呈现了在 10a 和 50a 尺度下干旱灾害的频次变化具有明显的波动性和阶段性（缓慢增加—平稳增加—快速增加）。

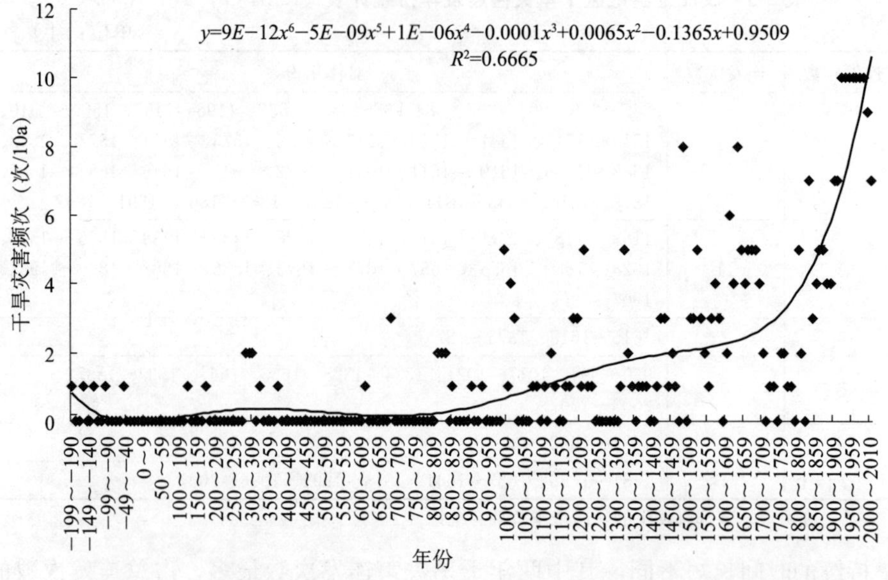

图 2-14 拟合后的汉江上游地区干旱灾害变化曲线（193B. C. ～2010A. D. ）

（三）干旱灾害的季节和月份变化特征

汉江上游地区历史时期的干旱灾害除了具有年际波动上升的特征之外，

在季节和月份分布上也有其特点。根据历史文献记载，对干旱灾害发生的季节和月份进行统计分析（表 2-4）。历史文献中，干旱灾害有明确月份记载的有 102 年次、321 月次。图 2-15 是干旱灾害的月份图，根据表 2-4 和图 2-15 分析可知，汉江上游地区干旱灾害在月份中具有以下特点：

（1）干旱灾害各月发生次数不均，6 月发生次数最多，占总数的 20.13％；12 月最少，占总数的 0.94％。

（2）在月份上，干旱灾害发生具有明显的集中性，集中发生在 5 月、6 月、7 月，共占总数的 65.46％。

历史文献中，干旱灾害有明确季节记载的有 239 年、388 季次，夏季干旱灾害发生频次最高，其次是春季和秋季，冬季最少。春季和夏季干旱灾害发生频次高是汉江上游地区历史时期干旱灾害在时间分布上的一个显著特点。

表 2-4　汉江上游地区干旱灾害的季节与月份分布特征（193B. C. ～2010A. D. ）

春			夏			秋			冬			不详
109			153			91			35			79
1 月	2 月	3 月	4 月	5 月	6 月	7 月	8 月	9 月	10 月	11 月	12 月	
12	15	27	34	47	64	52	31	18	9	9	3	249

注：①春季指农历 1 月、2 月、3 月；夏季为农历 4 月、5 月、6 月；秋季为农历 7 月、8 月、9 月；冬季为 10 月、11 月、12 月。②按照史料中有明确记载统计，其中有的年份干旱灾害发生持续时间长，跨季节（月份）时，每个季节（月份）算一次。③只给出季节，未给出月份的情况较多，所以月份不详的次数多于季节不详的次数

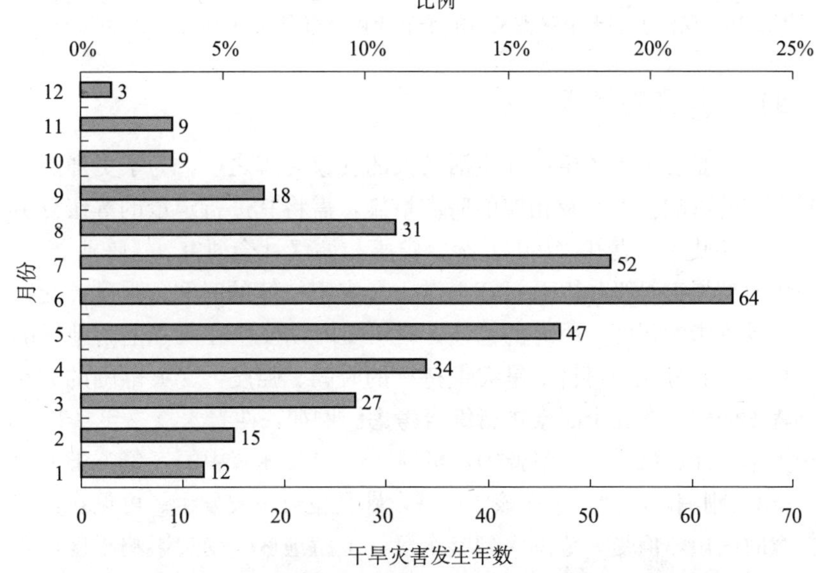

图 2-15　汉江上游干旱灾害发生的月份及其比例（193B. C. ～2010A. D. ）

除了单季节干旱之外，季节性连旱也是该区域干旱灾害在时间分布上的一个特点。汉江上游地区季节性连旱主要有春夏季连旱、夏秋季连旱、秋冬季连旱、冬春季连旱、春夏秋三季连旱、夏秋冬三季连旱、秋冬春三季连旱和春夏秋冬四季连旱等类型。由图 2-16 可知，季节性连旱以春夏连旱、春夏秋连旱和夏秋连旱为主，共有 64 次，占已知发生季节灾害的 26.78%；两季连旱中，春夏、夏秋发生比例最高，共有 42 次，占已知发生季节灾害的 17.57%；三季连旱共有 37 次，占 15.48%；全年连旱 9 次，占 3.77%。季节性连旱发生的年份，往往是历史上重度干旱灾害和特大干旱灾害发生的年份，对人们生产生活造成严重损失。

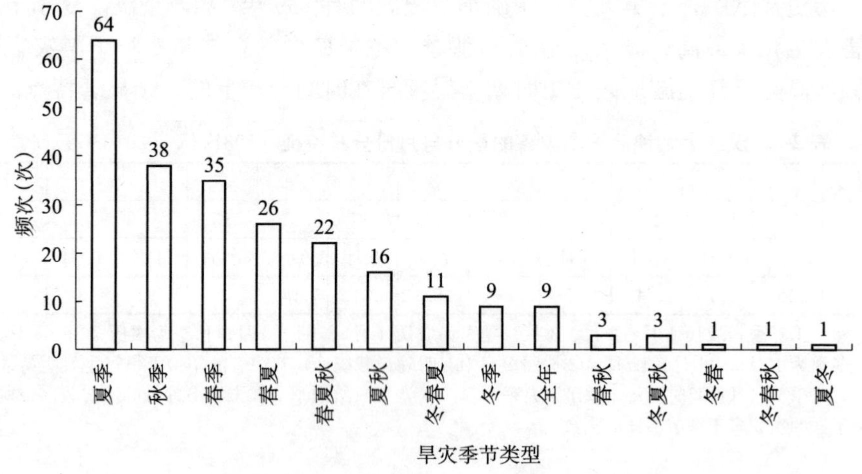

图 2-16　汉江上游干旱灾害发生的季节变化分布图（193B. C. ～2010A. D. ）

（四）干旱灾害等级

干旱灾害是影响人类生产和生活较大的气象灾害之一，为了更加深入地研究干旱灾害的影响程度以及相应的防御措施，需将其进行定量的等级划分。根据《西北灾荒史》（袁林，1994）与《灾害与两汉社会研究》（陈业新，2004）等对历史时期旱灾等级，以及汉江上游干旱灾害持续的时间、强度，受灾范围的大小，受灾影响程度大小等的描述，对历史时期发生在汉江上游地区的干旱灾害进行分级。分级中，将干旱灾害持续的时间、强度，受灾范围的大小，受灾影响程度的大小等几个因素进行综合考虑。例如，西晋永嘉三年（309），“三月……大旱，江、汉、河、洛皆竭，可涉”①，以及在《中国气象灾害大典·湖北卷》（温克刚编，2007）中在该年记载，郧县也有旱灾发生。可见在该年虽然旱灾持续时间短，但受灾范围大到整个汉江上游地区，受灾影响程度严重，汉

① （唐）房玄龄：《晋书》卷 5《帝纪第五》，清乾隆英武殿刻本，第 47 页.

江竭，可涉，故将该年分为特大旱灾；连续多年旱灾的持续时间长，一般为大旱灾、特大旱灾。四大旱灾等级的划分标准情况如下：

1级为轻度旱灾。

文献中用“旱”、“春旱”、“夏不雨”、“冬不雪”等词语简单的描述和记载的干旱灾害，发生在个别地区，单月旱，成灾较轻的旱灾，未提及对农业生产及当地居民的影响，将这类干旱灾害划分为轻度旱灾。如宋天禧四年（1020）春，“利州路旱”[①]；明天顺元年（1457），郧西县和郧县，“夏六月，旱”[②]。

2级为中度旱灾。

文献中用“大旱”、“伤稼”、“岁饥”、“贷籽种”等词语描述的干旱灾害，记载了豁免、赈恤、缓征额赋、贷口粮的干旱灾害，干旱灾害涉及多个地区，持续时间较长，以及记载个别地区发生的旱灾，并提及对人民生产生活造成粮食歉收、成灾严重（单季绝收）等影响的干旱灾害，将其归为中度旱灾。比如，公元前190年，“夏大旱，江河水少，溪谷水绝”[③]；明洪武四年（1371），“陕西旱饥，汉中尤甚”[④]。将历史资料中有这一类描述和记载的干旱灾害划分为中度旱灾。

3级为重度旱灾。

文献中多以“村民无以为食”、“大饥”、“物价飞涨”等词语记载的有连季旱或成灾严重的干旱灾害。受灾区域较大，持续时间长，造成粮食歉收严重，粮食价格飞涨等归为重度旱灾。比如，明正德五年（1510），“汉中连年荒旱，民多流移”；“康熙三十年（1691），春夏旱，民大饥”[⑤]。将历史文献中类似这样语言描述的干旱灾害划分为重度干旱灾害。

4级为特大旱灾。

文献中多用“饿殍载道”、“人相食”、“尸骸枕藉”、“卖男鬻女”等词语描述的旱灾，常跨季节或年度，造成河流断流，人口迁移，人畜大量死亡，人民生命财产受到严重损失的，将其归为特大旱灾。比如，唐天复四年（904），“自陇西迨于褒、梁之境，数千里内亢阳，民多流散，自冬经春，饥

---

① （元）脱脱：《宋史》卷66《五行志》，清乾隆武英殿刻本，第686页．

② 温克刚：《中国气象灾害大典·湖北卷》，北京：气象出版社，2007，第213页．

③ （汉）荀悦：《汉纪》前汉孝惠皇帝纪卷5，四部丛刊景明嘉靖刻本，第34页；该次旱灾《资治通鉴》《资治通鉴补》《汉书补注》等文献中也有同样记载。但未记载具体地点。（宋）朱熹：《通鉴纲目》，卷3上，清文渊阁《四库全书》本，第254页，记载地点为西安府。汉中市志收录了该记录，认为其影响范围包括陕南地区．

④ （清）阎镇珩：《六典通考》卷84《洪荒政》，清光绪刻本，第1458页．

⑤ 汉中市地方志编纂委员会：《汉中市志》，北京：中共中央党校出版社，1994，第103页．

民食草木，至有骨肉相食者甚多”①。元朝时，“自泰定二年（1325）至是岁（1328）陕西不雨，大饥，人相食，斗米十三缗，饿殍载道”②。清光绪三年（1877），“秦、晋历冬经春及夏不雨，赤地千里。秦、晋毗连，人相食，道殣相望，其鬻女弃男，指不胜屈，为百余年来未有之奇”③；“陕西亢旱异常，今夏麦苗枯萎，秋稼间有种者，率苦蝗害，顷至八月，泾渭几涸，播种之时既失，来岁麦秋无望，谷价腾涌，穷民无所得失”④；“山陕豫三省，自光绪三年，苦遭旱灾，历时既久，为地尤宽，死亡遍野诚为二百年间所无”⑤；至光绪四年（1878），陕西等地到农历六月中旬后，仍“亢阳弥月，禾苗渐就枯槁，民情又觉惶惶”，此次大灾，据不完全统计，饿死者达一千万人以上（朱士光，2011）。根据以上的干旱灾害等级划分标准，汉江上游地区在公元前190～2010年的2201年间共发生轻度干旱灾害72次，占干旱灾害总数的22.64%；中度干旱灾害发生148次，占总次数的46.54%；重度干旱灾害发生51次，占总数的16.04%；特大干旱灾害发生47次，占干旱灾害总数的14.78%（图2-17和 图2-18）。

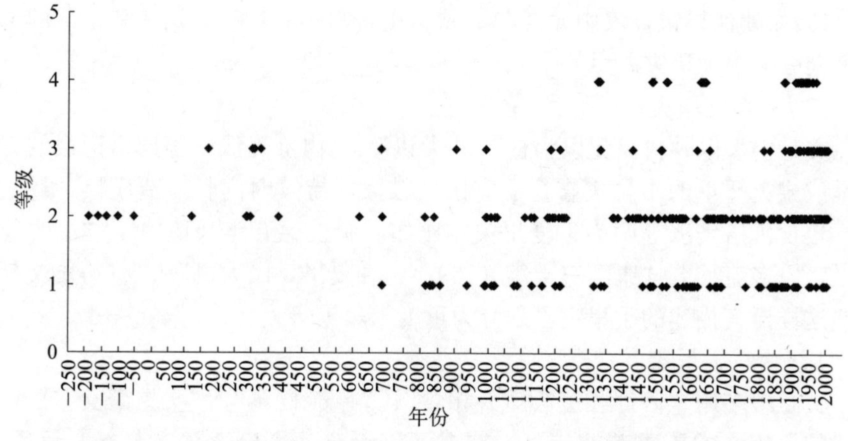

图2-17　汉江上游地区干旱灾害等级序列（193B.C.～2010A.D.）

该区域干旱灾害的等级具有以下特点：第一，中度干旱灾害发生的频次最高，重度干旱灾害发生的频次最低；第二，重度干旱灾害和特大干旱灾害发生的次数相对较少，轻度干旱灾害和中度干旱灾害发生的次数较多，轻度干旱灾害和中度干旱灾害的总数占干旱灾害总数的一半以上（69.18%）；第

① （清）沈清峰：《（雍正）陕西通志》卷47《祥异二》，清文渊阁《四库全书》本，第2195页.
② （明）宋濂：《元史》卷33《本纪》，清乾隆武英殿刻本，第368页.
③ 林邕：《赈事三记》.
④ 袁林：《西北灾荒史》，兰州：甘肃人民出版社，1994，第539页.
⑤ （清）朱寿朋：《东华续录，光绪二十八卷》，清宣统元年上海集成图书公司铅印本，第711页.

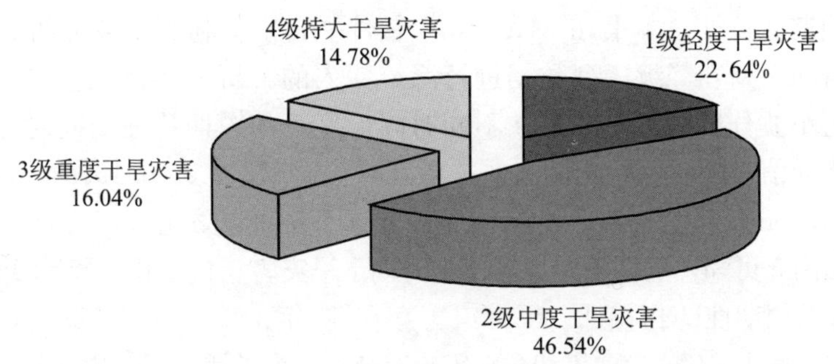

图 2-18 汉江上游地区干旱灾害等级频次比例（193B. C. ～2010A. D. ）

三，各级干旱灾害的发生在时间上存在差异性。由图 2-17 可以看出：

（1）特大干旱灾害发生具有明显的阶段性。1324 年以前，无特大干旱灾害发生，特大干旱灾害主要发生在 1900～1970 年间，持续 70 年的时间段内，共发生了 21 次，占特大干旱灾害总数的 44.68%，平均每 3.33a 发生一次；其次在 1628～1641 年也是特大干旱灾害发生的高频期，14 年间发生了 12 次特大旱灾，占特大旱灾总数的 29.79%，平均每 1.67a 发生一次；干旱灾害持续时间长是造成特大干旱灾害的主要原因。特大干旱灾害主要集中发生的年份在 1324～1328、1484～1487、1526～1528、1628～1641、1876～1877、1921～1922、1928～1930、1935～1936、1939～1942、1946～1949 和 1959～1960 年间，几乎全部的特大干旱灾害的发生都是连续两年或以上，第一年的干旱灾害的影响持续到第二年。

（2）轻度干旱灾害在 684 年前无记载，685 年以后，轻度干旱灾害发生频次增加。原因可能是早期政府及官员对轻度干旱灾害的重视程度不高，文献中记录轻度干旱灾害较少，而对人们生产生活造成影响的中度干旱灾害和重度干旱灾害则记录相对较多。

（3）中度干旱灾害发生次数最多，169 年前主要以中度干旱灾害为主，其后中度丁旱灾害的发生具有间歇性，在 1369～1450 年间为中度干旱灾害发生的高频期。

（4）重度干旱灾害与中度干旱灾害相似，集中发生在某一时段，具有频发性和间歇性特征。

（五）干旱灾害的周期特征分析

短期的天气突变和异常易造成干旱灾害，但其规模比较小、影响程度低；而破坏大、影响范围广的干旱灾害常与长期的气候变化密切相关。因气候变化在一定的时间尺度上存在着周期性变化，故干旱灾害在长时间尺度中也应存在周期。为了查明历史时期汉江上游地区干旱灾害发生是否存在周期性变化及其周期性特征，本书在 Matlab6.5 软件平台上，利用小波分析方法对干旱灾害时间序列和等级序列数据进行系统深入的解析。选择小波进行周期分析是因为小波分析在揭示序列在不同时间尺度下的周期特征的同时，也可以表示出周期信号随时间变化的强弱关系（Meyers S D，et al. 1993；Lau K M，1995；Torrence C，1998）。分析结果详见彩图 5 和彩图 6。

由彩图 5 可知，汉江上游地区历史时期干旱灾害年代变化和年际变化显著，具有明显的周期性变化特征。干旱灾害存在 50 年、90～100、150、180 和 220 年等周期，其中，90～100 年和 220 年周期与太阳黑子活动百年周期相对应，说明该地区干旱灾害的发生与太阳活动密切相关。此外，在时间小尺度上，还存在2～5年的周期变化，但不显著，这不仅与 ENSO 的2～7年周期相一致的同时，还与赤道附近平流层大气的准两年振荡（QBO）相对应（李崇银等，1992），说明低纬度海洋的大气活动对汉江上游地区干旱灾害的发生也有影响。

通过对干旱灾害等级的小波分析彩图 6 可知，该区域在 220 年尺度上，干旱灾害等级经历了较高—较低—最高的显著变化过程。汉江上游地区历史时期的 1 级和 2 级干旱灾害具有 2～5 年不显著的周期变化特征，与轻度洪涝灾害周期性相似；重度干旱灾害存在 65～70 年的周期变化，特大干旱灾害存在着 65～70 年和 220 年左右的周期变化。

二、干旱灾害空间差异性分析

汉江上游地区包括秦岭南坡的留坝、佛坪、宁陕、柞水和镇安，汉江谷地的宁强、勉县、南郑、汉中、城固、洋县、西乡、石泉、汉阴、安康、紫阳、旬阳、白河、郧西和郧县，以及大巴山地的镇巴和岚皋。统计各县市干旱灾害发生的频率结果见表 2-5、图 2-19 和彩图 8。

表 2-5　汉江上游地区各县市干旱灾害发生频次（193B. C. ～2010A. D.）

县市	频次	县市	频次	县市	频次
留坝	50	南郑	85	西乡	49
佛坪	16	汉中	52	洋县	27
宁陕	16	紫阳	36	旬阳	92
柞水	27	石泉	49	白河	42
镇安	50	汉阴	60	郧县	19
宁强	31	镇巴	29	郧西	15
岚皋	48	安康	73		
勉县	49	城固	95		

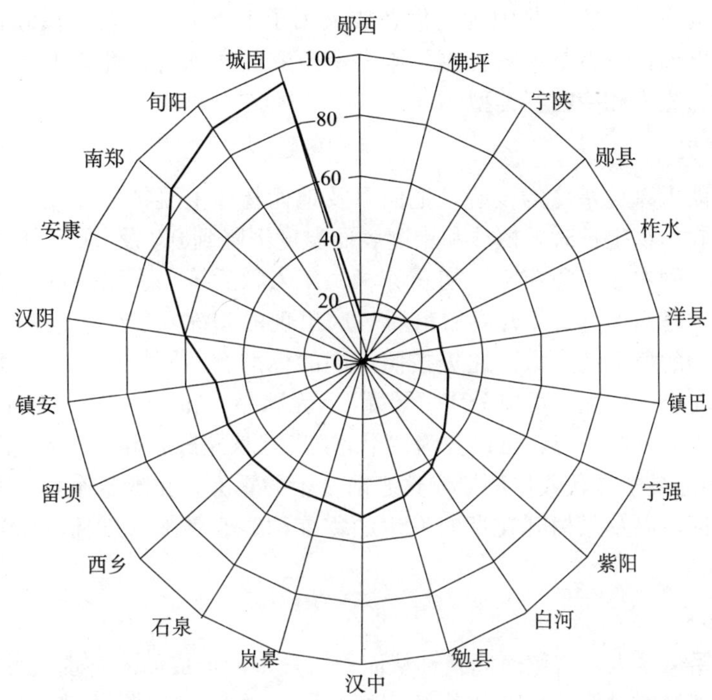

图 2-19 汉江上游地区干旱灾害频次空间差异（193B. C. ～2010A. D.）

汉江上游地区在约 2200 年间干旱灾害发生频次较多的县市有留坝、镇安、汉阴、安康、南郑、旬阳、城固，干旱灾害发生的频次都在 50 次以上；其次为宁强、紫阳、白河、勉县、汉中、岚皋、石泉、西乡，干旱灾害发生的频次在 30～49 次；郧西、佛坪、宁陕、郧县、柞水、洋县和镇巴等发生干旱灾害较少。由图 2-19 和彩图 8 可知，汉江上游地区历史时期干旱灾害空间分布差异性明显，存在四个高频中心和四个低频中心。四个高频中心是旬阳、安康、南郑、城固，位于汉江谷地，分属于现今的安康地区和汉中地区，历史上也一直是汉江谷地人类主要的聚居区；四个低频中心为佛坪、宁陕、郧西、郧县，位于秦岭南坡和汉江上游谷地东段。整体而言，汉江谷地干旱灾害发生频次高于南北两侧山地，尤其是南郑至旬阳地区。

第三节 历史时期以来汉江上游地区寒冻灾害

一、寒冻灾害的概念及特征

寒冻灾害包括霜灾、雪灾、冻灾和冷灾（寒灾），之所以把霜、雪、冻、冷灾害归为寒冻灾害，是因为它们在成灾因子上类似，都处于低温状态，或者是相对低温，或者是绝对低温。本书所研究的寒冻灾害即为上述所列的霜灾、雪灾、冻灾和冷灾等类型。

1. 霜灾

在晴朗无风且寒冷的夜晚，地面以及地面物体上凝结的冰晶就是霜，而霜灾常指农作物生长时，植株和土壤表面温度下降到0℃及0℃以下，造成植物受害的一种农业气象灾害。初霜冻（每年入秋后第一次出现的霜冻）出现时间越早、终霜冻（每年开春后最后一次出现的霜冻）发生时间越晚，则霜冻对农作物的危害就越大。霜灾按照不同的标准有不同的分类，根据土表及地表凝结时有无冰晶，可以分为“黑霜”（无冰晶）和“白霜”（有冰晶）。根据霜灾发生的不同季节，可以分为“早霜冻”（秋霜冻）和“晚霜冻”（春霜冻），秋霜冻是指在秋收作物未成熟之前发生的霜冻，在越冬作物返青后、春播作物苗期，以及果树开花期时发生的霜冻称为春霜冻（袁林，1994；温克刚等，2005）。

2. 雪灾

因下雪量较大、持续时间长，从而积雪量多而形成的冻害现象称为雪灾。雪灾往往因温度过低造成农作物被冻坏，风雪过大折断树木，损坏通信基础设施，危及交通安全（袁林，1994；温克刚等，2005）。雪灾的成灾有两种情况：一种是因为降雪时间长、积雪量大所造成的。这种雪灾因大雪覆盖了高山草场上的牧草，造成牲畜缺饲料或因为温度低而生病甚至大量死亡；也可能因为地面大量积雪影响交通运输、野外勘探、登山旅游等活动，造成经济损失。另一种雪灾则是因春季降雪过晚或者秋季降雪过早，地面温度急剧下降，农作物遭受冻害，产量减少或绝收。

3. 冻灾和冷灾

冻灾发生在冬季，此时气温在0℃以下，且比常年低很多，因引起植物内部结冰而冻坏果树和越冬农作物等的根系或枝条，造成歉收或者绝收。冷灾时气温在0℃以上，是因为气温低于农作物发育时的临界温度，导致农作物此时生长发育遭受限制，不能按时成熟或不能结果。纬度位置高、海拔高的地区，因为热量资源相对较少，且年际变化较大，冻灾、冷灾发生频繁（袁林，1994）。

古代虽然没有气象仪器记录，但是人们在史志中描述性地记载了寒冷天气及其伴随的各种寒冻灾害现象。如明正统十四年（1449），湖北郧县“汉水冰”[①]。《雍正·陕西通志》记载了明万历四年（1576）汉中地区“九月初七，

① 温克刚：《中国气象灾害大典·湖北卷》，北京：气象出版社，2007，第291页.

汉中大雪盈尺，杀禾稼”[①]。寒冻灾害给古代人们的生产生活，以及生态环境造成了严重的灾难，古人常用“河流封冻、江水冰”、“麦苗多损”、“民多僵毙”来描述寒冻灾害造成的损失。

本书选择历史资料中有明确记载本区域发生冻灾现象的数据，进行统计分析，探讨区域冻灾发生的规律，统计结果详见附录 3。

二、寒冻灾害时间特征分析

据对文献记载的统计，在公元前 900～公元 2010 年的 2911 年间，汉江上游地区有明确记载的寒冻灾害发生了 118 次，平均 24.67a 发生一次，比本区域干旱灾害和洪涝灾害发生频次低。为了更深入细致地研究历史时期汉江上游地区寒冻灾害在时间上的变化特点，分别以 10a 和 50a 为单位整理统计寒冻灾害发生的频次。

（一）寒冻灾害频次统计分析

图 2-20 和图 2-21 分别为以 10a 和 50a 为单位分析各时段寒冻灾害发生的频次。通过对汉江上游地区寒冻灾害发生情况的统计，可见历史时期汉江上游地区寒冻灾害发生的频率具有一定的波动性，且波动中有上升的趋势。在 1450 年以前，寒冻灾害记录很少，发生频次为 0～1 次/10a；1450～1919 年，寒冻灾害记录开始逐渐增多，发生频率为 0～3 次/10a；1920 年以后，寒冻灾害记录明显增多，1920～1929、1930～1939、1940～1949、1950～1959、1960～1969、1970～1979、1980～1989、1990～1999 年等年份寒冻灾害极为

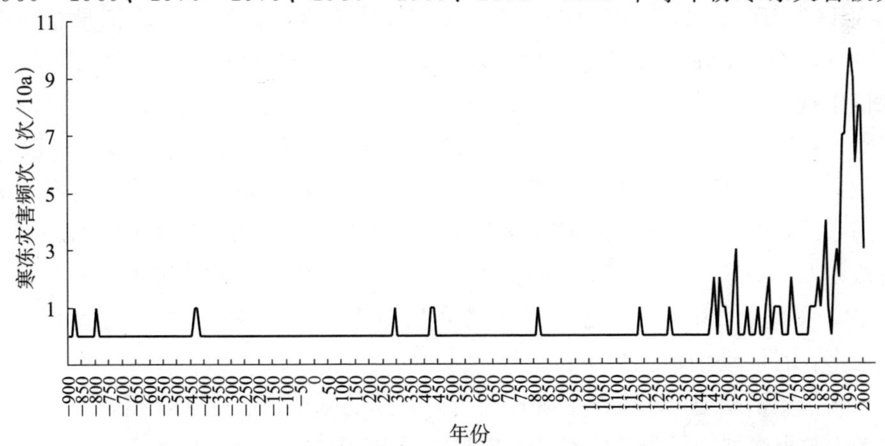

图 2-20　汉江上游地区寒冻灾害发生频次（900B. C. ～2010A. D. ，以 10a 间隔统计）

注：横坐标−900 对应 900B. C. ～851B. C. ，以下类推，2000 对应 2000～2009 年

① （清）沈清峰：《（雍正）陕西通志》卷 47《祥异二》，清文渊阁《四库全书》本，第 2227 页．

频繁，发生频次依次为7、7、9、10、9、6、8和8次。即从历史记录来看，越到近代，寒冻灾害记录越多，尤其是1920年以后，为寒冻灾害发生频率最高的时段。虽然从气候资料记载来看，20世纪初期以来，汉江上游地区气候暖干化趋势明显（殷淑燕等，2010；蔡新玲等，2008；赵德芳等，2005），但寒冻灾害并没有减少，反而有明显增多的趋势。

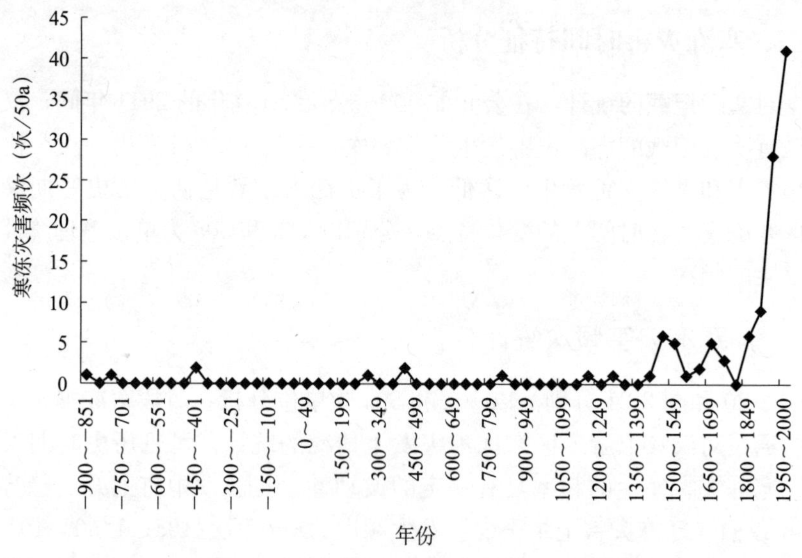

图2-21 汉江上游地区寒冻灾害发生频次（900B. C.～2010A. D.，50a间隔）

具体而言，历史时期汉江上游地区寒冻灾害分为三个阶段：第一阶段大约在1450年前的2350年间中，寒冻灾害发生9次，占寒冻灾害记录总数的7.62%，平均261.11a发生一次；寒冻灾害发生频率最低，波动性小，期间峰值出现在−440～−431、−430～−421、290～299、420～439、810～819、1180～1189、1290～1299、1440～1449年等年份。第二阶段为1450～1919年之间，持续了470年，寒冻灾害发生42次，平均11.19a发生一次，占寒冻灾害总数的35.59%，是寒冻灾害发生频次相对较高的时期，波动中增加。第三阶段是寒冻灾害记录频率最高时期，1920～2009年，90年期间寒冻灾害发生67次，平均1.34a发生一次，占寒冻灾害总数的56.78%，寒冻灾害发生频次最多，且波动增加趋势明显。

为了更清楚地反映汉江上游地区历史时期的寒冻灾害变化，笔者对寒冻灾害频次数据序列做了距平处理（图2-22）。由图可知，第一阶段距平值以负值为主，表明寒冻灾害频次低于平均频次，是寒冻灾害低频期；第二阶段正距平值与负距平值交替出现，但正距平居多，表明此阶段寒冻灾害发生具有间歇性，是寒冻灾害频次相对较高的时期；第三阶段以正距平值为主，表示寒冻灾害发

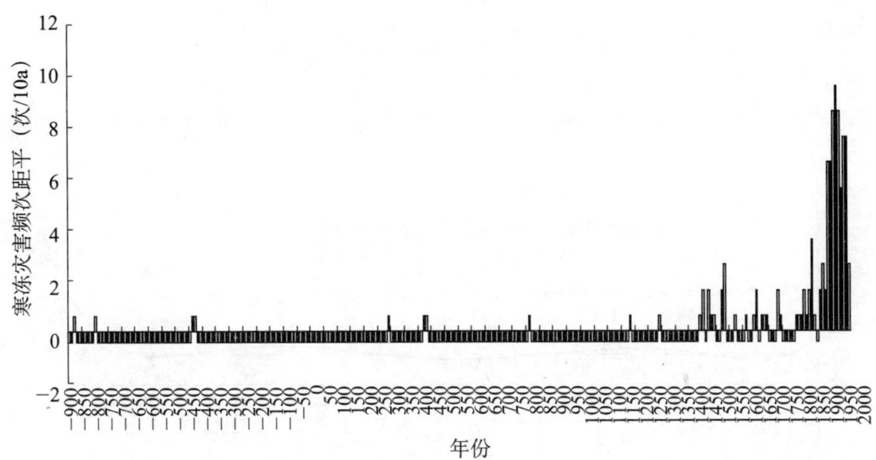

图 2-22　汉江上游地区寒冻灾害发生距平（900B.C.～2010A.D.，50a 间隔）

注：横坐标−900 对应 900B.C.～851B.C.，以下类推，2000 对应 2001～2010 年

生次数高于平均次数，是寒冻灾害发生频率最高的时期，且波动性最大。距平图2-22显示的寒冻灾害的波动增加的趋势比图 2-20 和图 2-21 更明显。

（二）利用六次多项式拟合寒冻灾害频次

最小二乘法在数理统计分析方法中被广泛应用，利用它进行数据序列的拟合。图 2-23 是利用最小二乘法对寒冻灾害进行的 6 次多项式的拟合，拟合曲线为：

$$y=2E-12x^6-1E-09x^5+4E-07x^4-5E-05x^3+0.0033x^2-0.0893x+0.6692$$

回归系数 $R^2=0.7084$，$r=8417$。

式中，y 为寒冻灾害次数，x 为以 10 年为间隔的序号。r 为相关系数。此图更加明确的呈现了在 10a 尺度下寒冻灾害的频次变化具有明显的波动性和阶段性（较少 — 波动增加 — 快速增加）。

（三）寒冻灾害季节变化

寒冻灾害的发生季节变化特征明显。除了没有记载季节的 15 年，绘制历史时期汉江上游地区寒冻灾害季节分布图（图 2-24）。春季为寒冻灾害发生频次最高的季节，在寒冻灾害类型上，以霜灾为主（春季发生了 25 次）。汉江上游大部分地区处于亚热带，农作物播种时间早，寒冻灾害的发生影响农作物的播种与生长、产量和品质，成灾的可能性最高。其次寒冻灾害在秋季发生频次也较高，也是以霜灾为主（25 次）。其原因可能是秋季为汉江上游地区农作物秋收季节，气温异常降低或者偏低推迟了农作物的正常成熟时间，甚至影响了果实的品质，成灾率较高。第三为冬季，以雪灾和霜灾为主，冻灾

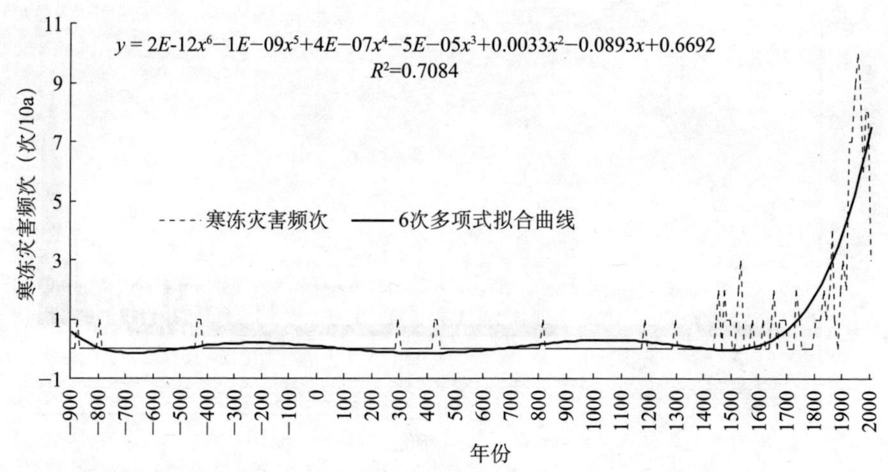

图 2-23　拟合后的汉江上游地区寒冻灾害变化（900B. C. ～2010A. D. ，100a 间隔）

也较多，寒冻灾害共发生了 20 次，发生在冬季的寒冻灾害主要影响牲畜的生长与发育甚至死亡。夏季灾害发生最少，发生频次只有 7 次，但此时冷害对生长期内的农作物危害更大。

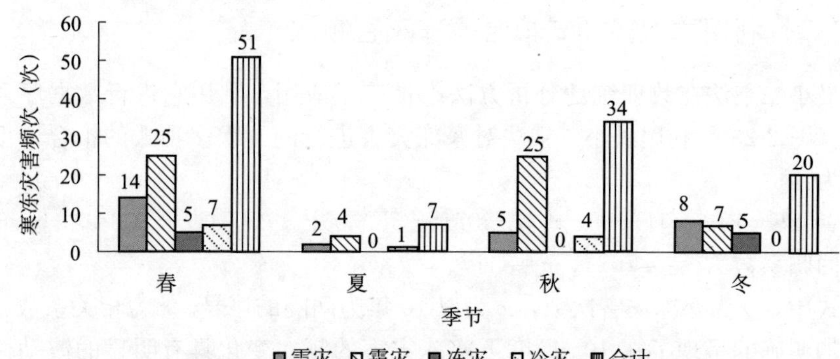

图 2-24　汉江上游地区寒冻灾害季节分布（900B. C. ～2010A. D. ）

历史时期汉江上游地区寒冻灾害以霜灾为主，雪灾频次也较高，冷灾灾害次之，冻灾最少。值得注意的是，汉江上游地区涉及范围广，出现同年不同地区发生寒冻灾害类型不同，说明在局部小区域寒冻灾害类型也存在地区差异。

（四）寒冻灾害等级划分

根据寒冻灾害持续时间和强度，受灾的地域范围，受灾的程度等，将汉江上游地区寒冻灾害划分为三个等级，详见表 2-6。据附录 3 和表 2-6 统计，从公元前 900～公元 2010 的 2910 年来，汉江上游地区共发生寒冻灾害 118 次，其中轻度寒冻灾害发生了 19 次，占寒冻灾害总数的 16.10%；中度寒冻灾害发生了 74 次，占寒冻灾害总数的 62.71%；重度寒冻灾害发生了 25 次，占灾害总数的 21.19%。从等级角度上说，历史时期汉江上游地区寒冻灾害的灾害类型以中度寒冻灾害为主，轻度和重度寒冻灾害发生频次相对较低。

表 2-6　汉江上游地区寒冻灾害等级划分及频次（900B. C. ～2010A. D. ）

等级	冻灾程度	灾情描述（资料来源为当地各县县志）	频次	比例（%）
1 级	轻度寒冻灾害	史料中用“霜”、“雨雪”、“霜冻”、“江水合”等词语记载某一个地区或局部地区发生的冻灾，影响范围小、持续时间短，且对人民生活和生产未造成影响或者影响较小。如宋元嘉十二年（435），勉县“六月，秦降雨雪”。明景泰六年（1455），镇安“霜冻”明嘉靖六年（1527），南郑“陕南冻，龙江水合”	19	16.1
2 级	中度寒冻灾害	史料中用中“陨霜杀秋禾”、“花木尽枯”、“大雪伤稼”等词语记载的冻灾，此类冻灾影响范围较大、持续时间长，或某一地区发生，但对该地区人民生活和生产产生重大影响。将诸如此类的冻灾归为中度冻灾。如晋元康七年（297），勉县、南郑、汉中、西乡“七月，雍、梁州陨霜杀秋禾”；明嘉靖十二年（1533），镇安“3 月大雪，花木尽枯”；清同治元年（1862），柞水“九月二十八日霜冻，高山地区庄稼全部秋封”	74	62.71
3 级	重度寒冻灾害	文献中用“牛马死”、“物价上涨”、“人畜多冻死”、“人口迁移”等词语描述的冻灾，这类冻灾受灾程度严重、范围广，造成民田绝收，甚至人畜伤亡，人民生命财产安全损失严重，将这类冻灾划分为重度冻灾。如宋元嘉五年（426），勉县“汉江冰，牛马死”；明正统四年（1439），湖北郧县“冬，11 月大雪至初一，雷电大作，后 5 日雪止，人畜多冻死”；民国二十一年（1932），安康、洋县、留坝、汉中等地“三月中、下两旬狂风黑霜，几遍全省，各种禾苗，俱行枯萎，夏田失收，粮价飞涨，人人惶恐，流亡复多”；民国十八年（1929），旬阳“冬春之交，大雪六次，积厚三尺许，气候极寒，百年未见，遍地黑霜，豆麦冻死不少，所有果树都被摧残”	25	21.19

为了探知寒冻灾害的不同等级在时间上的变化特征，将其以时间为横坐标，等级为纵坐标绘制灾害等级序列图（图 2-25）。从图中可以看出：

（1）寒冻灾害发生具有明显的阶段性。各等级寒冻灾害经历了冻灾发生频次最低期—频次相对较高期—频次最高期。明代初期，即 1450 年以前，轻度寒冻灾害、中度寒冻灾害和重度寒冻灾害发生频次较低。1 级轻度寒冻灾害发生了两次，2 级中度寒冻灾害 4 次，3 级重度寒冻灾害两次，且寒冻灾害发生的间隔时间长。

（2）1450～1919 年，寒冻灾害发生频次明显增多，中度寒冻灾害增加最多。470 年间，共发生寒冻灾害 42 次，平均 11.19a 发生一次。其中轻度寒冻灾害 12 次，中度寒冻灾害 27 次，重度寒冻灾害 3 次。

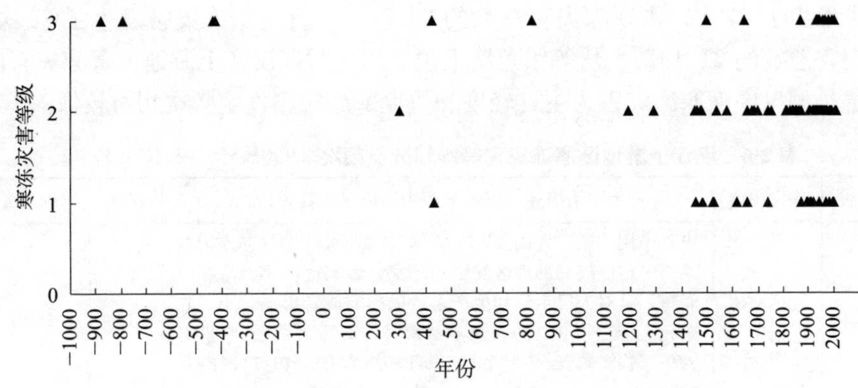

图 2-25 汉江上游地区寒冻灾害等级序列（900B. C. ～2010A. D.，100a 间隔）

(3) 1920～2010 年，寒冻灾害发生频率最高，灾害的强度大。90a 间，共发生寒冻灾害 67 次，占灾害总数的一半以上，平均 1.34a 发生一次。其中轻度寒冻灾害 5 次，中度寒冻灾害 43 次，重度寒冻灾害 19 次。中度和重度灾害明显增多。

(五) 寒冻灾害的周期变化

为了探明寒冻灾害发生的周期特征，利用小波分析方法对寒冻灾害等级序列数据进行系统深入的解析，如图 2-26 所示。根据时间序列和频率的关系图可以看出，历史时期汉江上游地区寒冻灾害等级序列周期变化明显，存在 3 个明显的集中区和 3 个明显的峰值，即在低等级层次中存在 5～8 年频率，在中高等级中存在 20～23 年左右和 55 年的频率，这表明，该地区轻度寒冻灾害存在 5～8 年的周期，中度寒冻灾害存在 20～23 年左右的周期，重度寒冻灾害存在 55 年的周期。

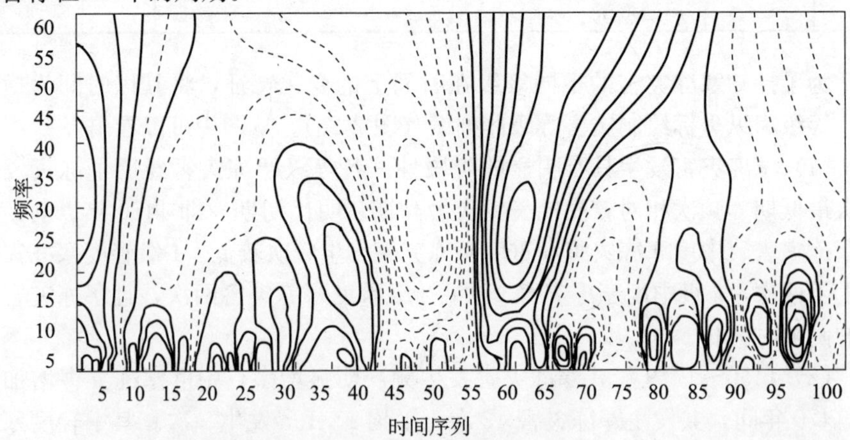

图 2-26 经小波分析的汉江上游地区寒冻灾害等级序列周期（900B. C. ～2010A. D.）

三、寒冻灾害空间特征分析

根据历史记载的汉江上游地区各县市寒冻灾害发生频次，进行的统计结果见表 2-7、图 2-27 和彩图 9。汉江上游地区历史时期寒冻灾害发生频次较多的县市有镇安、留坝、柞水和旬阳，寒冻灾害发生的频次都在 20 次以上；其次为宁强、镇巴、郧县、汉中、勉县、西乡、洋县、南郑、佛坪和白河，寒冻灾害发生的频次在 6～19 次；城固、安康、宁陕、紫阳、郧西、汉阴、石泉、岚皋等发生冻灾灾害较少，发生频次在 5 次以下。从图 2-27 和彩图 9 可知，寒冻灾害发生频次空间差异大，以旬阳、镇安和柞水为中心的强高频次地区，秦岭南坡高于大巴山地和汉江上游谷地地区，这应该是受所处地区海拔高度和纬度影响所致。

表 2-7　汉江上游地区各县市寒冻灾害发生频次（900B. C. ～2010A. D.）

县市	频次	县市	频次	县市	频次
留坝	21	南郑	11	西乡	8
佛坪	12	汉中	7	洋县	9
宁陕	3	紫阳	2	旬阳	34
柞水	21	石泉	1	白河	12
镇安	20	汉阴	1	郧县	6
宁强	6	镇巴	6	郧西	1
岚皋	0	安康	5		
勉县	8	城固	5		

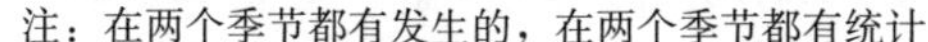
注：在两个季节都有发生的，在两个季节都有统计

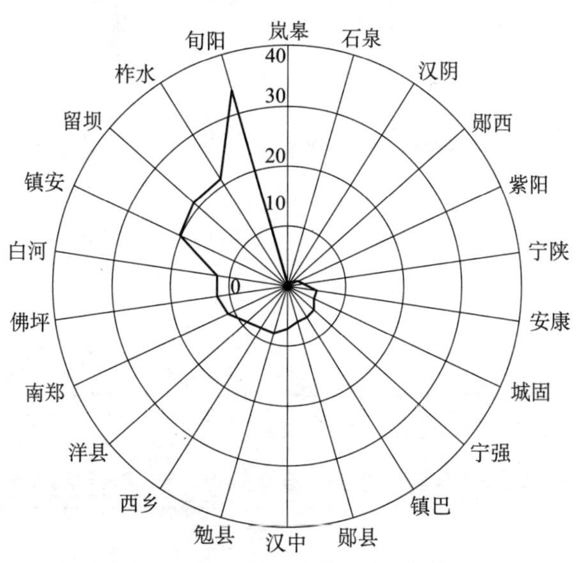

图 2-27　汉江上游地区寒冻灾害频次空间差异（900B. C. ～2010A. D.）

第四节 汉江上游地区主要气象灾害的相关性分析

一、主要气象灾害发生的时间规律

根据史料记载，将汉江上游地区历史时期干旱灾害、洪涝灾害和寒冻灾害发生时间以 10a、50a 为间隔进行统计分析，结果如图 2-28、图 2-29 所示。

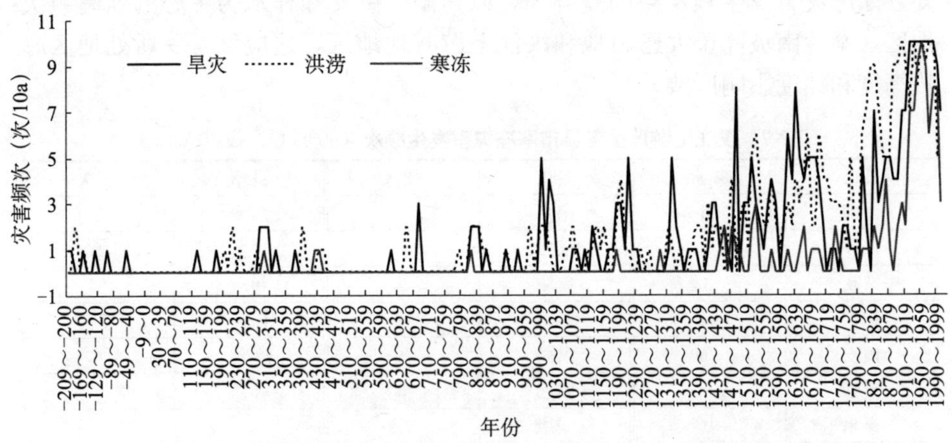

图 2-28 汉江上游地区主要气象灾害的时间变化（209B. C. ～2010A. D.）

注：图中数据为 209B. C. ～2010A. D. 以 10 年为单位频次统计，横轴刻度和坐标每隔 30 年标注 1 次，图中最后 1 点为 2000～2010 年间频次

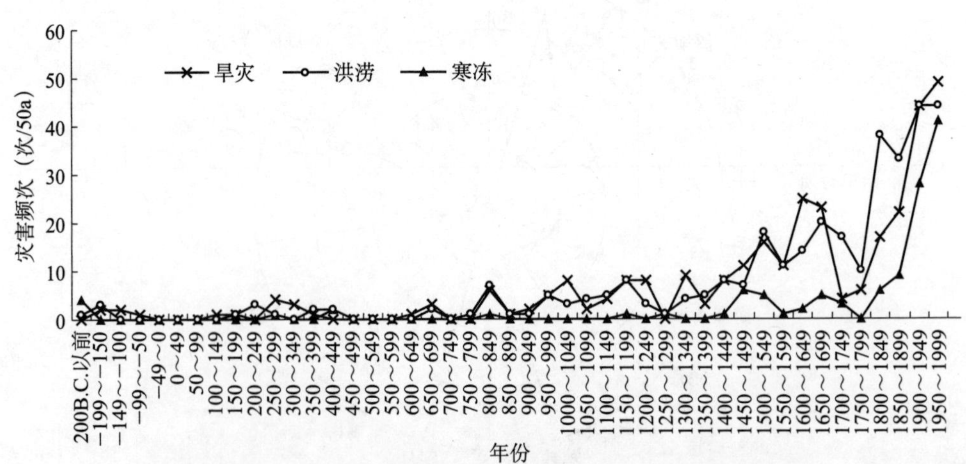

图 2-29 汉江上游地区主要气象灾害的时间变化（约 200B. C. ～2010）

从图中可以看出，三种气象灾害在时间变化上具有相似性，在750以前，发生次数较少；750～1499年间，灾害发生次数波动增加；1500～1999年，发生频次快速增加，为气象灾害的高发期。

洪涝、旱灾、寒冻三种气象灾害随时间变化都呈J形，即越接近现代，灾害记载越多。这一点，不可否认，这与人类对灾害的记载详细程度有关，越接近现代，对气候异常和灾害的记录越详尽。但是，另一方面，也不能不考虑到，越接近现代，人口数量越大，对自然环境的破坏和影响越强，导致了灾害数量的增多和规模增大。而且，即使是同样程度的气候异常，在人口数量较大的情况下，造成的损失也会增大，灾害程度加强。此外，距离现代时间较近的清至民国时期，各种自然灾害同步频发，远超过前后其他时期，也是不争的事实，不能只用当时较近现代远近，以及记载的详细与否来解释。因此，我们认为，历史文献记录仅是在一定程度上反映了客观事实。

为了更细致地分析历史时期汉江上游地区干旱灾害、洪涝灾害和寒冻灾害等主要气象灾害在发生时间上的变化规律，根据史料记载，按朝代统计分析，结果见表2-8、图2-30和图2-31。

表2-8 汉江上游地区各朝代主要气象灾害发生次数及频次（西汉～2010）

朝代	持续时间（年）	干旱灾害频次（次）	洪涝灾害频次（次）	寒冻灾害频次（次）	干旱频率	洪涝频率	冻灾频率
西汉时期 202B. C. ～23A. D.	226	5	4	0	45.2	56.5	0
东汉时期 24～220	197	2	3	0	98.5	65.67	0
隋朝 581～617	37	1	0	0	37	0	0
唐朝早中期 618～880	94	10	11	1	9.4	8.55	94
唐后期 880～ 907	27	1	1	0	27	27	0
北宋时期 960～1127	168	13	14	0	12.92	12	0
南宋时期 1127～1279	152	22	15	1	6.91	10.13	152
元朝 1260～1368	107	9	5	1	11.89	21.4	107
明朝 1369～1644	277	71	61	15	3.90	4.54	18.47
清朝 1644～1911	296	82	132	27	3.61	2.24	10.96
民国 1912～1949	37	37	32	24	1	1.16	1.54
1950～2010	61	56	50	44	1.09	1.22	1.39

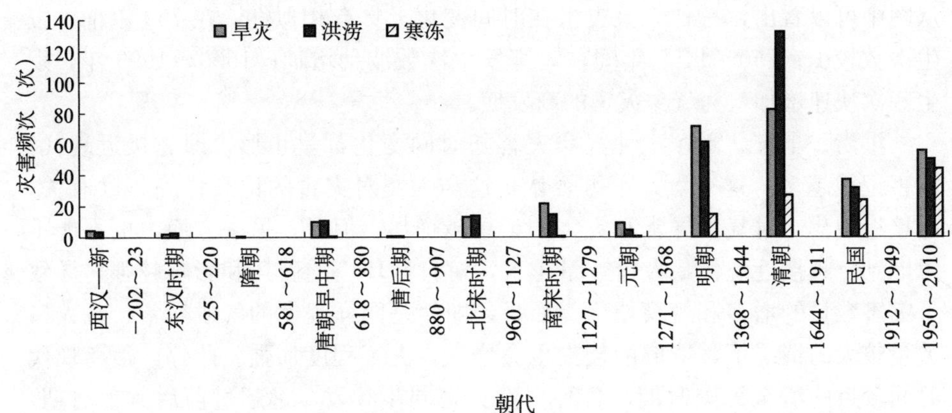

图 2-30　汉江上游地区各朝代主要气象灾害发生次数（西汉～2010）

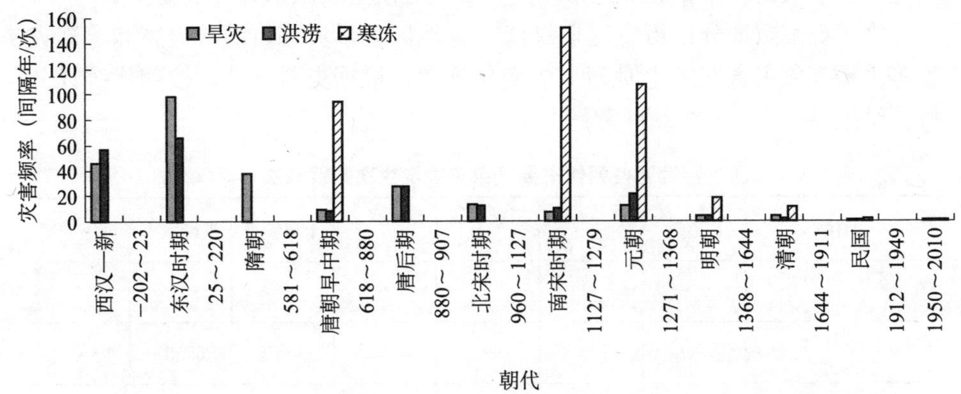

图 2-31　汉江上游地区各朝代主要气象灾害发生频率（西汉～2010 年）

由以上图表分析可知：

（1）西汉时期（202 B. C. ～220）：两汉时期汉江上游地区主要气象灾害集中在西汉，干旱灾害和洪涝灾害发生总次数相当，西汉时期干旱灾害发生次数较多、频率较高，东汉时期洪涝灾害发生次数较多、频率较高。

（2）隋朝时期（581～618）：主要气象灾害发生次数少、频率低，干旱灾害发生了 1 次，平均 37a 发生一次；无洪涝灾害和寒冻灾害记载。

（3）唐朝（618～907）：唐朝早期和中期的前 263 年，干旱灾害和洪涝灾害发生次数较多、频率较高，寒冻灾害记载仅有一次；唐后期约持续 27 年，灾害发生次数较少，无寒冻灾害记载，灾害发生的频率低于唐朝早期和中期。

（4）宋朝（960～1279）：是主要气象灾害发生次数较多的时期，北宋和南宋相比，南宋气象灾害发生频率较高，次数较多；记载的干旱灾害平均 6.91a 发生一次，发生频率很高。

（5）元明清到现代：元朝气象灾害发生次数较少；明朝之后，三种气象灾害发生次数快速增加，灾害发生时间间隔越来越短；中华人民共和国成立后，干旱灾害和洪涝灾害每年均有发生，寒冻灾害发生频率也很高。

综合以上分析，从历史资料统计来看，两汉时期、隋朝和唐朝后期，气象灾害发生次数相对较少，时间间隔长，频率低；唐早期和中期、北宋时期、南宋时期和元朝，气象灾害发生次数较多，灾害发生的时间间隔缩短，频率增加；从明朝开始，气象灾害发生频率快速上升，气象灾害频繁。除气候本身波动因素造成的气候水文灾害频率变化（如明清小冰期时水旱、寒冻灾害明显增多），也可以看出，基本上，越接近现代，洪涝、旱灾、寒冻灾害的记载越多，一方面，这与历史文献资料记载的详略关系较大；另一方面，也反映了随着人类社会的发展、人口的增长，对环境的破坏与影响加大，气候水文灾害增多的趋势。

二、相关性分析

据前面对干旱灾害、洪涝灾害和寒冻灾害发生时间的变化规律分析，三种主要气象灾害在发生时间上具有相似性，现将三种主要气象灾害事件发生的时间序列在 SPSS 软件平台进行相关性分析。

表 2-9 是汉江上游地区历史时期主要气象灾害间的相关性分析结果，干旱灾害、洪涝灾害和寒冻灾害相关性极高，都通过了显著性检验。其中，干旱灾害与洪涝灾害呈现正相关，相关系数达到了 0.994，说明干旱灾害发生次数增多时，洪涝灾害发生的可能性大；洪涝灾害发生频次增多时，干旱灾害发生的可能性也较大。干旱灾害与洪涝灾害在发生时间上具有同步性或伴随性，两者相伴而生。

表 2-9　汉江上游洪涝灾害、干旱灾害和寒冻灾害相关性分析

灾害类型	洪涝灾害	干旱灾害	寒冻灾害
洪涝灾害	1		
干旱灾害	0.994	1	
寒冻灾害	0.910	0.896	1

寒冻灾害与洪涝灾害相关系数达到了 0.910，寒冻灾害与洪涝灾害呈现显著正相关；同时，寒冻灾害与干旱灾害也呈正相关，相关系数为 0.896，通过 0.01 水平极显著检验。寒冻灾害多时，水旱灾害发生次数也多，寒冷期水旱灾害多。通过比较相关系数值大小可知，寒冻灾害与洪涝灾害间的相关性较大，在洪涝灾害发生频繁的时期，寒冻灾害发生频次也较高。探究其原因，可能与“降水型”的洪涝灾害有关，因为长时间的霖雨或阴雨天，云层多，且厚度大，大气对太阳辐射的削弱多，到达地面的太阳辐射量减少，气温偏

低，且时间长，低于植物或者农作物生长时的温度，易引起寒冻灾害。

从图 2-28、图 2-29 和表 2-9 的相关性分析可以看出，在我国历史时期，汉江上游的洪涝、干旱与寒冻灾害具有同步发生的特点，呈现出灾害群发期与灾害少发期相间，各种灾害具同步性、群发性的特征。

汉江上游地区历史时期各种灾害之间都具有显著相关性，主要气象灾害的发生具有同步性和群发性。有些年份，同年出现干旱灾害和洪涝灾害，或同年出现洪涝灾害和寒冻灾害等。各种气象灾害及其次生灾害的相关性与群发性，无疑会强化气象灾害对社会的不利影响，使气象灾害成为造成我国历史时期社会不稳定的一个重要因素。

此外，各种气象灾害发生具有相关性、同步性与群发性，洪涝灾害发生频繁的时期，同样也是旱灾、寒冻灾害发生频繁的时期，并不是旱灾多就代表气候干旱，或洪灾多代表当时气候湿润，寒冻灾害多就为寒冷时期。例如，从历史记录来看，1920 年以后，为汉江上游寒冻灾害发生频率最高的时段。但从气候观测资料记载来看，20 世纪初以来，汉江上游地区气候暖干化趋势明显（殷淑燕等，2010；蔡新玲等，2008；赵德芳等，2005），但寒冻灾害并没有减少，反而有明显增多的趋势。1980 年后，气温急剧上升，仍有多次寒冻灾害发生，如 1980～1990 年，共有 8 次寒冻灾害发生。因此，依据文献统计结果来看，从灾害发生频率和影响程度的角度推断当时气候冷暖、干湿，是有一定的缺陷和局限性的，与李长傅先生的观点基本一致（李长傅，1983）。在研究历史和现代气候时，可以将其作为参考，但需添加其他的参考值和资料，更加客观科学有力的分析，结论才更准确可靠。

第五节　本章小结

利用当地县志与年鉴资料、二十五史及《通志》、《汉江干流及主要支流洪水调查资料汇编》、《陕西通志》（雍正）、《行水金鉴》、《中国气象灾害大典·陕西卷》、《陕西省自然灾害史料》、《陕西历史自然灾害简要纪实》、《中国历代天灾人祸表》、《中国古代重大自然灾害和异常年表集》、《中国主要气象灾害分析》、《灾害和两汉社会研究》、《中国西部农业气象灾害》、《中国农业自然灾害史料集》、《中国历代自然灾害及历代盛世农业政策资料》、《中国基本古籍库》、《爱如生数据库》等书籍和电子数据库，统计历史时期以来汉江上游地区干旱灾害、洪涝灾害和寒冻灾害等主要气象灾害记录，借助 ArcGIS、Excel、SPSS、DPS 和 MatLab 等软件，分析灾害发生的时空变化规律，包括发生频次年级和年代际规律、季节与月份特征、等级规模、周期特征和空间差异性等，并探讨此三种灾害对当时社会产生的影响。得出以下结论：

(1) 在公元前 208～公元 2010 年的 2219 年间，汉江上游地区有明确记载的洪涝灾害呈现“波浪上升”，具有明显的阶段性变化的特征（洪涝灾害发生低频期—波动增加期—快速增加期）。洪水灾害发生频次增加，时间间隔缩短。共发生了 336 次，平均 6.60a 发生一次。清代道光年间前期、光绪年间和民国后期至今为洪涝灾害多发期。洪涝灾害集中发生在 5 月、6 月、7 月、8 月和 9 月，共占总数的 90.76%，其中，6 月发生次数最多。从季节上看，发生频次是夏季＞秋季＞春季＞冬季，夏秋连涝时常发生。在空间上，洪涝灾害发生频次以安康盆地为中心向南、向北、向东、向西递减，汉江上游谷地最多，主要集中在安康盆地安康市和旬阳县以汉江上游河段前段的汉中和城固县，洪涝灾害平均发生次数秦岭南坡各县和大巴山地各县相差不大，秦岭南坡略多于大巴山地。从等级上看，以中度洪涝灾害和重度洪涝灾害强度为主，大气环流引起的降水量的强度和季节变化、地形起伏大小、植被覆盖率的高低，以及人类活动的影响是引起汉江上游地区洪涝灾害频发的主要原因。

(2) 从公元前 190～公元 2010 年的约 2200 年间期间汉江上游地区干旱灾害频繁发生，共发生了 318 次，平均 6.92a 发生一次。第一，在年际变化上，干旱灾害发生的频率具有一定的波动性，且波动中有上升的趋势。1480～1489、1630～1639 和 1920～1990 年为干旱灾害多发期；干旱灾害发生较少的时段是公元前 49～公元 119 年、180～279、380～609、690～809、940～989、1030～1069、1240～1309 年，为干旱灾害少发期。第二，干旱灾害阶段性变化特征明显，分为三个阶段，分别是：第一阶段大约在 809 年之前，发生频率较低，波动较小；第二阶段为 810～1749 年之间，干旱灾害发生频次相对较高，呈波动中增加，具有间歇性；第三阶段是从 1750～2010 年为干旱灾害发生最频繁的时段，波动性最大。尤其是清后期到现代，是干旱灾害发生频率最高的时期，且干旱灾害连年发生次数较多。第三，干旱灾害发生的月份分布不均，集中在 5 月、6 月和 7 月，共占灾害总数的 50.78%。从季节上看，发生频次为夏季＞春季＞秋季＞冬季。季节性连旱发生的年份与历史上重度干旱灾害和特大干旱灾害发生的年份基本一致，本区干旱灾害以春夏连旱和夏秋连旱为主。第四，干旱灾害存在 2～5 年、50 年、90～100 年、150 年、180 年和 220 年等周期。其中 90～100 年和 220 年周期与太阳黑子活动百年周期相对应，2～5 年与 ENSO 的周期和赤道附近平流层大气的准两年振荡（QBO）相对应，说明低纬度海洋的大气活动和太阳活动对汉江上游地区干旱灾害的发生有影响。第五，干旱灾害空间差异性明显，存在四个高频中心和四个低频中心。四个高频中心是旬阳、安康、南郑、城固，位于汉江谷地；四个低频中心为佛坪、宁陕、郧西、郧县，位于秦岭南坡和汉江上游谷地东段。汉江谷地干旱灾害发生频次高于南北两侧山地，尤其是南郑至旬阳地区。第六，本区干旱灾害划分为轻度干旱、中度干旱、重度干旱和特大干旱四个等级，以轻度干旱和中度干旱灾害为主。

(3) 在公元前900～公元2010年的2911年间，汉江上游地区有明确记载的寒冻灾害发生了120次，平均24.25a发生一次，是三种灾害中发生频次最低的。历史时期汉江上游地区寒冻灾害分为三个阶段：第一阶段大约在1450年之前，寒冻灾害发生频率最低，发生频次为0～1次/10a，波动性小，期间峰值出现在公元前440～前431、公元前430～前421，以及公元290～299、420～439、810～819、1180～1189、1290～1299和1440～1449等年份；第二阶段为1450～1919年，是寒冻灾害发生频次相对较高的时期，发生频率为0～3次/10a，波动中增加；第三阶段是寒冻灾害发生频率最高时期，从1920～2010年，平均1.34a发生一次，占寒冻灾害总数的55.83%，寒冻灾害发生频次最多，且波动增加趋势明显。从等级角度来说，以中度寒冻灾害为主，轻度和重度寒冻灾害发生频次相对较低。寒冻灾害具有明显的阶段性，各等级寒冻灾害的发生经历了频次最低期—频次相对较高期—频次最高期。从季节上看，春季冻灾灾害发生频次最高，以霜灾为主，雪灾频次也较高，冷灾次之，冻灾最少。寒冻灾害发生频次空间差异大，以旬阳、镇安和柞水为中心的地区灾害发生频次高，秦岭南坡高于大巴山地和汉江上游谷地地区。

(4) 三种主要气象灾害在发生时间规律上具有相关性。主要气象灾害之间具有显著相关性。干旱灾害与洪涝灾害呈显著正相关，相关系数达到了0.994；寒冻灾害与洪涝灾害和干旱灾害呈显著正相关，相关系数分别为0.91、0.896，寒冻灾害多时，水旱灾害发生次数也较多。主要气象灾害的发生具有相关性、同步性和群发性，气候恶化期和不稳定期，各种气象灾害都会增多，形成灾害群发期，破坏强度大，对社会政治、经济等影响深远。

(5) 除气候本身波动因素造成的气候水文灾害频率变化，也可以看出，基本上，越接近现代，洪、旱、寒冻灾害的记载越多。

第三章 沉积学研究、历史气候变化研究与历史灾害文献资料对比

根据黄春长科研团队对汉江上游进行的古洪水滞流沉积物的系列研究，在距今约5000年的历史时期内，汉江上游出现了四期典型古洪水事件（表3-1）。

表3-1　古洪水滞流沉积研究发现汉江上游历史时期存在的古洪水事件

序号	洪水发生时期(aBP)	地点	引用来源
1	4200～4000	旬阳西段罗家滩（LJT）剖面 郧县西段庹家洲（TJZ）剖面	Yuzhu Zhang，et al. 2013 白开霞等，2013
2	3200～2800	旬阳西段罗家滩（LJT）剖面 旬阳东段新滩子村（XTC）剖面 旬阳东段泥沟口（NGK）剖面 白河东段陨西焦家台子（JJTZ）剖面 郧西县东段天河口庹家湾（TJW）剖面 郧县西段庹家洲（TJZ）剖面 郧县西段归仙河口（GXHK）剖面	Yuzhu Zhang，et al. 2013 王龙升等，2012b 王龙升等，2012a 李晓刚等，2012 查小春等，2012 白开霞等，2013 虎亚伟等，2012；毛沛妮等，2014
3	1800～1700	旬阳西段罗家滩（LJT）剖面 郧县西段庹家洲（TJZ）剖面 郧县西段归仙河口（GXHK）剖面 郧县西段前坊村（QF）剖面 郧县西段辽瓦店（LWD）剖面	Yuzhu Zhang，et al，2013 白开霞等，2013 虎亚伟等，2012 乔晶等，2012 Huang C C，et al. 2013；吴帅虎等，2012
4	1000～900	安康东段立石村（LSC）剖面 郧县西段归仙河口（GXHK）剖面 郧县西段尚家河（SJH）剖面	许洁等，2013 毛沛妮等，2014 刘建芳等，2013

注：aBP：距今年代点为1950年，以下类同处不再标出

以上四个时期的古洪水，是在地层中发现古洪水滞流沉积层（SWD层）后，经OSL（光释光）测年，再与经过OSL测年的其他地区的地层层序对比，以及分析剖面中夹杂的考古文化层，辅助进行时间判别的。这是目前国际上判别古洪水发生时间的常用方法。由于存在样品测片晒退是否彻底的问题，以及选取的预热温度的不同、等效剂量的计算方法不同等原因，OSL测年存在一定的系统误差和实验误差，正常数据误差范围在4%～10%（王恒

松，2012a）。例如，对汉江上游郧西县天河口上游庹家湾剖面 SWD 层 OSL 测年结果为 2950±230aBP（查小春等，2012）；对汉江上游白河县以东汉江左岸 JJTZ 沉积剖面的两层 SWD 层 OSL 测年结果年龄为 3360±190aBP 和 3080±280aBP（李晓刚等，2012）。所以古沉积学只能给出 SWD 层对应的一个大致时期，并不能与历史文献资料记载中的某一次特定的大洪水完全相对应。事实上，如果硬要将 OSL 测年的某期 SWD 洪水事件与历史文献资料记载的某一次大洪水对应起来，也是不够科学的。

那么，是不是无法将以上古洪水滞流沉积研究结果与历史文献记载相对比而得出有价值的结论了呢？将全新世古洪水滞流沉积层研究结果，与历史文献资料记载和气候变化研究成果进行对比分析，可以发现，其中存在着一个明显的规律：以上四次 SWD 洪水事件，对应的阶段，都对应着历史上气候发生明显突变或转折的时期，在历史文献资料记载中，气候水文灾害的频率与前后时期相比较大，影响范围也较广，是属于各种气候灾害的群发期。

下面，分别对以上四个时期进行详细分析。

第一节　4200～4000aBP 的气候水文事件

一、4200～4000aBP（尧夏时期）气候变化背景研究

（一）气候变化的背景特征

第四纪末次冰期结束以后，地球气候系统相对稳定，进入全新世。全新世始于约 11.5kaBP 万年前，突出的标志是寒冷的新仙女事件（12.9～11.5kaBP）结束，气温大幅度上升。全新世的气候变化可分为早期的增暖、中期的温暖、晚期的转冷 3 个基本阶段。早期以迅速增暖为主要特征；中期则是一个较现代更为温暖且相对稳定的阶段，被称为“全新世大暖期”；大暖期结束之后，气候进入全新世后期的降温阶段，全球气候以小幅的波动式变冷、变干为主要特征（葛全胜，2010；黄春长，1989；2001）。

相关研究表明，全新世大暖期（也称全新世气候适宜期）及其后的气候转型，是我国乃至整个北半球范围内气候变化的共同特征（O'Brien S R，1995；Haug G H，2001）。但在具体时间与强度上，不同区域有一定差异，如黄土高原西北部的古土壤与孢粉组合研究表明，当时的黄土高原西北部地区与欧洲的气候适宜期（距今 7000～4000 左右）相接近。胡双熙等（1991）

测定青海湖盆地、共和、贵南、山丹等地大部分埋藏古土壤^{14}C年龄在7000～3500aBP之间。孔昭宸等（1992）根据青海湖（37°N，100°E）孢粉重建的近万年气温和降水量变化，认为大约8000～3500aBP是一个持续的暖期；在中国西部高山冰川区，在8000～3000aBP时，普遍表现为冰川大规模的快速后退，较低山地的冰川消失殆尽，如西昆仑山紧邻塔里木盆地的喀拉塔什山北坡的大多数冰川消失，冰斗空出。古里雅冰芯记录的7000～6000aBP是全新世最暖时期，$\delta^{18}O$值上升至－12.5‰，高于现代温度1.5℃。当时古里雅冰帽北冰流LGM的冰碛上发育了土壤和古土壤，^{14}C测年分别为（7078±340）aBP和(4603±111)aBP(焦克勤等，2000)；任国玉（1999）测定在科尔沁沙地东南部，以蒙古栎为代表的乔木花粉从3100aBP开始显著下降，而蒿属和藜科等草本植物花粉逐渐上升。徐叔鹰（1984）研究表明，到了3500aBP前后，祁连山山岳冰川再次前进，冰水物质在山麓沉积，风积黄土又一次覆盖土壤，成壤中断。在我国的海洋性冰川和大陆性冰川中，3100～2700aBP期间，均发现有冰川前进的证据（葛全胜等，2002），如大兴安岭伊图里河一级阶地上该时期有冰楔发育，祁连山冷龙岭南坡冰川前进，乌鲁木齐河源山北冰碛垄前进，等等。

根据黄春长等人在关中盆地及渭北黄土台塬区多处黄土剖面的取样研究，据全新世黄土磁化率、TOC、$CaCO_3$含量、粒度、Rb/Sr比等黄土物理与化学性质分析（黄春长等，2001；2003；周群英等，2003），黄土高原南部全新世大暖期约从8500aBP开始，结束于3100aBP左右。全新世大暖期期间，气候温暖湿润，古土壤S_0成壤作用强烈，表现为典型黑垆土或者褐土发育。3100aBP前后，在土壤S_0/L_0之间出现了一个显著的界线，表明此时期出现了季风气候转型，东南季风气候为主的成壤期向以西北季风气候为主的风尘堆积期转变。在此期间，剖面中反映降水量和成壤强度的指标如磁化率、有机碳含量等值明显下降，而反映干旱程度和沙尘暴风力强度的指标如$CaCO_3$含量值明显增大(图3-1)。大暖期中间仍然有次一级的气候分化，在6000～5000aBP，4200～4000aBP存在有两个冷干事件，这两次事件均出现明显的降温。

关于全新世大暖期气候变化幅度，王绍武等（2000，2002）根据全国10个站点代表中国10个区的孢粉资料进行计算，得出最暖期气温比近百年平均(1880～1979）高2℃以上。施雅风等（1992）曾分析了全国200多个站的孢粉资料，绘制出大暖期盛期与现代的温差图，认为华南差值最小约1℃，差值自南向北增加，华北约3℃，但青藏高原可能比现代高4～5℃。孔昭宸等(1992）根据青海湖（37°N，100°E）孢粉重建的近万年气温和降水量变化，认为大暖期气温比现代高2℃以上，降水可能比现代高15%～20%。庞奖励等（2003）对西安李湾全新世黄土剖面磁化率、TOC和土壤微结构等气候替

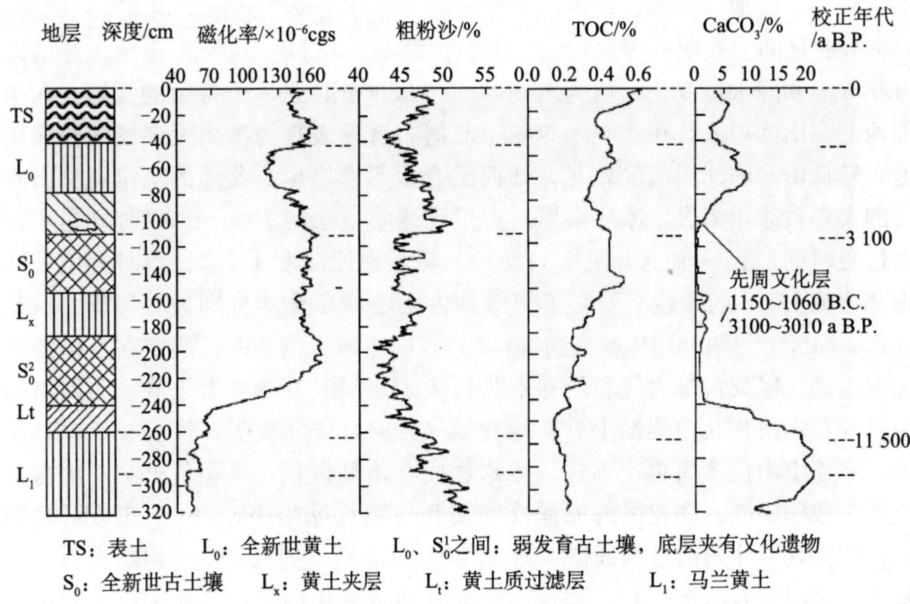

图 3-1　陕西扶风黄土序列记录的全新世气候变化

资料来源：黄春长，庞奖励，陈宝群等：《渭河流域先周—西周时代环境和水土资源退化及其社会影响》，第四纪研究，2003，24（3）：404-414

代指标进行了测定，分析认为黄土高原南缘 8500～6000aBP 为全新世最为温暖湿润的阶段，年均降雨量比现在多 150～300mm，年均气温比现在高 1～2℃；6000～5000aBP 出现了全新世以来第一个以寒冷干旱为特征的阶段，主要表现在年降水量比现代少 20%～30%，年平均气温可能与现代相当；5000～3100aBP 又是一个温暖湿润的阶段，但湿润程度有所降低。

（二）4200～4000aBP 气候变化的自然证据

距今 4200～4000aBP 中国曾发生一次显著的降温事件，这一气候事件被许多高分辨率古气候自然档案所记录（葛全胜，2010；谭亮成等，2008；焦克勤等，2000）。敦德冰芯 $\delta^{18}O$ 明确显示当地气温在 4200～4000aBP 达到最低点（Yao T D，et al. 1992）；贵州董哥洞（Wang Y J，et al. 2005）、湖南莲花洞（Cosford，et al. 2008），湖北神农架山宝洞（邵晓华等，2006），辽宁本溪水洞（Tan M，et al. 2005）等石笋 $\delta^{18}O$ 均显示 4200～4000aBP 期间是一个显著的弱季风期；青藏高原东缘四川省西北部红原县泥炭沉积物表明，4200～4000aBP 该地曾经发生季风强度减弱事件；东北泥炭纤维素也显示在 4200aBP 左右该区有一次大的气候转型，气候从之前长时间的湿润状态转为之后的干旱状态（Hong Y T，et al. 2000）；西昆仑山的冰川在 4000aBP（^{14}C

年龄为 3983±120 aBP）出现冰进（焦克勤等，2000）；我国各地石笋、泥炭、湖泊等高分辨率研究的大量结果，都可以发现 4200aBP 左右出现了一次全国性的气候突变事件（图 3-2），温度明显降低。

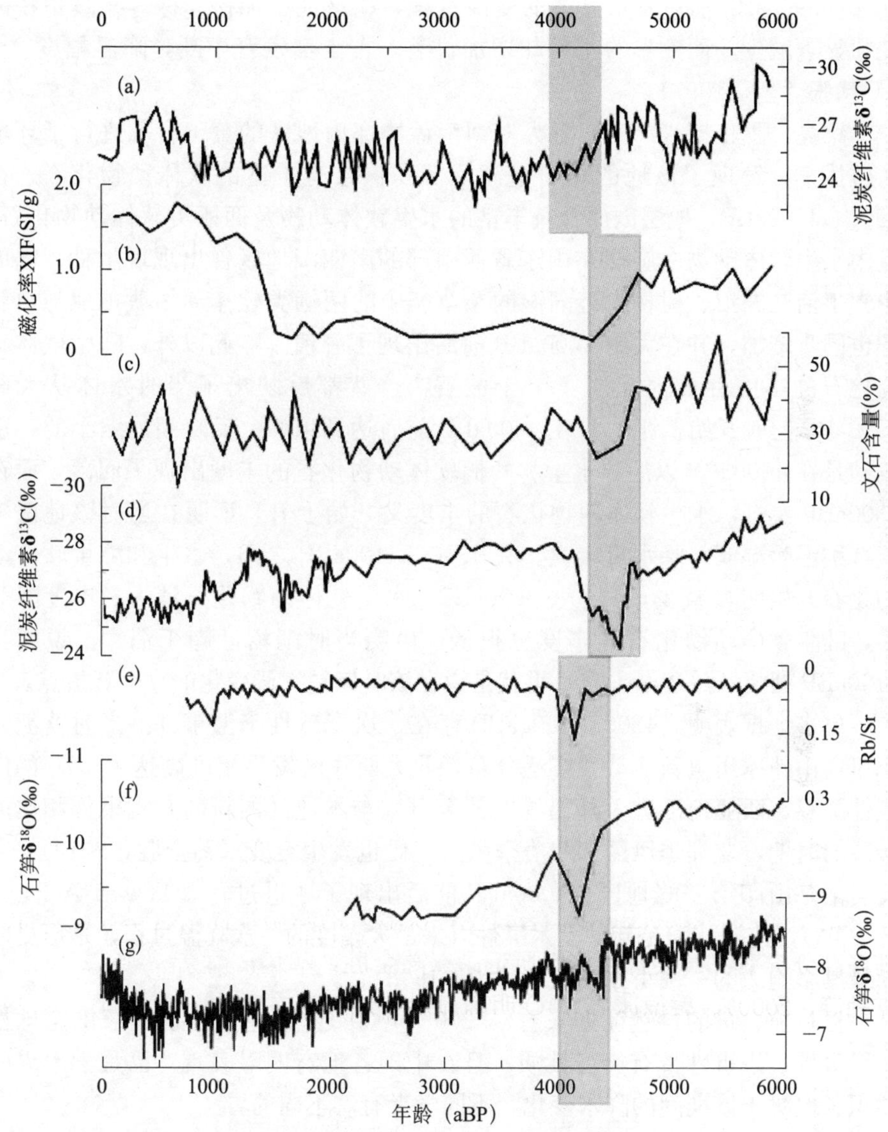

图 3-2　中国 4200aBP 事件典型记录

注：（a）吉林金川泥炭纤维素 $\delta^{13}C$ 记录；（b）甘肃野麻湖沉积物磁化率；（c）青海湖沉积物文石含量；（d）红原泥炭纤维素 $\delta^{13}C$ 记录；（e）西藏错鄂沉积物 Rb/Sr 记录；（f）湖北神农架石笋 $\delta^{18}O$ 记录；（g）贵州董歌洞石笋 $\delta^{18}O$ 记录

资料来源：谭亮成，安芷生，蔡演军等：《4200aBP 气候事件在中国的降雨表现及其全球联系》，地质论评，2008（54）：95-104

除此以外，大量分辨率较低的古气候记录也表明全新世环境在4200aBP前后开始降温（葛全胜，2010）。古里雅冰盖在3980±120aBP扩大（施雅风等，1992）；山地的冰川重新开始活动（陈吉阳，1987）；农牧交错带区于4000～3900aBP前后发生显著的变冷过程，在该地区油松、栎等喜暖植物的花粉显著减少，而冷杉的花粉却增加显著，古土壤发育中断，降温幅度2～3℃（张兰生，1997）。

梁亮、夏正楷（2003）等人对河南孟津邙山地区的黄土台塬进行了环境考古探索，发现了该地的全新世湖沼沉积保存有丰富的软体动物化石。在4900～4100aBP，地层剖面含有丰富的水生软体动物及两栖类软体动物化石，其中水生软体动物白旋螺在山东省西南部的南四湖地区曾出现现生种。刨面中常生活在湖沼、树林附近潮湿的杂草丛中的两栖类软体动物琥珀螺与白旋螺也同步增加，并在大约4600aBP前后出现了峰值。除此以外，陆生软体动物化石的丰度在此时出现了一个波谷，这些都反映出了当时水体从大约4900aBP起就开始扩张，并在4600aBP前后达到顶峰。反映湖泊缩小的一次波动是在4600aBP以后，水生和两栖软体动物化石的丰度出现了回落，而在4300aBP左右，水生软体动物化石的丰度又开始上升，证明在当时该地区气候特别温暖湿润，降水量较大。在4300～4100aBP之间，水生和陆生软体动物化石开始明显减少，4100～3500aBP，水生软体动物化石消失，丰度降为零，陆生软体动物化石的丰度也很低，说明当时湖沼已趋于消亡。说明自4100aBP湖沼开始逐渐干化，也就是说在该时期是气候变化的一个转折点。

更多证据表明，4200～4000aBP存在一次全球性降温事件。当时欧洲阿尔卑斯山地冰川重新活动并广泛分布，北大西洋区发生幅度高达1～2℃的广域性降温，西亚地区进入降温幅度甚至可以与本地区的新仙女木事件相比的最冷的时期，非洲季风区和北美季风区气候也发生突变（葛全胜，2010）。在北美洛基山印第安峰地区，4000aBP前后出现了冰进过程（Tewari A P，et al. 1962）。这被认为是新仙女木事件以来最大幅度的一次降温过程，是历史时期最具影响力的一次小冰期（许靖华，1998）。

从目前大量的自然证据来看，4200～4000aBP发生了一次显著的全球性降温事件，该事件带有突变性质，且在中国各地有明显表现，已是学术界的共识。但对于该期间的降水变化，不同学者有着不同的看法。

谭亮成（2008）从全新世大量高分辨率古气候记录如湖泊、泥炭、石笋等的成果研究认为，4200aBP左右中国南北方降水普遍减少，这一时期热带非洲、南欧、中东、印度、韩国、北美洲中部大陆也都表现为严重的干旱，说明4200aBP降温事件造成了整个北半球中低纬度地区的干旱。气候变化为冷干化。但是谭亮成也认为，虽然气候干旱化，但降水的分布不均，水文变率增大，可能导致一些地区洪水的多发。

葛全胜（2010）总结不同学者对不同地区的研究成果，认为这一次降温事件，对不同地区的降水影响有所差异。北美地区在4200aBP前后发生严重的干旱；在中欧，这次降温带来的不是干旱，而是更多的降水，寒冷潮湿的气候导致中欧阿尔卑斯地区山前湖泊水位升高并淹没湖畔居民的家园，人们被迫迁徙；在北欧，降温同样带来的是寒冷和潮湿的气候，并直接导致了斯堪的纳维亚半岛南部和德国北部印欧民族的大迁徙（许靖华，1998）；而在中国西北干旱地区，4000aBP气候显著干旱，如内蒙古凉城的岱海湖4000aBP前后湖面急剧退缩，此后虽有波动，但仍未恢复到以前的水位；在中国东部、南部地区，降水明显增加，湖泊扩张，洪水泛滥，长江三峡地区及江汉平原4700～3500aBP为洪水频发期，期间至少发生了9次特大洪水（朱诚，1997）。

王苏民、王富葆（1992），An，et al.（2000）等提出：地球轨道的变化引起的地表吸收太阳辐射及其季节性旋回导致了中国古季风环流的变迁，夏季太阳辐射强度增量大，东亚季风强，季风锋面雨带北移，反之，雨带南移。根据这一理论，在4200～4000 aBP，全球发生的显著降温事件有可能是东亚夏季风强度明显减弱的结果，季风北界的极地大陆气团和热带海洋气团间的界面（即锋生地带）位置南移，而在这种影响之下，黄河流域和珠江流域降水减少、中间的黄淮流域和长江流域降水增多，中国的降水格局表现为南北旱中间涝的形态。

虽然不同学者对该时期的降水变化有着不同的看法，但普遍承认，这次全球性降温事件，由于气候的突变，中国的降水格局发生了明显改变，伴随着水文变率的增大，加剧了降水分布不均，暴雨等极端气候事件增加，导致这一时期世界各地各种自然灾害包括大洪水频繁发生，尤其是在中纬度地区，形成了一个特大洪水期。

二、4200～4000aBP历史文献、考古资料及传说故事的探讨

（一）历史文献记载

对于4200～4000aBP的气候异常事件，虽然在我国历史资料中没有较为系统的年代记载，不能进行数据统计，但仍有零星相关记载可见当时气候的异常状态，例如：

《墨子·非攻上》载：

昔者有三苗大乱，天命殛之。日妖宵出，雨雪三朝，龙生于庙，大

哭乎市，夏冰，地坼及泉，五谷变化，民乃大震。①

《古本竹书纪年》也有类似的记载：

三苗将亡，天雨雪，夏有冰，地坼及泉，青龙生于庙，日夜出，昼日不出。

这些字句都表明大禹征伐位于南方的三苗时期，气候出现异常，温度下降。根据夏商周断代工程，夏代的始年定为公元前2070年，禹伐三苗发生在夏王朝建立前夕，即距今约4020年。夏代或夏代以前的历史上，中原地区发生的洪水事件不止一次，这些都有殷墟甲骨文字等的大致证明。文字中昔日的"昔"字是发明文字的祖先根据洪水之日会意而来的，水灾中的"灾"也是相同的来源，还有像川水被塞为害等（吴文祥等，2005）。这些都是当时的人们根据洪水灾害发明的文字，也是灾害的记载和证实，也就是说商代以前洪水的发生给人们的印象是极为深刻的。

夏朝我国有文字记载的自然灾害共有8次，其中水灾记录1次，旱灾3次（表3-2）。在夏朝末年，除了水旱灾害外，还出现了地震灾害。《古本竹书纪年》载："（桀）十（末）年，五星错行，夜中，星陨如雨。地震。伊、洛竭。"

表3-2　夏代自然灾害年表

时代	灾钟	灾区	灾况	资料出处
少康之时	水灾	黄河中下游地区（今河南、山东）	冥勤其官而水死	《国语·鲁语上》
胤甲之时	旱灾	西河（今河南）	胤甲即位，居西河，有妖孽，十日并出	《古本竹书纪年》
帝发七年	地震	泰山（今山东）	帝发七年，陡。泰山震。 桀时泰山山走石泣。先儒说，桀之将亡，泰山三日泣。 三日并出	《今本竹书纪年》 《述异记》 《今本竹书纪年》
帝癸二十九年	旱灾	伊、洛一带（今河南）	黑帝之亡，三日并照。 夏时二日并出，谶曰："桀无道，两日照。" （帝癸）三十年，翟山崩	《开元占经》六引《尚书考灵耀》 《开元占经》六引《孝经纬》 《今本竹书纪年》
帝癸三十年	地震	翟山（不详）	桀时有翟山之地。（王国维：地字疑作"崩"） （帝癸三十年）冬，聆隧灾	《太平御览》八十二引《六韬》 《今本竹书纪年》

① （春秋战国）墨翟：《墨子》卷5《非攻上》，明正统道藏本，第29页．

续表

时代	灾钟	灾区	灾况	资料出处
帝癸三十年	火灾	聆隧（不详）	夏之亡也，回禄信于聆隧。 夏桀末年，社坼裂	《国语·周语上》 《古本竹书纪年》
夏桀末年	地震、旱灾	伊、洛河地区（今河南）	（桀）十年，五星错行，夜中，星陨如雨。地震。伊、洛竭。 昔伊、洛竭而夏亡	《今本竹书纪年》 《国语·周语上》

相对而言，当时的历史文献灾害记载还是很少的，记载的灾害地点主要在山东、河南地区或不详。但从记载的灾害程度来看，被记载下来的，都是特大型灾害。这些历史记载与自然科学研究所推测出的气候异常事件大致吻合，对当时气候异常与自然灾害程度之剧可见一斑。

（二）考古资料记录

据考古学家考证，4200aBP 前后，气温的异常变化伴随干旱或者洪涝，从而摧毁一些文明社会赖以生存的农业生产条件和基础（吴文祥等，2005）。并且，致使古代文明社会长期处于崩溃边缘，导致当时发达文明的衰落。考古资料表明，4000 年前是多种文化发生交替的时期，中原地区的龙山文化向夏文化转化，山东龙山文化向岳石文化转变，甘青地区马家窑文化向齐家文化转化，除此以外，有的文化也发生了衰亡，如盛极一时的江南良渚文化在这个时期突然衰亡（崔建新，2003）。崔建新等认为，目前发现以甘肃省为中心，分别到达东西南北四个方向的陕西西部、河西走廊和青海东北部、四川西部、甘肃北部和宁夏南部的这些区域内，都发现了马家窑文化遗址，这充分说明当时在黄河中游地区很有可能因为洪水使当地的文化发生改变。由表 3-3 知，中国新石器时代的古文化发育，除了在不同的地区有不同的表现形式以外，在时间上也有一定的差异性。但是，到了 4000 年前，南北方文化都发生突然的衰亡，从而转入下一个文化期。洪水泛滥破坏原有的文化，诱发文化大融合可能是一个最重要的影响因素。

表 3-3 中国新石器时代各个地区的文化演替情况

时间	中原地区	山东地区	甘青地区	内蒙古东部及东北地区	内蒙古中西部地区	江汉平原地区	长江中下游地区
5000 B. C.	白庙老关台磁山—裴李岗文化		大地湾文化	兴隆洼文化			
4000 B. C.	大河村庙底沟半坡双庙北首领	北辛文化	仰韶文化	小珠山新乐赵宝沟	阿拉善一期阿拉善二期		马家浜文化

续表

时间	中原地区	山东地区	甘青地区	内蒙古东部及东北地区	内蒙古中西部地区	江汉平原地区	长江中下游地区
3000 B. C.	庙底沟二期文化	大汶口文化	马家窑文化石岭下文化	红山文化		大溪文化	崧泽文化
2000 B. C.	客省庄二期文化中原龙山文化	山东龙山文化	马厂文化半山文化	富河文化	阿拉善三期	湖北龙山文化屈家岭文化	良渚文化
1000 B. C.	商代二里头文化	岳石文化	齐家文化	夏家店文化			马桥文化

此外，朱诚（1997）、吴忱（2001）等的环境考古研究和古河道探讨也同样表明，在这一时期中国存在有特大洪水期。

（三）传说故事

关于洪水的传说故事在世界文明的发展过程中从未间断，而东方的大禹治水传说和西方的诺亚方舟故事独具代表性。大量先秦文献：《尚书》、《国语》、《墨子》、《孟子》、《史记·夏本纪》等都详细记载了尧舜禹时期发生了洪水灾害，较为熟知的有：

汤汤洪水方割，荡荡怀山襄陵，浩浩滔天（《尚书·尧典》）。

洪水茫茫，禹敷下土方（《诗经·长发篇》）。

当尧之时，天下犹未平，洪水横流，泛滥于天下（《孟子·滕文公》）。

舜之时，共工振滔洪水，以薄空桑（《淮南子·本经训》）。

禹之时，十年九潦（《庄子·秋水篇》）。

禹七年水（《墨子·七患篇》引《夏书》）。

帝尧十九年，命共工治河……六十一年，命崇伯鲧治河……七十五年，司空禹治河（《竹书纪年》）。

尧遭洪水，天下分绝为十二州，禹平水土，更置九州（《汉书·地理志》）。

当尧之时，洪水滔天，浩浩怀山襄陵（《史记·夏本纪》）。

当尧之时，天下犹未平。洪水横流，泛滥于天下，草木畅茂，禽兽繁殖；五谷不登，禽兽逼人（《孟子》）。

考古发现的西周青铜器、春秋时期秦国青铜器和汉代画像石，也有大禹治水传说、故事等的一些记载和表现形式（中国国家博物馆，2009）。从今天的一些地名，比如龙门、三门峡、三峡，或者娶涂山女为妻、河伯赠送治水的河图、伏羲赠送度天量地的玉简等神话传说故事中，也可以感受到距今约4000年之遥的大禹治水的史影。文献所见大禹治水活动足迹遍及黄河、长江中下游流域广大地区（中国国家博物馆，2009）。传说中大禹治水13年，劈山导河，到过许多地方，在治水过程中公而忘私，以至于多次路过家门都不入，最后终于平息了洪水。

根据夏商周断代工程（夏商周断代工程专家组，2000），夏王朝历史年代大约从公元前2070～前1600年，即4020～3550aBP。大禹治水的时间，在4000aBP之前。但是，由于历史年代久远，目前关于大禹治水的文献或考古器物上的记载，仍是较为模糊、语焉不详的。因此，现代有学者认为，与西方的诺亚方舟传说类似，大禹治水也只是神话传说，表现了史前人类对自然环境、自然灾害的敬畏心理，以及与自然灾害斗争的过程。国外一些学者认为，由于缺乏足够真实的证据，夏禹洪水至多属于神话传说而不是历史事实（中国国家博物馆，2009）。神话名家茅盾先生认为“我们的古代史，至少在禹以前，实在都是神话”，“欲系统地再建起中国神话，必须先使古代史还原”（茅盾，2000）。后来的袁珂先生依此路探索，提出了神话的文学属性观点，历代称颂的鲧、禹由此被视为神话里的“劳动英雄”，大禹治水也被归入征服自然一类神话当中（袁珂，1991）。有学者认为这个传说的可信度不高，然而也有学者认为这样一场留在人们记忆中的洪水必是发生在当时居民比较稠密，因而给人们带来较大威胁的地方。沈长云（1994）认为，这个地方应该就在中原一带；徐旭生（2003）则从历史地理学和史学的角度论证了洪水发生的真实性；俞伟超（1992）发现我国东部地区龙山晚期的文化衰落与史前洪水在发生时间上有一致性，例如浙江良渚文化和山东龙山文化的衰落都恰好对应洪水的发生，史前洪水的发生给中国古代文明发展的格局带来改变进而影响其发展进程。另一些学者则认为，夏禹时期气候异常变冷，当时中原地区发生了特大洪水事件是真实存在的，大禹应该是当时联合不同地域各氏族部落共同与水患作斗争的领袖人物（吴文祥等，2005；王清，1999；夏正楷等，2003；中国国家博物馆，2009）；吴文祥等（2005）进一步提出，大禹之所以能够治水成功可能主要得益于4000aBP以后的气候好转而并非人力之能所为。

从相关沉积学的研究成果来看，黄春长科研团队对黄河中游（黄春长等，2011；查小春等，2007；李瑜琴等，2009；王夏青等，2011；赵明等，2011；周芳等，2011；李晓刚等，2009）和汉江上游的研究中，在黄河中游和汉江上游发现的多处4200～4000aBP时期的古洪水沉积，这些大洪水在地层中形成了平均粒径较大的、具有水平或波状层理的、具有龟裂特征的沉积层，为尧夏时期洪水事件的发生提供了确凿的自然科学证据，可见大禹治水的传说有其真实性（Huang C C，et al. 2010；2011）。

三、小结

现在是理解过去的钥匙，通过沉积学手段获得的过去全球变化的信息与历史记载相对比能够更好地解释现代先进技术手段所测出的异常气候事件发生的背景。从目前大量的自然证据来看，4200～4000aBP 发生了一次显著的全球性降温事件，该事件带有突变性质，且在中国各地有明显表现。历史文献记载尧夏时期中国各个地区都发生了很多极端气候事件，在此阶段黄河中游以及汉江上游的文化也出现不同程度的更替或者衰落。正好与黄春长科研团队利用沉积学技术手段推测出的极端气候水文事件相对应。

4200～4000aBP 前后中国各种灾害频繁，而该阶段正好处于冷期时气候变率增大的阶段，气候极不稳定。在世界上其他很多地区，也都有与洪水发生与气候变化有关的现象存在。对世界不同地区洪水发生的频率与气候变化关系的研究表明，洪水发生往往与气候突变，尤其是降温事件有关（Knox J C，2000）。尧夏时期异常洪水事件发生在 4200～4000aBP 全球性的降温事件阶段，当时在我国中纬度地区，包括黄河流域、汉江上游区域普遍发生了大洪水事件，是气候突变、全球降温引起的。气候变化作为河流系统的主要驱动力，其细微的变化都有可能引起水文系统的巨大波动，引起干旱、洪涝等灾害的发生。4200～4000aBP，即尧夏时期，我国的黄河流域和汉江上游普遍有大洪水发生，这正是对该时期气候突变事件的反映。

第二节　3200～2800aBP 的气候水文事件

一、3200～2800aBP（商后期—西周时期）气候变化背景

在本章第一节论及，根据关中盆地及渭北黄土台塬区多处黄土剖面理化性质研究，我国黄土高原南部在大约在 8500aBP 进入全新世大暖期，在 3100aBP 左右，全新世大暖期结束（黄春长等，2001；2003；周群英等，2003）。根据在汉江上游进行的地层剖面分析，从地层结构看，汉江上游的地层结构形式与渭河谷地全新世黄土—古土壤序列完全相同（Huang C C，et al. 2013；庞奖励等，2012），反映了相同的成壤时间与黄土形成时间，在 8500～3000aBP 气候暖湿期，形成古土壤 S_0，3100aBP 前后，气候转为干燥寒冷，形成近代黄土 L_0。因此，在我国秦岭南北，包括黄河流域和汉江上游，3200～2800aBP 正处于全新世大暖期末期向全新世大暖期结束的转折阶段，

气候变化的基本特征是由温暖湿润向寒冷干旱转变。

(一) 3200～2800aBP 气候变化的自然证据

从地层学记录来看，3100aBP 前，黄河中游和汉江上游都是比较温暖的。3100aBP 时，在黄河中游地区，在土壤 S_0 和 L_0 之间出现了一个显著的界线，表明此时期出现了季风气候转型，东南季风气候为主的成壤期向以西北季风气候为主的风尘堆积期转变。这时的黄土剖面土层风尘堆积加速，土壤颗粒变粗，黏粒含量大幅度减少，SiO_2/R_2O_3 比率增大，$CaCO_3$ 成分增加，有机质减少，磁化率降低，土壤溶液碱性增强，明显表现出由全新世古土壤 S_0 向黄土 L_0 层的转变（图 3-1），气候突然变得寒冷干旱，沙尘暴频繁，水土资源出现了显著的退化（黄春长等，2003；2002；2001）。

从关中地区的地层学研究来看，从 3100aBP 开始的气候冷干化，可能一直持续到 2800～2700aBP 期间。3100～2800aBP 这一时期，土壤黏粒少、沙粒多，沙化严重；土壤中 $CaCO_3$ 成分多，有机质少；磁化率低，表明了由 3100aBP 开始的气候干旱与土壤退化仍在持续，西周晚期气候特点仍是寒冷、干旱（黄春长，2001；2003）。

与此同时，在中国其他地区的沉积物特征、冰川/冰缘活动，也表明 3100～3000aBP 气候具寒冷特征。敦德和古里雅冰芯氧同位素记录显示 3100～3000aBP 是过去 5000 年中最为显著的一次降温事件；2800～2700aBP 期间又出现大幅降温事件（Yao T D，1992，Thompsen，et al. 1997）；普若岗日和达索普冰芯氧同位素曲线也记录到了 3100～3000aBP 的降温事件；另外贵州董哥洞 DA 氧同位素、吉林哈尼泥炭 $\delta^{18}O$ 记录和广东湛江湖光岩沉积物记录均表明 3100～3000aBP 发生了过去 5000 年来最为显著的变化（葛全胜，2010；Yancheva G，et al. 2007）。湖南莲花洞和湖北和尚洞石笋，以及冲绳海槽黑潮强度、南海有孔虫氧同位素等对 2800～2700aBP 期间的降温都有记载。在 3100～2700aBP，我国的海洋性冰川和大陆性冰川均发现冰川前进的证据（葛全胜等，2002），如大兴安岭伊图里河一级阶地上 3100～3000aBP 时期有冰楔发育（周幼吾等，2000），祁连山冷龙岭南坡冰川前进（施雅风，2000），乌鲁木齐河源山北冰碛垄前进（陈吉阳，1987）；在 2800aBP 前后有冰进的证据如新疆天山河源地区冰川活动留下的冰碛物，其年代测定为 2720±85aBP，青藏高原新冰期Ⅲ阶段测定年代大致发生在 3320～2400aBP，并于 2800aBP 左右达到冰盛期，西昆仑山的崇测冰进Ⅲ阶段 ^{14}C 测定年代 2720±85aBP（焦克勤等，2000）；3100～2800aBP 前后，汉江下游流域周老镇钻孔沉积物的 $\delta^{13}C$ 值突然增大到本孔的最高值，指示一次较大幅度的降温事件的出现（张玉芬等，2005）。我国东北孤山屯孢粉（施雅风，1992）、蒙古北部 Gun Nuur 湖理化指标（汪卫国等，2004）、南海珊瑚礁记录（余克服，2012）也清楚的指示在 3100～2800aBP 发生了显著气候恶化降温事件。

除此以外，该时期气候突变也出现在了世界其他地区，除了中国，在西欧、西亚、北非、两河流域和印度河流域等地也都有气候发生突变的记录（葛全胜，2010）。格陵兰冰芯 GISP2 的冰雪积雪量和陆地沉降量，格陵兰冰芯非海盐源钾离子记录均表明该地区降温发生在 3050～2980aBP；Weninger 等人发现在东欧，公元前 1100 年气候开始变干，黑海和里海水面降低，而在哈萨克斯坦草原地带，植被带也向北推移了 200km，斯堪的纳维亚半岛树线下降，冰川开始活动，冰岛大陆架北部近海的海洋沉积岩芯记录显示 3050aBP 左右出现降温（葛全胜，2010）。

（二）3200～2800aBP 气候变化的历史文献记录

3200～2800aBP，即公元前 1250～前 850 年，属于我国历史上的商朝后期至西周时期。

从史料记载来看，在 3300～3100aBP 的殷墟时期，气候是比较温暖的，竺可桢（1973）根据历史文献记录和殷墟出土的考古资料发现这一时期非常温暖，因此将其称为“殷墟暖期”。殷墟出土物中发现多见于现今南方的竹鼠、獐、大象、圣水牛等动物骨骼遗存，由此推测当时的气候可能与现在的长江流域甚至以南的气候相当，也就是说商朝时气候远比今日热。竺可桢（1973）根据历史文献和考古证据认为，殷墟时期安阳的年均温高于现代 2℃左右，1 月温度比现代高 3～5℃，大致相当于现在长江流域的气温。

但到了 3100～3000aBP，即公元前 1150～前 1050，商末周初时期，中国气候发生了突变，气温下降，且干旱化，从此中国中原地区基本再未出现亚热带气候（葛全胜，2010）。同时，在商末周初时期，史书当中也出现有大量此前后商王朝势力范围的干旱、河水断流、寒冷、雨雪和饥荒，甚至还有沙尘暴、雨土记载。如：

《逸周书·大匡》载：“惟周王宅程三年，遭天之大荒。”

《竹书纪年》载：“周大饥，西伯自程迁于丰。”

《竹书纪年》载：“商文丁三年洹水一日三绝”、“帝辛纣五年雨土于亳。”

《淮南子·俶真训》说：“逮至殷纣，峣山崩，三川涸。”

《国语·周语上》说：“河竭而商亡。”

《开元占经》卷 113 引《金匮》曰：“武王伐纣，都洛邑，阴寒雨雪一十余日，深丈余”等等。

显然，从商末开始出现了气候寒冷干旱化，中原地区普遍发生干旱、河水断流，饥荒和动乱。西周中期，气候可能略有回转，但到西周中晚期(2800～2700aBP)，寒冷、旱灾、水灾程度尤为加剧，记载更为频繁。相关记载可在（乾隆）《兴安府志》、（乾隆）《洵阳县志》、（嘉庆）《白河县志》中找寻，如周孝王十五年（公元前 895）“大雹，江汉冰，牛马死”[①]；《竹书纪年》则记载为，周孝王七年（公元前 903），“冬大雨雹，江汉冰，牛马死”[②]。各县县志中，无七年结冰记载，而《竹书纪年》中无 15 年结冰记载，两条记录内容描述又相同，故有理由怀疑，这两条记载实际上记载的可能是一次结冰事件，但因年代久远，年代记录出现了失误，并非七年、十五年两次结冰事件，但即使这只是一次结冰事件，也可看出当时气温之低——现在平常年份汉江干流无冰封现象，只有沿河湾处有薄冰，特寒之年才会出现干流冰冻。在此之后，《白河县志》记载，周宣王三十六年（公元前 792），也有“大雹，汉江结冰”，可见当时气候比现在寒冷；此外，“周厉王二十一年、二十二年、二十三年、二十四年、二十五年、二十六年，接连年大旱，王陟于彘”[③]。周厉王二十一年（公元前 857）开始，连续六年大旱，可见旱灾持续时间之长。周幽王二年（公元前 780），“三川竭，岐山崩”[④]；周幽王三年（公元前 779），“泾、渭、洛竭”[⑤]。这种大旱在同时期的诗歌中也有一定的反映，如《诗经·大雅》：“如彼岁旱，草不溃茂，如彼栖苴”；“天降丧乱，饥馑荐臻”、“旱既大甚，蕴隆虫虫”、“旱既大甚，则不可沮，赫赫炎炎，云无我所”、“旱既大甚，涤涤山川。旱魃为虐，如惔如焚，我心惮暑，忧心如熏”等，旱灾频发且规模、强度都很大。

从历史资料记载来看，该寒冷期一直持续到春秋初期（2700aBP 左右，春秋时期开始于公元前 770，即 2720aBP），该时期历史文献资料中出现了较多表现气候转暖的记载（竺可桢，1973），进入春秋暖期，气候转为较为温暖湿润。

二、3200～2800aBP 汉江上游气候灾害的历史文献记载

该时期由于较今年代久远，历史文献记录很少，明确发生地点在汉江上游的就更稀缺。汉江上游水灾记录最早出现在秦朝，旱灾则出现于西汉。在

① （乾隆）《兴安府志》卷 24，清道光二十八年刻本，第 767 页；（乾隆）《洵阳县志》卷 12，清同治九年增刻本，第 468 页；（嘉庆）《白河县志》卷 14，清嘉庆六年刻本，第 434 页．

② （清）陈逢衡：《竹书纪年集证》卷 31，清嘉庆裛露轩刻本，第 393 页．

③ （南北朝）沈约注：《竹书纪年注》卷下，四部丛刊景明天一阁本，第 23 页．

④ （汉）司马迁：《史记》卷 4《周本纪》，清乾隆武英殿刻本，第 80 页．

⑤ （明）沈朝阳：《通鉴纪事本末前编》卷 5《幽王乱亡》，明万历四十五年刻本，第 114 页．

商至周朝时，本区域尚无水旱灾害的记载。在当地地方志记载中，仅在周朝有两条寒冻灾害记录（表 3-4，附录 3）。

表 3-4　周朝寒冻灾害记录

时间	地点	灾情	资料来源
公元前 895	安康、旬阳、白河	周孝王十五年，大雹，江汉冰，牛马死	（乾隆）《兴安府志》、（乾隆）洵阳县志、（嘉庆）白河县志
公元前 792	白河	周宣王三十六年，大雹，汉江结冰	白河县志

本区该时期历史文献记录稀缺，因此只能根据自然科学方面的研究，包括黄土、冰芯、冰川进退等方面，以及从全国性的一些历史文献记载中，确定该时期气候寒冷干旱，冻灾、雨雪灾害、旱灾、沙尘灾害频发。

三、小结

3200～2800aBP 处于全新世大暖期的结束阶段，气候从温暖湿润向寒冷干旱转化。从地层学研究和历史文献资料记载来看，寒冷干旱期大约从 3100aBP 开始，持续到约 2700aBP。在汉江上游多个地层剖面中，发现了该时期大洪水的沉积物（表 3-1）。同时，在我国黄河干流及其支流的多个地点（Huang C C，et al. 2010；2011；李瑜琴等，2009；姚平等，2008；查小春等，2007；万红莲等，2010；李晓刚等，2010），如永定河流域（姚鲁烽，1991）同样发现了发生于该时段的特大洪水事件，说明在此暖湿向冷干的转折期和冷干期，不仅寒冻灾害、旱灾频繁，在黄河流域和汉江上游，也有特大洪水发生。该时期处于全新世大暖期结束、全球进入气候波动加剧的时期，正是由于气候波动的加剧，导致了异常气候水文事件的多发。综合多方面证据，可知距今 3200～2800aBP 的这期古洪水事件，出现在全球范围气候转折期，跟季风格局突变，气候系统不稳定、波动变化异常等因素有着紧密联系。

第三节　1800～1700aBP 的气候水文事件

1800～1700aBP，即约 150～250 年，或 200～300 年左右（Huang Huang C C，et al. 2013），处于东汉（25～220）后期至三国（220～265）时期。在汉江上游洵阳西罗家滩、郧县西庹家洲、归仙河口、前坊村、辽瓦店的地层沉积剖面中，都发现了该时期古洪水滞流沉积物（表 3-1）。根据 SWD 层的尖灭点位置及 SWD 层厚度，推算这期古洪水最大洪峰流量与 3200～2800aBP 的古洪水接近，在罗家滩为 47 900m³/s（Yuzhu Zhang，et al. 2013），在辽瓦店达到了 65 420m³/s（Huang C C，et al. 2013；吴帅虎等，2012）。

一、1800～1700aBP（东汉后期－三国时期）气候变化背景

（一）1800～1700aBP 气候变化的历史文献记录

全新世大暖期结束后，全球气候整体来看较为寒冷，但也经历了多次一级幅度的波动变化。由于已进入了历史时期，开始有了历史文献资料记载，因此，可以利用历史文献资料记录来判断气候的变化。尤其是我国有文字记载的历史悠久，利用从历史文献记载及考古发掘证据中取得的信息，建立高分辨率的古气候演变序列，分析我国气候变化的规律。

竺可桢（1973）《中国近 5000 年气候变迁初步研究》一文，提出了中国近 5000 年的气候经历了四个温暖期和四个寒冷期的“四暖四寒”，即夏商暖期、春秋—秦汉暖期、隋唐暖期、南宋（后期）暖期；西周冷期、三国两晋南北朝冷期、北宋—南宋（前期）冷期、明清冷期变化模式（图 3-3），开创了通过历史文献资料记载总结历史气候变化规律的先河。

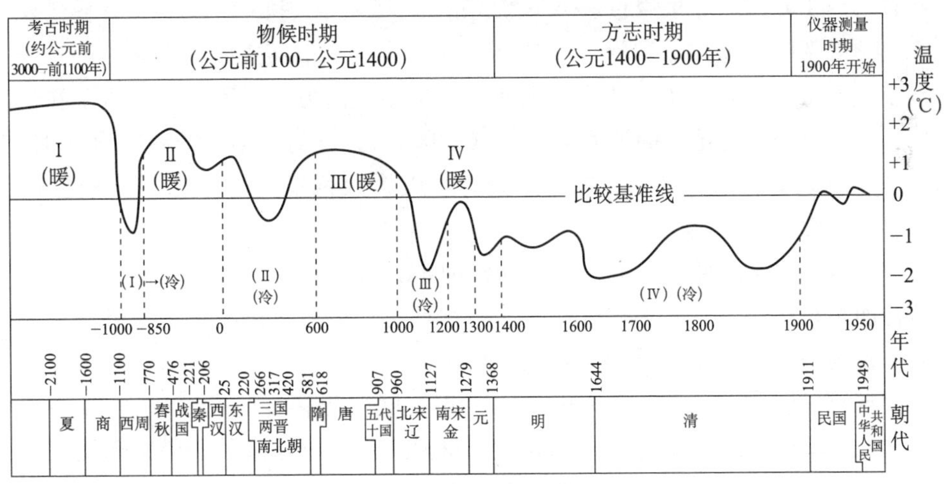

图 3-3　中国近 5000 年来的气温变化

资料来源：竺可桢：《中国近 5000 年气候变迁初步研究》，中国科学（B 辑），1973，16（2）：226-256

从历史文献资料记载来看，1800～1700aBP，即 150～250 年，为东汉后期至三国时期，该时期属于从秦汉暖期向三国两晋南北朝冷期的过渡阶段和

冷期阶段，气候变化的主要特征是降温。

竺可桢（1973）研究认为，从史料记载来看，秦朝和西汉气候温和。例如，清初张标所著《农丹》书中曾说道《吕氏春秋》云："冬至后五旬七日菖始生。菖者，百草之先者也。于是始耕。今北方地寒，有冬至后六七旬而苍蒲未发者矣。"因此，照张标的说法，秦时春初物候要比清初早三个星期。汉武帝刘彻时（公元前140～公元87），司马迁作《史记》，其中《货殖传》描写了当时经济作物的地理分布："蜀汉江陵千树橘；……陈夏千亩漆；齐鲁千亩桑麻；渭川千亩竹。"橘、漆、竹皆为亚热带植物，当时繁殖的地方如橘之在江陵，桑之在齐鲁，竹之在渭川，漆之在陈夏，均已在这类植物现时分布限度的北界或超出北界，可知司马迁时亚热带植物的北界比现时推向北方。《史记》卷29《河渠书》载，公元前110年，黄河在瓠子决口，为了封堵口子，砍伐了河南淇园的竹子编成为容器以盛石子，来堵塞黄河的决口，可见那时河南淇园这一带竹子是很繁茂的。这些都说明，秦至西汉时期，气候相对现在来说更为温暖。

而到东汉时期即公元之初，我国天气有趋于寒冷的趋势，有几次冬天严寒，晚春国都洛阳还降霜降雪，冻死不少穷苦人民。直到三国时代（155～220）曹操在铜雀台种橘，只开花而不结果（唐李德裕《瑞桔赋·序》："昔汉武致石榴于异国，灵根遐布，……魏武植朱于铜雀，华实莫就"[①]），气候已比前述汉武帝时代寒冷。曹操儿子曹丕，在225年到淮河广陵（今之淮阴）视察十多万士兵演习，由于严寒，淮河忽然冻结，演习不得不停止，这是我们所知道的第一次有记载的淮河结冰（《三国志》：黄初六年（225）"冬十月，行幸广陵故城，临江观兵，戎卒十余万，旌旗数百里。是岁大寒，水道冰，舟不得入江，乃引还"[②]）。

以上历史文献资料记载来看，西汉时期，气候还是比较温暖的，属于暖期；而至东汉至三国时期，气候转冷，这种转冷，一直持续到了三世纪后半叶，特别是280—289年的10年间达到顶点。

自竺可桢先生发表《中国过去五千年温度变化初步研究》一文30多年来，我国历史时期温度变化研究取得了重要进展。近年来关于中国历史气候演变的一些新史料不断地被发掘，沉积学和考古学地证据也不断地发现。众多学者（葛全胜等，2002 b c d e，2012；王绍武等，1995，1998，2000，2001，2002；张丕远等，1996；1997；陈家其等，1998；等）根据历史文献

① （唐）李德裕：《李文饶文集》卷20.

② （晋）陈寿：《三国志》卷2《魏书二》，百衲本景宋绍熙刊本，第55页.

资料记录，对我国历史时期的气候变化进行了重建。

历史文献中的反映温度变化的记载主要有三类：一是植物物候（如植物花期，柑橘、茶、竹等亚热带植物北界）、气象水文物候（如初终霜、雪日期与持续日数，河、湖、海封、解冻日期与持续日数，土壤冻结、解冻日期与持续日数等）、农业物候（如作物播种、收获期，冬小麦、双季稻的分布范围等）等，可直接反映一个时段温度的平均或累积状况；二是异常气象水文现象记录，如陨霜、大雪、河湖结冰、冷害等，它们可以直接反映极端温度特征，但却无法直接反映一个时段的平均温度；三是人文感应证据，如人类所感受的“苦寒”、“冬暖”及其影响事件记载等，它们能直接反映各阶段温度变化的相对幅度，但无法直接反映温度变化的绝对幅度大小。因此，如果采用异常气象水文现象记录与人文感应证据重建温度，需要首先对各个原始记载进行数值化（如根据冷暖程度描述分等定级），然后再根据其与温度的关系（如回归方程）进行温度重建（郑景云，2007）。

葛全胜等（2002）对我国历史时期温度变化研究的重要进展予以了概括：

（1）印证了竺可桢先生确定的主要冷期，并对寒冷状况进行了定量估计；

（2）新识别出战国冷期和中唐冷期；

（3）证明了中国存在中世纪暖期，并论证了该暖期是过去 2000 年中国最暖的时期；

（4）修正了对汉代暖期和隋唐暖期温暖程度的认识；

（5）发现了历史时期冷暖变化的千年周期；

（6）定量估算了过去 2000 年温度变化的幅度和速率（图 3-4）。

葛全胜总结认为，基于历史文献和自然证据等各方面的研究结果，均表明，竺可桢先生所勾画的中国历史时期温度变化的基本框架从总体上看是正确的，特别是对主要冷期的识别方面是十分准确的。竺先生所确定的这 4 个主要冷期是存在的。但春秋—秦汉暖期和隋唐暖期可能不是一直持续温暖，其中分别包括有战国冷期（战国末至西汉初，即公元前 476～前 200）、中唐冷期（780～920）；而三国两晋南北朝冷期也不是一直寒冷，中间还包括一个相对较暖的时期（葛全胜，2002）。

郑景云（2007）收集了公开的由不同学者利用历史文献资料重建的温度变化代用序列，包括竺可桢（1973）、葛全胜（2002）、王绍武（2000）、张丕远（1996）、陈家其（1998）等人的研究成果，进行对比分析，结果如图 3-5 所示。从图 3-5 可以看出，根据历史文献重建的温度序列中，1800～1700aBP（150～250）都属于温度由较暖向较冷转化的时期，以降温、温度较低为主要特征。

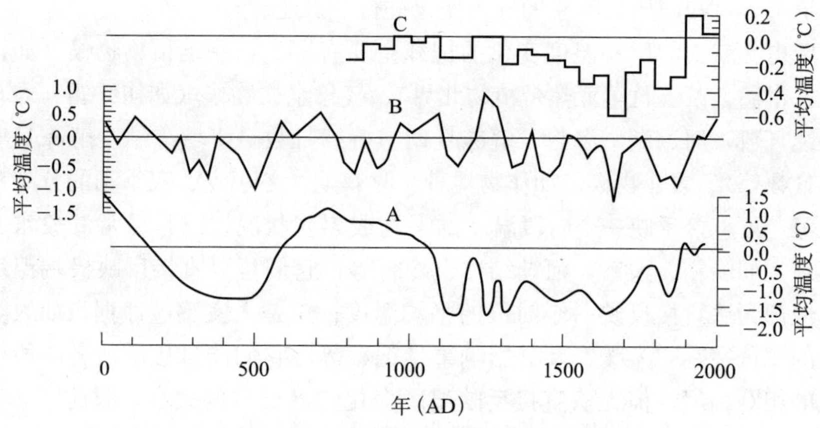

图 3-4　过去 2000 年中国温度变化曲线对比

注：A. 竺可桢（1973）序列，B. 葛全胜等（2002 b）中国东部冬半年温度变化序列，C. 王绍武（2000）中国东部温度变化序列

资料来源：葛全胜，郑景云，满志敏等：《过去 2000 年中国东部冬半年温度变化序列重建及初步分析》，地学前缘，2002，9（2）：169-181

（二）1800～1700aBP 气候变化的自然证据

葛全胜等（2002）集中中国过去 3000 年冷暖千年周期变化的自然证据并进行集成分析，把冰川/冰缘事件集中出现的时期确定为冷期，把冰川/冰缘活动停滞、古土壤发育的时期确定为暖期，综合对比冰川/冰缘事件与古土壤事件发生的时间，分析认为，过去 3000 年间，冷暖变化过程为：3100～2700aBP 为冷期；2700～2500aBP 为暖期；2500～2300aBP 为冷期；2300～1950aBP 为暖期；1950～1400aBP 为冷期；1400～1150aBP 为暖期；1150～950aBP 为冷期；950～650aBP 为暖期；650～50aBP 为冷期。在 1950～1400aBP 的冷期中，冰川前进，其证据主要见于藏东南和川西海洋性冰川类型区，与此对应的冰缘现象见于内蒙古岱海和大青山地区（崔之久，1992）、甘肃马衔山、大兴安岭北部，1800～1300aBP 北方寒温性针叶林南进（夏玉梅，1996）。1800aBP 前后，内蒙古岱海老虎山和若尔盖玛曲有古土壤发育，其中，岱海老虎山 1840±70aBP 的古土壤层与其下 1970±70aBP 的古土壤层之间夹有明显的黄土沉积，对应 1900aBP 的前后存在冷期，1500aBP 前后，内蒙古大青山、乌鞘岭、青海共和古土壤发育，显示相对温暖阶段的存在。

葛全胜等（2012）集成已有的高分辨率气候重建序列，包括利用树轮、冰芯、石笋、沉积、孢粉和珊瑚等自然证据对中国东北和华北北部、西北和

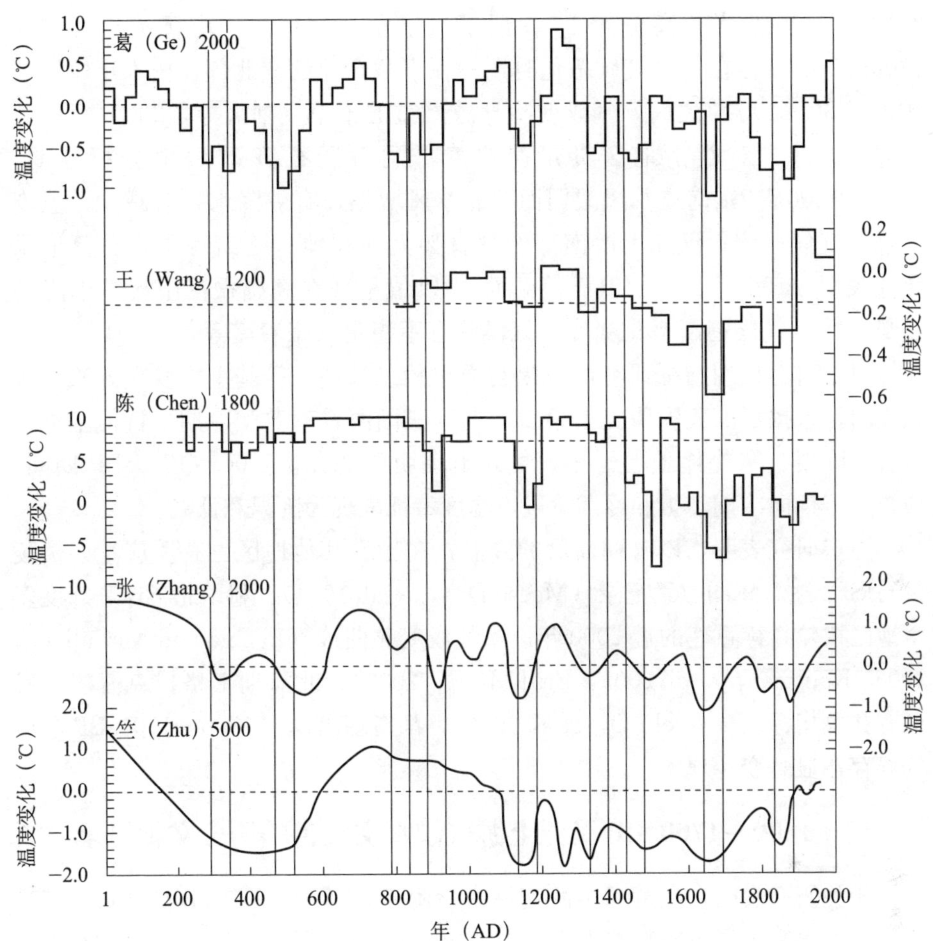

图 3-5　基于中国历史文献重建的千年以上温度（或冷暖）变化序列

资料来源：郑景云，葛全胜，方修琦等：《基于历史文献重建的近 2000 年中国温度变化比较研究》，气候学报，2007，65（3）：428-439

青藏高原及东南沿海地区过去气候变化进行的研究，分析了过去 2000 年中国气候变化的主要特征、区域差异和已有重建结果的不确定性。结论是，秦汉以来中国温度变化经历了两汉（公元前 200～公元 180）、隋唐（541～810 ）、宋元（931～1320）及 20 世纪 4 个暖期和魏晋南北朝（181～540）、晚唐（811～930）及明清（1321～1920）3 个冷期，其中宋元暖期与北半球存在的中世纪暖期基本对应，而魏晋南北朝和明清冷期分别与黑暗时代冷期和小冰期相当，这些冷暖交替过程的升（降）温速率达 1℃/100a，甚至更大。

此外，相关研究证据还有：1800～1700aBP 前后，汉江上游南部神农架地区的石笋 $\delta^{18}O$ 值正向漂移且波动频繁，指示气候恶化不稳定（李偏等，

2010)；古里雅冰芯高分辨 $\delta^{18}O$ 记录（施雅风，1999）均显示出1800～1700aBP 前后存在一段气候恶化时期；在青藏高原的东北部，树木年轮记录在公元 60～200 年之间，气候变冷导致严重的干旱（刘禹等，2009)；张美良等（2006）对西南地区贵州荔波董哥洞石洞石笋 $\delta^{18}O$ 值分析表明，2300～1800aBP东南夏季风减弱而西北季风增强，有效降水相对减少，温度下降，气候恶化；汉江上游南部的神农架大九湖地区喀斯特洞穴石笋记录研究表明，1956～1573aBP 石笋断面 $\delta^{18}O$ 值呈现在高幅振荡中缓慢下降的趋势，指示气候逐渐恶化变冷，气候状态不稳定（张春霞等，2010）。

以上自然代用指标研究的成果与竺可桢（1973）等基于物候学方法和大量史料记录揭示的我国历史上第二冷期（三国两晋南北朝冷期）特征基本相符合。降温、寒冷伴随着干旱，气候出现明显恶化。1800～1700aBP 期间，属于从暖期向冷期转折和冷期阶段，温度特征表现为降温和低温。

更多研究表明，该时期前后的降温，在世界其他地区也有反应。如格陵兰 GISP2 冰芯氧同位素记录（Meese D A，et al. 1994)、利用北半球高纬度多个地区树轮指标重建的近 2000 年以来气候变化曲线（Loehle and McCulloch，2008；Kaufman，et al. 2009，Briffa K R，2000)、北海斯卡格拉克海峡的底栖有孔虫指标（Hebbeln D，et al. 2006)，都指示出，在 1800～1700aBP 前后气候存在显著变冷现象。

二、1800～1700aBP 汉江上游气候水文灾害的历史文献记录

相关研究表明，在黄河中游流域秦岭附近，1800～1700aBP（150～250）期间，洪水和干旱灾害频繁发生（李燕等，2007；殷淑燕等，2008）。在汉江上游，洪水灾害也比其前后阶段更为多发详见附录 1。

195、197、215、219、230 年，在汉江上游沿江各城镇——勉县、城固、南郑、汉中、留坝、石泉、安康、旬阳、白河、郧县各地县志、《后汉书》、《三国志》、《行水金鉴》、《通志》、《古今图书集成》等史籍中都有大洪灾记载。献帝兴平二年（195）， “五月，大霖雨，汉水溢”①；献帝建安二年（197)，“秋九月，汉水溢，流人民”②。汉献帝建安二十年（215)，“汉水溢，漂 6000 余家”③；汉献帝建安二十四年（219)，“秋，大霖雨，汉水溢，平地

① （光绪）《洋县志》卷 1，清钞本，第 58 页．

② （宋）郑樵撰：《通志》卷 74《灾祥略》第一，清文渊阁《四库全书》本，第 1745 页.

③ 宁强县志编纂委员会：《宁强县志》，西安：陕西师范大学出版社，1995，第 101 页.

水数丈"[①]。曹魏太和四年（230），"九月大雨，伊洛河汉水溢"[②]，百年中记载了大洪水5次，影响了汉江上游沿岸各城镇，各城镇普遍出现"汉水溢，害人民"的灾害记录。且发生洪灾时间集中在8～9月份。其中197、219、230年的洪水，分别在7～10个县志中有记载，影响范围甚广（图3-6）。

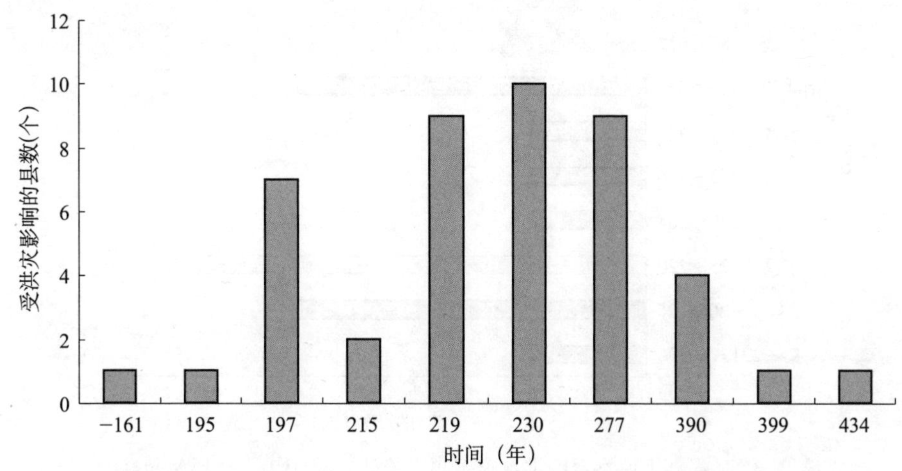

图3-6　从170B.C.～450A.D.汉江上游地区洪水影响范围

该时期洪灾发生的是否频繁，如果仅从历史资料记载来看，我们不能看记载的绝对数量多少，也不能和距该时期较远的年代比如明清相比。因为距今较近时期，灾害记录远多于较早时期，是正常的现象。但我们可以与距该时期较接近的前后时段的记载比较，可以看出，相对来说，这段时间灾害发生频率是否更大。

统计结果显示，相比而言，此时段比其前后时段，洪灾发生频率较前后期更大。在150～250年，百年间出现了5次洪灾记录。但在此之前，自汉江上游出现第一次洪灾记录，即秦公元前208距～公元150的约350年间，一共只有4次洪灾记载，平均1.14次/百年。从250～650年，400年间共有5次洪灾记录，平均1.25次/100a。可见150～250年，洪灾记载确比其前后时期要多，该期间洪灾更为频发。按百年时间发生次数统计，从公元前250～650年期间，公元前250～前100、150～250、350～450年发生洪水较多，其中150～250年最为频繁。卢越等（2014）以朝代为单位，统计了汉江上游地区自秦朝到隋朝历史洪水发生次数，发现该时间段内汉江上游以东汉时期洪水灾害发生最为频繁。根据我们的文献整理结果（附

① （晋）陈寿撰：《三国志》卷17《魏书》十七《于禁传》，百衲本景宋绍熙刊本，第337页.

② （宋）郑樵撰：《通志》卷7《魏纪》第七，清文渊阁《四库全书》本，第234页.

录1)，统计汉江上游地区自秦朝到隋朝的839年间历史洪水发生次数，结果如图3-7所示。可能因与卢越（2014）一文统计范围有所差异，洪水次数差别较大，但同样表明西汉、东汉、南北朝洪水灾害都较多，且以东汉为最。

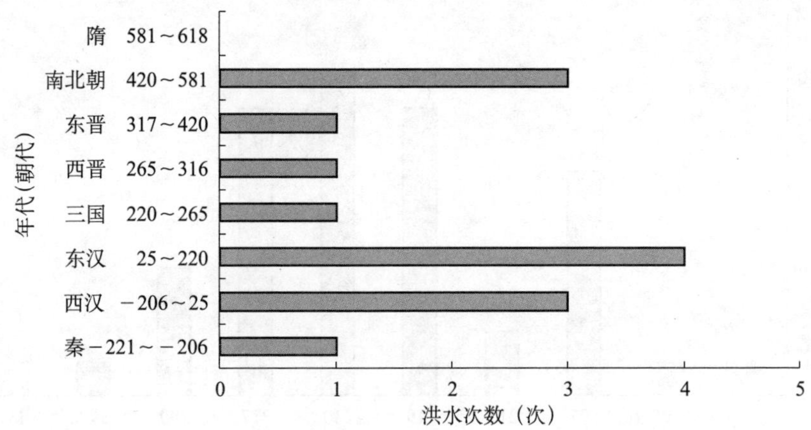

图3-7　汉江上游秦至隋洪水灾害频次统计（221B. C. ～618A. D.）

该期洪水灾害的多发并不是偶然的，不仅在汉江上游多个地点，而且在汉江下游流域和长江流域都发现有该时期的洪水记录（朱诚等，1997），说明该时期，在我国黄河流域、长江流域普遍发生有较多的暴雨洪水，是一个洪水灾害多发的时期。

其他气候灾害方面，如果仅从汉江上游的史料记载来看，150～250年期间，旱灾和寒冻灾害记载并不多。旱灾记录仅170年1次（柞水县志：田禾全部枯死，树木枯死过半）；相对来说，此之前的西汉和之后的西晋时期，旱灾记载较多，西汉5次，西晋6次，发生频率都更高，记载的灾害程度也更强。如西汉时期，公元前190年，“夏大旱，江河水少，溪谷水绝”①；西晋时期，309年，有“三万余人大旱，江、汉、河、洛皆竭，可涉”② 的记载；而从周朝有4次寒冻灾害记录之后，在汉江上游，直到297年，都未见寒冻灾害记载。事实上，汉江上游较早历史时期寒冻灾害记载极少，唐、宋、元也仅仅各有一次。

但是，并不能从当地该时期旱灾、寒灾记载较少而得出当时气候较为暖湿的结论。事实上，从前文分析当时全国的其他历史文献记载和自然方

① （汉）荀悦：《汉纪》前汉孝惠皇帝纪卷5，四部丛刊景明嘉靖刻本，第34页.
② （唐）房玄龄：《晋书》卷5《帝纪第五》，清乾隆英武殿刻本，第47页.

面的代用性指标证据来看，当时气候应该是属于冷干阶段。气候恶化、波动性强，导致全国旱灾、洪灾、寒冻灾害都较为频繁。也说明，如果仅仅从一个区域的历史记录，以及仅从灾害记载来分析气候变化，结论难免会失之偏颇。

三、小结

汉江上游发生在1800～1700aBP（150～250）的特大洪水事件与气候变化密切相关。在历史上，该时期处于秦汉暖期向三国两晋南北朝冷期的转折阶段，气候由温暖湿润向寒冷干旱转化，降温明显。该时期的气候变化是全球气候变化的一部分，气候系统波动性强，导致极端的干旱、洪水、寒冻灾害频发。在汉江上游的历史文献记载中，该时段洪水灾害发生频率较其前后时期都更大，影响范围也更广，与地层中发现的该时期古洪水沉积相印证。从历史文献资料统计结果看，当时不仅在汉江上游洪水频发，在黄河流域（李燕等，2007；殷淑燕等，2008）、长江流域（朱诚等，1997）普遍洪水发生频率都较高。因此，当时气候不稳定、洪水多发，黄河流域至长江流域都在影响范围之内。但从目前黄河干支流和汉江上游的沉积学研究结果来看，该时期仅在汉江上游发现有SWD层（表3-1），在黄河干支流都没有发现（Huang C C，et al. 2010；2011；李瑜琴等，2009；姚平等，2008；查小春等，2007；万红莲等，2010；李晓刚等，2010）。SWD层的保存，要求一定的地形与环境条件。在特大洪水期间，水流携带的悬移质泥沙遇到平缓岸坡、洞穴、支流河口和支沟回水末端等滞流处，在流速近于零的状态时悬移质泥沙逐渐沉积，即形成洪水滞流沉积物，在没有被自然侵蚀或人为破坏前，经坡积物或者风成黄土所覆盖掩埋后长久保存，才能得以保存下来。黄河流域地势较平坦，而汉江上游处于秦岭、巴山夹峙之中，由于特殊的地形和地质条件影响，洪水过后，泥石流、滑坡、崩塌等地质灾害更为频繁。这为古洪水滞流沉积的保存提供了更为有利的条件。越接近现代，人类影响越大，在平坦的地形条件下，洪水沉积在未淹没之前就被人类破坏的可能性也越大。而在汉江上游，由于洪水沉积物更易被泥石流、滑坡、崩塌等所掩埋，所以SWD保存得较好。因此，如果从洪水沉积的角度研究古洪水，相对来说，汉江上游比黄河流域或我国其他地区更易保存SWD层，因此可以更好地进行古洪水研究。该时期在汉江上游的历史资料记载并不丰富，虽然出现了一些灾害记载，但百年期间往往只有几次甚至没有气候灾害记载，这样的频率说明记载上应该是有很多缺失的，并不能充分、可信地说明当时的极端气候水文情况，因此，SWD研究可以为该区该时期的气候水文灾害研究提供一定的完善和补充，让我们对当时的气候水文特征有更多的认识。

第四节　1000～900aBP 的气候水文事件

1000～900aBP（950～1050），在安康东段立石村剖面、郧县西段归仙河口剖面、郧县西段尚家河剖面中，分别发现有该时期的 SWD 层存在（表 3-1），显示当时曾发生过大洪水事件。最大洪峰流量分别达到 47 400 m^3/s（立石村）（许洁等，2013）、63 720 m^3/s（尚家河）（刘建芳等，2013）。

历史上，该时期属于五代十国和北宋时期。从全国来看，其中，979 年前，我国南北方各地分别为不同割据政权统治，属于五代十国时期；公元 979 年，赵光义灭北汉，实现统一，建立了全国统一的北宋政权。

五代十国时期，割据政权多，更替频繁，汉江上游各县、市的归属也一再变化。如现在的安康，当时属于西城县的一部分，先后属前蜀、后蜀统辖（安康市地方志编纂委员会，1989）。汉中附近则有梁州、兴元府、赤县等行政建置，并先后为前蜀、后唐、后蜀所辖，后蜀（934～965）亡后归宋（汉中市地方志编纂委员会，1994）。旬阳则先后为前蜀、后唐、后晋、后汉、后周所有，北宋建立后归北宋统治（旬阳县地方志编纂委员会，1996）。因此，在 950～1050 年，汉江上游各地短时期地被不同的割据政权所辖，之后陆续被北宋统治，属于历史上的五代十国和北宋时期。

一、1000～900aBP（五代十国后期至北宋时期）气候变化背景

（一）1000～900aBP 气候变化的历史文献记录

在 20 世纪 80 年代，历史气候学家倾向于认为中国 11 世纪变冷，12 世纪初寒冷加剧，不存在“中世纪温暖期”。按竺可桢先生（1973）的划分（图 3-3），我国历史时期的第三冷期即北宋—南宋（前期）冷期时间约为 1000～1200 年，持续了约 200 年。因此 1000～900aBP（950～1050）同 1800～1700aBP，3200～2800aBP 一样，属于从暖期向冷期的转折期。

在历史文献资料中，可以找到很多11世纪、12世纪气候异常寒冷的记载（竺可桢，1973；1924）。例如，隋唐在长安还植有梅和柑橘，柑橘亦能结实，但著名诗人苏轼（1037～1101）在他的诗中，哀叹梅在关中消失，苏轼咏杏花诗有"关中幸无梅，赖汝充鼎和"之句。同时代的王安石（1021～1086）嘲笑北方人常误认梅为杏，他的咏红梅诗有"北人初不识，浑作杏花看"之句。从这种物候知识，就可见唐宋两朝温寒的不同。12世纪初期，中国气候加剧转寒，这时，金人由东北侵入华北代替了辽人，占据淮河和秦岭以北地方，以现在的北京为国都。宋朝（南宋）国都迁杭州。在1111年第一次记载江苏、浙江之间拥有2250km^{2}面积的太湖，不但全部结冰，且冰的坚实足可通车①。寒冷的天气把太湖洞庭山出了名的柑橘全部冻死。在当时的国都杭州降雪不仅比平常频繁，而且延到暮春。根据南宋时代的历史记载，从1131～1260年，杭州春节降雪，每十年降雪平均最迟日期是四月九日，比12世纪以前十年最晚春雪的日期差不多推迟一个月。1153～1155年，金朝派遣使臣到杭州时，靠近苏州的运河，冬天常常结冰，船夫不得不经常备铁锤破冰开路，1170年南宋诗人范成大被派遣到金朝，他在阴历九月九日即重阳节（阳历10月20日）到北京，当时西山遍地皆雪，他赋诗纪念。苏州附近的南运河冬天结冰，和北京附近的西山阳历十月遍地皆雪，这种情况现在极为罕见，但在12世纪时，似为寻常之事。《宋史》卷62《五行志》记载，淳熙十二年（1185），"淮水冰，断流。是冬，大雪。自十二月止明年正月，或雪，或霰，或雹，或雨水，冰冱尺余，连日不解。台州（今浙江临海）雪深丈余，冻死者甚重"②。第12世纪时，寒冷气候也流行于华南。根据李来荣写的《关于荔枝龙眼的研究》一书，福州至少从唐朝以来就大规模地种植荔枝，1000多年以来，那里的荔枝曾遭到两次全部死亡：一次在1110年，另一次在1178年，均在12世纪。第12世纪刚结束，杭州的冬天气温又开始回暖（竺可桢，1973）。

但张丕远（1994）分析历史资料记载认为，880′s～1230′s A.D. 时期的气候阶段的特点是气候状态波动性很大。这一时期发生了很多暴暖和奇寒事件（表3-5），两者相间发生，气候变化特点为急剧波动。在气候转折期，由于气候系统的不稳定性，常常导致冷暖、干湿波动频繁。这一时期较频繁地发生暴暖和奇寒事件，正说明该时期气候系统不稳定。

---

① （元）陆友仁：《砚北杂志》卷上，见《宝颜堂秘笈》普集第八.

② （元）脱脱：《宋史》卷62《五行志》第十五《五行一下》，清乾隆武英殿刻本，第644-645页.

表 3-5　10～13 世纪初的冷暖并发现象①

年份	奇寒/暴暖现象	年份	奇寒/暴暖现象
962	春，延宁二州雪盈尺，丹州，雪二尺厌次县，陨霜杀桑，民不蚕	1127	正月京师，大雪天寒悲，地冰如镜，青城大雪数尺
964	冬无雪	1129	六月寒
967	冬无雪	1132	太湖“踏冰可行”（《鸡肋篇》）
968	冬，京师（开封）无雪	1135	二月雪，五月大寒，四十余日。冬，江汉地区“冰凝不解，深厚数尺”（《系年要录》）
969	冬无雪	1136	二月雪，冬温无雪冰
982	三月宣州霜雪害桑稼	1161	正月大雨雪，寒甚，冬无雪
985	南康军（鄱江湖一带）大雨雪，江水冰胜重载	1165	二月大雪，三月暴寒损苗
988	闰五月郓州风雪伤麦	1166	春大雪，寒，至于三月损蚕麦
991	冬温，京师无冰	1167	冬温少雪无冰
992	三月，商州霜，花尽死，九月，京兆府大雪寒杀稼	1168	二月大雪
	二月，商州大雪，民多冻死	1169	二月雪，冬温无雪冰
992	冬无雪	1170	五月大风雪，寒伤稼．冬，温无雪冰
995	冬无雪	1172	冬，淮水冰断流，大雪自十二月至明年正月，台州（今浙江临海雪深丈余）
996	三月，京师及近畿诸州，雪损桑	1176	冬，气燠如仲夏
1001	渭州，早霜伤稼	1190	三月留寒至立夏不退，十二月建宁府大雪深数尺
1007	京师冬温无冰	1191	正月行都大雪积泾河，冰雪尺余
1009	十二月，大名、澶、相州，并霜害稼	1193	二月雪
1016	京师大雪苦寒，人多冻死	1195	冬无雪
1017	永州（湖南南部）大雪六昼夜，	1196	冬无雪
1018	江、陵鱼皆冻死	1198	冬无雪，越岁春燠而雷
	夏秋大暑，毒气中人	1199	二月雪
1027	十二月大雨雪	1200	二月雪，五月之暑如秋，冬燠无雪，桃李华，虫不蛰
1043	京师大雪，贫弱之民冻死者甚众	1207	二月雪，冬少雪
1054	正月京师大雨雪，泥涂尽冰	1208	二月雪，春燠如夏
1056	冬，京师无雪	1213	二月雪，六月亡暑夜寒，冬燠而雷无冰
1061	是年冬无冰	1215	夏，五月大燠
1062	冬无雪	1216	二月雪，冬无雪
1067	冬无雪	1219	二月雪
1085	冬温无雪（《宋史・哲宗本纪》）	1220	冬无冰雪，越春暴燠
1086	京师大雪连月，之春不止	1224	三月雪
1087	冬无冰雪	1225	四月雪
1090	十一月京师大雪多流民	1228	（金境）春大寒，二月雪而雷
1093	冬温无雪（《宋史・哲宗本纪》）		
1094	福州大霜，荔枝全部冻死（《淳熙三山		
1110	志》）、《翁镛闲评》		
1113	十一月，京师大雨雪连十余日，平地八尺余		
1126	闰十一月，京师大雪盈三尺不止		

原注：除注明出处外，其余根据《宋史・五行志》、《金史・五行志》整理，部分记录原文未注明地点，从其他有记录的推断，未注明地点者应为当时中央政府控制的大部分地区

① 张丕远，王铮，刘啸雷等：《中国近 2000 年来气候演变的阶段性》. 中国科学（B 辑）：1994，24（9）：998-1008.

郑景云（2007）在《基于历史文献重建的近2000年中国温度变化比较研究》一文中，收集由不同学者利用历史文献资料重建的温度变化代用序列对比，包括植物、气候水文与农业物候系列、陨霜、大雪、河湖结冰、冷害系列、冷暖等历史文献资料，分析认为我国同欧洲一样在1000～1300年存在中世纪暖期，温暖程度与20世纪相当或比20世纪略暖。王绍武等（2000）认为公元9世纪后半叶到13世纪末，中国东部气候偏暖，50年平均气温的一些极大值与近百年（19世纪80年代～20世纪70年代）相当或略偏高，但其中12世纪较寒冷；中国西部则除9世纪后半叶较暖外无类似东部的暖期。张德二（1993）、满志敏和张修桂（1993）的研究认为，五代晚期至元初，中国（至少在东中部地区）存在与欧洲一致的"中世纪温暖期"。在以上根据历史文献重建的温度序列中（图3-5），1000～900aBP属于温度由较冷向较暖转化的时期，即由冷期向中世纪暖期转化时期。

（二）1000～900aBP气候变化的自然证据

葛全胜等（2002）集中中国过去3000年冷暖千年周期变化的自然证据并进行集成分析，界定了中国过去3000年中，包括多个冷暖变化。其中1400～1150aBP为暖期；1150～950aBP为冷期；950～650aBP为暖期。因此，在葛全胜自然代用指标集成分析的指示中，1000～900aBP属于1150～950aBP的冷期阶段。证据包括：1150±80a BP藏东南阿扎冰川40m侧碛（中国科学院登山科学考察队，1996），940±50a BP川西海螺沟冰进（李吉均等，1984）。但以上两条证据只能说明藏东、川西较冷，不能说明当时我国中东部地区的气候变化。

之后，葛全胜（2011；2012；Ge，et al. 2003）集成已有的高分辨率气候重建序列，用树轮、冰芯、石笋、沉积、孢粉和珊瑚等自然证据对中国东北和华北北部、西北和青藏高原及东南沿海地区过去气候变化进行了研究。结论认为，在我国东中部地区，宋元（931～1320）时期为暖期，冬半年平均气温较今高约0.3～0.4℃，并与北半球存在的中世纪暖期基本对应。但该阶段不是持续的温暖，而是以冷暖波动幅度大为主要特征，且其中存在一个长达近百年（1111～1200）的寒冷阶段。其中最暖期的30年（1231～1261）较今高0.9℃，最冷30年（1141～1170）较今低0.5℃，二者相差1.4℃。其中，从前一暖峰（1050～1080）转向冷谷（1141～1170）的降温速率达1.2℃/100a，而从冷谷（1141～1170）至又一暖峰（1231～1260）的回暖过程更为迅速，升温速率高达1.5℃/100a。该阶段相邻30年的温度变化幅度也较大，如1081～1100年至1101～1140年及1261～1290年至1291～1320年冬半年平均温度分别下降了0.8℃和0.7℃，1201～1230年至1231～1260年冬半年均气温上升了0.8℃；在我国西北部地区，550～800年，气候相对温暖；800～1000年，气候相对寒冷，黄土沉积迹象明显；1000～1300年，气候相对温暖，特征与欧洲等地“中世纪暖期”大体一致，青海湖周边与内蒙古大青山等地再次发育古土壤。且这一阶段温度波动幅度较大，曾数度出现过持续数十年的寒冷现象；在青藏高原地区，921～1840年都属于气候寒冷时期，年均气温较今低0.5℃。其年代—多年代际波动显著，其中又存在6个冷谷和5个暖峰。因此，根据以上分析，1000～900aBP（950～1050），我国东中部地区属于是暖期中的冷谷阶段，西北部地区、青藏高原地区属于冷期阶段，且都以冷暖波动幅度大、气候不稳定为主要特征。

施雅风等（1999）据西昆仑山古里雅冰芯提供的高分辨率按10a为单位统计的$\delta^{18}O$和积累量记录发现，古里雅冰芯记录对中世纪暖期反应差，800～1300年间，$\delta^{18}O$平均值以下的冷波动多而强，而高于平均值的暖波动少而弱。参考竺可桢（1973）意见，即认为在中世纪暖期，中国东部气候变化与欧洲不同，却与格陵兰相同，差别在于中国东部和格陵兰受大陆性气候控制，而欧洲受海洋性气候控制，认为在中国是否存在中世纪暖期问题较为复杂。

张美良等（2006）通过对荔波董哥洞石笋进行高精度的ICP-MS或TIMS-U系测年和碳、氧同位素分析，建立了荔波地区2300aBP来高分辨率的古气候变化的时间序列。研究结果表明，贵州荔波地区1080～680aBP为降温期，气温继2300～1 800aBP降温期后再次下降，出现突发性降温事件，显示东亚冬季风再次增强，是气候变化的关键转折时期。

李偏等（2010）基于湖北神农架犀牛洞石笋（SN）21个^{230}Th年龄及486个$\delta^{18}O$数据，建立了近2000年来平均分辨率4～5a的$\delta^{18}O$时间序列。结果表明，在980 ～1080年时期，东亚夏季风减弱，气候干旱寒冷。对应于正偏且波动较大的$\delta^{18}O$值，存在冷暖、旱涝灾害频繁交替现象。

汉江上游北部的秦岭太白山佛爷池孢粉记录显示，在1010～1340年前后，气候极不稳定，波动强烈，1200～1340年发生快速气候波动，出现暖夏、冷冬等特征气候，成为历史上少见的灾害性气候时段（童国榜等，1998）。

许清海等（2004）根据岱海盆地99A孔1.84m以上地层较高分辨率的孢粉资料，运用中国北方部分科属花粉—气候响应面定量恢复了岱海盆地1500aBP以来的七月平均气温和年均降水量。研究结果表明，980aBP是一个明显的气候转折点。1240～980aBP，七月平均气温18～19.5℃，平均18.8℃，年均降水量290～390mm，平均332mm，是一温干时期，蒿/藜比显示气候比前一时期变干；980～880aBP，气候转为冷湿，七月平均气温16～17.5℃，平均16.7℃，年均降水量400～510mm，平均463mm。以980aBP

为界，气候由温干转为冷温，气候变冷变湿。

刘升发等（2011）通过对位于东海内陆架泥质区中部的MZ02柱样岩芯进行粒度、常量元素、AMS14C分析，获得了粒度和常量元素随时间变化的高分辨率曲线。近2000aBP以来CaO/K_2O、MgO/Al_2O_3和MnO/Na_2O共同识别出的7次极值揭示了同期的降温事件，分别发生在1480aBP、1200aBP、1020aBP、780aBP、580aBP、330aBP、120aBP。其中第三次降温事件发生在1020aBP，显示1000aBP前后气候由暖转冷的变化。

来自北美大平原和中西部地区的多个湖泊记录显示，1000～1300年该区域严重干旱事件高度频发（Laird K R，et al. 1998），同时在美国西南部、非洲尼罗河也多次记录到这一时期发生的特大洪水事件（Ely L L，et al. 1997；Hassan F，2011）。海洋和湖泊沉积记录显示，欧洲西南部伊比利亚半岛中世纪时气候异常（MorenoA，et al. 2012）。这些研究结果表明，在距今1000～900年前后，全球很多地区气候波动不稳定，降水变率大，干旱和洪水事件皆有发生。

以上历史文献资料和自然代用指标研究结果不一，但统一的一点是，都发现该时期属于气候不稳定期，冷暖、旱涝频繁交替，气候波动性强，波动幅度大。因此至少可以确定，该时期是一个气候发生明显转折的时期。对于该时期气候冷暖情况，从现有资料来看，不管在我国是否存在中世纪暖期，12世纪气候都是相当寒冷的，即使存在中世纪暖期，12世纪也是暖期中的一个冷谷。因此，根据以上述及竺可桢、葛全胜、施雅风、张美良、李偏、许清海、刘升发等的研究成果，该时期应该是从暖向冷（冷期或者是暖期中的冷谷）转折的阶段。气候的转折变化，导致了气候系统极不稳定，波动性较大。

二、1000～900aBP汉江上游气候灾害的历史文献记录

1000～900aBP（950～1050）年前后，汉江上游历史洪灾记录统计如图3-8所示。

950～999年、1000～1049年，汉江上游洪灾分别有5次、3次记载。比之前的850～899年（1次）、900～949年（1次）有所增多。但较之后的1150～1199年（9次）要少。处于洪涝灾害频率的增多阶段。记载的具体情况如：“汉水溢，民有溺死者”（960年，《石泉县志》）；“汉水溢”（961年，《南郑县志》、《城固县志》、《安康县志》、《旬阳县志》）；“夏六月，汉水涨，坏民舍”（984年，《郧县志》）；“七月，汉江水涨，毁境内汉江两岸农田、民舍”、“死人甚多，九月又大水，损坏庐田，死人甚多”（991年，宁强、勉县、南郑、汉中、城固、洋县、安康、旬阳、镇安等县志记载）；“夏，发生特大

水灾。黑龙江（褒河）等诸河流水涨，死人甚多，栈阁毁坏”（1009 年，《留坝县志》）；“六月九日，汉水大溢，邑署漂没”（1052 年，《石泉县志》、《安康县志》、《旬阳县志》）等。

从不同朝代的比较来看（图 3-9），北宋至南宋时期，洪灾记载比其前后时期都多，而南宋的洪涝记载（12 世纪）要多于北宋时期，与气候变化研究中发现 12 世纪更为寒冷、波动更强的背景相契合。

进一步分析北宋时期洪水灾害的影响范围，对北宋时期（960～1127）汉江上游洪水灾害影响的县数进行了统计，如图 3-10 所示。

由图 3-10 可知，961、991、1016 年的这三次洪水灾害影响的范围比较大，受到这三次洪水影响的县分别为 5 个、9 个和 5 个。其中，发生于 991 年的洪水为这一时期对汉江上游地区影响范围最大、破坏性最强的一期洪水事件，宁强、勉县、南郑、汉中、城固、洋县、安康、旬阳和镇安等县市均受到此次洪水灾害的影响。在一些文献资料中更是明确记载了这次洪水的破坏

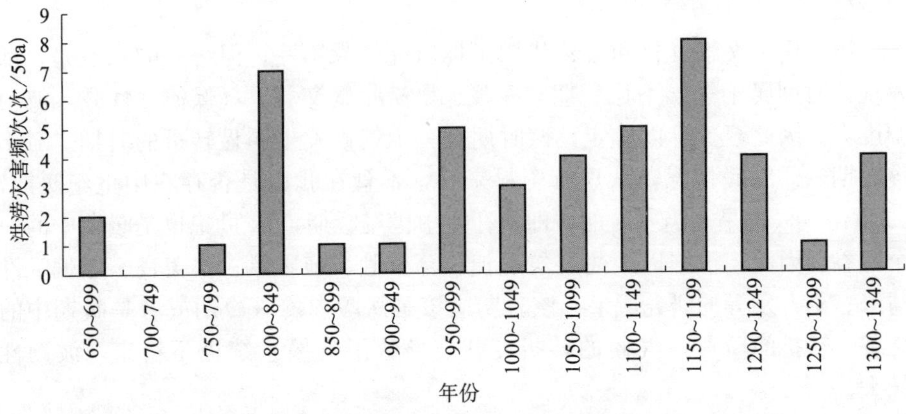

图 3-8　汉江上游公元 650～1349 年洪灾发生频率

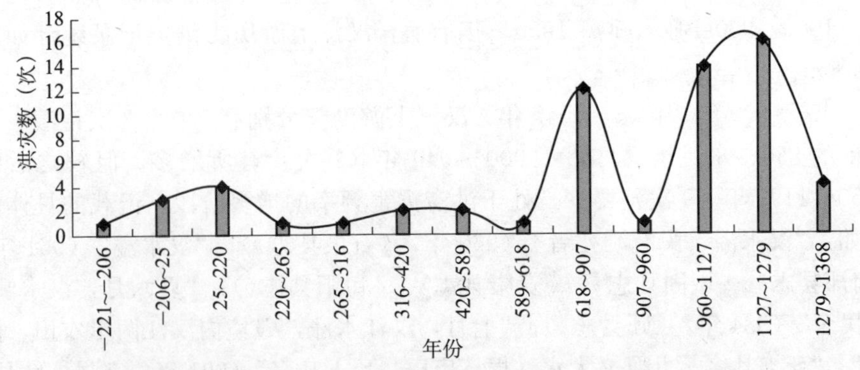

图 3-9　汉江上游秦朝至元朝 1589 年间洪水灾害频次统计图

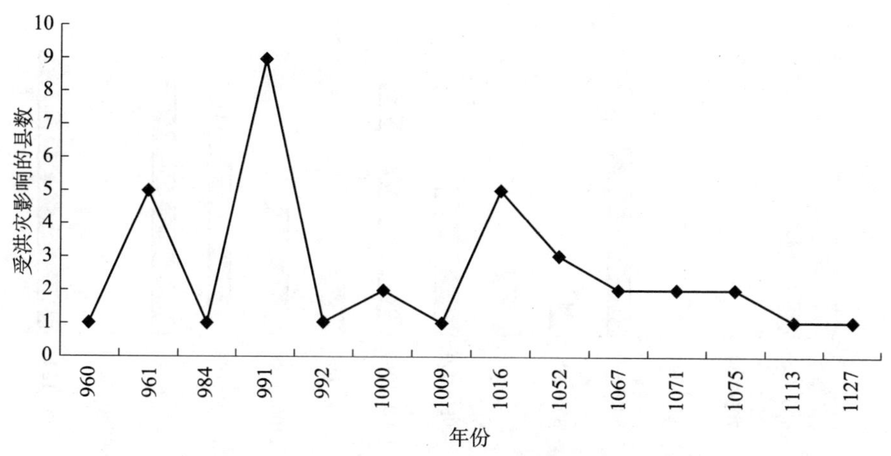

图 3-10　北宋时期汉江上游地区洪水灾害影响范围

性之大。例如，《汉中市志》中记载的宋淳化二年（991），“七月，汉江水涨，死人甚多，九月又大水，损坏庐田”；《旬阳县志》中记载的“991 年七月，汉江水涨，坏民田庐舍”；《南郑县志》中记载的“汉水暴涨，冲毁民房甚多”。另外，961 年和 1016 年的洪水影响也较大，两期洪水事件的影响范围为南郑、城固、安康、旬阳、汉中和留坝 6 个县市。根据史料记载，这些县市都受到不同程度的损失。例如，《南郑县志》中记载的 961 年“汉水泛滥”；同年在《旬阳县志》上也有相关记载，如宋建隆二年（961）“秋九月，汉水溢”。再如，《留坝县志》记载的 1016 年，“八月，黑龙江发大水，漂荡庐舍”。通过这些文献记载可见，北宋时期汉江上游洪水灾害不仅频繁发生，而且其影响范围广、破坏性大。

汉江上游 650～1349 年旱灾发生频率统计如图 3-11 所示。950～999 年、1000～1049 年，汉江上游旱灾分别有 5 次、8 次记载，比之前的 850～899 年（1 次）、900～949 年（2 次）、之后的 1050～1099 年（2 次）、1100～1149 年（4 次）都多。旱灾记载如：“一至四月不雨”（公元 990 年，《镇安县志》）；“连年旱灾，民多外出”（公元 992 年，《安康县志》）；“春利州路旱”（公元 1020 年，《宋史》卷 66《五行志》）；“柞水境 45 天无雨，田禾多枯死”（公元 1027 年，《柞水县志》）等等。旱灾次数较多，旱情也较重。

按朝代统计来看（图 3-12），从秦至元代，汉江上游水旱灾害发生频率基本上是同步的。在北宋至南宋，水旱灾害的发生都较前后期为多，且南宋较北宋灾害次数更多。因此，该时期前后，不仅洪灾较重，旱灾同样也较为严重。

寒冻灾害方面，从历史文献记录来看，650～1349 年的 700 年间，具体在汉江上游区域，相关记录非常少，仅有零星的 3 次（图 3-13）。唐（813）、宋

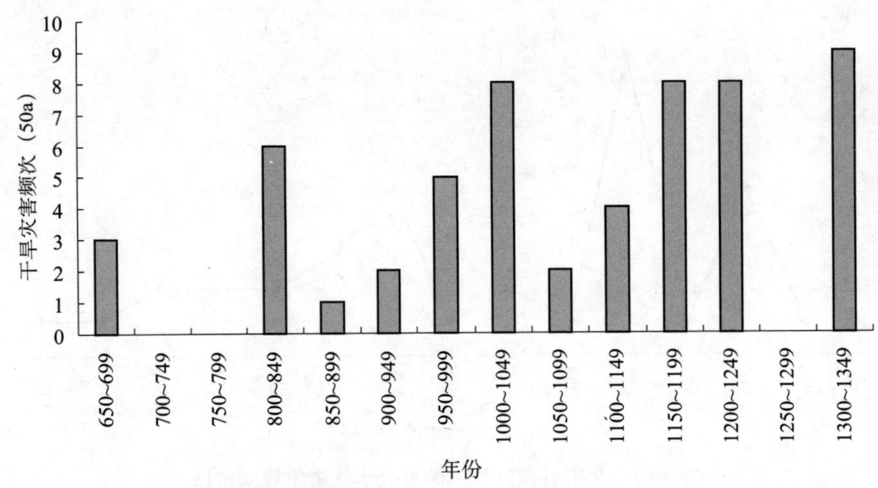

图 3-11　汉江上游公元 650～1349 年旱灾发生频率

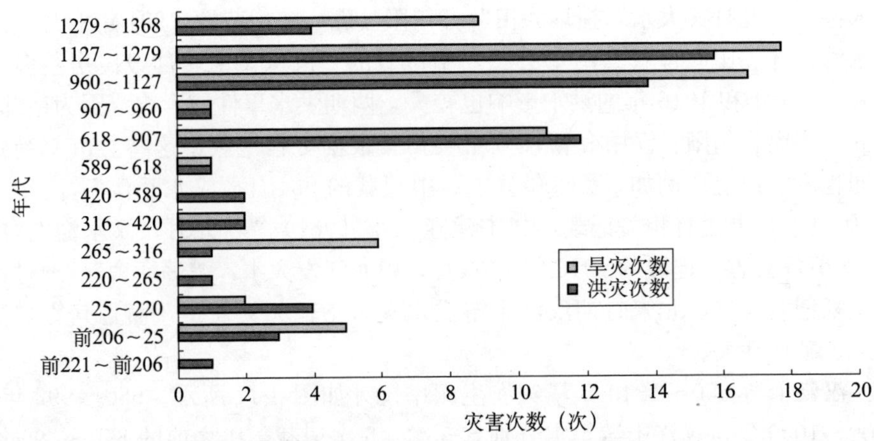

图 3-12　汉江上游秦朝至元朝水旱灾害频次统计

(1189)、元（1290）各一次。

1000～900aBP（950～1050）范围内无寒冻灾害记载，可能这一时期汉江上游一直少有寒冻灾害，但从当时全国范围或者没有记载具体影响范围的寒冻灾害记录较多的背景来看，当时寒冻灾害还是较多的（表 3-5）。从旁证资料来看，汉江上游也并非一直处于温暖气候中，像诗人陆游曾于宋孝宗乾道八年（1172）在汉中前线投笔从戎，体验了这里寒冷的气候。他晚年回忆说："昔我从行台，宿食南山旁。中秋以戒寒，九月常陨霜。入冬既大雪，人马有仆僵。土床炽薪炭，旃毳如胡羌。果蔬悉以冰，熟视不得尝"；淳熙十年（1183）10 月，陆游在家乡山阴作《夜行》诗，追忆乾道八年（1181）10 月在汉中的苦寒遭遇。诗尾自注说："倾自小益还南郑，夜宿金牛驿。时方大寒，

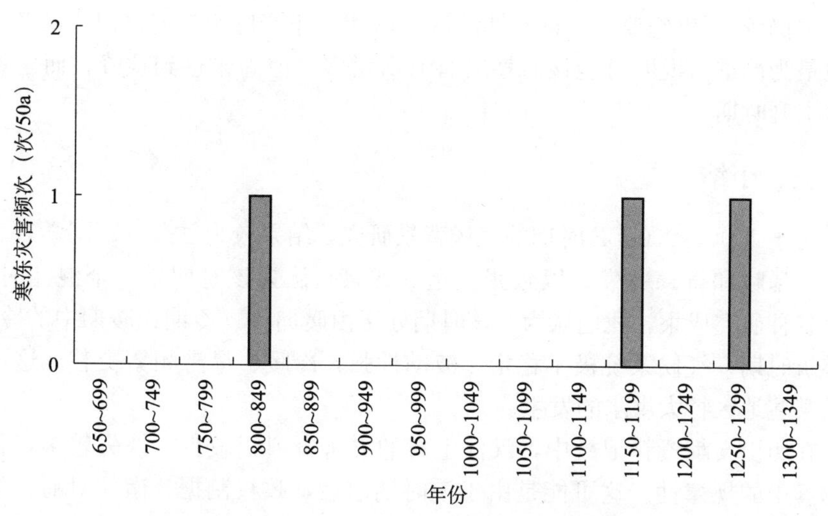

图 3-13 汉江上游公元 650～1349 年寒冻灾害记录

人马俱僵仆，今十二年矣”，可见当时汉中之严寒。因此，650～1349 年这么久的时间内，汉江上游相关史书和地方志中只见到 3 次寒冻记载，有理由认为，还是记载遗漏的成分较大，并不足以说明该区域的寒冻情况。

从以上 650～1349 年年间的气候水文灾害记录，及对 1000～900aBP 年前后气候背景研究，可以发现：

（1）该时期汉江上游灾害记载缺失严重，像前后 700 年间只有 3 次寒冻灾害记录，显然记载不全。汉江上游位于我国南北过渡区，从它与南北地域间的区位关系特点看，对于占据南面荆襄地区与巴蜀地区的政权来说，只有控制了这个区域，才能凭借秦岭大阻拒敌于外，否则，就会受到对方居高临下的威胁，随时有灭顶之灾；对于秦岭以北的政权来说，也只有占据了这一区域，才可以此为根据地发动攻势。因此史称此地“后可据而安，前可恃而进”。因此在南北政权对峙时期，陕南汉江走廊往往处于南北政权争夺的过往地带，战乱特别之多（陶卫宁，2000）。从五代十国至北宋、南宋时期，先是割据政权频繁更替，之后南北政权对峙，因此南北过渡区的汉江上游可能受到战乱频繁的影响，导致本地历史灾害记录缺失较多。

（2）1000～900aBP 前后，我国大部分地区，或者至少东中部地区，气候系统极不稳定，是气候从暖向冷的转折期，气候灾害频繁，暴暖和奇寒现象并存，冷暖、干湿灾害并存，极端性气候水文事件频发。在汉江上游该时期地层中发现古洪水滞流沉积层（表 3-1），表明当时有大洪水发生；从历史灾害记载来看，北宋时期汉江上游洪水灾害不仅频繁发生，而且其影响范围广、破坏性大，两方面研究的结论是一致的。

（3）从仅存的灾害记载来看，该时期灾害记载较其前的 9～10 世纪有增多，但仍较12世纪要少。该时期前后，12世纪下半叶水旱灾害记载最多，灾情也最为严重。说明可能该时期灾害有所增多，但尚未达到顶峰，而是处于灾害上升时期。

三、小结

对于1000～900aBP时期的气候背景研究，结果较为复杂。不同学者意见不一。暴暖和奇寒并发，以致张丕远（1994）认为该时期是一个混沌时期。综合各种研究成果，我们认为，该时期处于由暖向冷（冷期或暖期中的冷谷）的转折时期，气候系统极不稳定，波动性强，冷暖、旱涝频繁交替。这可能导致某些地区特大洪水的发生。

在历史文献资料记载中，汉江上游的灾害资料仍较少，缺失较多，很难找出其中的规律性。这可能是由于该时期前后，政权割据、南北对峙，处于南北过渡区的汉江上游战乱频繁所导致的。但从所存的记录来看，该时期汉江上游水旱灾害记载，相对来说，较之前有明显增多，但尚未达到顶峰，可能是处于灾害上升时期。

第五节　本 章 小 结

根据黄春长科研团队进行的古洪水滞流沉积物（SWD）相关研究，在汉江上游发现了历史时期四期古洪水事件，分别发生在4200～4000aBP，3200～2800aBP，1800～1700aBP，1000～900aBP时段。将全新世古洪水滞流沉积层研究结果，与气候变迁研究成果、历史文献资料记载进行对比分析，可以发现：

（1）根据黄春长科研团队进行的古洪水滞流沉积物（SWD）相关研究，4200～4000aBP前后，在我国秦岭南北的黄河、汉江流域，地层中形成了平均粒径较大的、具有水平或波状层理的、具有龟裂特征的沉积层，证实当时普遍发生有大洪水事件（Huang C C，et al. 2010；2011）。历史文献记载和传说故事也表明，4200～4000aBP前后中国各种自然灾害频繁，洪水频发。从目前大量的自然证据来看，4200～4000aBP（公元前2250～前2050）发生了一次显著的全球性降温事件，该事件带有突变性质，且在中国各地有明显表现。异常洪水事件发生在全球性的降温事件阶段，正是对该时期气候突变事件的反映。气候灾害频繁，洪水频发是气候突变、全球降温导致的气候变率增大，气候极不稳定的结果。

（2）3200～2800aBP（公元前1250～前850）处于全新世大暖期的结束阶段，气候从温暖湿润向寒冷干旱转化。从地层学研究和历史文献资料记载来看，寒冷干旱期大约从3100aBP（公元前1150，商晚期）开始，持续到约2700aBP（公元前750，西周结束）。在汉江上游多个地层剖面中，发现了该时期大洪水的沉积物。同时，在我国黄河干流及其支流的多个地点（Huang C C，et al. 2010；2011；李瑜琴等，2009；姚平等，2008；查小春等，2007；万红莲等，2010；李晓刚等，2010），如永定河流域（姚鲁烽，1991）同样发现了发生于该时段的特大洪水事件。说明在此暖湿向冷干的转折期和冷干期，不仅寒冻灾害、旱灾频繁，在黄河流域和汉江上游，也有特大洪水发生。该时期处于全新世大暖期结束、全球进入气候波动加剧的时期，正是由于气候波动的加剧，导致了异常气候水文事件的多发。

（3）1800～1700aBP（150～250），处于秦汉暖期向三国两晋南北朝冷期的转折期，气候由温暖湿润向寒冷干旱转化，降温明显。在汉江上游的历史文献记载中，该时段洪水灾害发生频率较其前后时期都更大，影响范围也更广，与地层中发现的该时期古洪水沉积相印证。从历史文献资料统计结果看，当时不仅在汉江上游洪水频发，在黄河流域（李燕等，2007；殷淑燕等，2008）、长江流域（朱诚等，1997）洪水发生频率普遍都较高。因此，当时气候不稳定、洪水多发，黄河流域至长江流域都在影响范围之内。但从研究过的黄河干支流和汉江上游的沉积学结果来看，该时期仅在汉江上游发现有SWD层，在黄河干支流都没有发现（Huang C C，et al. 2010；2011；李瑜琴等，2009；姚平等，2008；查小春等，2007；万红莲等，2010；李晓刚等，2010），可能是因为，黄河流域地势较平坦，而汉江上游处于秦岭、巴山夹峙之中，由于特殊的地形和的地质条件影响，洪水过后，泥石流、滑坡、崩塌等地质灾害更为频繁，这为古洪水滞流沉积的保存提供了更为有利的条件。

（4）对于1000～900aBP（950～1050）时期的气候背景研究，结果较为复杂。不同学者意见不一。暴暖和奇寒并发，综合各种研究成果，我们认为，该时期处于由暖向冷（冷期或暖期中的冷谷）的转折时期，气候系统极不稳定，波动性强，冷暖、旱涝频繁交替。这可能导致某些地区特大洪水的发生。在历史文献资料记载中，汉江上游的灾害资料较少，缺失较多，很难找出其中的规律性。这可能是由于该时期前后（五代十国至北宋、南宋），政权割据、南北对峙，处于南北过渡区的汉江上游战乱频繁所导致的。但从所存的较少记录来看，该时期汉江上游水旱灾害记载，相对来说，还是较之前有所增多，但尚未达到顶峰，可能是处于灾害上升时期。

虽然古洪水沉积研究只能给出SWD层对应的一个大致时期，并不能与历史文献资料记载中的某一次特定的大洪水相对应。但对于气候背景的分析可以发现，4200～4000aBP，3200～2800aBP，1800～1700aBP，1000～900aBP四期古洪水事件，对应的气候背景非常相似，有共同的特征。即，都是气候由暖期向冷期（冷谷）转折的时期，是气候出现恶化转折，气候系统不稳定性的时期，也是全球性气候突变时期。汉江上游发现的四期古洪水事件都对应气候转折期，古洪水事件跟季风格局改变，气候系统不稳定、波动变化异常等因素有着紧密联系，气候转折、突变造成了大洪水事件及气候水文灾害群发。一般来说，在气候恶化转折、气候状态不稳定和降水变率增大的情况之下，特大洪水发生频率会显著增大（Knox J C，2000）。汉江上游流域洪水的流量与频率是和全球气候变化有关的，极端的洪水和干旱是气候变化的一部分。甚至这些大洪水往往还发生在气候转为寒冷干旱的时期，而不是与湿润气候相关联。是气候波动性增大、降水不均导致了极端大洪水事件的发生，降水不均除导致大洪水事件外，同时也会导致旱灾的发生。因此，在气候转折期，往往水旱灾害都非常频繁，导致大洪水和大旱灾都有发生。汉江上游发现的四期古洪水事件都对应气候转折期，古洪水事件跟季风格局突变，气候系统不稳定、波动变化异常等因素有着紧密联系。

从研究方法来看，从地层学和历史文献资料记录对比研究结果发现，在历史气候与灾害研究方面，不同的研究方法，各自有着自己的优势，但也各自存在着不足。

通过汉江上游地层中保存的古洪水滞流沉积层（SWD）研究古洪水事件，相对来说，研究成果较为客观、科学。但也存在一定的局限：

（1）SWD层保存问题。并不是发生过的大洪水、特大洪水都可以在地层中找到对应的SWD层。只有在基岩峡谷或抗蚀力强的河段中，河流凸岸的平缓岸坡、支流河口、沿岸的洞穴或支沟回水末端等有利地形，古洪水滞流沉积物才易于沉积下来（黄春长，2011），并且滞流沉积物未被侵蚀或遭受其他破坏前，被其他类型沉积如滑坡、泥石流覆盖而得以保存，且之后未受到人为扰动才能在地层中保存至今。在人类活动影响较小的远古时期，SWD层更易保存。而到近代，由于人口数量的不断增长，对环境的影响越来越大，SWD层就很难在地层保存下来。对汉江上游历史文献资料记载的统计可以发现（见第二章），在明、清、民国时期，本区域各种气候水文灾害频发，历史文献资料记载中，各种极端的洪、涝、旱、寒事件几乎连年发生，灾害程度强，影响范围大。但是由于距今时间较近，且人类活动对秦岭南北地区自然环境影响大，破坏强（陶卫宁，2000；殷淑燕，2005），因此，在地层中，该时期的大洪水、特大洪水滞留沉积多已被破坏，在相关研究的各地层剖面中，很难发现古洪水沉积层。

（2）SWD层的发生时间判定问题。在地层中发现SWD层后，面临的一个重要问题是如何确定古洪水的发生时间。目前在国际上，常用 OSL（光释光）测年方法进行测定。与经过 OSL 测年的其他地区地层层序对比及分析剖面中夹杂的考古文化层，也可作为辅助。OSL 测年技术由于存在样品测片晒退是否彻底问题以及选取的预热温度的不同、等效剂量的计算方法不同等原因，存在一定的系统误差和实验误差，正常数据误差范围在 4%～10%（王恒松，2012a；2012b；2012c）。这样的误差对于史前洪水来说，已是相当准确的测定结果。但对于历史时期的洪水研究来说，只能给出一个 SWD 发生的时间段，而不是具体的时间；且并不是一层 SWD 层沉积就意味着一次洪水，而可能是历史时期多次洪水沉积物累积的结果。这导致我们不能将 SWD 层与历史文献中具体的某一次洪水事件进行对比分析。只能从一个时间段来分析当时的气候水文状况，来得出进一步的结论。

通过历史文献资料、现场考证、探察寻访（针对距今年代直对较近的时期）、现代观测数据分析这些方法研究气候水文事件，对发生的灾情、时间记载一般较为可靠，时间分辨率高，同样也存在一些问题：

（1）由于历史记载所固有的局限性，历史文献记载详细程度随时间和地点有非常大的变化，早期记录较少，近代相对增多。以上缺陷常导致如果仅通过历史文献资料进行灾害统计，灾害的发生频率，不管是哪种气候或水文灾害，从古至今，滑动平均曲线或灾害拟合线基本都呈 J 形（见本文第二章的图 2-5、图 2-14、图 2-23）。越接近现代，发生频率越高。其最主要的原因，就是越接近现代，文献记载越完善，灾害记载越详细，因此统计出来的发生次数就越多。此外，越接近现代，人口数量越多，对自然环境的破坏导致自然灾害增多，且同样的气候水文异常事件引起的灾害程度更强，影响范围更广，对人类影响更大，也是灾害记载越来越多的原因之一。

（2）不同朝代对某一灾害的重视程度不同，也会导致记录详略差异；战乱、政局不稳等都会导致历史灾害记录严重缺失。如本研究中第四期洪水事件，发生在五代十国至北宋时期。而汉江上游五代十国至北宋、南宋的历史灾害记载明显有严重的缺失。具体在汉江上游区域，在五代十国至北宋，没有一次寒冻灾害记载，在 650～1349 的 700 年间，寒冻灾害记录仅有 3 次。从当时全国范围或者没有记载具体影响范围的寒冻灾害记录较多的背景来看（表 3-5），当时寒冻灾害还是较多的。但具体在汉江上游的记载却少之又少。这可能是由于该时期前后（五代十国至南宋），政权割据、南北对峙，处于南北过渡区的汉江上游战乱频繁所导致，而不是汉江上游并无寒冻灾害发生，因此，并不能根据仅有的少量记载来判定当时的气候变化情况。在同时期，洪、旱灾害记载虽然也不多，却较寒冻灾害记载要略详细一些，说明当时对不同灾害的重视情况有一定的差异。如果不考虑当时的具体情况、社会背景，仅根据历史灾害记载来分析当时的气候和灾害情况，可能会出现一定的偏颇。

因此，地层学和历史文献资料研究，各自有着自己的优势，但也都存在着一定的不足，相互对照、补充有助于我们更好地认识自然规律与历史时期气候水文事件发生的真实情况。

第四章 汉江上游极端性气候水文事件的社会影响

在没有人类出现之前或无人居住的地区，极端性气候水文事件只是自然界环境因子的异常变化。但自从有了人类以后，尤其是有人类居住的地方，极端性气候水文事件就会对人类与人类社会的各方面产生危害，从而形成气候水文灾害（气候水文灾害可以理解为对人类社会具有影响的极端性气候水文事件）。由上文研究可知，在气候的转折、突变期，因气候系统的不稳定性增强，波动性加大，往往导致极端性气候水文事件增加，各种气候水文灾害群发。各种群发性的暴雨、洪灾、旱灾等自然灾害，无疑会给社会发展造成极为严重的影响。古代生产力水平低，人们抵御各种自然灾害和应对气候变化的能力很低，旱灾、洪水、冻灾等对当时人类社会的影响更为突出；随着人类社会的进步和科技水平的提高，人们防御自然灾害的能力提高，但由于人口增长过快、人口密度，以及建筑密度较高、工农业发展规模扩大等，各种自然灾害对人们生产生活所造成的损失也是不可忽视的。具体而言，气候水文灾害对人类社会的影响，包括农业生产与生态环境、战乱、人口发展、人体健康、城镇建设等方面。在汉江上游，主要表现为导致人口减少、经济发展尤其是农业经济受破坏、影响社会稳定、影响风俗的形成和文化传播等。

第一节　对人口的影响

在中国历史上，影响人口减少和大规模迁移的因素很多，战争和灾害是其中非常重要的两种类型。相对而言，战争对于人口的影响是短期性的，而灾害是较为长期的影响因素。汉江上游地区的自然灾害给人口带来影响，造成人口的迁移和死亡，以及灾害诱发各种疾病，对人口素质、生活质量产生较大影响。自然灾害及其引起的并发症，给当地居民带来了极大的危害。在正常发展的状态下，社会人口的数量将不断增加、质量将逐步提高、结构将日趋合理。而在自然灾害，尤其是重大自然灾害发生之后，这种正常发展的趋势往往被打断，带来人口数量的减少、人口大规模迁移及人口素质低下（汪志国，2008）。历史时期以来汉江上游的气候水文灾害对人口的影响主要表现在人口的大量减少、大规模迁移与流民，以及灾民生活质量大幅下降等几个方面。

一、造成人口死亡

历史时期的灾荒有一个显著的特点，即严重的灾荒必将造成人口的大量损失。历史上每一次严重灾荒的发生，史料中多半都有关于人口死亡的记载，历史时期因为自然灾害引起的人口减少，虽然会因为历代官私文献记载的缺漏，但并没有切实的数目可资统计，但从少数史籍记载的文字来看，为数也很惊人。

从秦汉到清末以来，陕西人口的剧烈下降至少发生过 13 次（薛平栓，2001）。例如秦汉之际、两汉之际、东汉末、西晋末、北魏末、隋末、唐中期、唐末、北宋末、金元之际、元末、明末清初、清朝同治至光绪初年，这些时期人口下降的原因除了战争、政治、人口迁出等以外，还有一个重要的原因，就是自然灾害导致了人口大量死亡。而自然灾害导致人口下降最典型的一次当属明末清初时期。明末陕西各种自然灾害极为严重，死于灾害和饥荒的百姓数不胜数。嘉靖三十四年十二月十二日（1556 年 1 月 23 日），陕西发生了一次严重的地震，震中在关中东部华县，总死亡人数达 83 万多人（官吏、军民压死八十三万有奇①）。这次地震不仅是陕西有史以来最大的一次，也是我国古代历史上较大的一次，造成陕西人口大减。而这个时期，也是汉江上游地区气候水文及其次生灾害多发的阶段，水灾、旱灾、蝗虫、风雹、霜冻等灾害频频发生，为害甚巨。如崇祯元年（1573），郧西县大水，“坏城垣六十余丈，人民庐舍漂没无数”②；1573～1644 年间，有 29 年发生旱灾，常见有“饿殍遍野”、“草木食尽”、“人相食”等记载（附录 2）。

汉江上游地区地处北亚热带，降水量大，降水日数多，雨量充沛，秋季连阴雨出现较频繁，秋涝几乎年年发生。本区受东南季风及西南季风自沿海向内陆逐渐推进的影响，在盛夏 7、8 月多暴雨，直到 10 月上、中旬，东南季风和西南季风退出大陆时，暴雨结束。造成本区洪涝灾害相当频繁，是西北水涝灾害最多的区域之一。在水涝灾害繁盛的同时，还会引发山洪、滑坡、泥石流等一系列的次生灾害，给当地人民的生产生活和生命安全带来很大威胁。文献中关于历史时期以来汉江上游的洪水几乎每一次都有人口减少的记

① （清）张廷玉：《明史》卷 30 志第 6《五行三》，清乾隆武英殿刻本，第 217 页．
② 温克刚：《中国气象灾害大典·湖北卷》，北京：气象出版社，2007，第 42 页．

载。重度洪涝灾害和特大洪涝灾害会造成人口迁移或人畜大量死亡，灾民流离失所。同时，洪涝灾害也可能引起疾病蔓延，严重地影响着人民的身体健康和生命安全。表 4-1 是汉江上游地区历史时期以来造成人畜死亡较严重的洪灾案例，可以看出水灾对当地人口带来的影响。

表 4-1 历史时期以来汉江上游地区水灾致使人口死亡的案例

年份	人口死亡记录	资料来源
公元前 185	夏，汉中、南郡大水，水出流四千余家	《汉书》卷 27《五行志》
公元前 180	夏，汉中、南郡水复出，流六千余家	《汉书》卷 27《五行志》
公元前 161	秋，大雨，昼夜不绝三十五日……汉水出，坏民室八千余所，杀三百人	《汉书》卷 27《五行志》
277	六月，益、梁二州郡国人暴水杀三百多人	《晋书》卷 27 志 17《五行上》
991	汉江水涨，死人甚多，九月又大水，损坏庐田	《汉中市志》
992	上津县（郧西）大雨，河水溢，坏民舍，溺者三十七人	《宋史》卷 61 五行志
1158	六月丙申，兴、利二州（汉中郡、安康郡、洋洲郡等地）及大安军（宁强）大雨水流民庐，坏桥栈，死者甚众	《宋史》卷 61 五行志
1390	秋八月淫水，汉水暴溢，由郢以西庐舍人畜漂没无算，州城陷五日乃止	《行水金鉴》卷 77《江水》
1446	四月，金洲霖雨河溢，淹死人畜，漂流房屋，民饥待赈	《安康县志》
1566	九月，陨阳大淫雨，平地水丈余坏城垣庐舍，人民溺死无算	《明史》卷 29 志 5《五行二》
1583	（万历）十一年夏四月，兴安州猛雨数日，汉江溢，有一龙横塞黄洋河口水壅高城丈余，全城淹没，公署民舍一空，溺死者五千余人，阖门全溺无稽者不计数	《（雍正）陕西通志》
1680	五月二十九日，大雨如注，水入州城，淹死 2385 人	《安康县志》
1828	（安康）洪水进城，将桥打断，淹死多人	《汉江洪水痕迹调查报告》
1832	八月初八日至十二日，大雨如注，江水泛滥，更兼东南施家沟、陈家沟、黄洋沙山水泛涨，围绕城堙。十四日水高数丈，由城直入（安康），冲塌房屋，淹毙人口	水电部水利科学院《故宫奏折抄件》
1852	七月十七日（8 月 31 日）大水，决小南门入城，庐舍坍塌无算，兵民溺死者三千数百名	《安康县志》
1931	秋，汉中、安康各县江河泛溢……淹塌死城固 139 人、洋县 185 人、镇巴 2000 余人，镇安 1200 余人，石泉 600 余人，南郑淹毙人数不可胜计	《中国第二历史档案馆的陕西灾情档案》 1931—1939 年版《陕西省政府公报》
1934	夏，汉中、略阳、留坝、镇巴、宁强、安康、石泉大雨造成汉江大水及山洪暴发，“猝不及避，男女老幼淹毙无算”	《中国第二历史档案馆的陕西灾情档案》 1931—1939 年版《陕西省政府公报》
1983	安康特大洪水，受灾 26 万多户，死亡 870 人	《安康县志》

注：各县志除特别注明版本外，其余为中华人民共和国成立后版本，具体出版信息详见参考文献，下同

旱灾主要是通过切断维持人类生命的能源补给线，并造成粮食减产甚至绝收，从而造成饥馑，以及由饥馑引发瘟疫来摧残人类的生命，造成人口大量死亡。历史时期以来汉江上游地区因为旱灾和饥荒引起的人口死亡不胜枚举，表4-2统计了历史时期汉江上游干旱灾害引发的饥荒、蝗灾、虫灾案例；表4-3主要统计了汉江上游各县市较为严重的旱灾带来的人口死亡和逃亡案例，以说明旱灾对人口的影响情况。

表4-2　汉江上游地区干旱灾害引发的饥荒、蝗灾、虫灾案例

年份	灾情描述	次生灾害	资料来源
682	三月旱，关中及山南二十六州大饥	饥荒	《兴安府志》乾隆五十三年本
1006	夏，陕西旱、饥	饥荒	《勉县志》
1019	利州路饥	饥荒	《汉中市志》
1136	利州路大饥，米斗四千，路饥枕藉	饥荒	《安康县志》、《汉中市志》
1216	五月，大蝗，七月又旱	蝗灾	《汉中市志》
1231	春，汉中大饥	饥荒	《汉中市志》
1346	旱，饥	饥荒	《（雍正）陕西通志》
1369	大旱，饥	饥荒	《（雍正）陕西通志》
1371	陕南诸路旱，饥，汉中大饥，本境尤甚	饥荒	《留坝县志》
1427	大旱，民饥	饥荒	《镇安县志》
1428	大旱，饥	饥荒	《重刻汉中府志》
1436	连年旱涝，人民缺食	饥荒	《安康县志》
1438	汉中连年旱，民遭饥馑	饥荒	《宁强县志 》
1442	大旱，饥	饥荒	《康熙本《城固县志》》
1465	三月旱，大饥	饥荒	《重刻汉中府志》
1465	本境因旱而大饥	饥荒	《留坝县志》
1486	旱，大饥	饥荒	《重刻汉中府志》
1487	干旱，尤后三年连续大旱，陕南赤地千里，井邑空虚，尸骸枕藉，流亡日多，虫、鼠危害，凡五十五州县	饥荒	《留坝县志》
1514	大旱，灾民饥荒造反遭县府剿捕，饥民逃奔	饥荒	《镇安县志》
1526	全陕三年大旱，“人相食饿死无数”	饥荒	《南郑县志》
1527	全陕三年大旱，“人相食饿死无数”	饥荒	《南郑县志》
1528	大旱，民大饥	饥荒	《留坝县志》
1538	春，夏大饥	饥荒	《重刻汉中府志》
1544	春，陕南饥	饥荒	《汉中市志》
1548	春，大饥	饥荒	《重刻汉中府志》
1555	大饥	饥荒	《（雍正）陕西通志》
1568	六至七月大旱，大饥	饥荒	《紫阳县志》
1574	汉中府饥	饥荒	《汉中市志》

续表

年份	灾情描述	次生灾害	资料来源
1577	汉中道殣相望	饥荒	《汉中市志》
1585	汉中饥	饥荒	《汉中市志》
1629	汉中饥荒	饥荒	《汉中市志》
1630	全省大旱，“饿殍遍野”，“草木食尽”	饥荒	《南郑县志》
1633	全省大旱，“饿殍遍野”，“草木食尽”	饥荒	《南郑县志》
1634	全省大旱，“饿殍遍野”，“草木食尽”	饥荒	《南郑县志》
1636	全省大旱，“饿殍遍野”，“草木食尽”	饥荒	《南郑县志》
1637	大饥，道殣相望，居民采树叶草根食之几尽	饥荒	《镇巴县志》
1638	全省大旱，“饿殍遍野”，“草木食尽”	饥荒	《南郑县志》
1640	大旱，人相食，草木俱尽	饥荒	《汉中市志》
1645	大饥	饥荒	《汉中市志》
1646	七月，大旱，大饥	饥荒	《石泉县志》
1648	天旱，石泉大饥	饥荒	《石泉县志》
1679	夏天旱，秋涝，次年县民大饥	饥荒	《白河县志》
1684	夏，大旱，至秋分方雨，饥馑异常	饥荒	《汉阴县志》
1684	六月旱，夏秋未登，大饥	饥荒	《紫阳县志》
1691	大饥	饥荒	《（雍正）陕西通志》
1692	饥	饥荒	《（雍正）陕西通志》
1737	大旱，民饥流离	饥荒	《留坝县志》
1771	大旱。山竹结实，人食	饥荒	《宁陕县志》
1804	春间被旱，贫民乏食	饥荒	《旬阳县志》
1813	夏旱，稻苗半槁，年岁大荒	饥荒	民国 20 年《续修陕西通志稿》
1813	大旱，大饥	饥荒	《中国气象灾害大典·湖北卷》
1832	岁大旱，民相食，逃荒、饥死者到处可见	饥荒	《岚皋县志》
1833	秋，旱，蝗虫。斗米钱二千四百文	蝗灾	《中国气象灾害大典·湖北卷》
1836	旱，蝗，大饥	蝗灾、饥荒	《中国气象灾害大典·湖北卷》
1837	秋旱，蝗	蝗灾	《中国气象灾害大典·湖北卷》
1843	旱，蝗害稼	蝗灾	《中国气象灾害大典·湖北卷》
1853	八月蝗，旱	蝗灾	《中国气象灾害大典·湖北卷》
1856	七月大旱，饥	饥荒	《中国气象灾害大典·湖北卷》

续表

年份	灾情描述	次生灾害	资料来源
1857	旱，蝗	蝗灾	《中国气象灾害大典·湖北卷》
1876	陕西全省大旱，“赤地千里”，“人相食”，“道殣相望，其鬻女弃男，指不胜屈，为百余年来未有之奇”	饥荒	《南郑县志》
1877	干旱，赤地千里，四年四月初一始得甘霖，开仓赈济，人相食，饿殍载道	饥荒	《西乡县志》
1878	经年不雨，大旱，麦禾焦枯，井多干涸，粮价昂贵，大饥	饥荒	《城固县乡土志》
1891	大旱。平川大旱，南北山区饥民哗噪	饥荒	《石泉县志》
1896	六、七月大旱40余日，收成大减，民饥逃亡	饥荒	《镇安县志》
1903	春，大饥	饥荒	《城固李公金渊救灾碑记》
1905	春，大饥	饥荒	《城固李公金渊救灾碑记》
1909	自冬经春及夏不雨，赤地千里，人相食，其鬻女弃男为百余年之奇。低山流民、逃亡者接踵而至，四乡饥民吃“大户”。陕安镇总兵彭体道派兵镇压，设团防局，办保甲。至九月初八、九始下雨。旱象缓解	饥荒	《岚皋县志》
1914	汉中府属各州县饥	饥荒	《汉中市志》
1915	陕西大旱，“夏收全无，秋田颗粒未登，灾情之大，全省皆然，致流亡载道，卖妻鬻子，层见叠出”	饥荒	《赈灾汇刊》1928年；《秦中公报》（1915—1926）
1924	春大旱，饥民流离载道	饥荒	《旬阳县志》
1926	前半年未落雨，春无收，秋禾只收十分之二，树皮野菜充饥已尽	饥荒	《旬阳县志》
1928	大旱，持续百日以上，乾佑河、西川河断流，井水干涸。人口逃亡甚多	饥荒	《镇安县志》
1929	旱灾尤重，收获不及二十分之一，树皮草根掘食一尽，死亡载道	饥荒	《南郑县志》
1934	迭遭灾荒，饥殣大起，人自相食，白骨露道	饥荒	《镇巴县志》
1935	迭遭灾荒，饥殣大起，人自相食，白骨露道	饥荒	《镇巴县志》
1936	入夏以来，雨泽愆期，旱魃为虐，迨两月之久，演成旱荒，遍地皆成赤土	饥荒	《旬阳县志》
1939	大旱，饥民逃荒，树皮食尽，死亡2500余人	饥荒	《镇安县志》
1940	春荒夏旱，哀鸿遍野	饥荒	《汉阴县志》
1941	大旱，秋收不及五成，灾荒奇重。冬，饿死人屡有发生	饥荒	《岚皋县志》
1942	秋又旱，包谷种了两次，未成苗。冬到第二年大饥，人相食	饥荒	《旬阳县志》

续表

年份	灾情描述	次生灾害	资料来源
1949	（洋县）春夏之间，久旱不雨，棉花缺苗，水稻、玉米受虫害	虫灾	《洋县志》
1952	春旱，并出现蝗虫及多种病虫危害，仅两溪乡捕捉蝗虫 5.1 公斤、稻包虫 7.07 公斤、钻心虫 6762 条	虫灾	《紫阳县志》
1985	冬至次年春连旱 110 多天，受干旱及病虫害影响全县小麦减产 14%，7 月 20 日～8 月 4 日，伏旱半月之久，降水偏少 51%，并伴随 38 度高温，8 月中旬至 9 月 4 日又连续干旱，伏旱使全县 116 条河沟断流，近万人吃水发生困难，减产粮食 6300 余万斤，其他经济损失 700 多万元	虫灾	《旬阳县志》

表 4-3　历史时期以来汉江上游地区旱灾致使人口死亡、迁移案例

年份	灾情描述	对人口的影响	资料来源
904	自陇西迨于褒、梁之境，数千里内亢阳，民多流散，自冬经春饥民食草木，至有骨肉相食者甚多。是年，山中竹无巨细，皆放花结籽，饥民采之，舂米而食	人口死亡、迁移	《（雍正）陕西通志》
992～994	连年旱灾，民多外出	人口迁移	《安康县志》
1136	利州路大饥，米斗四千，路饥枕藉	人口死亡	《汉中市志》
1185	再旱，县民乞食，外出逃荒	人口迁移	《白河县志》
1324～1328	数岁不雨，斗米十三缗，饿殍载道 陕西自泰定二年至是岁不雨，大饥，人相食。 陕西自泰定二年至天历元年不雨，大饥，人相食	人口死亡 人口死亡 人口死亡	《安康县志》 《元史》 《（雍正）陕西通志》
1484～1486	连年大旱，遍及陕西、山西、河南赤地千里，井邑空虚，尸骸枕藉，流亡日多	人口死亡	《汉中市志》
1504	陕西诸地大旱，人民失所	人口迁移	《留坝县志》
1510	连年荒旱，境内民多流徙	人口迁移	《汉中市志》
1514	大旱，灾民饥荒造反遭县府剿捕，饥民逃奔	人口死亡	《镇安县志》
1526～1528	全陕三年大旱，人相食饿死无数	人口死亡	《南郑县志》《紫阳县志》
1628～1630 1633～1641	全省大旱，“饿殍遍野”，“草木食尽”，尤以崇祯十三年（1640）最甚，“秋，全陕大旱，饥。阴历十月粜价腾踊，日贵一日，斗米三钱，至次年春十倍其值，绝粜罢市，木皮、石面皆食尽，父子夫妇相剖啖，道殣相望，十亡八九	人口死亡	《旬阳县志》、《紫阳县志》、《南郑县志》
1737	大旱，民饥流离	人口迁移	《留坝县志》
1832	岁大旱，民相食，逃荒、饥死者到处可见	人口死亡、迁移	《岚皋县志》
1836	春夏两季大旱，庄稼颗粒无收，秋田未播，冬饿殍满地	人口死亡	《柞水县志》

续表

年份	灾情描述	对人口的影响	资料来源
1876	陕西全省大旱，“赤地千里”，“人相食”，“道殣相望，其鬻女弃男，指不胜屈，为百余年来未有之奇”	人口死亡	《南郑县志》
1877	山陕豫三省，自光绪三年，苦遭旱灾，历时既久，为地尤宽，死亡遍野诚为二百年间所无	人口死亡	《东华续录（光绪朝）》
1896	六、七月大旱 40 余日，收成大减，民饥逃亡	人口迁移	《镇安县志》
1909	自冬经春及夏不雨，赤地千里，人相食，其鬻女弃男为百余年之奇。低山流民、逃亡者接踵而至，四乡饥民吃“大户”。陕安镇总兵彭体道派兵镇压，设团防局，办保甲。至九月初八、九始下雨。旱象缓解	人口死亡、迁移	《岚皋县志》
1915	陕西，本年夏收全无，秋田颗粒未登，灾情之大，全省皆然，至流亡载道，卖妻鬻子，层见垒出，本区南郑、汉中、城固、沔县、西乡等县均受灾	人口死亡、迁移	《赈灾汇刊》1928年《秦中公报》
1920	大旱，直至六月二十三日才下雨，第二年青黄不接，贫民食菜根、观音土，每天有不少人饿死	人口死亡	《旬阳县志》
1922	春旱甚，秋大饥，人相食	人口死亡	《西乡县志》
1929	持续干旱，2～8 月微雨未降，汉江、湑水等大小河流干涸断流，树木枯死，禾苗干枯，遍地焦赤。农民无粮糊口，草根树皮食尽，并食“观音土”，腹胀而死者，不计其数。冬又大雪，寒冷异常。饥寒交迫，疫病流行，冻饿病死者，比比皆是。饥民奔走呼号，形如疯狂，赴川乞食者，络绎不绝。老、弱、妇、孺，流躺道旁，悲凄哀号，奄奄待毙，死者又不计其数。据第二年统计，无食者达 41 470 户，其中逃荒不归者 5620 户	口死亡、迁移	《陕西灾情档案》中国第二档案馆
1930	旱灾继续，除水东坝外，余尽荒赤，民食草根树皮，途多饿殍。	人口死亡	《西乡县志》
	连续干旱，疫病、匪患不绝，灾民达 7.7 万人，死亡 9500 多人	人口死亡	《洋县志》
1934～1935	迭遭灾荒，饥殣大起，人自相食，白骨露道	人口死亡	《镇巴县志》
1936	白河，北区平衡乡，西区和协乡，秋旱不雨，已届六十余日，秋粮概未播种，纵有少数播种者，禾苗亦成枯萎，自今年 4 月以来，滴雨未降者六十余日；旬阳，入夏以来，雨泽愆期，旱魃为虐，迨两月之久，演成旱荒，遍地皆成赤土。镇巴：春荒，饥民背井离乡，饿殍载道，城内有人卖人肉汤锅，慈善会开粥厂救济，饥民甚众，无济于事	人口死亡	《陕西省政府公报(1931—1939)》《白河县志》《旬阳县志》《镇巴县志》
1939	大旱，饥民逃荒，树皮食尽，死亡 2500 余人	人口死亡、迁移	《镇安县志》

续表

年份	灾情描述	对人口的影响	资料来源
1941	安康：旱灾奇重。入夏以来，四月不雨，禾苗枯萎，杂粮断收；岚皋：大旱，秋收不及五成，灾荒奇重。冬，饿死人屡有发生；旬阳：大旱，旱灾奇重，人相食	人口死亡	《安康县志》《岚皋县志》《旬阳县志》
1942	春荒夏旱，粮食歉收，各乡逃亡饿死，日有所闻。 田坝乡饿死 40 多人	人口死亡、迁移	《安康县志》
1945	春夏无雨，春禾枯萎，本县歉收，灾民抗赋，被官府镇压，留侯镇、江口镇灾民外逃者亦多。然秋季水灾，庄稼无收，次年春荒尤重	人口迁移	《留坝县志》
1949	入夏以来，旱魃为重，麦收不足六成，灾民逃亡嵩散者甚多	人口迁移	《安康县志》
1969	伏秋连旱 100 日以上。粮食歉收，山区社队有人外出逃荒	人口迁移	《石泉县志》

这些文献记载中，虽然大部分都不够详细具体，但是“死者满路”、“死尸遍野”、“饿殍载道”、“尸骸枕藉”等词已足以表示汉江上游旱灾带来的大量人口死亡的趋势。灾害引起灾荒的程度越重，人口的死亡率也越高。著名学者吴文晖在分析中国农村人口高死亡率的原因时也提出了同样的观点：“我国农村人口死亡率之所以特别的高（在 2.5%～2.6%之间），灾荒实为一个重要原因”[①]。就历史时期以来汉江上游的灾害而言，灾害本身造成的死亡人数与旱灾情况相比，在多数情况下不会很大，灾害之后随之而来的饥荒和瘟疫造成的死亡人数比洪水本身导致的人口死亡要多得多。旱灾期间，多数灾民因为饥饿和疾病而死，而灾荒期间死亡的人口由于得不到及时的掩埋，“尸体暴露，瘟疫猖獗，造成的死亡比旱灾本身还要多”[②]。同时，由于灾荒发生年份里，结婚率跟正常的年份相比，必然会有所下降，而且处于灾荒中的人口由于影响不良，生育能力也会受到影响，这些都必定会导致生育率的下降（鞠明库，2011）。因此，种种因素都导致灾荒发生的年份里，人口的大量减少，而且这些因素的不确定性和统计的缺乏，也使得历史时期以来汉江上游自然灾害对人口减少的精确程度难以把握。

此外，洪灾引发的次生地质灾害滑坡、崩塌、泥石流及其他气象灾害如冻灾、风雹灾害等也会造成小部分的人口死亡（表 4-4），但是数目和频率远不及水、旱灾害。

① 吴文晖：《灾荒下中国农村人口与经济之动态》，中山文化教育纪馆季刊，1937，4（1）：47.

② 苏留新：《民国时期河南水旱灾害与乡村社会》，郑州：黄河水利出版社，2004，第 122 页.

表 4-4　历史时期以来汉江上游地区滑坡、泥石流、冻灾、风雹灾害致使人口死亡的案例统计

灾害类型	人口死亡记录
滑坡、泥石流	1507 年五月，略阳大雨，滑坡、山崩，“压死 190 人”； 1974 年 9 月，南郑泥石流死 31 人； 1978 年，镇巴暴雨，引发县境内山体滑坡、泥石流 3524 处，9 人被卷入泥石中丧命； 1981 年 7～8 月，整个汉中地区特大暴雨和洪水，据宁强、略阳、勉县、留坝、城固、南郑、洋县统计，共发生规模较大的滑坡、崩塌 2689 处，死亡 301 人等； 1984 年 7 月，南郑、略阳、镇巴山体大面积滑坡，死 14 人，伤 4 人
冻灾	813 年十月，陕南大霜、大雪，人多冻僵，雀鼠多死，田禾全部秋封； 1493 年 11 月，郧县大雪，雷电大作，人畜多冻死； 1865 年春，郧县大雪，汉水结冰，人畜树木多冻死； 1980 年，郧西暴雪袭击，7447 人受灾，死伤 2 人； 1930 年，汉阴县冻灾“雪深数尺，人畜多被冻死”
风雹灾害	1930 年，汉阴县发生雹灾“击毙人畜”、“雹中人有死者”、“伤人畜”； 1956 年 4 月，镇巴县大风，折断 7.9 万余株大树，倒塌房舍 5423 间，死伤数人； 1983 年，郧西县发生大雹灾，大垭子荒山刮成石头，致死 2 人； 1989 年 6 月，洋县遭暴风雨袭击 25 分钟，死伤 8 人； 1990 年 8 月，宁强 6～10 级大风，覆盖全县三分之二，夹雨大雹（最大直径 3 厘米），死亡 2 人

注：资料来源当地各县县志

二、人口大规模迁移

我国社会学家孙本文，把人口迁移大致分为四种类型，并分析统计出各种类型所占比例的大小：一是逃离水、旱等天灾和战乱。这种类型占人口迁移情况的 44.1%；二是因为歉收、破产、贫困等而外出谋生，这种类型占 25.8%；三是经商、求学及外出务工，这种类型占 10.2%；四是婚嫁及其他投靠迁出，占 19.9%。这四种情况发生几率按顺序依次降低（孙本文，1943）。中国人素有“但有生路，绝不背井离乡”的传统观念，对于喜欢安于本乡本土生活的平民百姓，自然灾害及由此造成的农业歉收、生活贫困，是人们离乡背井的主要动因。灾民因受灾荒而生活没有着落，被迫流亡外地，成为流民。

所谓流民，在《明史》中的解释是“年饥或避兵他徙者”①，是指那些因灾荒、兵乱而失去土地，外出逃亡的人。古代中国是一个灾荒频发的国度，

① （清）张廷玉：《明史》卷 77 志第 53《食货一》，清乾隆武英殿刻本，第 820 页.

在中国漫长的历史时期，流民问题始终存在。当政治清明、社会安定之时，百姓安居乐业，虽有流民存在，但规模较小，波及地区有限，加上政府及时采取措施进行救助安抚，一般不会对社会产生较大影响（江立华等，2001）。但是当社会动荡，尤其是自然灾害严重之时，流民潮便会骤起。历史上虽然不乏成功救灾的例子，但是十之八九是有灾必荒，本地缺食，灾民只好偕老扶幼、背井离乡，成为流民。因灾而荒，因荒而饥，因饥而流成了古代流民产生的一般过程和规律（鞠明库，2011）。历史时期大的灾荒往往形成大的流民潮，小的灾荒形成小的流民潮，以致流民的规模与灾害的剧烈程度成正比，流民潮的起落与灾害的消长成正比（池子华，2001）。广大灾民这种通过外迁求食的方式来应对严酷灾荒的威胁与侵迫的自救方式是中国救荒史上一个极为突出的特征，历史时期以来汉江上游灾害频繁，尤其旱、涝甚多，小灾几乎年年都有，大灾 5～10 年一遇，贫苦人民经常处于逃荒与饥馑之中。灾荒严重的年份，流民问题亦严重，对社会产生强烈冲击，扰乱社会秩序，甚至酿成社会的大动乱。

从历史时期文献统计来看，汉江上游人口迁移主要是因为水灾、干旱、蝗灾、冻灾等灾害造成农作物的大面积减产，甚至绝收。如前所述，历史时期汉江上游很多年份各种气候水文灾害常常是接连发生的，“夏既大歉，秋仍未安”、“秋收无望，民心惶恐”，庄稼颗粒无收，或者只有正常年份的一到两成，灾民贫困、无法存活，更无法负担赋税的压力。此外，在自然灾害的打击下，农业生产无法正常进行，耕地荒废，灾民为求生存变卖田地，进而失去了手中唯一有价值的生产资料。因此破产的小农只有远走他乡谋生。

水旱灾害发生时，往往破坏农田、粮食绝收，随之而来的饥馑、疫病使灾民无法生存，不得不背井离乡、逃离灾区。据《明史·五行志》记载的汉江上游特大饥荒中，在正统年间的 16 年内，汉中地区出现了 9 次特大饥荒，民众纷纷流徙他乡，有司不能禁止。正统十年（1445）时，巡抚河南山西大理寺左少卿于谦上奏称，流入河南的陕西等地的逃民有七万余户。期间，也有四川等地缺食人民，流入汉中地区，不下十几万人（马文升，1962）。万历年间《郧阳府志》对郧阳府（今湖北郧阳县）境内居民的构成比例作过这样的统计：“陕西之民五，江西之民四，德（湖广德安府）、黄（湖广黄州）、吴（江苏）、蜀（四川）、山东、河南北之民二，土著之民二。”[①]。由此可知，郧阳府当时总人口中，陕西籍人口所占比例最大，已占该府人口的 50%，而当地土著人仅占 20%。明末、清末，白河县灾民为躲避灾荒而逃迁外地，出现“十去其九”、“十室九空”的现象。《城固县志》载，民国十七至十八年

① 《(康熙) 湖广陨阳府志》卷 9，清康熙二十四年刻本，第 240 页.

(1928～1929)，连年大旱，迫于饥饿，很多人外出逃荒，到民国二十年(1931)外逃不归者5620户。《洋县志》记载，光绪二十六年(1900)，洋县地大旱，南、北二山“新民人”因饥馑流离大半。民国十七至十九年(1928～1930)，洋县连遭3年大旱和虫、雹灾害，汉水断流，庄稼无收，民众以树皮、草根为食，灾民达7.7×10^4多人，有4×10^3多户逃奔他乡。《陕西灾情档案》记载，民国十八年(1929)，“陕西本年春、夏、秋亢旱无雨。旱灾重，灾区广。汉中所属各县旱灾尤重，死亡载道。据省统计资料，时全省灾民5 355 264人，汉中灾民1 571 420人，占全省灾民总数的29%。褒城逃亡18 595口，绝户87家；城固、洋县外逃近万户”；《安康县志》载，“民国二十一年(1932)3月中下旬，陕西狂风黑霜，几遍全省。各种禾苗俱行枯萎。夏收失望，粮价飞涨。人人惶恐，流亡复多”；安康地区镇坪县在民国十八年(1929)以后，天灾连年，百姓纷纷迁逃，人口由民国二十四年(1935)的57 520人降至民国二十九年(1940)的14 616人。民国三十一年(1942)，春荒夏旱，粮食歉收，各乡逃亡饿死，日有所闻。田坝乡外逃300余户”①(附录2，表4-3)。

历史时期的民居建筑多以黏土、石块或者竹子、草木为材料建成，防御灾害的能力较差。水灾时，易引起房屋倒塌、人员伤亡，也使得灾民无家可归，流离失所。灾民无法生活，便会拖家带小，成群结队，走上了背井离乡的逃亡道路。

此外，水旱灾害在一定程度上还会导致动乱的发生，促使居民外逃。如《镇安县志》载，明正德九年(1514)，镇安因干旱灾害引发饥荒，“灾民饥荒造反，遭县府剿捕，饥民逃奔。”又如，《汉中市志》载，明崇祯元年11月(1628)，汉中一带饥民4000余人，与流入汉中之甘肃饥民3000余人起义，曾进攻府城及略阳等县城，至次年朝廷派陕西商雒兵备道刘应遇与四川吴国辅进兵围剿，起义农民东走汉阴一带，在于官军交战中起义首领等数十人被杀，其余南入川北巴山；《留坝县志》载，1954年，“春夏无雨，春禾枯萎，本县歉收，灾民抗赋，被官府镇压，留侯镇、江口镇灾民外逃者亦多”。

大量的人口死亡和灾民的这种大规模的迁移行动，造成田地抛荒，生产难以正常进行，不仅严重影响社会经济的恢复和国家赋税收入，同时，人口的大量迁移，也造成了户籍管理的失控，在很大程度上破坏了社会的安定秩序，构成了引起社会动荡的一个因素。

三、灾民生活质量下降

自然灾害发生，首先就会对农业收成带来严重的危害，灾荒发生后，灾

① 安康市地方志编纂委员会：《安康县志》，西安：陕西人民教育出版社，1989，第129页.

民面临的最大问题必然是粮食问题。灾民由一日三顿变成两顿，从两顿变成一顿，不吃菜、不吃油、不吃盐。灾民的粮食缺乏，只有用其他东西充饥，历史时期汉江上游地区曾用作灾害年份的粮食替代的“食物”有谷糠、麸皮、野菜、草根、树根、树皮、树叶、漆籽等，有的地方甚至以“观音土”充饥（表 4-5）。这些在正常年份连牲畜都不吃的东西也成了灾民们的替代食物。在干旱、蝗灾的年份，灾民甚至捕捉蝗虫，将其晒干，摘去翅足，和着野菜一起煮着吃。唐贞元元年（785），陕西夏蝗，“饥馑枕道，民蒸蝗曝飏去足翅而食之”，该事件在《唐会要》、《新唐书·五行志》、《旧唐书·德宗本纪上》等均有记载。

表 4-5　历史时期以来汉江上游地区灾害年份替代食物

年份	灾情记录	资料来源
785	陕西夏蝗，“饥馑枕道，民蒸蝗曝飏去足翅而食之”	《新唐书》 《陕西省自然灾害史料》
904	褒城（汉中）“数千里内亢阳，自冬经春，饥民啖食草木，至有骨肉相食者甚多。是年，忽山中竹无巨细，皆放花结子，饥民采之，舂米而食”	《陕西省自然灾害史料》 《南郑县志》 《留坝县志》
1022～1023	略阳“兴州竹有实，如大麦，民取以食之”	《略阳县志》
1637	“城固大饥，道馑相望，居民采树叶草根，食之略尽”	《汉中地区志》 《城固县志》
1857	旬阳“春大饥，民食草木”	《旬阳县志》
1925	安康县“自冬入春，雨雪稀少，禾苗枯萎，麦收无望，草根树皮采食殆尽”	《安康地区志》 《安康县志》
1928	汉江上游地区各县，“连岁亢旱，千里皆赤，草木焦枯，居民咸以糠粃充饥，糠粃罄尽，则以草根树皮继之”	《近代中国灾荒纪年续编》 《赈灾汇刊》
1940	“白河两年大旱，人食蕨根、榆树皮、观音土、稻糠”	《陕西灾情档案》 《白河县志》
1959	宁强县粮食奇缺，民众以野菜、谷糠、树皮、草根、漆籽、观音土充饥	《宁强县志》

这些灾荒时期的替代食物虽然可以充饥，但是由于营养成分低，食用之后往往造成干瘦、浮肿的病症大量出现，对灾民的身体健康带来严重的负面影响，比如“观音土”，在饥荒发生时，常被饥民拿来充饥，但是由于观音土没有营养，只能制造一时的饱腹感，且很难消化，饥民在食用后常出现腹部胀痛、难以排便等问题。在水、旱灾害发生的年份，还会导致瘟疫出现，饥饿和营养不良降低了人的抗病能力，大量的人畜死亡后也得不到及时的掩埋，形成了污染源和病源。此外，灾民聚居食宿，卫生环境恶劣，疾病更易于传播。这些都给灾民的生命安全造成很大的威胁，灾民的生活质量大幅下降。

第二节　对经济的影响

各种自然灾害对社会的影响是多方面的，而最为直接的方面之一就是影响社会经济，阻碍经济发展，促成或者加深经济衰落等。从经济角度来看，灾害是一种对社会经济具有巨大危害的自然力，是阻碍社会经济发展进步的消极力量（陆宏英等，2009）。历史时期以来，中国一直是一个传统的农业国家，在1840年以前，中国的社会经济在本质上一直是以“男耕女织”为特征的小农经济。1840年以后工商业经济渐渐发展起来。历史时期以来，气候水文灾害对汉江上游经济的打击主要表现在以下三个方面：

一、对农业经济的影响

农业作为经济再生产与自然再生产共同作用的产物，深受气候水文条件变化的制约，特别是极端气候水文变化引起的各种自然灾害，严重威胁着区域经济发展和粮食安全。在小农经济的条件下，农民以一家一户为生产单位，在有限的土地上春耕、夏耘、秋收、冬藏。农户除了因盐、铁等基本生活和生产资料需要而不得不从社会上购买而与外界进行为数极少的经济往来以外，纵然是农户与农户之间，既无劳动或者专业分工，也没有合作。这种独立生产和生活的小农经济因其固有的封闭性、过于独立和单一，不可避免地存在着脆弱性这一痼疾（陈业新，2004）。这种脆弱和无力的生产状况很难抵御自然灾害的侵袭，当自然灾害发生时，农业首当其冲地遭到打击，一旦自然灾害的干扰力或者破坏力超过其能够承受的限度时，小农经济赖以存在的基础就被破坏，农业经济的损失便会格外严重。农民在此打击下也会成为流民。“今农夫五口之家，其服役者不下二人，其能耕者不过百亩，百亩之收不过百石。春耕夏耘，秋获冬藏，伐薪樵，治官府，给徭役；春不得避风尘，夏不得避暑热，秋不得避阴雨，冬不得避寒冻，四时之间亡日休息；又私自送往迎来，吊死问疾，养孤长幼在其中。勤苦如此，尚复被水旱之灾，急政暴赋，赋敛不时，朝令而暮改。当具有者半贾而麦，亡者取倍称之息，于是有卖田宅鬻子孙以偿责者矣。……此……农人所以流亡者也”。[①] 这是《汉书·食货志》中关于中国小农经济的描写，把小农经济的脆弱性和农民在自然灾害下的窘迫之境道之无遗。

① （汉）班固：《汉书》卷24上《食货志第四》，清乾隆武英殿刻本，第260页.

汉江上游地处亚热带，气候适宜，水热资源丰富，历史时期以来农业经济发达，农业生产水平较高，在风调雨顺、农作物收获有保障的年岁里，撇开国家的赋敛等因素，汉江上游农民的经济状况还能好一些，但是在气候水文灾害严重的年份，农业将受到致命的打击，农民生活困苦不堪。本文第三章所作的统计显示，汉江上游的主要气候水文灾害及其次生灾害如水灾、旱灾、雹灾、蝗灾、滑坡、泥石流等多发生在春、夏、秋三季。而春季既是汉江上游农作物播种的时节，又是冬小麦返青、生长时期；夏季是农作物的生长和田间管理的黄金季节；秋季则是农作物收获、冬小麦播种季节。水灾、旱灾、蝗灾、雹灾或寒冻灾害多在这几个季节发生，对农业生产带来的破坏性影响是不言而喻的。

旱灾作为最主要的气候灾害之一，对农业经济有十分显著的破坏性。它的发生，严重地影响了农业当年乃至来年再生产活动的正常开展。干旱灾害是对人类生产生活影响最大的灾害之一，尤其是对农业影响重大，往往造成农作物大面积受灾，粮食减产十分严重。据本研究统计，历史时期汉江上游地区因干旱引起粮食减产或绝收的年次共144次，占旱灾总数的52.7%，如地方志记载中出现“本境旱，麦无收”、“秋禾被旱成灾”、“赤地千里”、“数岁不雨，斗米十三缗，饿殍载道”、“岁大荒”等词语。旱灾一方面使作物受旱、枯萎，体内水分失去平衡，影响其正常生长发育、结实，而造成粮食减产；另一方面由于干旱而延误农事，使作物播种面积减少，尤其是水田农业，造成粮食减产。此外，干旱对农业的直接影响还主要表现为以下几个方面：

（1）土地干旱，缺乏水分而不能满足作物的需要。如1428年留坝县“本境大旱、地裂”①；1876年勉县等地“天气亢炎，地土干燥，各地虽间得雨泽，总未透足，以种秋禾均未及时发长”②。

（2）江河断流、堰坝干涸，一方面缺水造成牲畜渴死，同时不利于发展农业灌溉。如309年勉县、汉中、南郑、城固、西乡、旬阳、白河、郧县等多个县区“三月，江、汉、河、洛皆竭，干涸可行，沟溪枯竭”③；1833年柞水县“春旱两月，麦苗枯死，洋芋无法下种；夏旱月余，秋田未播。是年大饥，饿死人无数”；1928年柞水地区“春夏大旱，乾佑、社川、金井三河上游干涸，田禾、树木皆枯，人民断炊，牛羊多渴死”④。

（3）改种水田作物为耐旱作物。如1955年镇巴“2000亩水田改种旱

① 陕西省留坝县地方志纂委员会：《留坝县志》，西安：陕西人民出版社，2002，第158页.
② 勉县志编纂委员会：《勉县志》，北京：地震出版社，1989，第123页.
③ 见于以上各县县志及《晋书》卷5帝纪第五，清乾隆武英殿刻本，第47页.
④ 柞水县志编纂委员会：《柞水县志》，西安：陕西人民教育出版社，1998，第108页.

粮”①。

（4）促进水利设施建设。如1950年南郑“夏旱，黄官区义学梁一带无水插秧，区长王世俊组织众修军民堰，引水灌田”②。

汉江上游地区干旱多出现在夏季、夏秋季，对农业影响极大，由于五、六月份是小麦灌浆、水稻插秧期，受旱会影响小麦收成，延误插秧和秧苗生长，因而灾情较严重。而七、八月份是我国气温最高时期，蒸发快，且由于作物正处于生长旺盛时期，影响秋作物扬花授粉、抽雄吐穗，所以危害极大。农业经济受到干旱灾害影响的程度与其所发生的季节和农作物抗旱能力直接相关。不同农作物对于自然条件的适应能力存在差异，对干旱的适应也有差异，如水稻因其全生育期需水量为各作物之最，是全流域生态适应性最差的作物；冬小麦与夏玉米是汉江流域需水量较小的作物，适应能力较强，且比较稳产；但干旱对小麦穗的发育会产生不利影响，玉米抽穗开花期间要求充足的水分，伏旱天气会影响玉米的收成，如果月降水量小于70mm，将会出现“卡脖子旱”，对玉米产量影响很大（宋连春等，2003）。此外，旱灾还会引起蝗灾的发生，更加破坏农作物的生长。蝗灾有与大旱相伴发生的特点，对农业生产的打击往往是致命的，有时甚至比水、旱两灾造成更为严重的后果。明代农学家徐光启云：“凶饥之因有三：曰水，曰旱，曰蝗，地有高卑，雨泽有偏陂，水旱为灾，尚有幸免，惟旱极而蝗，数千里间，草木皆尽，或牛马毛幡帜皆尽，其害尤惨过于水灾。”③ 旱灾及蝗灾发生，农作物轻则减产少收，重则颗粒无收，民失所食，谷价腾升，从而导致饥荒。此类情况，在关于汉江上游历史时期灾害的文献记载中随处可见（表4-6，表4-7，附录2）。

表4-6　历史资料记载汉江上游地区旱灾与蝗灾发生季节案例

灾害类型	自然灾害对农业的影响记录	发生季节
旱灾	309年夏五月，郧西、汉中、安康大旱，江汉皆竭，禾苗枯死。	夏季
	1020年，陕西全省省春旱，汉江上游地区小麦、油菜生长受阻。	春季
	1142年，“五谷焦枯，民以饥离散”。	
	1184年，汉江上游地区干旱，夏粮歉收，饥馑。	
	1482年，郧县夏秋大旱，庄稼无收。	夏季
	1617年，安康、城固、白河、旬阳、南郑等地春旱，麦收减半，夏又大旱，稻禾焦枯。	春季
	1804年，平利、安康、紫阳、旬阳一带，“春间被旱，贫民乏食”	春季
	1813年夏，汉江上游整个区域旱灾，“稻苗半槁，年岁大荒”	夏季

① 镇巴县地方志编纂委员会：《镇巴县志》，西安：陕西人民教育出版社，1996，第115页.

② 南郑县地方志编纂委员会：《南郑县志》，北京：中国人民公安大学出版社，1990，第140页.

③ （明）徐光启：《农政全书》卷44《荒政》，明崇祯平露堂本，第472页.

续表

灾害类型	自然灾害对农业的影响记录	发生季节
旱灾	1833～1834年，岚皋、白河地区“雨泽愆期，收成歉薄”。 1919年，安康地区“入夏以来旱涝相继，秋收无望，粮价飞涨”。 1924年，汉阴、紫阳两县“亢旱成灾，豌豆未收，播种停顿，洋芋已坏，红薯不能栽，稻田未插秧者十之二三，已插秧而旱乾成裂者十之八九，各种苗稼枯槁垂死，收成无望”。 1928～1929年，汉江上游“亢旱无雨，河流断流，夏秋收成不到二成，秋禾颗粒未登”，汉中所属各县旱灾尤重，收获不及二十分之一”。 1957年，郧县、郧西县秋季旱灾，秋季作物和冬播受到不同程度的影响。 1976年，白河、旬阳、宁强、汉阴等地，入夏以来干旱，中伏炎热，旱情加剧，早玉米减产二成，晚秋减产五成	夏季 夏季 夏、秋季 秋季 夏季
蝗灾	1573年，安康地区秋旱，“蝗食稻”。 1635年，夏秋，汉阴“蝗飞蔽天日，落遍郊野，食稻粒和叶殆尽”。 1636年，汉中甚多旱蝗。 1833年8月，郧西县蝗虫灾害，食禾苗。 1857年，郧县夏蝗为害。秋季蝗虫啃光禾苗。 1942～1944年，郧西县夏季飞蝗遮天，作物吃光。 1944年，紫阳淫雨为灾“蝗虫食害禾苗，收成不及十分之二”。 1952年，春旱，并出现蝗灾及病虫害，水稻损失331.5吨、杂粮损失1457.9吨	秋季 夏、秋季 夏季 秋季 秋季 夏季 秋季 春季

注：资料来源为当地各县县志

表4-7　历史时期以来汉江上游地区干旱灾害对农业生产的影响案例

年份	朝代	灾情描述	对农业的具体影响
公元前136	西汉建元五年	今柞水境两月无雨，田禾多枯死	农作物干枯
公元前103	西汉太初二年	今柞水两月无雨，田禾枯死半数	农作物干枯
170	东汉永初元年	今柞水境无雪，至次年春两月无雨，田禾全部枯死，树木枯死过半	农作物干枯
286	西晋太康七年	大旱歉收	农业减产
302	西晋太安元年	今柞水境三个月无雨，田禾皆枯死	农作物干枯
325	东晋太宁三年	汉中、关中大旱，本境地裂河枯	农田干裂
617	隋大业十三年	今柞水境两月无雨，田地无法播种	耕作时间
811	唐元和六年	秋稼旱，谷不登	农业减产
1020	北宋天禧四年	春旱，小麦、油菜生长受阻	农作物的生长受阻

续表

年份	朝代	灾情描述	对农业的具体影响
1027	北宋天圣五年	柞水境45天无雨，田禾多枯死	农作物干枯
1184	南宋淳熙十一年	干旱，夏粮歉收，饥馑	农业减产
1211	南宋嘉定四年	今柞水境50日无雨，川地田禾枯死	农作物干枯
1328	元至和元年	本境大旱，麦无收	农业减产
1428	明宣德三年	本境大旱、地裂	农田干裂
1437	明正统二年	连年大旱，夏秋粮无收，百姓饥馁	农业减产
1617	明万历四十五年	春旱，麦收减半，夏又大旱，稻禾焦枯	农业减产
1641	明崇祯十四年	夏，大旱，禾苗尽枯	农作物干枯
1655	清顺治十二年	大旱，粮歉收，上涨了10倍，民吃树皮	农业减产
1657	清顺治十四年	夏，大旱，禾苗尽枯	农作物干枯
1671	清康熙十年	大旱，粮食无收，大饥	农业减产
1800	清嘉庆五年	秋旱成灾，仅收五成	农业减产
1804	清嘉庆九年	夏旱伤麦	农作物的生长受阻
1813	清嘉庆十八年	汉中各县夏旱，稻苗半槁，年岁大荒	农业减产
1813	清嘉庆十八年	夏旱，稻苗半槁，年岁大荒	农业减产
1832	清道光十二年	岁大旱，民相食，逃荒、饥死者到处可见	农业减产
1836	清道光十六年	旱，蝗，大饥	农业减产
1860	清咸丰十年	旱，麦歉收	农业减产
1862	清同治元年	六月大旱，田禾、树木皆枯	农作物干枯
1864	清同治三年	大旱。县城至厚子河一带，汉江沿岸禾苗尽枯，后山地区粮食半收	农作物干枯、农业减产
1877	清光绪三年	干旱，赤地千里，四年四月初一始得甘霖，开仓赈济，人相食，饿殍载道	农业减产
1886	清光绪十二年	皆秋旱，收成约六分	农业减产
1888	清光绪十四年	皆秋旱，收成约六分	农业减产
1896	清光绪二十二年	六、七月大旱40余日，收成大减，民饥逃亡	农业减产
1899	清光绪二十五年	五、六月后，天气亢旱，秋禾被旱	农作物干枯
1900	清光绪二十六年	夏旱，秋禾多萎	农作物干枯
1901	清光绪二十七年	入春后仍无雨，农田干旱，难以播种	耕作时间
1915	民国四年	陕西大旱，夏收全无，秋田颗粒未登，灾情之大，全省皆然，致流亡载道，卖妻鬻子，层见叠出	农业减产
1918	民国七年	夏大旱；稻禾干枯	农作物干枯

续表

年份	朝代	灾情描述	对农业的具体影响
1920	民国九年	自端午节起五个月未得透雨，禾苗焦卷，荒象已成 自六月起，每斗米价由三千六百文涨至五千六百文	农作物干枯
1921	民国十年	复遭旱魃，灾情残酷，陕西全省灾区七十二县，灾民 1 243 930	农业减产
1923	民国十二年	自旧历八月至次年五月底，亢旱成灾。豌豆未收，播种停顿，洋芋已坏，红薯又不能栽。稻田未栽者十之二三，已插秧而旱干成裂者十之八九。自十三年七月初二日以后，酷阳肆虐，阴云不布。适值稻谷放穗、玉粒扬放之际，被此亢阳，概行焦槁	耕作时间、农业减产
1924	民国十三年	春大旱，饥民流离载道	农业减产
1926	民国十五年	前半年未落雨，春无收，秋禾只收十分之二，树皮野菜充饥已尽	农业减产
1928	民国十七年	大旱，持续百日以上，乾佑河、西川河断流，井水干涸。人口逃亡甚多	农业减产
1929	民国十八年	汉中“旱灾尤重，收获不及二十分之一，树皮草根掘食一尽，死亡载道”	农业减产
1931	民国二十年	民国 19 年秋旱象缓和，农业稍有收成。但民国 20 年又遭干旱，加之虫、匪、水灾，旧新诸灾全县待赈者 134 453 人	农业减产
1936	民国二十五年	入夏以来，雨泽愆期，旱魃为虐，迨两月之久，演成旱荒，遍地皆成赤土	农田干裂、农业减产
1938	民国二十七年	入秋后久旱不雨，五谷不收	农业减产
1939	民国二十八年	大旱，饥民逃荒，树皮食尽，死亡 2500 余人	农业减产
1940	民国二十九年	春荒夏旱，哀鸿遍野	农业减产
1941	民国三十年	大旱，秋收不及五成，灾荒奇重。冬，饿死人屡有发生	农业减产
1941	民国三十年	自 6 月 2 日至 8 月中旬，未雨，禾苗皆枯槁。全县粮食受灾面积 16.5 万亩，减产八成三分。仅城区受灾达 4 万亩，减产九成二分	农业减产
1942	民国三十一年	秋又旱，包谷种了两次，未成苗。冬到第二年大饥，人相食	农业减产
1943	民国三十二年	连年亢旱，颗粒无收	农业减产
1944	民国三十三年	连年亢旱，颗粒无收	农业减产
1945	民国三十四年	春夏无雨，春禾枯萎，本县歉收，灾民抗赋，被官府镇压 留侯镇、江口镇灾民外逃者亦多。然秋季水灾，庄稼无收，次年春荒尤重	农业减产
1946	民国三十五年	连年亢旱，颗粒无收	农业减产

续表

年份	朝代	灾情描述	对农业的具体影响
1947	民国三十六年	夏秋两月不雨，山坡、平地雷公水田失收	农业减产
1948	民国三十七年	夏季雨水失调，禾苗枯槁，致成旱灾	农业减产
1949		入夏以来，旱魃为重，麦收不足六成，灾民逃亡嵩散者甚多	农业减产
1949		春夏之间，久旱不雨，棉花缺苗，水稻、玉米受虫害	农业减产
1950		伏旱20余天，包谷苗枯，减产一半	农业减产
1952		春旱，并出现蝗虫及多种病虫危害，仅两溪乡捕捉蝗虫5.1公斤、稻包虫7.07公斤、钻心虫6762条	农业病虫害增多
1954		40余天未雨，水田干裂，包谷卷叶，受灾面积达4.23万亩，减产10%	农业减产
1955		无雨，禾苗枯萎，收成大减	农业减产
1956		伏旱。歉收	农业减产
1957		2月至4月18日前久旱不雨，7至8月又干旱50多天，夏粮减产710多万斤，冬季雨雪很少	农业减产
1959		夏秋季，全县百日大旱年降雨仅865.8毫米，受灾面积占农作物总面积的60%以上	农业减产
1960		两个百日大旱，农作物受灾面积33万多亩，减产1500万公斤	农业减产
1961		1959年至是年，全县持续百日大旱。平均年农业产值1631.57万元，粮食产量29189.8吨，与1958年比，分别下降25.59%、38.38%。1961年农业产值1251.1万元，粮食产量22526.6吨，均为三年困难时期最低年。由于粮食锐减和工作严重失误，干瘦、浮肿病大量发生	农业减产
1962		夏季干旱、缺水。当年水稻面积比1961年减少1.47万亩	农业减产
1962		自上年秋播结束至本年4月中旬无透雨，全县60%～70%夏田作物受旱灾，秋季以来，全县大部分地区久旱不雨	农业减产
1963		干旱76天。全县夏粮成灾面积207 263亩，减产粮食990万公斤，比1962年夏粮减产53%以上	农业减产
1965		夏旱46天。自5月16日～6月30日未雨。歉收	农业减产
1966		4月22日以后，90天不雨，玉米、红薯只有2～4成收入，4300多亩秋粮无收	农业减产
1967		夏季遭百日大旱，全县夏粮严重减产；秋季连阴雨40余天后又遇低温，农作物大都“秋封”。当年，全县人均口粮不足83公斤，个别生产大队人均口粮不足45公斤	农业减产

续表

年份	朝代	灾情描述	对农业的具体影响
1968		大旱，农业减产	农业减产
1969		伏秋连旱100日以上。粮食歉收，山区社队有人外出逃荒	农业减产
1970		6月23日~7月23日，8月1日~9月26日，岚河区伏秋两度大旱，38 089亩包谷严重减产	农业减产
1971		少雨，插秧推迟	耕作时间
1972		夏秋均旱，河沟断流，塘库干涸，部分地区夏至后十余天还插不上秧	耕作时间
1972		旱情严重，粮食减产1030余万公斤，重灾区减产40%	农业减产
1974		干旱持续2个月，致小麦枯死、洋芋缺苗、玉米（包谷）播种期推迟半月，夏粮歉收；秋季低温多雨，庄稼"秋封"，致秋粮减收	农业减产
1975		夏旱，伏旱。歉收	农业减产
1976		8月，大旱，低山河谷地区30%~40%玉米、红薯无收	农业减产
1978		秋，大旱，河水断流，全县5万亩回茬玉米、2万亩中晚稻、1.4万亩秋荞无收，10万亩玉米、10.7万亩豆类作物大部分减产	农业减产
1980		叶坪区寒流，春旱歉收，盛夏风害，蜡包虫伤害水稻	农业病虫害增多
1981		春后少雨。6月旱象更烈，谷物受损，粮食歉收	农业减产
1982		6月，连旱26日，水稻插秧推迟，红苕面积减少；	耕作时间、农业减产
1984		自上年11月至本年5月，7个月内降水量少45%，5月11日前无透墒雨，对夏粮作物影响很大	农业减产
1985		冬至次年春连旱110多天，受干旱及病虫害影响全县小麦减产14%，7月20日~8月4日，伏旱半月之久，降水偏少51%，并伴随38度高温，8月中旬至9月4日又连续干旱，伏旱使全县116条河沟断流，近万人吃水发生困难，减产粮食6300余万斤，其他经济损失700多万元	农业病虫害增多、农业减产
1986		持续干旱31天，全县156条河水断流，256口塘库干涸，5万余人及1万余头牲畜饮水困难。夏粮受灾24.6万亩，塘库之鱼多因水涸而死	农业减产
1986		伏旱，40天仅降雨95.5毫米。全县有93条河水断流，干旱长达40天。秋粮作物受灾面积31.2万多亩，其中水稻3.6万多亩，玉米23.5万多亩，秋杂粮受旱面积4.1万多亩	农业减产
1987		阳平关、广坪两区大旱，广坪尤重，旱情断续数月，山坡禾枯，农作物受灾严重	农业减产

续表

年份	朝代	灾情描述	对农业的具体影响
1988		持续干旱，全县285条河溪干涸，6条大河水流量锐减，夏粮减产14%，秋季作物受灾35.5万亩，其中无收1.87万亩	农业减产
1990		夏秋连旱，7至10月降水偏少51%，初、中伏旱严重影响秋作物抽穗灌浆，全县728个村的53万亩秋田遭灾，258条河沟干枯，2.2万人缺水	耕作时间、农业减产

注：资料来源为汉江上游各县县志

汉江上游地区受东南季风及西南季风向内陆逐渐推移及秦岭、巴山山脉阻挡的影响，暴雨集中在6～9月，易形成较大洪涝灾害，严重影响农业生产和粮食安全，引起粮食减产或绝收（表4-8）。

表4-8　历史资料中汉江上游地区水灾伤稼案例

年月	自然灾害对农业的影响记录	发生季节
195年五月	洋县大霖雨，汉水溢，伤稼	春季
277年	南郑大水两次，秋禾损失严重	春季
441年夏季	汉水泛滥成灾，汉中、安康、勉县、西乡等地农田受损	夏季
830年夏	安康、旬阳大水皆害稼	夏季
441年夏五月	汉中、城固、安康、西乡等地汉江泛滥，农田受损	夏季
1186年	“利州路霖雨，败禾稼痞瘆”	秋季
1191年五、六月	城固、南郑久雨，伤害禾苗	夏季
1205年七月	“利州郡县，霖雨伤稼”	秋季
1390	“秋八月淫水，汉水暴溢，由郡以西庐舍人畜漂没无际”	秋季
1446年四月	安康、旬阳霖雨河溢，禾苗受损，民饥待赈	夏季
1539年七月	汉江涨溢。漂没宁强、勉县、南郑、城固等地农田	秋季
1607年六月	郧县、郧西县大水，漂没庐舍，伤害禾苗	夏季
1647年八月	“汉中、南郑、褒城、城固、西乡、宁羌、略阳、沔县、镇巴暴雨两日夜，汉水泛涨，田苗尽伤，大饥”	秋季
1738年，四、五月	“汉中、南郑、褒城、沔县等阴雨浃月，收成歉，仅五、六成不等”	夏季
1824年秋	沔县、略阳、宁羌、洋县、西乡水灾，“收成甚减，秋种延迟”	秋季
1924年夏	留坝霖雨，洪水泛滥，农田被灾，淹没无数	夏季

注：资料来源为当地各县县志

据本研究统计，历史时期汉江上游地区因洪涝灾害引起粮食减产或绝收的年次共171次，占洪涝灾害总数的57.5%。汉江上游地区洪涝灾害从成因上大致可以分为降水型、河溢型和河决型。

降水型对农业生产的影响表现为两方面：一是因长时间阴雨天气，超过农作物生长期间所需要的水分，造成农作物生长受损，抑制其发育，造成粮食减产或绝收，长时间大面积积水还导致作物生芽、腐烂。如历史资料中记载“久雨伤麦”、“雨多成灾，洋芋失收，玉米生芽，收成欠薄”、“霖雨害稼”，“秋稻收获时，阴雨连绵，谷多生芽，包谷、洋芋收获仅一、二成”等；二是连续性降水往往会延误农事，耽误或延误农民耕作最佳时间或烘晒粮食，造成农作物歉收，粮食发芽等。如1823年，《勉县志》记载“秋雨淋漓日久，包谷稼禾之迟种者，收成锐减”。

河溢型和河决型对农业及生态环境的影响表现在直接淹没庄稼或植被及农田等农业生产中直接的生产资源和生产资料，造成严重经济损失。洪水对农业生产的直接影响主要表现在：

（1）暴雨引起的河流泛滥，直接冲毁田地，损伤、淹没庄稼。常常造成大面积的农田受淹，粮食、棉花、油料等作物严重减产，甚至绝收。如公元1314年，石泉“七、八月暴雨，庄稼淹没”①；公元1756年，柞水“大雨十多日，乾佑、金井、社川三河大涨，冲毁沿岸土地5000余亩”②。

（2）暴雨洪水还会破坏农业生产的物质资料，大的洪水能够冲毁农舍、房屋，冲走牲畜圈舍、农用工具、仓屯中的粮食，造成农畜、家禽死亡等，也给小农经济的家庭造成很大的经济损失。如北宋淳化二年（991）七月，“汉江水涨，坏民田庐舍”③；明正统十一年（1446），“四月，金州霖雨河溢，淹死人畜，漂流房屋，民饥待赈”④；清康熙四十五年（1706），“兴安州河水溢涨，冲坍城垣房屋，漂没仓粮6440余石”（乾隆《兴安府志》）⑤；1952年汉阴“冲毁农田12 943亩，倒塌房屋224间，淹死36人、51头猪、牛，冲走农具1288件”⑥；1983年洪水导致安康市冲毁耕地3万余亩、经济损失4.1亿元，等等⑦。

（3）洪水带来的泥沙压毁作物，堆积田间，使土质恶化。如1926年，宁

---

① 石泉县地方志编纂委员会：《石泉县志》，西安：陕西人民出版社，1991，第71页.

② 柞水县志编纂委员会：《柞水县志》，西安：陕西人民教育出版社，1998，第110页.

③ 旬阳县地方志编纂委员会：《旬阳县志》，北京：中国和平出版社，1996，第93页.

④ 安康市地方志编纂委员会：《安康县志》，西安：陕西人民教育出版社，1989，第135页.

⑤ （乾隆）《兴安府志》卷9，清道光二十八年刻本，第286页及（雍正）《陕西通志》卷83，清文渊阁《四库全书》本，第16995页，都有此记载.

⑥ 汉阴县志编纂委员会：《汉阴县志》，第四篇自然灾害第一章第二节涝灾．西安：陕西人民教育出版社，1991，第1-813页.

⑦ 安康市地方志编纂委员会：《安康县志》，西安：陕西人民教育出版社，1989，第142页.

陕“冲毁民房二三十户，沿河两岸良田被淤成沙洲，损失惨重”①。

（4）洪水会直接破坏水利设施，如1193年，南郑等地“大水，冲毁山河堰等渠道”② 等方面。

洪涝灾害对产量的影响程度也存在时间差异，发育关键期受灾远重于其他时期，如4、5月发生的涝渍对冬小麦产量的危害程度最大，极重涝灾的减产损失可达四成以上（张爱民等，2007）。

风灾、雹灾、低温冻灾、霜灾、雪灾、滑坡、泥石流等灾害也影响农作物的生长和丰收。汉江上游地区全区域的大风天气很少，但局部性大风，常造成拔树、倒屋、禾苗倒伏等灾害，给农业生产和人民生命财产带来很大的损失；本区的春季低温冻灾（倒春寒）影响小麦孕穗，油菜抽薹，水稻育秧等。早秋低温一般发生在8月中、下旬，常使作物不能正常灌浆而形成空瘪粒（秋封），秋封天气出现的时间越早，对秋作物水稻、玉米齐穗、结实危害越大；雪灾则往往因积雪过大、气温过低冻坏、压坏农作物，折断林木。如1926年，佛坪“12月13日，突降大雪，断续半月，山沟中积雪1.3m多厚，许多竹、木压断”；1954年，旬阳“突降大雪，使未成熟的玉米、黄豆青空冻死”。史料中记载历史时期汉江上游地区霜灾害影响农作物生长及产量较多，常用“陨霜杀秋禾”、“禾稼伤损”等词语记载冻灾灾害对农作物的影响，本地农业产量受霜灾影响较大。晋元康七年（297）勉县、汉中等地“秋七月梁州陨霜杀秋禾”；1855年，柞水“春，黑霜遍地，麦苗无一成活”；1862年，柞水“九月二十八日霜冻，高山地区庄稼全部秋封”；1933年，留坝“4月，气候乍变，寒冷若冬，降黑霜数日，小麦、油菜受冻枯萎”；1938年，旬阳地区“二月，高山地区雹落盈尺，桐正发花，被冻死殆尽。桐、漆、胡桃、菜等一概未收”；1956年，镇巴“9月初，霜冻等灾害，受灾12万多亩，严重减产，高山尤甚”等等。霜冻出现季节不同，危害也不同，对汉江上游危害最大的是春季晚霜冻和秋季的霜冻。春季作物正处于幼苗期，抗霜能力不强，晚霜造成种子萌发和苗期发育缓慢，大田作物播种期拖后，而且危害蔬菜、开花后的果树。9月份农作物正处于灌浆、成熟阶段，抗霜冻能力较弱，导致秋霜对农作物危害较严重；雹灾一般在春夏秋季节出现，极易砸伤人畜，对农作物枝叶、茎杆和果实产生机械损伤，造成作物减产，甚至绝收。尤其是和大风同时出现时，对农业生产危害的程度更大。汉江上游位于秦岭和大巴山之间的河谷、山间盆地，受地形抬升和季风影响，成为一个多雹区，汉江上游地区从1430～1960年的近530年发生的雹灾中明确记载对农业造成影响的较多，共74次，占雹灾总数的71.8%。冰雹

① 宁陕县地方志编纂委员会：《宁陕县志》，西安：陕西人民出版社，1992，第89页.

② 南郑县地方志编纂委员会：《南郑县志》，北京：中国人民公安大学出版社，1990，第143页.

一方面会机械损伤作物茎叶、花果、毁坏幼苗，甚至使丰收在望的禾稼颗粒无收，如1658年，柞水“车家河一带倾降冰雹，有重两斤者，小麦皆倒”。此外，大的冰雹会破坏圈舍、砸死牲畜，如民国四年7月16日，柞水“太河、龙潭、丰北河冰雹大如鸡卵，田禾被毁，伤11人，伤牲畜21头”；滑坡、泥石流常常伴着暴雨、洪水发生，冲毁房屋、覆盖农田，也给本地区的农业生产造成严重损失（表4-9，附录3）。

表4-9　历史资料记载汉江上游地区风雹、地质灾害、冻灾等伤稼案例

灾害类型	年月	灾害对农业的影响记录
风雹灾害	1890年8月	“洋县雹雨交作，打伤成熟水稻一千余亩，收成五、六分、三、四分不等”
	1931年5月	佛坪“猝遭冰雹，二麦杂粮一律打伤，收成极薄”
	1967年	佛坪“陈家坝大风，吹倒大树、房屋，水稻被吹倒”
	1969年6月	宁强大风，“暴雨冰雹交加，农作物受灾2.94万亩，揭掉房顶（草房）千余间，损失夏粮10多万公斤”
	1977年6月	“略阳先后数次降雹，20个公社农禾受损。宁强5000余亩夏粮失收；8月，汉中一带降雹，打落成熟稻谷6.6万亩”
	1978年	“城固、西乡、洋县先后大风，倒墙拔树。洋县风力10级，农作物受灾10 576亩”
	1984年	“佛坪陈家坝、勉县杨庄乡大风，损房165间，吹倒玉米6000余亩”，汉中市雹灾使“成熟的小麦颗粒无收，秋苗也受到严重影响”
	1990年8月	“宁强大风夹雨大雹，损房1.1万余间，农作物无收5.24万亩”。清光绪八年（1882），“留坝被雹打伤小麦287.5亩”
地质灾害	1735年	勉县、汉中大雨，引发山洪泥石流暴发，沿河冲毁农田、房屋。
	1810年	汉中水灾，泥石流暴发，田地受冲，青黄不接，人民群众生活十分困难
	1960年	紫阳县普降大暴雨，引起山洪、泥石流暴发，冲毁农田、土地
	1970年	城固朱砂沟3个半小时降水500毫米，滑坡千余处，淤田严重
	1972年	郧西县暴雨引发98处山体滑坡，冲毁坡地农田90余亩。
	1981年8月	留坝因暴雨和洪水灾害，全县山体崩塌、滑坡面积达40万亩，发生泥石流300余处，农田受损，粮食减产
	1983年5月	紫阳长期阴雨，全县山体滑坡14681处，滑坡面积26 700亩，粮食减产25 000吨
冻灾	297年七月	勉县、汉中、西乡、南郑等地陨霜，杀秋禾
	1459年	旬阳初秋早霜，禾稼受损
	1493年	郧县冬11月大雪，雷电大作，禾苗人畜多冻死
	1535年三月	汉中陨霜杀麦
	1655年三月	汉中地区降黑霜，小麦受害减产，大饥
	1933年三至五月	汉江上游各地区普降黑霜，麦苗无收
	1944年八月	宁陕降冷雨、雪片，使玉米、水稻损失过半，田禾收成失望
	1956年秋	旬阳寒风、冷冻为灾。大雪深5寸，所有庄稼被冻

注：资料来源为当地各县县志

此外，充足的劳动力，是构成农业生产力的一个基本要素。尤其在我国过去 2000 多年以小农经济为基础的封建社会，这一点最为突出。劳动力是农业生产的必要前提，一定数量的人口和相当速度的增殖是地区经济得以开发与发展的基础（鲁西奇，1999）。劳动力的盛衰，直接关系到农业经营所得的多寡，间接关系到农村各种事业的兴废。如果劳动力减少，农村劳作所得随即减少，各种农村事业也随之衰退，农村经济就愈发崩溃。汉江上游历代因水旱寒冻灾害造成的灾荒和瘟疫，造成人口大量死亡，导致农村的劳动力大量减少，农业发展受限，农业荒芜，则财源枯竭，各种生产事业趋于停滞，形成了社会的总贫乏。

另一方面，灾荒过后必然带来耕地的大量抛荒（图 4-1）。农村劳动力的减少，使农业生产即使有田地可以耕种，也会因为人力不足，而只好任其荒芜；同时，气候水文灾害必然会破坏农田土质，如水涝灾害淹没大量农田，土壤经过大水的浸渍，其中所含的很多营养成分被水分解，在洪水过后，土壤肥力下降，土质被破坏，且短时间内很难自我恢复，使可耕作的土地减少；加上农村家庭在遭受自然灾害重创之后已无经济能力再购买作物种子，只好任土地荒芜。所以灾害过后农村土地得不到耕作，大量荒芜。比如，在《安康县志》中就有灾害发生后土地荒芜的记载："1182～1196 年的 15 年间，发生各种较大灾害 9 次，耕牛多被宰杀，良田变为荒野。"《汉阴县志》载，清康熙初，汉阴县有民地 $1.35\times10^4\,hm^2$，二十三年（1684）因灾民逃亡，荒芜 $6.69\times10^3\,hm^2$，又新垦 $7.38\times10^2\,hm^2$；有屯田 $6.6\times10^3\,hm^2$，荒毁 $9.16\times10^2\,hm^2$；二十六年（1687）册报实有民屯耕地 $1.3276\times10^4\,hm^2$，学田 $1.23\times10^2\,hm^2$；乾隆四十年（1775）与康熙二十六年时隔 89 年，但册报民屯耕地数相同。可见灾荒引起土地荒芜的严重程度。明末清初，安康地区各县人口大减，耕地荒芜，农业生产凋敝，田赋逐减。这一系列的现象都使农业经济在自然灾害发生年份受到严重的破坏。

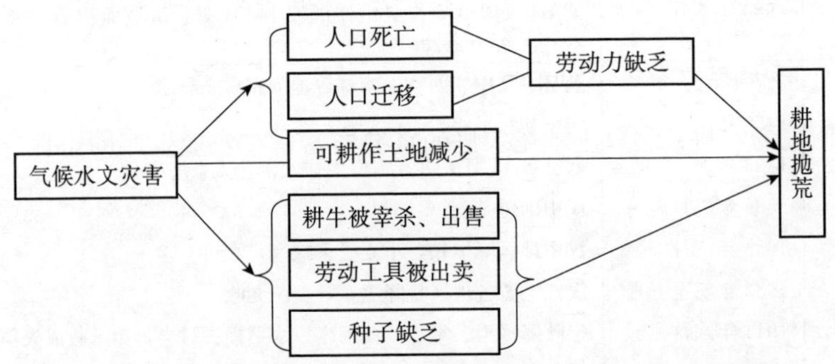

图 4-1　历史时期汉江上游气候水文灾害与耕地抛荒的关系示意图

需要指出的是，虽然气候水文灾害对农业生产具有强破坏性，但另一方面，其发生在一定程度上也推动了农业生产技术和水利灌溉的发展。首先，为了提高对灾害的抵御能力，劳动人民培育优良品种，引进和推广耐旱涝作物。据传汉代张骞曾在汉中盆地发现和培育了良种水稻——黑稻；汉代以前，陕西粮食作物基本上以粟、菽为主，汉武帝时采纳董仲舒的建议，在关中广种冬麦；明、清时期，陕南地区先后引进了玉米、薯类等耐旱、高产粮食作物，《（乾隆）洵阳县志》记载，江楚居民从土人租荒地，烧山播种包谷："江楚民之来寓者，诛茅定居，从土人租一荒山，名之曰稞。其初灌木林列，足不能驻也。则芟夷而蕴祟之法，先斩其卑植者，然后用高岗所伐之木击之使下，其不能下者，则用雉氏火化之法，沃之使肥而已。凡苞谷即种，惟需雨俟。"[①] 其次，人们也通过改革生产工具、改变耕作制度等方式提高了农业生产效率。秦朝开始已出现铁器农具的使用，促进了秦国农业的发展；汉武帝晚年任用赵过为搜粟都尉，推广牛耕，革新农具，发明了"耦耕"、"耧车"，创行"代田法"等先进技术；唐朝稻田耕作创用的曲辕犁，后来也由江东传入汉水流域，促进稻谷生产。另外，由于该地区特殊地气候与地形条件，降水多但时间集中，区域蓄水能力差，以致水旱灾害频繁。为改善降水时空分配不均，该区自古以来就重视水利设施建设，加强了抗灾、减灾能力。如《宋史新编·杨政传》载：绍兴十年至二十七年（1140～1157）"政守汉中十八年，……汉江水决为害，政筑长堤以捍之"[②]。陕南灌渠，始于秦、汉之际，汉初兴修大型灌溉渠道山河堰，于褒城附近引褒河灌溉，相传萧何留守汉中，兴农业，修山河渠，后人称"萧何渠"，为发展水稻生产创造了条件。至清代，陕南各河渠堰总数150多处，灌田面积约38万亩，汉中地区最多，水兴民富，素称"鱼米之乡"；陂塘蓄水灌溉在陕南也颇多，大都分布于浅山丘陵地区，2000多年相延不衰，称作"冬水田"。人类通过各种方式，适应环境变化，与自然灾害作斗争的结果，一定程度上也推动了农业生产技术和水利灌溉的发展。

二、土地兼并和农村高利贷盛行

在传统的农耕社会，土地是农民的重要财富，在农业生产的土地、人工、资本三要素中，唯有土地是不可替代的最基本的生产资料，是"人类所依附而存者也"[③]。因此，是否拥有土地、拥有土地的多少，与农民的生活水平的高低、质量的优劣有天然的、直接的联系（汪志国，2008）。封建社会土地等

① （清）邓梦琴撰：《（乾隆）洵阳县志》卷11《物产》，清同治九年增刻本，第444-445页.

② （明）柯维骐：《宋史新编》第133列传75，明嘉靖四十三年杜晴江刻本，第1362页.

③ 孙中山：《孙中山全集第二卷》，北京：中华书局，1982，第510页.

农业生产资料为私有制，可自由买卖、典当、出租，但多为地主占有，富农次之，贫农、雇农则备受地租、高利贷残酷剥削之苦。在风调雨顺之年，贫农、雇农尚能勉强维持生计，稍遇灾害发生，就要通过典当和向地主、商人借债维系日常生活，并以手中的土地作为抵押，直到债台高筑无法偿还的时候，才会放弃土地，低价变卖，一些富户趁穷困者天灾人祸之危，也积极低价收当田地。到期无力还钱，田地便归其所有，加之严重自然灾害的打击下，农村可耕作的土地大量减少，以及劳动力的激减，使耕地大量废弃荒芜，从而使得灾荒年份土地价格急剧下降，地主和商人往往凭借着充裕的原始资本和有利的条件趁火打劫（苏留新，2004）。据《汉中市志》记载，民国时期，农民遭到天灾人祸或意外事故，通常就会将维持生计的土地典当出去，以解燃眉。土地典当同买卖土地相仿，所不同的是土地所有权仍归出当者所有，土地使用权归承当者。到议定赎回期，出当者可用当价赎回。典当手续是，双方核定出当土地坐落，四至边界，面积及青苗、树木等，议定当价，按期赎当，延期加利，以田相抵，超期不赎即归受当人。

此外，也有因生活所迫，出当青苗的。即在青黄不接时将田地里栽种后的水稻、小麦青苗按苗势作当出价，由受当者收获粮食，收获后土地仍归出当者。由于时局混乱，物价暴涨，货币贬值，出当者很少赎回，地主通过典当，掠夺农民土地。在白河县，无地或少地农户遇有天灾人祸，无以为生时，便会出卖土地沦为雇工。土地的出卖价格，通常是稞石的1～2倍，且有“无粮不成契”的风习，即卖地时，地里要有庄稼。安康地区岚皋县，在水旱灾害发生的年份，农民往往会用典当土地的方法，地主廉价收买土地，然后高额出租给典当者耕种。年底原户如需将地赎回，则按价交赎金（岚皋县志编纂委员会，1993）。

灾民生活无着落，为了生存不得不把生活的最大的依靠、唯一有价值的生产资料——土地，变卖给地主，以求暂时保家活命，而地主、富农乘灾荒之机，压低地价，大肆收买土地，使得田地集中现象更为突出。地主、富农、商人在灾荒期间低价收买田地，成为灾区的一种普遍现象。大批的土地从农民手中脱离，而集中到了富有的阶层的掌握中去（章有义，1957）。所以，在某种程度上，灾荒成了土地集中的杠杆，地价跌落，为地主、富农、商人等阶层趁机兼并土地创造了条件。

在灾荒的不断打击下，农民生存困难，当饥饿的灾民没有生活来源时，就被迫借债维系日常生活，这就使得严重灾荒发生年份，农村高利贷问题严重。汉江上游在灾荒年份高利贷种类多、利息高。如在饥荒和青黄不接时，地主拿出存粮或货币借给无粮断炊的农民，借债人凭田地里的农作物向地主、富农借贷，议定收粮后所还数额，一般利率都在50%以上，最高的为借一还二，期限半年或一年数年不等，到期偿还不清者，则利上加利，利滚利，人称“驴打滚”。农民到期无粮无钱还贷，被迫将庄稼或家产的部分或全部折价抵贷，有的还将子女抵债，“大加一”，即春借一斗粮，秋还本利一斗五，利为本的50%；“照价”，即农民在荒月借粮，收成时按荒月最高粮价还款等。民国时期，汉江上游曾流传一句顺口溜：“穷人头上两把刀，地租重，利息高。”[①] 民国十七至十九年（1928～1930），洋县连遭3年严重旱、雹灾害，庄稼无收，广大农民靠食树皮度日。2.8×10^4 多户贫苦农民，有80%因交不起地租，给地主当长工或短工。东韩村有佃农107户，813人，其中抵债当长工的517人；14岁以上女孩给地主家当丫环的18人。民国十八年（1929），洋县百日大旱，夏秋作物无收，东韩村地主刘定宇因收不上地租，以“抗租不交”的罪名对佃户张茂全抄家、封门，攫取其房屋、财产抵债，致张家3口沦为乞丐，后张又被抓丁，其妻冻饿而死[②]。汉江上游其他地区，如石泉、旬阳、宁强、城固等，在灾荒歉收之年粮食不足以偿还本息，时常有很多人破产沦为佃农，佃农债台高筑，无以为生，只有外出卖工，或借债交租、逃荒要饭，甚至倾家荡产，卖儿卖女，流落他乡。

三、对工商业经济的破坏

自然灾害的发生，对工商业经济也会带来一定的影响。汉江上游地区，由于地缘优势，加上汉江便利的航运条件，所以早在西汉时期，工商业经济就已经开始繁盛。发端于明洪武年间的川陕茶马贸易中，汉阴就是当时的茶叶主要输出地之一。此外，各个地区内部还有定期举行的集市、庙会和物资交流会，供地区内部物资和商品交流。但是，自然灾害发生时，工商业经济就会发展缓慢甚至停滞。

气候水文灾害对工商业经济的破坏主要表现在以下几点：

第一，气候水文及其次生灾害带来交通不便，影响工商业经济正常进行。汉江上游地区因为特殊的地理条件，处于两山夹一川，在交通上，相对比较闭塞，和外部的交通相当不便。历史时期较多依赖于汉江的航运，对内对外的交通，除航运外，各主要交通道路也是沿山间峡谷而建，交通网络与河系一样呈现树枝形（彩图10）。汉江航运和附近陆路都受到洪旱灾害及次生地质灾害的严重影响。大规模的洪水发生会淹没河流两旁的道路及村庄，使陆路运输受到影响；洪水的发生会导致河流径流量增加，河流水位上涨，致使船舶不能顺利航行，严重时会使河流改道，水上交通运输受阻；此外，暴雨洪

① 旬阳县地方志编纂委员会：《旬阳县志》，北京：中国和平出版社，1996，第159页.

② 洋县地方志编纂委员会：《洋县志》，西安：三秦出版社，1996，第145页.

水引发的滑坡、泥石流、崩塌等次生地质灾害破坏公路、桥梁、阻塞河道，也会中断交通和航运。旱灾对交通的影响较暴雨洪水要小一些，但在历史时期，由于汉江上游交通主要依靠航运，长时间的降水量下降，会导致河流水位下降，水上运输也会受到很大的影响，严重时会直接导致水上运输系统瘫痪，严重阻碍区域商品流通及经济发展。

第二，如前所述，灾害发生时，粮、棉、油等作物减产，轻工业原料缺乏，加之劳动力锐减，使工商业经济的物资供应紧缺，各种生产活动停顿。

第三，灾害农业荒芜，粮食匮乏，财政源头枯竭，带来社会资源的总贫乏，灾民缺衣少食，温饱问题尚不能解决，购买力自然下降。

第四，灾荒之后盗贼四起、社会动荡、秩序混乱，工商业经济失去正常而有序的发展环境。

第五，灾害发生的年份，商业市场秩序严重混乱，尤其是饥荒严重的时候，出现了粮食价格出奇的高，而其他的物资价格出奇的低，不平衡现象极为严重。如前文所述，饥荒时常出现“卖妻鬻女”的情况，土地的价格也大大降低，“每一次重大自然灾害的发生都促使土地价格一落千丈，有不及原价十分之一者”①。这种畸形的市场经济秩序，使商业贸易无法正常进行，如据《安康县志》，明正德十四年（1519）至清顺治十五年（1658）的 139 年间，安康发生旱涝等灾害并造成饥馑达 54 次，其中 1593～1646 年的 53 年间就有 22 年灾荒，加上长期战乱，逃亡隐匿人丁 7×10^4 人，人口锐减，兴安州每平方公里不到 20 人，大片土地荒芜，市集停废，社会经济凋敝。据《宁强县志》，清朝中叶，宁强商业较前发展，道光年间宁羌全州有集市 45 处，光绪年间 35 处。民国时期，由于自然灾害一直不断，商业逐渐萧条，到 1943 年，由于汉江上游地区连年亢旱，全县仅有集市 19 处。

第三节　对城市的影响

汉江上游地区的自然灾害，给城市带来负面影响最大的莫过于洪水灾害，其次是暴雨洪水引发的次生地质灾害，本书主要就洪灾和地质灾害对城市的影响进行分析。

汉江上游地区“两山夹一川”的独特区域地理环境，决定了该地区整体的“封闭性”，也决定了汉江在区域发展和与外界联系方面的重要性，居民生

① 张锡昌：《战时的中国经济》，上海：科学书店，1934，第 109 页．

活用水、农业发展用水以及交通航运都依赖汉江，各城市大都沿汉江而建，河流孕育了人类文明，促进了聚落和城市的产生，也影响着城市的发展和变迁。

一、灾害影响城市建设

新石器时代出土文物表明，汉江上游地区在距今7000年前的新石器时代老官台文化时期就开始出现了人类聚落、乡村聚落和城市，多沿江分布。由于区域内地形复杂，历史时期以来区域内交通主要是依靠汉江航运，在古代社会，水路运输为人类提供了最经济、最便捷的交通条件，粮食等物资运输也以水运为主。汉江上游的陆路交通也多是沿河流延伸。所以水灾和地质灾害对本地区的城市和交通所带来的负面影响是显而易见的。

城市是一个地区的政治、经济、文化的中心，人口、财富、公共设施、交通、水、电等生命线系统及枢纽都很集中，一旦城市遭受了灾害，对社会和城市的发展建设都会带来一系列的不利影响。由于水灾和地质灾害突发性强，灾害强度大，且人们对于灾害预防不充分，往往造成严重损失，动辄数百上千间房屋倒塌、破坏公路等城市公共设施。洪水成为影响公路交通的最主要自然灾害，其破坏力和影响范围居各种公路灾害之首。水灾发生时，冲毁房屋、道路、河堤，给城市建设带来极大破坏。1983年，安康特大洪水造成安康老城被淹，冲毁公路194km，桥梁64座，河堤71km，各项市政公共设施均遭毁灭性破坏，全区直接经济损失达7.2×10^{8}元[①]。水灾发生的年份，常见“城郭民居俱淹”，“江城尽没”，“民居有浸塌，城垣石堤皆坏，城墙坍塌”等描述，城市被水，往往需要重修城墙和城内建筑或者加固以防水灾再次来袭。汉江上游历史时期大水淹城导致城市因水灾而重修的案例记录随处可见（附录1）。

暴雨洪水常常引发滑坡、泥石流等次生地质灾害，对城市建设的破坏也很严重。如，明天顺五年（1461），柞水“南山崩”[②]；清道光四年（1824），汉中地区大水，引起山体滑坡，“多处山、石崩，坏市黎民屋”[③]；清康熙二十七年（1688），洋县“夏暴雨如注，水涨甚猛，北山崩裂，数目连根蔽江而下，桥梁尽毁”[④]；旬阳县在1964年秋，“阴雨连绵，造成山走、地流，滑坡、泥石流严重，全县崩垮、流走土地$1.8\times10^{4}hm^{2}$，倒塌房屋4138间，死11人，伤9人；1984年9月，旬阳县早阳坪村和傅家湾村，先后发生滑坡，

① 安康市地方志编纂委员会：《安康县志》，西安：陕西人民教育出版社，1989，第147页.
② 柞水县志编纂委员会：《柞水县志》，西安：陕西人民出版社，1998，第107页.
③ 汉中市地方志办公室：《汉中地区志》，西安：三秦出版社，2005，第280页.
④ 洋县地方志编纂委员会：《洋县志》，西安：三秦出版社，1996，第85页.

造成3户、11人死亡，房屋毁于一旦；12月，菜湾乡双城村发生$50\times10^4 km^3$大滑坡，7户村民房产遭埋没等。公路、铁路沿线滑坡、泥石流、崩塌也较多”①。

二、灾害影响城市人民生活

如前所述，自然灾害造成大量人员伤亡，轻工业原料减产，工商业经济打击，人民财产损失严重，以及自然灾害摧毁居民房屋、破坏城市公共设施等，都给城市人民的正常生活带来巨大的破坏作用和消极影响。此部分和前文关于气候水文灾害对经济的影响和对城市建设的影响有重复，此处不加赘述。

三、灾害影响城市选址

在历史时期，汉江上游谷地沿着汉江形成了一系列的中小城市，自源区至下，有宁强、勉县、汉中、洋县、石泉、紫阳、安康、旬阳、白河、郧县，沿着汉江呈带状分布。这些城市发展时间长，历史悠久，由于处于山间河谷之中，自然地理条件如地质地貌、气候水文、土壤植被等与平原区有着明显的差异，因而城市在形成发展过程中，面临着与平原区城市发展不同的问题，尤其是洪水及其次生地质灾害，常成为威胁汉江上游谷地城市发展的最大不稳定因素，甚至导致城市多次发生迁移与重建（表4-10、表4-11）。水灾严重时城区灾民常常不得不离开满目疮痍的旧城区，选择地势较高的地方重新建设新城避难。汉江上游历史时期安康、平利、略阳均出现因自然灾害而迁城的情况，主要是受洪灾影响（表4-11）。

表4-10　历史时期以来汉江上游地区洪水淹城与城市重修记录

年份	洪水淹城情况	城市重修记录	资料来源
明成化八年（1472）	安康“八月汉水涨溢，高数十丈，淹没州城居民，”“八月，汉水涨溢，城郭淹没”	“成化年间，重修城高增为2丈”	《陕西通志》 《安康地区志·大事记》 《安康县志》
明万历二十三年（1595）	汉中府秋季淫雨，城垣圮	知府叶修补筑	清嘉庆《汉南续修郡志》 《汉中地区志》
清顺治四年（1647）	“汉水涨溢，，淹没州境田舍人畜”，“兴安州署迁回老城”	“续建旧城，城墙缩小至肖家巷口，城高增至2丈2尺”	《兴安府志》（嘉庆十一年本） 《安康地区志》

① 旬阳县地方志编纂委员会：《旬阳县志》，北京：中国和平出版社，1996，第86页．

续表

年份	洪水淹城情况	城市重修记录	资料来源
清康熙十八年（1679）	汉阴秋季淫雨3月，河水泛滥，损坏近城民房，冲毁西南城角数丈	二十五年（1686），知县赵世震捐助纹银1600余两，捐米450石，筑补汉阴城墙，内外补砌青砖，以防水灾	《安康地区志》《汉阴县志》
康熙二十七年（1688）	“汉中、洋县雷雹风雨如注，河水暴涨，树木连根蔽江而下，沟渠桥梁尽壅圮”	汉中当年重修东城楼，次年重修南、北两城楼，二十九年复修西城楼 洋县知县谢景安主持清淤，疏通城壕，重修城市东门楼	清嘉庆《汉南续修郡志》 《清史稿·灾异志》
清康熙三十二年（1693）	“汉水溢，兴安州城圮” “五月，汉水暴涨，兴安州西从天圣寺东南入万春堤，东从惠家壑石佛庵南流，东西交汇于郡城之南，冲破南门，直入城中，大部被淹，北面堤岸崩塌，全城俱倾。居民多由万柳堤避水，城中数十年生聚，尽赴巨波”	城市重建	《陕西通志》 《安康县志》
清康熙四十五年（1706）	城固县水灾严重，部分城垣崩坍，城楼倾倒	城固县令潘焘率工培修	《城固县志》 《陕西省志·水利志》
嘉庆七年至十六年（1802～1811）	嘉庆七年（1802）洪水导致安康城墙多处毁坏 嘉庆十六年（1811）秋雨连绵，导致宁强城垛、城门多处坍塌	“（1808年）重修兴安老城，至1811年经四年竣工。周长1293.66丈，城顶添墁，排垛墙1765堵，城高2.6丈，垛高1.85丈，城台加高5尺。” 知州郑绪章请项修缮宁强城	《安康地区志》 《汉中地区志》 《宁强县志》
嘉庆十六年（1811）	宁陕水灾，城垣毁坏	知县胡晋康报请上级拨款修建城垣，次年动工，1813年竣工。城垣用泥土筑成，周长1518米，基宽6米，顶宽3.3米，用二层海漫砖铺顶，垛子高1.44米，女墙高0.48米，垛子口1020个，以增强防洪功能	《宁陕县志》
同治六年（1867）	“九月十五日，大水决堤入安康府城，冲毁民房官舍”	冬季修补六堤，至光绪六年（1880）夏竣工，历14年	《安康地区志》
光绪十五年（1889）	安康雨涝百余日，坝河、恒河同时俱涨，沿河30余里，浸田15顷，淹死40余口	二月，补修安康水灾破坏的旧城，至光绪十七年（1891）竣工	《安康地区志》
光绪二十二年（1896）	镇坪大水，毁坏房屋无数，南城和河堤坍塌	次年，县丞景兴以工代赈，补修河堤	《镇坪县志》

续表

年份	洪水淹城情况	城市重修记录	资料来源
1983～1987	1983年8月，汉江最高水位达259.25m，洪峰流量31 000 m^3/s，安康地区经历历史上罕见、400年一遇的特大洪水，安康城区被淹，城堤基本丧失抗洪能力，先后6处决口，决口总长544m	1983年10月国务院批准了《安康重建规划》。总原则为“合理利用老城，适当发展新城，逐步建设江北新区”。用了5年时间，重修城堤、护岸，发展新城，建江北新区。到1987年年底，基本按规划完成了重建任务	《安康地区志》《汉滨区政府网》

表 4-11　历史时期以来汉江上游地区洪水导致城市迁址的记录

城市	洪水淹城情况	城市迁址记录	资料来源
安康	明万历十一年（1583）“全城淹没，公署民舍一空，溺死者五千余人”，“洪水漫城，翌年建新城”。“洪水毁老城，改筑新城周三里一百一十六步，金州治所迁新城，易名兴安州。” 清康熙四十五年（1706）“汉水溢，冲毁州城，州署、文庙及仓库再移新城。”“州治复迁回新城”	1584年，建新城（兴安州），迁城。后在1647年又迁回老城 1706年，因老城被淹，再度迁至新城	《陕西通志》《安康地区志》《安康县志》 《陕西省志·水利志》
平利	唐武德元年（618），始名“平利”县，县置在今灞河流域，因连年水灾，逐渐水打城废 元代撤县，设巡检司于石牛河口。明洪武五年（1372）复县，牛河口治所遭“洪水冲坍” 雍正六年（1728）五月，大雨冲毁县城西南二处，城墙坏六十余丈。自后又屡被洪水威胁，历有补修	唐武德八年（625），平利县治所迁于古声口，即今老县城所在。 1372年，县丞冯宛将县治所从牛河口再次移至古声口。 嘉庆七年（1802）经略大臣额勒登保向清廷奏请移治于白土营（即今天的城址），嘉庆十年（1805）正式迁入	《平利县志》 《安康地区志》
略阳	清道光七年（1827）七月，略阳县大雨成灾，城垣庐舍倾圮不堪 清光绪二十四年（1898）略阳经历历史时期以来最严重的一次洪灾，当时“黑云泼墨，白雨倾盆，水天混混，一望无涯，狂澜莫挽，邑侯（知县）刘锟率人驾扁舟暂时避难象山”	1828年，在凤凰山麓的文家坪修筑新城，置文武署祠宇仓。城周三百零六丈（一里七分），外砖内土，注重预防水灾。 1898年，举城迁往老城以北的象山躲避水灾	《略阳县志》 《汉中地区志》

汉江上游各城市中，安康市是城市受水灾影响最典型的例子，安康受水灾的影响也较其他城市更为深刻。

安康市位于东经 108°30′～109°23′，北纬 32°22′～33°17′之间的安康盆地内。境内河流纵横，沟溪密布（图 4-2）。流域面积在 5km^{2}以上的河沟有 210 条，100km^{2}以上的河流有 17 条（安康市地方志编纂委员会，1989；2004）。四周有发源于秦岭南坡的月河、恒河、傅家河，也有发源于巴山山脉的黄洋河、岚河、吉河、蒿坪河、坝河、流水河等汇入汉江。安康上、下游均是较狭窄的河谷，而安康盆地内河谷开阔，适于城市发展及农业耕作，但也经常受到大洪水的困扰。

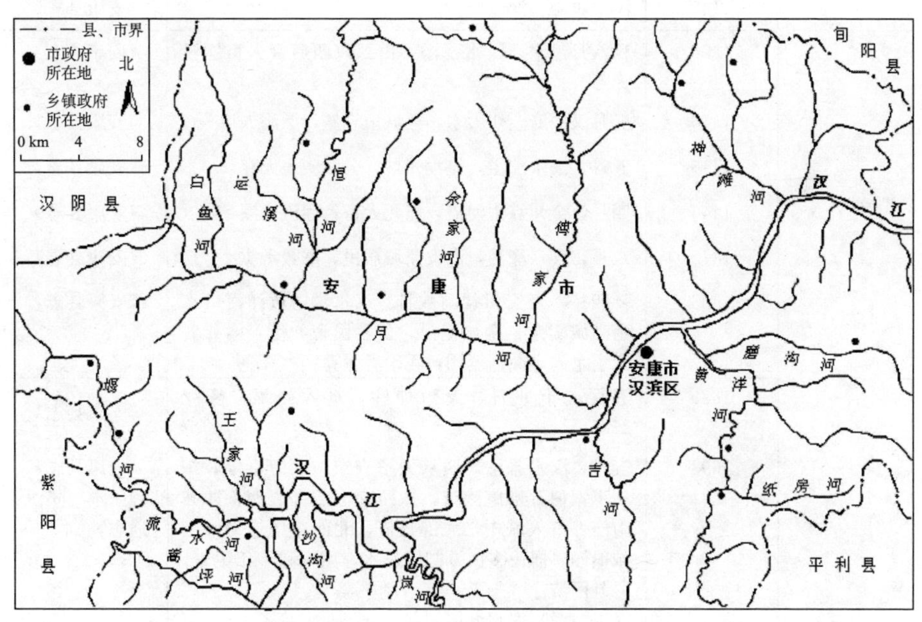

图 4-2 安康地区水系示意图

资料来源：根据星球地图出版社编制：《陕西省军民两用地图册》，北京：星球地图出版社，2010 年，第 40－41 页，陕西省安康市 1∶40 万地图绘制

作为汉江上游的政治、经济、文化的中心区域之一，安康地区人口、财富、公共设施、交通等生命线系统及枢纽都比较集中，加上洪水突发性强，灾害强度大，因而常常造成严重的危害。

严重的洪涝灾害常常造成城市被淹没，大量房屋建筑倒塌，城市建设遭到严重破坏。1000～2000 年，志记中有关被淹记载有 23 次（表 4-12），平均 43a 发生一次。洪水灾害还会造成人畜的大量死亡，原来赖以生存的环境被水淹没，房屋倒塌，灾民流离失所，同时水灾引起疾病蔓延，严重影响人民的生活。此外，洪水泛滥导致大面积的积水，农作物长期被浸泡受害，阻断交通，房屋倒塌，使人类生活受到严重影响，粮、棉、油等作物严重减产，甚至绝收。

表 4-12　公元 1000 年以来安康市决堤淹城洪水记录

城市	年份	灾情	资料来源
宋朝 5 次	1052	六月九日，汉水大溢，邑署漂没	《安康县志》
	1071	八月，金州大水，毁城坏官寺庐舍	《安康县志》
	1133	秋，大水入城	《安康县志》
	1134	大水入城	《安康县志》
	1145	汉水决溢，漂没庐舍	《安康县志》
明朝 6 次	1390	秋八月淫水，汉水暴溢，由郢以西庐舍人畜漂没无际	《安康县志》
	1410	五月汉中府金州大水，毁城垣仓廪，漂溺人口	《安康县志》
	1416	五月，汉水涨溢，淹没州城，公私庐舍无存	《安康县志》
	1446	四月，金州霖雨河溢，淹死人畜，漂流房屋	《安康县志》
	1472	八月，汉水涨溢，淹没州城居民，高数十丈	《安康县志》
	1583	夏四月，兴安州猛雨数日。汉水溢，黄洋河口水壅高城丈余，全城淹没，公署民舍一空，溺死者五千余人，阖门全溺，无殓者无算	《安康县志》
清朝 11 次	1680	五月二十九日，大雨如注，水入州城，淹死 2385 人	《安康县志》
	1693	五月，汉水暴涨，西从天圣寺东南入万春堤，东从惠家壑石佛庵南流，东西交汇于郡之南，冲破南门，直入城中，大部被淹，北面堤岸崩塌，全城俱倾。居民多由万柳堤避水，城中数十年生聚，尽赴巨波 汉水溢，兴安州城圮	《安康县志》 雍正本《陕西通志》
	1706	兴安州河水溢涨，冲坍城垣房屋，漂没仓粮 6440 余石	《安康县志》
	1724	汉水暴涨，冲入兴安州城	《安康县志》 乾隆五十三年版《兴安府志》
	1770	五月大水，汉水涨溢，入城汇于东关，不能泄，次日巳刻决惠壑堤	《安康县志》
	1828	洪水进城，将桥打断，淹死多人 《汉江洪水痕迹调查报告》	《安康县志》
	1832	八月初八日至十二日，大雨如注，江水泛滥，更兼东南施家沟、陈家沟、黄洋沙山水泛涨，围绕城堙。十四日水高数丈，由城直入，冲塌房屋，淹毙人口	水电部水利科学院《故宫奏折抄件》

续表

城市	年份	灾情	资料来源
清朝11次	1834	大水，城圮南隅	安康县志
	1852	七月十七日（8月31日）大水，决小南门入城，庐舍坍塌无算，兵民溺死者三千数百名	《安康县志》
	1867	汉水泛滥，料木没半。秋霖雨，八月十八日（9月15日）大水，决东堤入城，民房官舍冲毁殆尽	《安康县志》
	1895	乙未闰五月（7月），汉水溢，城区大部被淹	《安康县志》
中华人民共和国1次	1983	7月下旬，陕南普降大雨、暴雨，雨洪同步，汉江出现特大洪峰。31日22时18分最大流量31 000秒立方米，安康老城被淹，89 600人受灾，870人遇难	《安康县志》

大洪水多次破城，历代政府和百姓，都为洪水付出过高昂的代价，也有过惨痛的教训。因此，在大洪水的压力下，安康市不得不多次进行城市的迁移和重建（表4-13）。洪水是导致了安康多次从地势较低的旧城区迁往地势较高的新城区的直接因素。

表4-13 历史上安康城市迁移及重建记载

年份	洪水淹城情况	城市影响	资料来源
明成化八年（1472）	“八月汉水涨溢，高数十丈，淹没州城居民”“八月，汉水涨溢，城郭淹没。”“明成化年间，重修城高增为2丈”	重修	《陕西通志》《安康地区志·大事记》《安康县志》
明万历十一年（1583）	“全城淹没，公署民舍一空，溺死者五千余人”，“洪水漫城，翌年建新城”。“洪水毁老城，改筑新城周三里一百一十六步，金州治所迁新城，易名兴安州”	老城被毁，建新城（兴安州），迁城（1584年）	《陕西通志》《安康地区志》《安康县志》
清顺治四年（1647）	“汉水涨溢，淹没州境田舍人畜”，“兴安州署迁回老城”，“续建旧城，城墙缩小至肖家巷口，城高增至2丈2尺”	重建，迁回老城，城市缩小	《兴安府志（嘉庆十一年本）》《安康地区志》
清康熙三十二年（1693）	“汉水溢，兴安州城圮”“五月，汉水暴涨，西从天圣寺东南入万春堤，东从惠家壑石佛庵南流，东西交汇于郡城之南，冲破南门，直入城中，大部被淹，北面堤岸崩塌，全城俱倾。居民多由万柳堤避水，城中数十年生聚，尽赴巨波”	老城被毁，重建	《陕西通志》《安康县志》
清康熙四十五年（1706）	“汉水溢，冲毁州城，州署、文庙及仓库再移新城。”“州治复迁回新城”	老城被毁，迁至新城	《安康地区志》《陕西省志·水利志》

续表

年份	洪水淹城情况	城市影响	资料来源
清嘉庆二年（1797）	巡抚修北城，恢复老城东段，重建已弃西段，恢复了明代城堤规模，并将东关白龙堤、长春堤和惠壑堤连为一体，称东城。 重新迁回老城，对城堤进行了大规模的改造加固，城堤增高至二丈六尺，堤顶宽一丈八尺，前后费时14年	迁回老城，重建老城	《安康地区志》
嘉庆十三年至十六年（1808～1811）	嘉庆七年（1802）洪水导致城墙多处毁坏，嘉庆十三年至十六年（1808～1811）重修，“（1808年）重修兴安老城，经四年竣工。周长1293.66丈，城顶添墁，排垛墙1765堵，城高2.6丈，垛高1.85丈，城台加高5尺”	老城多处毁坏，重修老城	《安康地区志》
同治六年（1867）	“九月十五日，大水决堤入府城，冲毁民房官舍。冬季修补六堤，至光绪六年（1880）夏竣工，历14年”	重修	《安康地区志》
光绪十五年（1889）	（1889年）二月，补修安康旧城，至光绪十七年（1891）竣工	重修	《安康地区志》
1983～1987	经1983年毁城洪水后，1983年10月国务院批准了《安康重建规划》。总原则为“合理利用老城，适当发展新城，逐步建设江北新区”。用了5年时间，重修城堤、护岸，发展新城，建江北新区。到1987年年底，基本按规划完成了重建任务	重建	《安康县志》

位于汉江南岸的老城，从有聚落开始，就一次次面临着被洪水损毁的命运。在还没有城市之前的南北朝时期，梁武帝元年（502），就发生过“汉水溢，县城江南居民避水赵台山”的事件。赵台山即在今安康新城附近（图4-3），是汉江南岸安康盆地中地势较高的地方。北周天和四年（569），西城县治由汉江北岸迁建至汉江南岸今老城的位置以后，安康就开始了洪水毁城－迁新城－迁回老城－洪水再毁老城－再迁新城－再迁回老城的循环过程，安康在新旧两城之间频繁地迁徙，其中伴随着对城市的一次次重修、重建。明成化八年（1472），“汉水涨溢，淹没州城居民，高数十丈”[①]，安康遭遇毁灭性的洪水灾难，不得不进行重建。1583年，当时的安康城已具有二三万人口，但由于当年的大洪水“高城丈余，公署民舍一空，溺死者五千余人”[②]，当事者为远离洪水危害以图长远之计，商议放弃老城，1584

① （清）沈清峰：（雍正）《陕西通志》卷47《祥异二》，清文渊阁四库全书本，第2224页．
② （清）沈清峰：（雍正）《陕西通志》卷47《祥异二》，清文渊阁《四库全书》本，第2227页．

年，在地势较高的安康城南赵台山脚另建新城（图 4-3），改名“兴安州”。安康迁往新城以后，虽然可以免遭洪水威胁，但由于远离汉水，贸易转运不便，农业耕作用地不够，加上百姓“怀土不迁者十之八九”，仍然多聚居在老城不愿迁移。崇祯年间对旧城进行了较大规模的复修，1647 年，旧城又遭水灾，洪水后“兴安州署迁回老城”，并且对于老城进行大规模修复重建，增加城墙高度至 2 丈 2 尺。康熙二十八年（1689）年，政府在老城与新城之间，修建了一条逃生堤“万柳堤”，以便于在洪水到来时，民众能快速从老城撤离到新城。1693 年，发生了一场近似于 1583 年的特大洪水，洪水冲破南门，直入城中，全城俱倾，安康城不得不又一次进行重建。此后不久，1706 年洪水又一次入城，安康城在十几年之内一毁再毁，“州治复迁回新城”①，被迫再次迁城。后于 1797 年，安康重新迁回老城，并对老城城堤又一次进行加固重修，嘉庆十三年至十六年（1808～1811）、同治八年至光绪十七年（1869～1891），以及中华人民共和国成立后，尤其是 1983 年的特大洪水毁城后，又对城堤进行了多次重修（陕西省地方志编纂委员会，2001）。1983 年 7 月 31 日，安康发生特大洪水灾害，汉江最大洪峰流量达到31 000m^3/s，最高水位 257.25m，县城城堤 6 处决口，洪水冲毁老城房屋 3 万余间，死亡上千人，经济损失

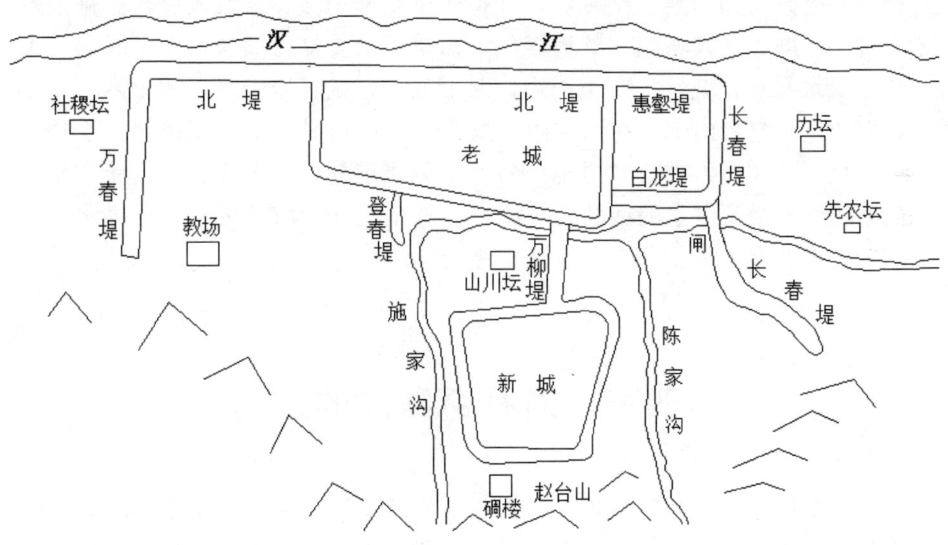

图 4-3 安康新旧城与城堤位置示意图

资料来源：根据（清）郑谦，王森文撰：（嘉庆）《安康县志》，建置图第二，清咸丰三年刻本，第 37－38 页，改绘

① 安康市地方志编纂委员会：《安康地区志》，西安：陕西人民出版社，2004 年，第 13－58 页．

4.15亿元。1983年10月国务院批准了《安康重建规划》。用了4年多时间，到1987年年底，才基本完成了城市重建任务（安康市地方志编纂委员会，2004）。

虽然历史上，安康老城区因枕流而城，屡遭洪水洗劫而不得不迁移，但是又都在之后不久又重新迁回受水灾威胁的老城。之所以会如此，原因主要有以下几方面（张钰敏，殷淑燕，2012）：其一，因为汉江是陕南水路交通的干道，水路交通是安康地区交通的重要组成部分，汉水自古是沟通陕南与华中地区的水路，素有“千里汉水黄金道”之称，民国时期也曾有“千帆秋水下襄樊”的航运盛况。虽然在地势较高的山区建设新城有利于躲避水灾的影响，但是远离汉江使贸易转运不顺，给城市经济发展带来不便；其二，城市的选址还必须要考虑附近的自然条件能否不需要外来助力而满足城市军需民食。安康老城地势平坦，土壤肥沃，水源便利，农业灌溉方便，利于农业耕作，丘陵地区更是粮油生产集中连片的鱼米之乡。而在地势较高的山区，少有宜于耕作的土地，且远离农业和渔业水源，农业和人民生活不便；其三，安康新城虽然远离水患灾害影响，但是新城难守易攻破。历史上就有关于这方面的记录：“万历十一年，大水城圮，十二年，分守道刘政中请筑新城于赵台山下易名兴安州。崇祯十六年，守道张京复修旧城，未及竣后，流贼余孽刘三虎陷新城，平其城隍。顺治四年，知州杨宗震复移旧城，……康熙三十二年，汉水暴涨，城圮。修筑未竣，四十五年，城复圮于水。四十六年，奉旨动帑改建于赵台山下，在旧城南三里”①。由此可见，安康城市建设受环境影响而出现“左右为难”、“进退维谷”的两难境地，直至今日，安康在汛期的时候仍然要受到洪水的威胁，安康可以算是汉江上游地区城市受洪水灾害影响的一个典型实例。

第四节　对社会秩序的影响

灾害与社会动荡紧紧相连，在灾害危机状态下，灾民为了生存就会突破正常的社会秩序和统治秩序，如抢粮、抗租、劫财，甚至发生社会暴动、举行农民起义，严重地动摇了统治阶级的统治基础。灾害在社会动荡中起到了催化剂的作用。就汉江上游地区而言，历史时期以来灾害频繁，且很多年份灾情严重。如上所述，比如汉江地区水灾发生次数多，几乎每年都有；而旱

① （清）沈清峰：《（雍正）陕西通志》卷14《城池》，清文渊阁《四库全书》本，第492页．

灾持续时间长，连季旱、连年旱多，很多年份先旱后涝、久旱久涝。同时，水旱灾害都会引起一系列的次生灾害，给灾民的生活带来巨大压力。灾民们为求生存不得不做出一些有悖于常情常理的事情，严重地影响了社会秩序，破坏了社会稳定。具体表现如下：

一、传统的人伦道德受到冲击

气候水文及其次生灾害对人民的生命安全构成了直接或间接的威胁，带来人员伤亡、摧毁家园、给他们身心带来巨大伤害。在自然灾害发生之时，“老弱相弃于道路”，在灾荒引起的生存竞争下，灾民生存无望，甚至出现“父母、子女、夫妻相食”、“人相食”的悲惨现象，连亲生骨肉都成了他们挽救自我的最后一点希望，同情心、习俗、亲情都不复存在，传统的人伦道德收到了严重的冲击。

历史时期汉江上游地区灾害发生时，“人相食”的现象在不同时间、多个地方屡次出现。灾荒年份，人民缺食，甚至会将子女妻子鬻卖，以给日用，历史上常见灾害年份“卖妻鬻子”的惨相如表 4-14 记载的。由于受传统的重男轻女思想影响，灾荒发生时被卖出去的女性数量要比男性的数量大得多，据不完全统计，1928～1931 年大灾时期，陕西被贩卖妇女超过 40 万人（冯和法，1935）。

表 4-14　历史时期汉江上游地区灾荒之年有悖人伦道德案例举例

年份	灾害记录	资料来源
904	汉中地区大旱，“褒、梁之境，数千里亢阳，自冬经春，饥民啖食草木，至有骨肉相食者甚多”	《陕西通志》
1325～1328	“陕西不雨，大饥，人相食”	《安康县志》
1484	六月，“南郑大旱，饥，人相食”	《南郑县志》
1526	城固县大旱，“大饥，人相食”	《城固县志》
1528	全陕三年大旱，汉中、城固大饥，人相食，饿死无数	《重刻汉中府志 》
1640	汉中、安康各县均出现“大旱，树皮草根食尽，父子夫妇相剖啖，道殣相望，十亡八九”	《汉中地区志》 《安康地区志》
1876～1877	陕西全省大旱，“赤地千里，人相食”，“为百余年未有之奇”	《南郑县志》 《西乡县志》
1877	“陕西数月不雨，汉阴、百河、紫阳、石泉尤甚，人相食，鬻女弃男，指不胜屈”	《汉中地区志》 《安康地区志》

续表

年份	灾害记录	资料来源
1915	陕西夏收全无，秋粮颗粒未登，旱情甚大，全省皆然"；南郑、汉中、城固、勉县、西乡等县受灾，"流亡载道，卖妻鬻子，层冗叠出"	《陕西省自然灾害史料》
1934～1935	镇巴县"迭遭灾荒，饥馑大起，人自相食，白骨露道"	《镇巴县志》
1943	旬阳连年亢旱，颗粒无收，发展到吃观音土、人相食	《旬阳县志》 《陕西省政府工作报告》

同时，灾荒的发生还会引起灾区男子的婚姻问题，男子失婚情况严重，失婚情况则会导致男性结婚年龄推迟，以及女性结婚年龄提前等问题，出现买卖婚姻和女子结婚年龄过小等病态的社会现象。

严重灾荒的发生也影响着灾区人民的心理素质，容易使灾民形成自私、悲观等消极心理。传统的观念认为，自然灾害是上天对人类的惩罚，这种迷信心理使灾民把希望寄托于上天，而缺乏主动救灾的思想。总之，自然灾害不仅吞噬人的生命、摧残人的身体，也给灾民的精神、心灵带来创伤，使传统的人伦思想和社会道德观念受到冲击。

二、破坏统治秩序，社会动荡不断

灾害的发生，点燃了社会日益激化的各种矛盾，灾民最初的反抗形式往往是"吃大户"、"抢米抢粮"、"抗租"等，最终导致了社会的剧烈动荡。在中国历史上，关于农民起义与灾荒之间关系的论述有很多，毛泽东认为"在外祸、内难、再加天灾的压迫之下，农民广泛发动了游击战争、民变、闹荒等等形态的斗争"①。邓拓指出，"我国历史上发生的农民起义，不论其时间的久暂、范围的大小，没有一次不是以灾荒之年为背景的，这几乎已经成了历史的公例"②。我国历史上发生的农民起义，从秦末的陈胜、吴广起义，汉代的绿林、赤眉起义，到隋末、唐末、元末、清末的农民起义，无论时间长短、规模大小，绝大多数是以灾害及其引发的饥荒为背景的。就汉江上游而言，历史时期以来各种气候水文灾害发生次数较多，严重的年份也较多，"凶岁饥年，下民无畏死之心；饱食暖衣，君子有怀刑之惧"③。汉江上游地区也不例外，如光绪三年（1877），安康"春至六月不雨，大旱，粮价腾涨，四乡饥民蜂起'吃大户'，陕安镇总兵彭体道派兵弹压遣驱"④。1925 年，安康地

① 毛泽东：《毛泽东选集》，第 1 卷．北京：人民出版社，1991，第 146 页．

② 邓拓：《中国救荒史》，北京：北京出版社，1998，第 144 页．

③ 俞平伯：《俞平伯散文杂论编》，上海：上海古籍出版社，1990，第 423 页．

④ 安康市地方志编纂委员会：《安康县志》，西安：陕西人民教育出版社，1989，第 129 页．

区大旱，粮食绝收，引发严重饥荒，据民国《晨报》记载："岚邑（岚皋）灾情重大，为从来所未有。……自去岁阴历十二月间，各处发生吃大户之事，每起四、五百人，群向有粮之家索食，食完则准其加入团体，又走第二家，以此递进，故人数愈加愈多，全县震动。"在自然灾害频繁发生的地区，土匪活动往往成为社会生活的一部分。灾荒发生的年份，灾民往往"背着几杆土枪，晚上到乡村抢米，白天到大路抢劫"[①]。明正统九年（1444），"陕西各州县数月不雨，人民艰窘，麦禾俱伤，民之弱者鬻男女，强者肆劫掠"[②]。饥荒的周期和劫掠的周期往往是同步的，流民是土匪的天然来源，频繁发生的饥荒必然导致大量流民的产生，流民无以为生，只好选择纷纷上山为匪，如民国时期横行一时的陕南巨匪袁刚，在家乡因饥荒流落成匪之后，进入秦巴山地西乡县，占据西乡县城西南的川陕要道神仙洞，在该处设立关卡，巧立名目，征收护商、印花、查验等税款，聚敛财富。汉江上游地区位于秦巴山区，北有秦岭，南有米仓山、大巴山，地形以高山、坡地为主，山内森林密集，地势险要，也为土匪啸聚山林、称王称霸提供了有利的自然条件（鹤年，1998）。

历史上较为严重的一次是明末的汉中地区的农民起义。发生在明末的农民大起义，因明后期灾害数量多、灾情严重，加上政府横征暴敛，使社会矛盾严重激化，而爆发起义，并最终推翻了明王朝的统治。而在明末农民战争前的五六十年间，陕西地区可谓无岁不灾，人民一直处于水旱灾害的威胁之中。严重的水旱灾害导致粮食奇缺，物价飞涨，饥荒大面积发生，人们无法维持基本的生存条件。据当地各县县志记载，崇祯元年至十七年（1628～1644）的十七年的时间内，"连岁大饥"、"全陕天赤如血，四至七月不雨"、"西安、汉中饥荒为明代陕西最重之灾荒"、"秋禾全死，大饥"、"父子夫妇相剖啖，道殣相望，十亡八九"等，足见当时汉江上游地区灾情之严重。然而面对严重的社会危机，贪暴的地方官吏并不是及时赈济灾民，而是不断地催科，逼迫百姓于绝境，进而转相为盗。崇祯元年（1628）11月，汉中地区饥民4000多人，联合流入汉中的甘肃省饥民3000多人举行起义，曾一度进攻南郑、略阳、汉阴等县城，直到第二年，才被政府镇压下去（汉中市军事志编撰委员会，2002）；1629年，"自去岁一年无雨，草木焦枯……，民有不甘于食石以死者，始相聚为盗……，饥荒十分之极，而盗贼次之。西安、汉中以下，盗贼十分之极，而饥荒则稍次之"[③]；1877年，西乡春至六（7）月不雨，大旱，粮价腾涨，四乡饥民蜂起"吃大户"，陕安镇总兵彭体道派兵弹压

① 章有义：《中国近代农业史资料第三辑：1927—1937》，上海：上海三联书店，1957，第648页.

② （明）明宪宗敕撰，孙继宗，监修：《明实录》，大明英宗睿皇帝实录卷之一百二十.

③ （雍正）《陕西通志》，卷86，清文渊阁《四库全书》本，第17499－17505页.

遗驱。频繁发生的严重的灾害促使百姓群起而为盗，进而激发起反抗官府以图自存的农民起义。明末农民大起义，首先是从陕西澄城开始的，随后蔓延到整个陕西境内，随后，汉江上游地区略阳、石泉、汉中、郧阳等地灾民因生活所迫揭竿而起，纷纷爆发农民起义。

此外，汉江上游地区因其特殊的地理位置与地形地貌条件，易发生洪涝灾害，但区域蓄水能力不强，也易发生干旱灾害，因此水利工程和水资源对当地来说尤为重要，也正因如此，在建设水利工程和分配水资源时，利益相关方容易因为一些私利而发生纠纷。尤其在干旱年份，更易因用水问题产生纷争。明清时期，在汉江走廊，因利用水资源而导致的纷争屡见不鲜（陶卫宁，2000）。如康熙《城固城县》卷 4 水利记载，南郑和褒城间共用山河堰，城固与洋县二县共用杨镇堰，在这些县之间就曾因用水季节水源紧张而发生过矛盾，当政者曾依照渠道排水量和田地亩数制定了如“城三洋七”之类的分配方案。在许多地方还有人私自盗水灌田，甚至不惜破坏水利设施。这些水纠纷虽未造成重大影响，但也给当地增加了不稳定因素。

第五节　影响地区风俗的形成和文化流传

一、灾异风俗的形成

历史时期以来的大部分时间里，人们对自然灾害的原因以及规律缺乏正确和理性的认识，加上小农经济下的生产单位——单个家庭无法抵御自然灾害的破坏。所以在自然灾害来临之时，灾民除了采取理性手段积极抗灾救助之外，往往还会通过诸如巫术、祭祀等非理性的手段祈求上天及神灵帮助减轻灾难，或者直接逃离灾区外出乞讨来躲避灾难。汉江上游历史时期以来人们在漫长的应对自然灾害的过程中，逐渐形成了一些应对灾害的特殊风俗(表 4-15)。

表 4-15　历史时期以来汉江上游地区的灾异风俗统计

灾害类型	灾害应对风俗
旱灾	驱旱魃、舞龙、祭祀天神、耍水龙
水灾	“平水明王”除水灾、“扫天婆”驱雨、阴阳五行说“抑阴助阳”、“立棒槌”、以火驱雨
蝗灾、虫灾	拜蝗神、拜农神、“打青醮”、祭祀虫王、食蝗报复
其他自然灾害	地震之后祭山川、瘟疫之后舞龙除瘟神

由于汉江上游地区历史时期水旱灾害是最频繁发生的自然灾害之一，所以最经常的要数水害灾害发生之后的除灾风俗活动。在水旱灾害发生之时，从灾民到政府都会有一些祈禳、祭祀等封建迷信活动，祈求上天和神灵消弭灾害。此外，还有其他灾异风俗，如蝗灾之后的“拜蝗神”，地震发生之后祭山川，瘟疫之后舞龙祭祀以除瘟神等。历史时期汉江上游地区灾害频发且种类多样，灾异风俗也很丰富。

（一）汉江上游地区干旱灾害的除灾风俗

遇上干旱严重的年份，灾民都会采取多种形式求雨，渐渐形成了驱旱魃、舞龙、祭祀、耍水龙等祈雨风俗。

民间旱灾时驱旱魃，源于《山海经·大荒北经》里的一则神话记载：旱魃原是天上一位女神，但是蚩尤作乱伐黄帝，让人间风雨大作，旱魃受黄帝之命下界止雨，后来旱魃打败了蚩尤，成功止雨，但是也因为下界沾染上了污秽之气而失去了返回天界的机会，留在人间后因其作祟致旱成灾而被黄帝贬到赤水以北的钟山。“蚩尤作兵伐黄帝，黄帝乃令应龙攻之冀州之野。应龙蓄水，蚩尤请风伯雨师，纵大风雨。黄帝乃下天女曰魃，雨止，遂杀蚩尤，魃不得复上，所居不雨。叔均言之帝，后置之赤水之北”。[①] 尽管如此，每当旱灾发生的时候，人们总认为是旱魃造成的，并采取多种方法驱逐旱魃。比如，人们觉得旱鬼女魃与水势水火难容，所以在汉江上游有以水驱旱魃的风俗。如，汉中城固县在遭遇旱灾的时候，各户门口备缸盛水，意在驱赶“旱魃鬼”（城固县地方志编纂委员会，1994）。紫阳县在遭遇旱灾的时候，人们齐集于城隍庙内，一人装扮成“旱魃”，众人边喊“捉旱魃”，边端水泼旱魃，并有人装扮成城隍爷，率领小鬼捉旱魃（紫阳县地方志编纂委员会，1989）。

安康地区旧时如遇干旱不雨，农民设坛焚香，祷告神灵，或结队向龙王祈雨。祈雨出发前斋戒沐浴，出发时焚香礼拜，头戴柳叶圈，身背香表，敲锣打鼓，扬幡朝山；二人扮演“旱魃鬼”，满身污泥，被缚束送龙君。城镇居民也有祈雨的，各家门旁摆升子（量器），用黄纸做神牌，上书“龙君神位”插于其中；有兴致者做各种工艺，如半副銮驾或神坛摆设，玲珑剔透，结构奇巧，中供“龙君神位”。并在门的另一旁置水坛，插杨柳。若耍水龙，在街道两旁朋木梢储备河水，耍龙者用竹架束柳叶编扎成龙身，从头至尾十数人在锣鼓声中舞动、奔跑，两旁用水泼洒，如此持续数日。城、乡祈雨时，其他行人不得戴草帽或撑伞遮阳（安康市地方志编纂委员会，1989）。在留坝县，如遇干旱，有办龙王会的风俗，耍水龙或向太白许愿，禁止屠宰，且3～

① （清）吴任臣注：《山海经广注》，卷17《大荒北经》，清文渊阁《四库全书》本，第191页.

5天忌荤、吃斋；家家户户用黄表写龙王牌供奉，直到下雨为止；有的地方还举行祈雨大会，求雨神降雨（陕西省留坝县地方志纂委员会，2002）。

汉江上游地区民间祈雨的风俗多种多样，除了刚才讲的几种以外，还有朝山拜佛、祭龙、设坛场向龙王借水、唱大戏“斩龙台”、拜各种神灵等。

（二）汉江上游地区水灾的除灾风俗

遇到久雨不晴，水灾来临的时候，洋县有求“平水明王”除灾的风俗。安康地区在水灾发生时有用“扫天婆”，又叫“扫晴娘”的风俗，即用纸剪成一个拿扫帚的妇人形状，挂在杆上，意在扫除乌云见太阳，天晴之后再焚毁扫天婆。也有让独生女“立棒槌”，棒槌顶端放火盆以驱除淫雨的风俗，因为棒槌是洗衣时击打衣裳用来清除污垢和水分的器具，自当具有驱水作用；棒顶放炭火，水火不相容，用意也应是与水抗争（洋县地方志编纂委员会，1996；安康市地方志编纂委员会，1989）。

不得不提的是，中国历史上影响比较深刻的救灾思想，如阴阳五行说、天人感应等都认为“欲致雨则动阴以起阴，欲止雨则动阳以起阳”，所以在水灾发生的时候，往往禁止妇人出入，祈雨活动也禁止女性参加，以达到抑制阴气而助长阳气、协调阴阳平衡来达到止雨的目的。而在汉江上游的止雨风俗中明显地指出用妇女的形象制成“扫天婆”，或者独生女立棒槌止雨，似乎与阴阳五行说相悖，但是既然有这种妇女的形象祈晴的风俗，自然是有其原因和依据的，原因大概有以下几点：第一，前文所述的导致旱灾发生的，旱鬼女魃虽然因为在人间所到之处都会引起旱灾的发生而遭到人们的厌恶，但是从她打败蚩尤，成功止雨来看，她在驱雨方面有着超凡的能力，可以算是以为驱雨的女神；第二，在古代就有“雨不霁，祭女娲”① 之说，女娲石太阳神，古代传说女娲炼五色石补苍天，止住了淫雨，从而女娲也就具有了止雨的能力，人们祈晴的时候自然会把希望寄托在女娲身上，女娲是驱雨的第二位女神；第三，精卫女娃也是一位治水女英雄，根据《山海经·北山经》中的记叙，精卫原是炎帝很宠爱的女儿，有一天她去东海玩，却不幸被东海暴风雨袭击而死，死后化作“精卫鸟”，每日从西山衔来石子和树枝，最终填平了东海。在古代社会，天气的变化、洪水猛兽的袭击在人们看来都是非人力能与之抗衡的，旱魃止雨、女娲补天、精卫填海的故事必然引起人们对这三位止水的女神的崇拜，所以，在汉江地区以妇女形象祈晴的风俗，是有一定的依据的。

---

① 王充：《论衡注释第二卷》，北京大学历史系《论衡》注释小组，北京：中华书局，1979，第902页.

（三）汉江上游地区虫灾的除灾风俗

水旱灾害往往伴随着大规模的蝗灾与虫灾，蝗灾和虫灾发生的时候，人们不知灾害发生原因，也不懂科学方法，只有祭拜，拜驱虫神，也拜虫神。在《诗经·小雅·大田》中就有“去其螟螣，及其蟊贼，无害我田稺。田祖有神，秉畀炎火”的记载，意思是，祈求农神“田祖”拿“炎火”将蝗虫烧死，使它不能再祸害庄稼，这是拜驱蝗神的例子。在汉江上游安康地区安康县和平利县，有“打青醮”的风俗，一般是在五六月份，如遇干旱或者虫灾发生时，或者是六七月庄稼抽穗扬花之时，祭祀神灵的一种形式，祭祀时人们杀猪宰羊备好贡品，由道士设坛念经，舞龙，祈祷天神保佑庄稼免受蝗虫和病虫害的危害，祭祀完毕以后，人们周游稻田，以龙头扫禾苗，意喻吃害虫、扫瘟神。在紫阳县，每年的六月初六为虫王节，当日用黄表纸做成三角形的小旗，然后用公鸡冠血去祭。祭时还要烧香、烧纸和许愿，许愿词多是：“虫王莫扰害我的庄稼，到别的地方去吃，明年我给你烧多少多少香纸”① 之类。这两个例子分别是古人拜驱虫神和拜虫神的典型实例。

驱神祭神等封建迷信活动虽然是不科学的，除了个情况能够如愿以偿，绝大部分时候都是劳民伤财，毫无意义的，但是在当时的古代社会，却是劳动人民在长期的灾害救助过程中，逐渐形成的特有的灾异救助思想。这些风俗习惯可以安定百姓因灾害严重而动荡不安的心理，也可以达到稳定社会秩序的目的。在祭祀驱灾的过程中，地方官员和百姓相率而行，“官民之间在世俗生活中势如冰炭的对抗和在信仰世界里如鱼水似的协调交织而成的对立统一体”②，形成了一种奇特的政治景观。

此外，如前所述，在汉江上游地区，灾害发生年份或者每年春季青黄不接之时，地主会以高利贷的形式拿出存粮或货币借给无粮断炊的农民，农民到期无粮无钱还贷，被迫将庄稼或家产的部分或全部折价抵贷，佃农债台高筑，无以为生，往往倾家荡产，卖儿卖女，流落他乡，成为逃荒要饭的饥民，这种情况遍布汉江上游各个州县。在历史时期的汉江上游，逐渐形成了一种风俗。每到春季青黄不接的时候，即使农民没有破产、没有借贷，也会有大量农民成群结队出外逃荒要饭，逐渐形成了逃荒的风俗。

二、人口流动带来的文化交流

灾民在灾荒发生后成为流民外出谋生，一部分人成为长期客居异乡的移

---

① 紫阳县地方志编纂委员会：《紫阳县志》，西安：三秦出版社，1989，第 699 页．

② 夏明方：《民国时期自然灾害与乡村社会》，北京：中华书局，2000，第 257 页．

民，一部分移民会在灾害过后返回家乡。这其中既包括汉江上游地区的移民因灾害迁出外地，也包括汉江上游在灾后招徕的外地灾民迁入。不论怎样，灾民的外出迁移必然会带动文化的交流和传播。其中包括各地会馆的形成、农业技术的传播、风俗文化的传播等。

在明正德年间（1509）至清康熙二十年（1681）长达100年多时间内，长江流域因为战乱和灾荒不断等原因，经济衰退、人口锐减，于是清政府采取了“湖广填四川”的措施，在中国历史上形成了长达百年的移民浪潮（王巧萍，2005）。而这段时间里，汉江上游地区灾害严重，据《明史·五行志》记载，在明正德16年间，陕西有11年全省范围遭受特大饥荒，明嘉靖时期的45年间，汉江上游地区的汉中、郧阳地区出现了24年特大饥荒，至清光绪年间汉江上游地区特大饥荒达13次。而加上地缘上汉江上游地区临近四川，所以汉江上游地区人口的迁出很大一部分向西南方向进入巴蜀地区。灾民们在迁往异地之后往往依然“聚族而居、同籍而居”，在这种陌生的环境下，故乡成为他们重要的精神支柱，随着移民和流民的大量聚集，逐渐促进了会馆的形成。会馆的形成，一部分原因在于商业交流的需要；另一部分则是会馆成为移民们的精神寄托和组织管理机构。据记载，重庆地区的陕西会馆就是在明清这段长时期的移民潮期间内成立的，这与汉江上游大批移民进入重庆地区有很大关系。明清时期陕西省在灾荒后实行的流民开荒优惠政策，吸引了大批湖广地区流民的迁入，在民间有“洪水洗陕西”、“湖广填陕西”之说。清嘉庆年间，由于移民的大量涌入，从湖北省黄冈、黄安、黄陂、麻城、新春等县迁来汉中佛坪县的移民，集资在袁家庄上街建立黄州会馆。会馆置有田产，年收租金（稻谷）30石，有公房20多间。每年公产收入用于资助黄州籍人员因天灾人祸死亡后无钱安葬等困难户。会馆于每年农历正月初一、三月初九日、九月初三日、除夕进行聚会，祭祀祖宗，向会馆捐赠钱财。汉江上游地区在明清时所建的湖南会馆、江西会馆、福建会馆、四川会馆、武昌会馆等会馆多达十几个，跟当时政府鼓励垦荒的政策有很大关系。会馆是移民们原籍文化的集中，在会馆内部，来自同一个地方的移民按照家乡的习惯和风俗过节、举行各种聚会和娱乐活动，让移民在外地找到了故乡的感觉。在一定程度上也促进了移民家乡与当地的文化交流与融合。

移民的迁入迁出，也伴随着原住地文化、风俗等的传播。佛坪县袁家庄镇李氏，于清嘉庆九年（1804）由湖北黄冈县李寨大湾迁至佛坪县，其家族辈序为“英名蔚起鸿先业，运际昌平世泽长，栋梁成材齐勉力，青云连步振家邦”，李氏从“英”字辈移入佛坪，现已繁衍到“运”字辈，已传八代。由于明清时期南方湖广移民的大量涌入，使安康地区的民间习俗表现出南北夹杂的格局，修房建屋或修厕建圈多临坡临水修吊脚楼。明清时期以后汉江上游各地方言内含湖广地区语音较重。从秦到明，岚皋方言都属汉水流域语言风格，归古蜀楚方言。而到明清时期，岚皋成为“十家九客户”的移民区。现在岚皋居民的祖先多是清朝康熙到乾隆年间湖广移民。语言兼并的结果，使现代岚皋方言成为西南官话，能从岚皋话里窥视到南方方言的痕迹。例如，岚皋至今仍沿用典型的南方语言习俗，称村市为墟。岚皋人说话 f、h 不分，以 h 代 f，便是湘语特点（岚皋县志编纂委员会，1993）。

外来移民的迁入，促进了外地先进的生产技术向本地区的传播。客民多来自农业比较发达的南方，带来南方的先进耕作技术。南北文化交融，促进社会经济的发展。清代秦巴山地水利条件的改进、稻麦两熟制度、棉花种植的推广，一些经济作物和经济林木的生产技术的提高也与外来移民有关（萧正洪，1998）。来自南方产棉区的移民带来了比较先进的植棉技术，从而推动了秦巴山区和汉江谷地的棉花种植。清代旬阳县流传一首竹词表明了这种技术传播与人口迁移的相关性：“洵河大半楚人家，夜夜篝灯纺手车。宝庆女儿夸手段，明年多种木棉花。”[①] 词中的宝庆，即今天的湖南邵阳。清代以前，汉江上游的水利事业主要分布于平原、盆地地区；乾嘉时期，善于耕种稻田的湖广、安徽、四川移民大批进入秦巴山区，用南方渠堰之法，因地制宜地推广了丘陵山地的水利事业（薛平栓，2001）。清代以前，紫阳县农田水利事业没有资料记载。清代南方移民大量迁入后，水田开始发展，“居民自行开垦山田，各就地势，引山泉细流以资灌溉”[②]，水田种植技术得到了推广。

从以上分析，我们可以看到，洪水、干旱、寒冻、霜灾及伴生、次生的蝗灾、地质灾害等对汉江上游经济发展、人口数量变动、城市发展建设、社会稳定等各方面影响重大。一方面，汉江上游地区“两山夹一川”的独特区域地理环境，放大了气候灾害尤其是水旱及其次生地质灾害的危害；另一方面，历史时期以来，极端性气候水文事件的群发性特征，也导致其社会影响更为严重，成为影响人民生活与社会稳定发展的重要因素。汉江上游城市与社会的发展史，可以说就是一部人与洪水、干旱及洪水导致的次生地质灾害滑坡、崩塌、泥石流的斗争史。一方面，气候水文灾害的频发导致大量人口死亡、迁移，经济衰退、城市被迫反复迁移重建、破坏统治秩序，导致社会动荡与战争；另一方面，灾害导致的人口频繁流动、迁移，也影响了该地区特有社会风俗的形成和文化的流传，在一定程度上带动了带动了当地与外来文化的交流和传播。

近些年来，在我国乃至世界范围内，极端气候气象事件频繁发生。旱灾、

① （清）刘德全：《（光绪）洵阳县志》卷 13，清光绪二十八年刻本，第 517 页.

② （清）李国麒：《（乾隆）兴安府志》卷 8，清道光二十八年刻本，第 257 页.

洪灾、热浪、雪灾等不断出现，而且规模巨大，短时间内连续出现五十年一遇、百年一遇甚至更大的灾害。根据前文分析我们可以看出，在季风气候转型期与气候突变期，气候灾害频发，是一种具有普遍性的自然现象。正确认识当前极端气候气象事件的频发现象，不仅可以充分认识气候规律，同时，也有助于更好地做好防灾减灾工作，减轻自然灾害对人民生命财产安全和社会经济的损害程度。

第五章 汉江上游极端性气候水文事件发生原因、机理与趋势分析

汉江上游气候水文灾害频发，与该地区的气候、地形、人为等因素都有一定的关系。从气候角度来看，我国位于世界上最大的陆地——亚欧大陆，濒临最大的大洋——太平洋，海陆分布产生的热力差异，强烈地破坏了对流层低层行星风带的分布，形成了强盛的季风环流（水利部水文司，1997）因此，我国的气候具有明显的大陆性季风特征。随着季风的强弱变化，西太平洋副热带高压的强弱与位置移动也受到影响，进一步导致雨带位置与降水量的变动。我国绝大部分地区降水量的多少都受到季风的控制，季风的强弱是影响汉江上游降水多少的主要因素；此外，ENSO 对我国大部分地区降水量的多少也有着显著的影响（符淙斌等，1988；陶诗言等，1998；吴国雄等，1998；陈文，2002；赵振国，1996；臧增亮，2005），其原因主要是由于ENSO现象对于季风强弱具有明显作用。季风形成的最根本原因，是由于海陆表面性质的不同，热力反映差异引起的，而 ENSO 现象是大洋温度的异常变化，这种变化会加强或减弱海陆间的热力差异，导致季风环流的增强或减弱。从地形角度来看，汉江上游处于我国南北方的过渡地带，且位于高大的秦岭与巴山之间，东西走向的高大山脉对南北气流都具有强烈的阻挡作用，放大了季风的影响。同时作为山区，次生地质灾害如崩塌、泥石流、滑坡等自然灾害频发；另外，随着人类人口的增长、社会进步和科学的发展，人类活动也成为造成自然灾害的主要因素之一，如坡地上进行农业耕种、滥砍滥伐造成植被减少，导致土壤蓄水量下降，结果会造成同等降水条件下水旱灾害增加。因此，汉江上游的各种严重自然灾害，是气候、地形、人为等因素共同影响的结果。以下我们分别从季风气候、ENSO 事件、地形因素、人类活动影响等几方面分析汉江上游极端性气候水文事件的发生机理，并根据现代观测数据，分析汉江上游极端性降水的未来变化趋势。除特别注明外，以下分析中现代观测气象数据均来源于国家气象信息中心数据应用服务室和陕西省气象局。近现代观测数据虽然时间段较短，但以其准确性、完整性见长，对汉江上游现代气候水文数据的统计分析结果，可以与历史文献记载与古洪水沉积研究结果相对比，从而对其发生过程、发生机理和未来趋势产生更深入的认识。

第一节　季风气候

大陆性季风现象是中国气候最主要的特征。我国大部分地区降水的多少，都受到东亚季风强弱和西太平洋副热带高压（以下简称副高）位置的控制。东亚季风的夏季风强的年份，副高位置偏北，反之则偏南。作为世界上最大的季风区，我国大部分地区降水水汽主要源自东南季风（来自西太平洋，属东亚季风的夏季风）和西南季风（主要来自印度洋，属南亚季风的夏季风）带来的暖湿气流。除暖湿气流带来充沛的水汽之外，还要有来自北方的冷空气阻碍。冷空气阻碍暖湿空气北上，再加上西太平洋副热带高压阻滞气流南下，冷暖气流交锾，才会在副高边缘形成较强降水。在副高前沿区形成的降雨线，通常位于副高脊线以北约 5～8 个纬度。而副高脊控制区，受强烈的下沉气流控制，天气晴朗少雨，往往形成伏旱（水利部水文司，1997）。每年夏季，随着副高位置的不断由南向北深入，我国从南向北依次出现雨季。在雨季里，季风带来的水汽，再加上冷锋、气旋、台风等天气过程与地形的共同作用，往往造成强降雨或持续降雨，降水集中，降水强度大，进而导致大洪水的发生。雨季过后，受副高脊控制时，则出现晴朗、高温、干旱天气。季风异常的年份，各地雨季、旱季时间可能提前或推迟，强度也发生变化。

如果要深入分析汉江上游极端性气候水文事件发生的机理，仅分析汉江上游本身的情况是不够的。为更好地分析季风气候对汉江上游降水的影响过程，以下我们将位于秦岭南侧的汉江上游与秦岭北侧的黄河中游晋陕峡谷历史时期大洪水（仅包括有实测或洪痕可以确定或推断具体时间与流量的洪水）与降水过程进行对比分析。这两个区域分别位于我国地理与气候最重要的分界线——秦岭山脉的南北两侧，历史时期以来夏秋季节暴雨都十分频繁，且都属于峡谷地区，不仅一般性的暴雨洪水经常发生，持续时间较长或灾情特别严重的流域性大洪水也不断出现。通过对比研究，可以对秦岭南北区域季风变化与副高的推进过程以及汉江上游大洪水发生的环流形势、特点产生更深入的认识。

一、历史时期暴雨洪水灾害统计

历史时期汉江上游和晋陕峡谷大洪水发生时间与最大洪峰流量整理统计如表 5-1 和表 5-2 所示。历史洪水流量数据统计来自骆承政《中国历史大洪水资料调查资料汇编》（2006）及当地县志资料。

表 5-1　汉江上游历史大洪水统计（1800～1990）

河段	洪水发生时间（年．月．日）/最大洪峰流量（m³/s）			
汉中	1832/—	1840/—	1852.8.31/—	1868/—
	1888（农历 6.1—6.6）/—	1903/—	1925/—	1949.9.12/10 624
	1962.7.24/9 430*	1981.8.22/9 520*		1990.7.6/8 400*
洋县	1835/—	1843/—	1903.7.29/13 800	1921/—
	1931/—	1949.9.12/13 500	1955.9.16/10 900*	1962.7.27/13 200*
	1981.8.22/12 500*	1983.7.31/ 9 320*		
石泉	1822/25 000	1832.9.14/ —	1867/—	1921/—
	1903.7.30/—	1914/19 600	1931.8.23/19 600	1940/16 500
	1949.7/23 500	1965/204 00	1974.9/23 300*	1983.7.31/15 600*
紫阳	1832/—	1903/—	1921/—	1934.7.24/—
	1949.8.14/—	1965/—	1979.9.15/—	1983.7.31/23 000*
安康	1828/—	1852.8.31/29 000	1867.9.15/30 000	1903.7.31/23 400
	1910.9.6/23 400	1921.7.12/27 500	1933/—	1949.9.14/21 000
	1965.7.13/20 400*	1974.9.14/23 400*	1983.7.31/ 31 000*	
旬阳	1852.8.28/—	1903.7.29/—	1921.7.12/—	1933.6/—
	1935.6.6/—	1949.9.13/—	1958.7.5/—	1960.7.17/—
	1973.9.14/33 700*	1983.8.1/45 000*		
蜀河口	1852.8.28/—	1903.7.29/—	1921.7.12/—	1949.9.13/—
	1967.7.9/—			
白河	1867/30 300	1921/27 400	1931.8.28/—	1949.9.13/22 100
	1983.8.1/31 000*			

注：“—”为缺洪峰流量数据；“*”为实测数据，无实测记录年份流量数据为根据洪痕推测，以下类似处同

表 5-2　黄河中游晋陕峡谷历史大洪水统计（1800～1990）

河段	洪水发生时间（年．月．日）/最大洪峰流量（m³/s）			
柳青	1896/7 550	1904/4 770	1967.9.19/5 090	1969.8.1/5 560
万家寨	1896/10 600	1969.8.1/11 400		
河曲	1896.8.1/8 740	1955.7.28/3 490	1969.8.1/—	1988.8.5/7 190*
保德	1868/—	1875/—	1896/—	1929/—
	1945.8.20/13 000	1972.7.19/10 700*		
吴堡	1842.7.22/32 000	1946.7.18/23 000	1951.8.15/18 000	
	1967.8.11/19 500*	1976.8.3/24 000*		
延水关	1942.8.3/27 000			
壶口	1942.8.3/25 400	1967.8.10/21 000	1977.7.6/—	
龙门	1843.8.9（农历 7.14）/31 000	1896/—	1942.8.3/24 000	
	1967.8.11/21 000*	1971.7.26/24 300*		

二、汉江上游与晋陕峡谷大洪水发生年份与频率对比

1800年以来，汉江峡谷与晋陕峡谷发生大洪水的年份如图5-1所示。

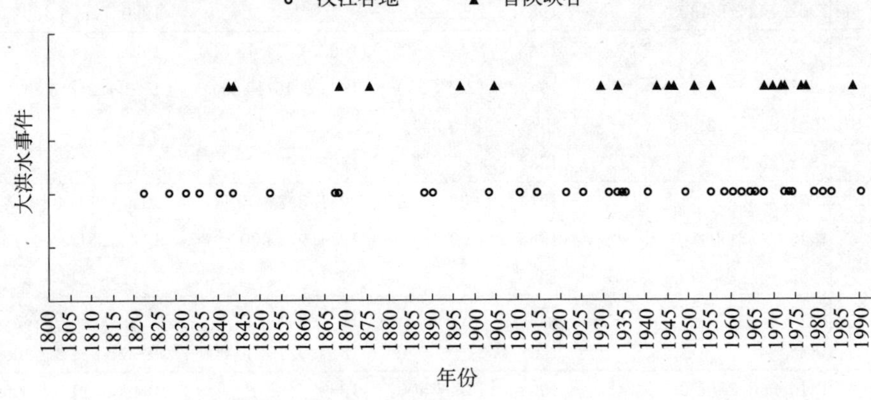

图5-1　汉江峡谷与晋陕峡谷历史大洪水发生年份对比（1800～1990）

从统计结果看，汉江上游历史大洪水发生频率高于晋陕峡谷，汉江上游1800～1990年发生大洪水36次，晋陕峡谷发生20次。汉江上游发生大洪水间隔的时间约为5.30a，晋陕峡谷约为9.55a。两地在1920年以后大洪水发生频率都明显增大，汉江上游发生间隔平均为3.22a，晋陕峡谷为5.07a；1800年以来，汉江峡谷和晋陕峡谷的历史洪水记录已经很全面，大洪水记录少有缺失。因此，相比19世纪，1920年以后，随着全球气候变暖，汉江上游和黄河中游大洪水发生频率增大、间隔年份缩短的趋势是真实存在的，与施雅风等（2004）研究指出："以19世纪冷期与20世纪暖期相比，与20世纪暖期大洪水出现频率高于冷期"的结论相一致。

三、汉江上游与晋陕峡谷大洪水发生时间对比

从统计结果看，汉江上游有明确时间记载的历史大洪水，主要发生在6月下旬到7月下旬，或者8月下旬到9月下旬。在8月上旬到8月中旬，除了旬阳、白河1983.8.1特大洪水外（即安康1983.7.31特大洪水），1800～1990年间，没有其他大洪水记载。1960～2010年，安康站最大洪峰流量超过15 000m^3/s的洪水有20次，超过20 000 m^3/s的大洪水5次，绝大多数都发生在7月和9月（个别早至5月下旬或迟至10月初），没有一次发生在8月上旬到8月中旬（表5-3）。从时间规律上看，明显表现出两头高、中间缺，呈"M"形的特征。而晋陕峡谷的历史大洪水绝大部分都发生在7月下半月至8月上半月（只有一次在8月下半月，一次在9月份），即俗称"七下八上"的

时节，集中发生在夏季中间，从时间规律上看，呈现“A”形。

表 5-3 汉江上游安康站 1960～2010 年洪水（15 000m³/s 以上）特征表

发生时间	洪峰流量 (m³/s)	发生时间	洪峰流量 (m³/s)	发生时间	洪峰流量 (m³/s)	发生时间	洪峰流量 (m³/s)
1960. 9. 6	18 500	1975. 10. 2	15 300	1983. 7. 22	17 200	1987. 7. 19	19 800
1963. 5. 26	16 900	1978. 7. 5	16 000	1983. 7. 31	31 000	1998. 7. 9	16 980
1965. 7. 13	20 400	1979. 7. 15	16 000	1983. 10. 5	15 700	2003. 9. 7	16 100
1968. 9. 13	19 700	1981. 9. 8	15 400	1984. 7. 7	19 700	2005. 10. 2	21 700
1974. 9. 14	23 400	1982. 7. 21	15 000	1984. 9. 10	16 300	2010. 7. 18	25 500

四、汉江上游与晋陕峡谷降水特征及与洪水关系

洪水的发生与降水量密切相关。短时间大暴雨或连阴雨是导致洪水发生的先决条件。统计两地多年平均旬降水量结果如图 5-2 所示。汉江上游多年旬降水量呈双峰的 M 形，晋陕峡谷则呈单峰的 A 形。两地降水量的时间分布特征与历史大洪水的时间分布特征是一致的，可见降水量是导致两地大洪水的发生时间段不同的关键性影响因素。

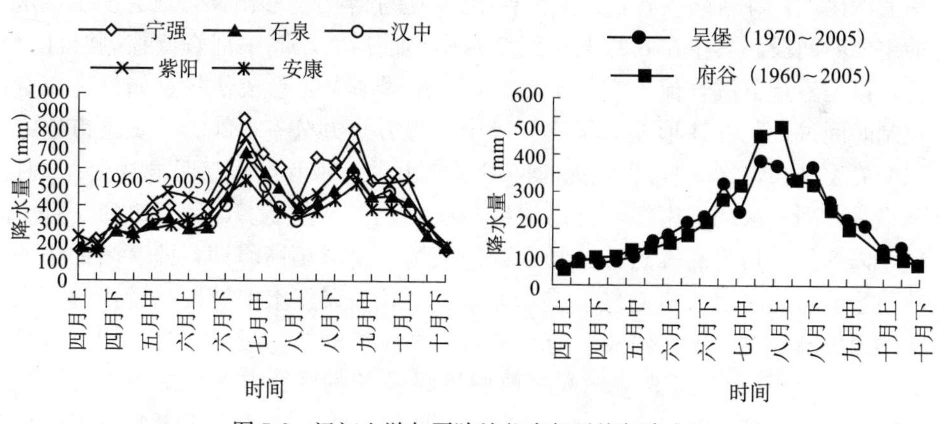

图 5-2 汉江上游与晋陕峡谷多年平均旬降水量

五、讨论

我国大部分地区降水水汽主要源自东南季风和西南季风带来的暖湿气流。由于季风强度大小不同，因此所能控制的地区远近有所差别，东南季风较西南季风可以到达更北的区域。在汉江上游，降水的水汽来源，即有来自东南季风、也有来自西南季风的暖湿气流，是二者共同作用的结果。由于西南季

风较东南季风更为湿重，因此在汉江上游，西南季风对降水和洪水的影响更大（苏连璧，1981），西南季风带来的低纬度暖湿水汽，水量充足，空气层厚度大且稳定性较差（谢义炳，1956；陶诗言等，1957），与北方南下的强冷空气相持在汉江上游地区，导致短时间内的暴雨或降水持续时间长，从而形成洪涝灾害，且在汉江上游，西南季风带来气流走向和雨带移动方向与径流方向基本一致，与各支流涨水的先后顺序一致，对洪涝灾害的发生起着加剧作用；而在黄河中游，夏季降水的水汽来源，主要来自东南季风（水利部水文司，1997；高国甫，2002；黄河水利委员会勘测规划设计院，1985；吕光圻等，1990；陈赞廷等，1981；王庆斋等，1999）。

根据以上洪水发生时间及我国夏季风的特点来看，一般从6月中旬至7月中旬，副高前沿到达汉江上游地区，高压前沿带来东南暖湿空气，成为降水的水汽来源之一。同时，来自孟加拉湾北上东移的西南暖湿气流，涌向汉江上游地区而为秦岭所阻，气流被抬升，并沿坡向东伸展。而此时北方冷空气南下的仍然不少，冷暖气流交馁，常造成大暴雨洪水。因此7月上、中旬，成为汉江上游历史大洪水发生频率较高的一个时段，例如，1921.7.12、1958.7.5、1967.7.9等大洪水都是发生在该时期，一般到7月上半月，副高前沿位置已越过秦岭，黄河流域进入多雨期；到8月下半月时，副高又开始南撤。因此，在晋陕峡谷，7月下半月至8月下半月为多雨期，成为发生洪水的主要时间段。其中在8月上旬到8月中旬前后，副高中部脊线控制汉江上游，该地盛行下沉气流，空气干热，进入酷暑季节，形成伏旱。如果高压脊控制时间过长，往往形成大旱灾（汉中市地方志办公室，2005；安康市地方志编纂委员会，2004），因此此时间段汉江上游降水和洪水都明显减少；8月下半月，副高从北方南撤，副高边缘再次到达汉江上游。8月下旬到9月中旬，以9月上旬为高峰点，汉江上游进入第二个降雨高峰期，即著名的华西秋雨季节。此时北方冷空气强盛，大举南下，在汉江上中游及川黔山地，由于巴山山脉阻拦，极锋停滞不前，来自孟加拉湾的西南暖湿气流沿副高边缘北上，与北下冷空气遭遇，再次形成历时较长的降雨与洪水，1832.9.14、1867.9.14、1955.9.16、1979.9.15等大洪水就是在这样的环流形势下形成的。因此，随着初夏副高边缘位置到达汉江上游，以及秋季副高边缘位置后退至汉江上游，出现两次降水高峰。导致其降水量与大洪水的时间过程呈现出M形。而黄河中游晋陕峡谷，只有7下8上一个连续的多雨期，降水与大洪水的发生高峰期呈A形。

因此，每年西太平洋副热带高压从南向北推移，汉江上游与黄河中游晋陕峡谷先后发生强降雨。但由于秦岭在两地中间的阻隔，副高到达时间与季风强度在两地有所不同。对比分析两地发生大洪水的环流特征，综合两地历史大洪水发生时间、发生时期的环流形势，从季风强弱的角度，对比分析两地降水与大洪水的发生规律如下：

（1）西南季风和东南季风都很弱，不能带来较多的水汽，我国雨带徘徊在长江以南，则两地降水都较少，可能会发生干旱。

（2）西南季风较强，而东南季风较弱，且北方冷空气较强时，中国东部季风区雨带总体上偏南，伴随着华北黄河流域降水偏少、长江流域降水偏多（周秀骥 等，2011）。副高前沿到达汉江上游后，无力越过秦岭，长时间滞留在秦岭以南，可能形成汉江上游 7 月中、下旬连阴雨或暴雨，进而导致大洪水的发生。滞留时间越久，洪水规模越大。

如 1983.7.31 造成安康毁城之难的特大洪水，而在黄河中游，降水量表现为偏低。从表 5-1、表 5-2 统计来看，汉江上游 7 月中、下旬有大洪水发生的年份（1903、1960、1962、1983 年），黄河中游降水量都偏少，无大洪水发生。其中晋陕峡谷府谷站有降水量记录的 1960 年、1962 年、1983 年，降水距平百分率（距 1960～2000 年均值）分别为－9.34 ％、－35.28 ％、－24.07％，都明显低于多年平均值（表 5- 4）。吴堡 1970 年起开始有气象实测资料，1983 年降水只有 388.7mm，比 1970～2000 年均值减少了 9％。也表现出降水偏少的特点。因此，在这种环流形势下，黄河中游通常不会有大洪水发生。

表 5-4　黄河中游（府谷站）降水量特征

（汉江上游 7 月中、下旬发生大洪水的年份）

年份	年降水量（mm）	距平（mm）	降水距平百分率（％）
1960	379.9	－39.15	－9.34
1962	271.2	－147.85	－35.28
1983	318.2	－100.85	－24.07
1960～2000 均值	419.05		

（3）西南季风较弱而东南季风较强，副高位置偏北，黄河流域及其以北、我国东北南部降水偏多，长江流域及以南降水偏少（郭其蕴等，1988）。黄河中游降雨期来得早，降水偏多，可能在 7 月下半月或更早就形成洪水，而汉江上游因为缺乏由西南季风带来的水汽，以及可能处于副高脊控制之下，都会表现为干旱，通常不会发生大洪水。

例如，统计结果中，黄河中游 7 月下半月发生大洪水的年份中，1842、1946、1971、1972、1977 年，在汉江上游都无大洪水发生。在有降水量记载的 1971、1972、1977 年，汉江上游降水量，宁强、勉县、汉中、洋县、石泉、紫阳、安康、旬阳、白河九站点平均距平百分率（1960～2000 年均值）分别为－9.00％、－15.18％、－13.48％，都明显低于常年降水量（图 5-3）。

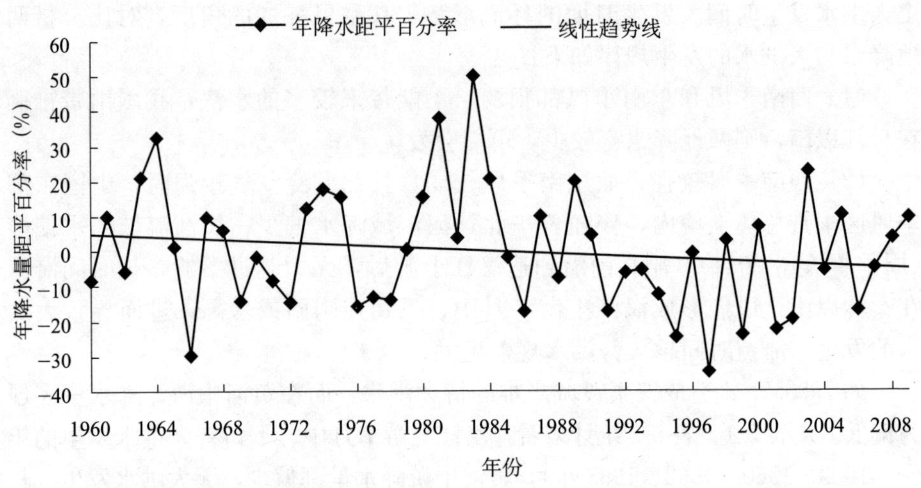

图 5-3　汉江上游峡谷九站点（宁强、勉县、汉中、洋县、石泉、紫阳、安康、旬阳、白河）年降水量距平（1960～2009）

（4）西南季风、东南季风都较强，副高前沿较早到达汉江上游，与北方南下冷空气相遇，会导致在 7 月上旬或更早，在汉江上游形成大暴雨洪水。之后，副高势力较强，越过秦岭，再与北方冷空气相持，在 7 下 8 上时节，在黄河中游形成大暴雨洪水。8 月下旬至 9 月中旬，副高南撤至秦岭以南，再次在汉江上游与南下冷空气相持，出现华西秋雨。连阴雨可能再次导致大洪水发生，汉江上游和晋陕峡谷连发洪水。

例如 1967.7.9（汉江）与 1967.8.11（黄河）、1955.7.28（黄河）与 1955.9.16（汉江），在汉江上游和黄河中游夏秋两季连发大洪水。

六、本节小结

对汉江上游和黄河晋陕峡谷历史大洪水的统计与分析结果表明：

（1）受副热带高压边缘到达时间差异的影响，汉江上游历史大洪水主要发生在 6 月下旬到 7 月下旬和 8 月下旬至 9 月下旬的两个时期，时间过程呈“M”形；与之不同的是，晋陕峡谷历史大洪水主要发生在 7 月下半月至 8 月上半月，时间过程呈“A”形。

（2）降水量增多是导致两地大洪水发生的关键因素。影响两地降水的环流形式相似，但水汽的主要来源有所不同。副高边缘滞留在本区、东南和（或）西南暖湿气流带来充沛的水汽、并与北方南下冷空气相遇时，才会导致大暴雨或连阴雨，进而导致大洪水的发生。在汉江上游，降水的水汽来源既有东南季风也有西南季风带来的暖湿气流；在黄河中游，东南季风带来的水汽是降水的主要来源。两地降水的多少及大洪水发生时间、强度与频次，受到东南季风、西南季风强弱及其组合情况的共同影响与控制。

（3）西南季风和东南季风都很弱或西南季风较弱而东南季风较强时，汉江上游因为缺乏由西南季风带来的水汽，以及可能处于副高脊控制之下，降水少，表现为干旱，通常不会发生大洪水。一般从 8 月上旬到 8 月中旬时，副高中部脊线控制汉江上游，该地盛行下沉气流，空气干热，进入酷暑季节，形成伏旱。如果高压脊控制时间过长，往往形成大旱灾。

（4）西南季风较强，而东南季风较弱，且北方冷空气较强时，可能形成汉江上游 7 月中、下旬连阴雨或暴雨，进而导致大洪水的发生。滞留时间越久，洪水规模越大。

（5）西南季风、东南季风都较强，则会导致首先在 7 月上旬或更早，在汉江上游形成大暴雨洪水。8 月下旬至 9 月中旬，副高南撤时，再次在汉江上游与南下冷空气相持，出现华西秋雨。连阴雨可能再次导致大洪水发生，导致汉江上游初夏、秋季连发洪水，或者发生涝－旱－涝的变化过程。

因此，从季风强弱变化的角度来看，当西南季风较强时，在汉江上游地区较易发生洪水。同时，东南季风和西南季风强弱的不同配合，会导致洪水的发生时间有所不同。当然，造成我国降水多少的原因是多方面的，即有季风强弱的影响，也受到冷锋、气旋、低温、切变线、台风等天气过程与地形的共同作用。以上仅是从影响我国降水最重要的因素之一——季风角度对汉江上游的降水与洪水过程进行了分析，实际变化情形更为复杂。

从以上分析可见，汉江上游的降水量与东南季风、西南季风关系密切。当季风气候发生转型时期，无疑会对汉江上游的气候带来更多的不确定性。前文（第三章）分析发现，沉积地层中发现的历史时期古洪水事件，都发生在气候转折期，全球环流系统发生变化，导致季风气候发生转型时期。季风气候的转型，可能导致汉江上游降水的波动性增大，进而增加极端性的气候水文事件的发生几率。

第二节　ENSO 事 件

中国绝大部分地区降水量的多少都受到季风的控制。研究表明，El Nino/Southern Oscillation（ENSO）现象对季风的强弱具有强烈影响（符涂斌等，1988；陶诗言等，1998；吴国雄等，1998；陈文，2002；赵振国，1996；臧增亮，2005）。形成季风最根本的原因，是由于海陆表面性质不同，热力反映差异引起的。而 ENSO 现象是大洋温度的异常变化，这种变化会加强或减弱海陆间的热力差异，导致季风环流的增强或减弱。随着季风的强弱变化，西太平洋副热带高压的强弱与位置移动也受到影响，进一步导致雨带位置与降水量的变动。因此，ENSO 事件对我国大部分地区的降水量具有显著影响，且影响方式、强度和持续的时间表现出区域性差异（殷淑燕，2002；张冲等，2011；延军平等，1998；王晓喆等，2010；张冲等，2011；蓝永超等，2002）。ENSO 事件是世界范围内气候异常的重要原因之一，ENSO 对汉江上游气候的影响研究，有助于更好地认识汉江上游地区的极端性气候水文事件。

一、数据与资料

气候数据源自陕西省气象局及国家气象信息中心中国气象科学数据共享服务网选取汉江上游沿岸 9 个测站。包括宁强、勉县、汉中、洋县、石泉、紫阳、安康、旬阳、白河。9 个测站近均匀分布在汉江上游沿岸（图 1-1），结果具有一定的代表性。选取 1951～2010 年九站点月降水量求平均值（有些测站建立较晚，如安康 1953 年建站，宁强 1957 年建站，无数据年份只用其他有数据的测站平均），再进行距平处理。

ENSO 事件根据《厄尔尼诺》（翟盘茂等，2003）专著中的统计数据和“中国气象科学数据共享服务网”中的全球统一观测数据。ENSO 事件包括厄尔尼诺（ENSO 暖事件）与拉尼娜（ENSO 冷事件）两种相反的现象。厄尔尼诺指在赤道东太平洋洋面（160°E，5°N～5°S）大面积出现 2～7 年周期性的海表水温异常增高现象水温上升 0.5℃以上，时间持续半年以上，只允许期间有一个月的间断。厄尔尼诺平均约 4 年发生一次，持续 1～3 年；拉尼娜则与之相反，即东太平洋赤道海域水温的异常偏低现象（水温连续 6 个月比一般年份低 0.5℃以下）。1960～2010 年发生的 ENSO 事件统计如表 5-5 所示。

表 5-5　1951～2010 年间 ENSO 事件发生年表

El Nino 事件							La Nina 事件						
开始年	季	结束年	季	强度	最强年月	El Nino 事件年	开始年	季	结束年	季	强度	最强年月	La Nina 事件年
1951	1	1951	4	中	195101	1951	1954	2	1956	3	中	195510	1954～1956
1952	4	1953	3	弱	195304	1953	1962	3	1962	4	弱	196212	1962
1957	1	1958	1	中	195712	1957	1964	1	1964	3	中	196404	1964
1963	2	1963	4	弱	196311	1963	1967	2	1968	3	中	1967.11	1967
1965	1	1966	1	中	196512	1965	1970	2	1971	4	中	197012	1970～1971
1968	3	1969	4	弱	196901	1969	1973	2	1974	3	强	197401	1973～1974
1972	1	1972	4	强	197211	1972	1975	1	1975	4	强	197512	1975
1976	2	1976	4	弱	197610	1976	1984	4	1985	4	中	198501	1985

续表

El Nino事件							La Nina事件						
开始年	季	结束年	季	强度	最强年月	El Nino事件年	开始年	季	结束年	季	强度	最强年月	La Nina事件年
1982	2	1983	2	强	198302	1982～1983	1988	2	1989	1	强	198811	1988
1986	3	1987	4	强	198710	1986～1987	1995	3	1996	3	弱	199511	1995～1996
1991	1	1992	2	中	199111	1991～1992	1998	3	2000	2	强	200001	1998～2000
1993	1	1993	3	中	199311	1993	2007	3	2008	2	强	200712	2007～2008
1994	2	1994	4	中	199411	1994	2010	2	2011	3	强	201008	2010～2011
1997	1	1998	1	强	199712	1997							
2002	2	2003	1	弱	200212	2002							
2004	2	2005	1	弱	200501	2004							
2006	3	2007	1	弱	200612	2006							
2009	2	2010	1	中	200912	2009							

二、统计方法

利用Microsoft Excel对数据进行分析，包括求均值、距平值、线性趋势分析，并利用2×2列联表（表5-6）进行X^2检验，研究事件的影响程度与置信水平。

表5-6　*X*与*Y*相关关系2×2列联表

X	Y		Σ
	+	−	
√	a	b	$a+b$
×	c	d	$c+d$
Σ	$a+c$	$b+d$	$N=a+b+c+d$

$$X^2=\frac{[(ad-bc)-0.5N]^2\times N}{(a+b)(c+d)(a+c)(b+d)} \tag{5-1}$$

公式（5-1）为X^2检验（独立性检验）的统计公式（杜荣骞，1981），其中，X为海水异常事件（El Nino或La Nina事件），√号为出现该事件，×号为不出现该事件，Y为气候要素（气温或降水），+号为正距平，−号为负距平，a代表在统计年份内，出现海水异常事件且气候要素为正距平的年份数，b代表出现海水异常事件且气候要素为负距平的年份数，c代表未出现海水异常事件且气候要素为正距平的年份数，d代表未出现海水异常事件且气候要素为负距平的年份数，N 为所有统计年份之和。用公式（5-1）求出 X^2 计算值后，与 X^2 理论值（杜荣骞，1981）相比较。若 X^2统计值>X^2理论值，则接受假设，两事件相关；反之则拒绝假设，两事件之间相互独立。

三、汉江上游近60年来降水量的变化与ENSO相关性分析

（一）汉江上游近60年来降水量的变化特征

汉江上游1951～2010年降水量变化与ENSO年份如图5-4所示。

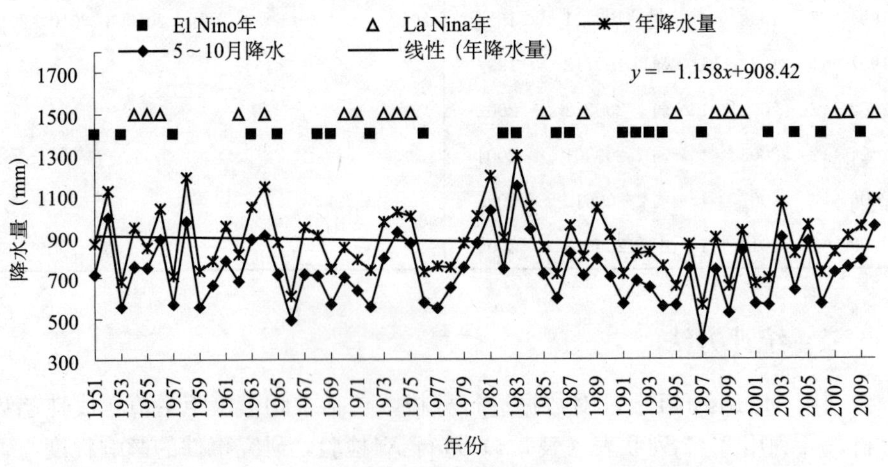

图5-4　近60年来汉江上游降水量变化（1951～2010）

汉江上游近60年年降水量均值为873.10mm。由于季风气候的控制，降水的年内分配很不均匀。5～10月降水量占全年降水的80%。由于全年大部分降水都发生在5～10月，从图5-4中可以看到，全年降水量的变化趋势与5～10月的变化趋势基本是一致的。6～9月降水量最丰，占全年降水量的60%左右。降水量最多的月份为7月（近60年均值：167.24mm），其次为9月（140.98 mm），再次为8月（138.70 mm）、6月（103.76 mm）、5月（92.47 mm）、10月（80.23 mm）。冬、春两季降水量较少，只占全年降水量的20%左右，降水量最少的月份是1月（5.52 mm），其次为12月（7.91mm）。1965～1979年降水量较少；1980～1985年有所增加；1985年以后下降最为明显，基本在多年距平以下。近60年年降水量总体呈波动下降趋势，平均减少11.58mm/10a。

（二）汉江上游降水量与El Nino /La Nina事件相关性

从图5-4可见，1985年以后，汉江上游年降水量明显减少，同时El Nino

事件发生频率增多。年降水量的变化与 El Nino/La Nina 事件相关性是否达到统计检验水平，通过 X^2 检验进行判别。

将汉江上游 El Nino 年和 La Nina 年对应年份降水量距平值正负统计成 2×2列联表，如表 5-7 所示。

表 5-7 汉江上游降水量与 El Nino/La Nina 事件关系表

年降水量	El Nino 年	La Nina 年	非 El Nino 年	非 La Nina 年	非 El Nino 非 La Nina 年
正距平年数	6	9	22	19	13
负距平年数	14	10	28	22	8

利用公式（5-1），进行 X^2 检验。结果如下：

$$X^2_{EP}=4.4280^*,\ X^2_{LP}=0.0416$$

EP：El Nino 事件与降水量；LP：，La Nina 事件与降水量。

与理论值比较：$X^2_{(0.05,1)}=3.841$ $X^2_{(0.01,1)}=6.635$（杜荣骞，1981）

$$X^2_{EP}>X^2_{0.05}$$

因此，汉江上游在 El Nino 年降水量显著减少；与非 La Nina 年比较，La Nina 年汉江上游降水量略有增多，但没有达到显著变化水平。

四、汉江上游近 60 年洪水与 ENSO 事件关系分析

充沛的降水，加之处于两山夹峙之间，降水易汇聚于平坝，导致汉江上游洪水灾害非常频繁。以安康站最大流量观测记录为例（安康位于汉江上游中部，是汉江上游受洪水影响最大的城市，汉江上游干流的历次洪水在安康都有明显表现，安康站观测的最大洪峰流量大小，对汉江干流洪峰具有一定的代表性），根据安康水文站实测洪峰流量，1950～2010 年，安康流量大于 15 000 m³/s 的洪水有 25 次（表 5-8），1965，1974，1983，2005，2010 年，安康洪峰流量均超过 20 000 m³/s。

表 5-8 汉江上游安康站主要洪水特征及与 ENSO 事件关系表

发生时间	洪峰流量 (m³/s)	ENSO 事件 (E：El Nino；L：La Nina)	发生时间	洪峰流量 (m³/s)	ENSO 事件 (E：El Nino；L：La Nina)
1951.9.9	18 000	中 E 年（中等强度 El Nino，下同），年初 1 月份为 E 最强月	1981.9.8	15 400	非 E 非 L 年
1952.8.10	15 300	当年与前一年都为 E 年，当年弱 E 年，前一年年底中 E 结束	1982.7.21	15 000	强 E 开始年，第二季 E 开始

续表

发生时间	洪峰流量 (m^3/s)	ENSO 事件 (E：El Nino；L：La Nina)	发生时间	洪峰流量 (m^3/s)	ENSO 事件 (E：El Nino；L：La Nina)
1955.9.17	16 900	中 L（中等强度 La Nina 年，下同）中间年，1955.10 月 L 最强	1983.7.22	17 200	强 E 结束年，年初 2 月份 E 最强
1956.8.22	15 100	中 L，第三季 L 结束	1983.7.31	31 000	强 E 结束年，年初 2 月份 E 最强
1958.8.2	16 600	中 E 结束年，第一季 E 结束	1983.10.5	15 700	强 E 结束年，年初 2 月份 E 最强
1960.9.6	18 500	非 E 非 L 年	1984.7.7	19 700	强 E 向中 L 转换年，前一年 83 年为强 E 年
1963.5.26	16 900	弱 E 年，第二季至第四季	1984.9.10	16 300	强 E 向中 L 转换年，前一年 83 年为强 E 年
1965.7.13	20 400	中 L 年向中 E 转换年，前一年为 L 年，本年年初开始发生 E 现象	1987.7.19	19 800	前一年开始强 E，本年为强 E 结束年
1968.9.13	19 700	中 L 向弱 E 转换年	1998.7.9	16 980	强 E 向强 L 转换年，年初 1 季 E 结束，第三季开始 L
1974.9.14	23 400	强 L 年，年初 1 月份 L 最强。连续三年强 L 年	2003.9.7	16 100	弱 E 结束年，上一年年底 12 月份 E 最强
1975.10.2	15 300	强 L，连续三年强 L 年	2005.10.2	21 700	弱 E 结束年，年初 1 月 E 最强
1978.7.5	16 000	非 E 非 L 年	2010.7.18	25 500	强 E 向强 L 转换年，前一年年底 12 月 E 最强
1979.7.15	16 000	非 E 非 L 年			

注：洪峰流量：单位：m^3/s，安康水文站实测数据，1990 年底安康水库蓄水

对照 ENSO 发生年表，可以发现安康大洪水的发生，与 ENSO 事件并不是明显、简单一一对应关系。将大洪水的发生年份与 El Nino 或 La Nina 事件年进行 X^2 检验，结果也表明，X^2 值都较小，说明汉江上游大洪水的发生年份与 ENSO 事件没有直接年份上的相关性。但这并不是因为 ENSO 事件对汉江上游的洪水无影响，而是因为其影响较为复杂。前人的相关研究表明（陈文，

2002；赵振国，1996），ENSO事件对降雨与洪水的影响，不但因距海洋远近不同及ENSO事件强度不同，而对不同地区降水量的影响有很大差异；发生在不同季节的ENSO事件影响也不一样；ENSO事件的发展与衰减阶段，影响也有明显不同。

从表5-8洪水与ENSO起始、强弱的对应关系分析，1951～2010年的60年中，25次洪水仅有4次发生在非El Nino也非La Nina事件年（既无El Nino也无La Nina事件发生的年份），且4次洪水最大洪峰流量都在16 000m^3/s左右，都不是很大，可见，在非El Nino且非La Nina事件年，发生大洪水的频次较小，成灾程度也较低。4次发生在La Nina事件年，其中最大1次（1974年）发生在三年连续La Nina事件的第二年；两次发生在El Nino事件年，这2次，1次是弱El Nino年（1963年），1次是El Nino由第2季开始（1982年），7月份发生了洪水。可见，La Nina事件和El Nino事件发生当年形成大洪水的频次也较低，相比较而言，La Nina事件年略高于El Nino年；其余15次，9次发生在上一年年底或本年年初有较强El Nino的年份，包括1983年31 000m^3/s的特大洪水，1982年第2季开始发生El Nino事件，到1983年2月份强度达到最大，在1983年第2季结束，之后在1983年7月底和10月先后发生了三次大洪水。这一年不但是年初有强El Nino，到1984年又开始进入La Nina年，因此也是El Nino向La Nina转换的年份；6次发生在El Nino与La Nina的转换年份。值得注意的是，这6次安康站最大洪峰流量分别为20 400m^3/s（1965年）、19 700m^3/s（1968年）、19 700m^3/s（1984年）、163 000m^3/s（1984年）、16 980m^3/s（1998年）、25 500m^3/s（2010年），除1984年的第二次洪水和1998年以外，另外4次都是洪峰流量接近或超过20 000 m^3/s的大洪水，而且其中两次最大洪峰流量超过20 000m^3/s的年份是1965和2010年，同时也满足年初为El Nino的条件。也就是说，在上一年年底或本年年初有较强El Nino的年份，以及El Nino向La Nina转换的年份，洪水发生频次高，洪峰大。X^2检验结果表明，$X^2=7.0257>X^2_{(0.01,1)}=6.635$，相关性超过了极显著水平。即在上一年年底或本年年初有较强El Nino的年份，以及El Nino向La Nina转换的年份，汉江上游最易发生大洪水，且洪峰大、成灾重。如果同时满足以上两个条件，可能会发生20 000m^2/s以上、甚至超过30 000m^2/s（安康站）的特大洪水。

五、汉江上游洪水与ENSO事件相关性机理分析

ENSO对我国气候的影响，主要是由于ENSO现象对于季风强弱具有明显的影响。从目前的研究来看，一般来说，El Nino事件会导致东亚季风夏季风减弱，副高前沿位置偏南，因此，El Nino事件发生时，我国南方多雨而北

方干旱，我国江淮地区与南方沿海多雨；相反，La Nina 事件导致东亚季风夏季风增强，副高前沿位置偏北，La Nina 事件发生时，在我国中南部，除东南沿海之外，大部分地区处于副高控制之下，表现为炎热少雨。北方则相对易产生较多降水，在黄河流域及东北，降水偏多。而在南方东南沿海地区，因处于副高的南侧，是台风频繁活动的地区，在它的东风气流里，常有东风波和台风活动，易产生大量的降水，因此，在强 La Nina 事件年，往往在黄河流域、东北地区及东南沿海线，易形成较多降雨和大洪水（符涂斌等，1988；陶诗言等，1998；吴国雄等，1998；陈文，2002；赵振国，1996；臧增亮，2005；殷淑燕，2002；张冲等，2011；王晓喆等，2010；张冲等，2011）。

汉江上游地理位置上的特殊性，在于它位于我国中部秦岭南侧，是我国南北方过渡区，也是我国亚热带与暖温带的过渡区。高大的秦岭山脉之所以成为我国南北方气候的分界线，是因为它对气流具有强烈的阻隔作用，导致秦岭两侧气候迥异，这也使得正处于秦岭南侧的汉江上游，成为对季风强弱变化极为敏感的区域。再加之汉江上游南侧有巴山山脉，秦岭和巴山山脉对气流的共同阻挡，常使副热带高压的前沿长期滞留在本区，导致汉江上游降水不仅深受季风影响，较强程度地放大了季风的作用。

在 El Nino 事件年，西太平洋副热带高压前沿位置偏南，雨区徘徊在华南较长时间，汉江上游相对降水较少；在 La Nina 事件年，副高位置偏北，我国华北与东北地区多雨，汉江上游降水也不会显著增多。因此，El Nino 或 La Nina 事件的当年，发生大洪水的频次都不高。

如果在上一年年底或本年年初为 El Nino 事件，到汛期时，El Nino 现象已有所减弱，夏季风有所增强，雨区就可能到达汉江上游，并受到秦岭的阻隔而徘徊不前，导致副高与冷空气在汉江上游相持，因此在汉江上游产生较多降水，形成洪涝灾害。在 El Nino 事件与 La Nina 事件转换的年份，夏季风介于较强与较弱之间，副高前沿到达我国南北方过渡区，包括汉江上游在内的长江全流域都易产生洪水。且各水系洪峰在长江干流叠加，往往造成严重的暴雨与洪涝灾害。对于长江干流洪水与 ENSO 事件的相关性研究也发现，建国以后长江干流发生的三次大洪水，1954、1998、2010 年大洪水都是发生在强 El Nino 事件向强 La Nina 事件转换的年份（冯利华，2001；沈浒英等，2011；张冲等，2011）。因此，在上一年年底或本年年初有较强 El Nino 的年份，以及 El Nino 与 La Nina 相互转换的年份，长江干流及汉江上游最易发生大、特大洪水，这是汉江上游地理位置上的独特性与我国季风环流特点两方面因素共同作用的结果。

六、本节小结

对汉江上游 1951～2010 年降水量、洪水与 ENSO 事件进行 X^2 检验和对照分析，结果表明：

（1）在 El Nino 事件年，汉江上游年降水量显著减少；La Nina 事件年汉江上游降水量略有增多，但达不到显著变化的水平。

（2）在非 El Nino 也非 La Nina 事件年，大洪水的发生频次较低，发生大洪水的风险较小；发生 El Nino 事件或 La Nina 事件的当年，发生大洪水的频次也不高，相对于 El Nino 事件年，La Nina 事件年，尤其是连续发生 La Nina 事件的年份，发生洪水的概率略大。

（3）在上一年年底或本年年初有较强 El Nino 的年份，以及 El Nino 与 La Nina 相互转换的年份，最易发生大洪水，相关性超过极显著水平，且洪峰大、成灾重。如果同时满足以上两个条件，即在上一年年底或本年年初有较强 El Nino，并且当年也是 El Nino 向 La Nina 转换的年份，可能会导致发生 20 000m^2/s以上的大洪水，甚至发生超过 30 000m^3/s（安康站）的特大洪水。

ENSO 事件对我国大部分地区降水会产生明显的影响，是因为 ENSO 事件影响了季风的强弱。El Nino 事件导致东亚季风夏季风减弱，南方多雨而北方干旱；La Nina 事件导致东亚季风夏季风增强，我国南方除东南沿海地区外，大部分处于副高控制之下，表现为少雨，北方相对易产生较多降水，在黄河流域及东北，降水偏多。本书研究表明，位于南北方过渡区的汉江上游，由于特殊的地理位置与地形条件，在上一年年底或本年年初有较强 El Nino 的年份，以及 El Nino 与 La Nina 相互转换的年份，最易发生大洪水，相关性超过极显著水平，且洪峰大、成灾重。当季风气候发生转型时，可能导致 El Nino 与 La Nina 事件频繁、接连发生，这种情况下，汉江上游极易发生特大洪水。因此，从 ENSO 事件研究结果来看，当气候发生转折或突变，季风气候发生转型时，汉江上游特大洪水的发生几率也大为增加。前文在地层研究中，发现在气候转折、突变期汉江上游沿岸地层中出现明显 SWD 沉积层，表明当时有特大洪水的发生，两方面研究结果是一致的。

第三节　地形因素

汉江上游气暴雨、洪涝、旱灾及次生地质灾害严重，与汉江上游的地形条件是分不开的。汉江上游北有秦岭山脉与干流平行，海拔高度在 2500m 以上；南以米仓山、大巴山为界，平均海拔在 2000m 左右，呈“两山夹一川”的地势结构。高大的山脉是导致气候水文灾害频发的重要原因。

一、地形因素与暴雨洪水

从气候上来说，汉江上游的降雨，主要发生在6月中旬至7月中旬、8月下旬到9月中旬两个时间段，时间过程呈“M”形（详见本章第一节）。其降雨过程是：6月中旬至7月中旬，西太平洋副热带高压前沿到达汉江上游地区，高压前沿带来东南暖湿空气，成为降水的水汽来源之一。同时，来自孟加拉湾北上东移的西南暖湿气流，涌向汉江上游地区而为秦岭所阻，气流被抬升，并沿坡向东伸展。而此时北方冷空气南下的仍然不少，冷暖气流交锪，常造成大暴雨洪水，形成伏汛，因此7月上、中旬，成为汉江上游历史大洪水发生频率较高的一个时段；8月下旬到9月中旬，北方冷空气强盛，大举南下，在汉江上中游及川黔山地，由于巴山山脉阻拦，极锋停滞不前，来自孟加拉湾的西南暖湿气流沿副高边缘北上，与北下冷空气遭遇，再次形成历时较长的降雨与洪水。以9月上旬为高峰点，汉江上游进入第二个降雨高峰期，即著名的华西秋雨季节，形成秋汛，汉江上游许多历史大洪水都发生在该时期。从以上降雨过程中可以发现，汉江上游的强降雨过程与地形因素密切相关，秦岭和巴山山脉对冷暖气流的抬升与阻滞作用，是导致汉江上游夏季暴雨和秋季连阴雨的重要因素。

同时，由于汉江上游两侧山体高大，两侧高，中间低，且该区域流域内南北支流多，水量丰富，一遇暴雨或降水持续时间过长，汇水速度极快，在短时间内，大量降水就快速汇集到峡谷中的汉江干流。由于河槽泄洪能力与洪水来量严重不平衡，坡陡流急暴雨洪水集流汇合迅速，导致了汉江上游洪水非常频繁。此外，由于汉江沿岸城镇和大量人口都集中在中间地势低的谷地、平坝地带，更导致洪水过程形成灾情严重的洪灾。

二、地形因素与旱灾

从汉江上游历史时期干旱灾害发生的月份和季节统计（见第二章图2-15、图2-16）可以发现，汉江上游旱灾最多发生在夏季，以5、6、7月份（农历）最多，夏旱（伏旱）重是汉江上游旱灾的重要特征。从产生的环流背景来看，受季风和副高作用影响，汉江上游夏、秋季降水多，春、冬季降水少，易引起春、冬季旱灾；而每年大约在8月上旬到8月中旬（阳历）前后，西太平洋副热带高压控制汉江上游，盛行下沉气流，空气干热，进入酷暑季节，导致降水稀少，形成夏旱，如果高压脊控制时间过长，往往形成大旱灾。该时期干旱对农业影响较春、冬季更大，灾情也更严重。

而从地形角度来看，汉江两侧为高山中间为低谷的地形，从两个方面加重了伏旱：

（1）在副高控制时期，两侧地势高，中间低，加速了气流的下沉，加重了干旱程度。

（2）两侧的高山、坡地，经常被流水侵蚀、切割，地形支离破碎，且土壤保水性能差，水土流失严重。这样的地形条件决定了该地区的农业生产多位于小面积的坡地之上，一旦降水量减少，便极易形成旱灾；即使在持续的强降水过程中，该地区的土壤也很难将水分保持在较长的时间内。以上因素导致旱灾在汉江上游地区普遍存在，所谓“三天不雨一小旱，十天不雨一大旱”。

受季风和副高作用影响，汉江上游夏、秋季降水多，春、冬季降水少，易引起春、冬季旱灾；且每年的夏季 8 月上旬到 8 月中旬前后，汉江上游位于副高脊控制之下，加之两侧山坡的作用，气流强烈下沉，进入伏旱期，也易发生伏旱。

三、地形因素与寒冻灾害

汉江上游流域属北亚热带边缘湿润季风气候区，由于受秦岭、米仓山、大巴山地形的影响，同时兼有暖温带和中温带山地气候的特征，气候垂直分布明显。由于高大的山体对气流的运行有抬升阻滞作用，使寒潮暑气不易侵入，因此汉江上游谷地气候相对较为温和，寒冻灾害的发生频率也较水旱灾害低很多（见第三章第三节）。但在两侧山区，随着海拔的升高，气温也随之下降，因此，除气候异常的年份，在汉江上游流域，两侧山区较中间的谷地更易发生霜灾、雪灾、冻灾。两侧山区相比，由于纬度较高，秦岭南坡寒冻灾害发生频次又高于大巴山地（彩图 9）。

第四节　人 类 活 动

随着人口的增长、社会进步和科学的发展，人类活动也成为造成自然灾害主要因素之一（张楷，2006），虽然汉江上游地区人口不及秦岭以北的关中平原地区人口密集，但从有人类居住和生活以来，该流域的森林（亚热带常绿阔叶林）和山地垂直带的灌丛、草甸等天然植被不断遭到破坏。西汉末年，全国的人口密度为 14.63 人/km^2，陕西为 17.5 人/km^2，远远超于全国人口平均密度（薛平栓，2001）。汉江上游地区人口相对于全国一直处于不断增长的态势（图 5-5），在古代农业社会，土地资源却增长缓慢，人口的增长速度与土地资源的增长速度不匹配，人口与土地资源之间的矛盾日渐突出。

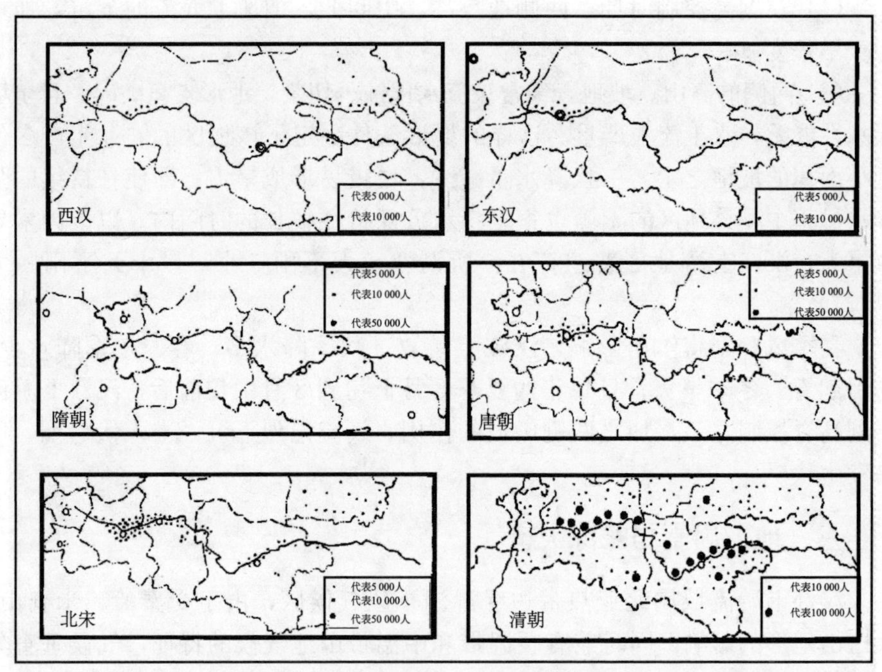

图 5-5　汉江上游地区历史人口增长示意图

资料来源：根据薛平栓：陕西历史人口地理，北京：人民出版社，2001 年．第 413 - 448 页．改绘

历史时期早期汉江上游地区人口较少，植被覆盖率高，河流水文状况好。战国时期和秦汉后，大兴农业，发生规模变化，人类大量砍伐森林，开垦土地，使得汉江上游地区植被覆盖率降低；地势低、热量条件好的汉江谷地，早在宋元时就被开垦为耕地；明清时期人口增长速度加快，人类对耕地的需求量快速增长，在汉江上游的坡地地区进行耕地开垦，发展农业，破坏了山体植被的垂直分布，导致植被覆盖率降低。明成化以后，流民为了不受政府的控制，大量迁移至川陕交界的秦岭、大巴山区；清初康熙年间，随着社会经济的恢复和发展，人口急剧膨胀，加之天灾人祸，人口的流移便不可避免，秦巴山区迎来了第二次流民潮。严如熤在《三省边防备览》中记载，流民“扶老携幼，千百为群，到处络绎不绝，不由大路，不下客寓，夜在沿途之祠庙岩屋或密林中住宿，取石支锅，拾柴做饭，遇有乡贯便寄住，写地开垦”。道光初年成书的《秦疆治略》记载：“向来树木丛杂，人烟稀少，近则各省穷民渐来开山，加至十倍之多。”明清两代先后数百万流民涌入秦巴山区，加之由于人口大增，耕地有限，争田日益严重，矛盾重重，清政府曾采取大力鼓励开垦的政策，使这里的原始森林遭到毁灭性的破坏（周云庵，1993）。道光九年时有人过境内紫柏山，“古柏翳天，无间杂树”，过了十年，再过此地，

“山谷依旧，林木全非，究其故，皆佃户希图渔利，私行转佃，一任砍伐，住持亦从中肥己，以致古林荡然”。秦岭南北森林植被遭到严重破坏，林地面积大大减少（梁中效，2002），荒地也遭到了同样地破坏。植被的减少，使得该流域涵养水源能力及保持水土能力下降，加剧了河流径流量的季节分配不均，流水对河道的冲刷严重，且加速了泥沙的淤积，水土流失加剧，阻塞河道。降水量过大或持续时间过长，雨水携带泥沙入河，抬高河床，导致洪涝灾害发生的几率增加。而土壤的蒸发量增加，土壤蓄水保水能力下降，又加重了旱灾的频率与强度。随着人类对自然植被的破坏加重，汉江上游地区的水旱灾情也不断加深。

第五节　近50年来汉江上游气候变化特征与趋势分析

一、汉江上游近50年来气温变化特征与区域差异

近百年来全球气候正经历一次以变暖为主要特征的变化趋势。自20世纪80年代以来，气候学家对全球气候做了大量研究，IPCC第4次评估报告指出，近100年（1906～2005）地球表面平均温度上升了0.74℃，近50年的线性增温速率为0.13℃/10a（IPCC，2007；秦大河等，2007）。在这种全球气候变暖的大背景下，由于人类活动以及自然等因素的综合影响，不断出现大范围的气候异常现象，给社会、经济和人民生活造成了严重影响。与全球气候变化相比，中国的气候也发生了显著的变化，近百年气温上升了0.5～0.8℃，近50年增暖尤其明显，年均温平均升高了1.25℃（丁一汇等，2008），总的趋势在不断上升，但气候变化在各区域却存在明显的区域差异。汉江上游属北亚热带季风气候区，作为我国南北气候的过渡地带，该区域对气候变化极为敏感。我们利用汉江上游及其周边地区29个气象站点（彩图11）1960～2011年间的月平均气温、年平均气温对汉江上游近50年来气温变化特征与区域差异进行全面分析。数据来源于中国气象局国家气象信息中心数据应用服务室和陕西省气象局，具有较好的代表性、准确性和比较性。为保证数据的统一性和完整性，选取汉江上游及其周边地区气象站中气候要素比较完备，分布在汉江上游及其周围不同方位的气象站，对于少部分站点缺测年份的数据（郧西1978～1981，郧县1991～1995），采用邻近站点多元线性回归进行插补处理，经过订正处理后的29个台站的各要素资料具有较好的

连续性。

（一）研究方法

采用距平分析、5 年滑动平均距平分析和线性回归分析方法对气温的时间序列进行趋势研究；利用 Mann-Kendall 突变检验法分析气候突变特征，得出序列变点和可能突变点；采用 GIS 空间分析技术，用 Arcgis10 地学统计模块中的反距离权重法（徐建华，2002；曹文静等，2007）进行空间插值，分析气温年代变化的空间分布情况及特征；同时还利用 Matlab7. 12 软件的小波分析工具箱（崔锦泰，1995；孙然好等，2005），分析得出气温年际变化的周期，再进行综合分析。Mann-Kendall 检验法（魏凤英，1999；尹云鹤等，2009）是世界气象组织推荐并广泛使用的非参数检验方法，它不需要样本遵从一定的分布，也不受少数异常值的干扰，且不需要作统计分析，适用于水文、气象等非正态分布的数据，计算简便。下面分别介绍其趋势检验和突变检验的原理。

1. M-K 趋势检验

假定时间序列（x_1，x_2，…，x_n）无趋势；

计算统计量 S：

$$S=\sum_{k=1}^{n-1}\sum_{j=k+1}^{n}\operatorname{sgn}(x_j-x_k) \tag{5-2}$$

S 为正态分布，其均值为 0，方差 $\mathrm{Var(S)}=\dfrac{n(n-1)(2n+5)}{18}$，标准的正态分布计量计算式为

$$Z=\begin{cases}\dfrac{S-1}{\sqrt{\mathrm{Var}(s)}} & S>0\\ 0 & S=0\\ \dfrac{S+1}{\sqrt{\mathrm{Var}(s)}} & S<0\end{cases} \tag{5-3}$$

若经检验，统计量 Z 满足 $|Z|\geqslant Z_{1-\alpha/2}$，则拒绝原假设，表明时间序列数据存在明显的上升或下降趋势。

其变化趋势的大小用 β 表示，计算如下：

$$\beta=\mathrm{Median}\left(\frac{x_k-x_j}{k-j}\right),\forall j<k \tag{5-4}$$

若 $\beta>0$，表示呈上升趋势；若 $\beta<0$，表示呈下降趋势。

2. Mann-Kendall 趋势检验

设有一时间序列为（x_1，x_2，…，x_n），构造一系列 m_i，表示 $x_i>x_j$

$(1\leqslant j\leqslant i)$的样本累计数。定义 d_k 为

$$d_k=\sum_{1}^{k}m_i \quad (2\leqslant k\leqslant n) \tag{5-5}$$

d_k的均值以及方差近似为

$$E(d_k)=\frac{k(k-1)}{4} \tag{5-6}$$

$$\mathrm{Var}(d_k)=\frac{k(k-1)(2k+5)}{72} \quad (2\leqslant k\leqslant n) \tag{5-7}$$

在时间序列随机独立的假设下，定义统计量：

$$UF_k=\frac{d_k-E(d_k)}{\sqrt{\mathrm{Var}(d_k)}} \quad (k=1,2,\cdots,n) \tag{5-8}$$

给定显著性水平α，若 $|UF_k|>UF_{\alpha/2}$，则表明序列存在明显的变化趋势。

将时间序列 x_k逆序排列，再按照式（5-8）计算，同时使

$$\begin{cases}UB_k=-UF_k \\ k=n+1-k\end{cases} \quad (k=1,2,\cdots,n) \tag{5-9}$$

通过分析统计序列 UF_k 和 UB_k，可以进一步分析序列 x_k的变化趋势，而且可以明确突变的时间，指出突变的区域。若 $UF_k>0$，则表明序列呈上升趋势；$UF_k<0$ 则表明序列呈下降趋势；当它们超过临界直线时，表明上升或下降趋势显著；若 UF_k 和 UB_k 这两条曲线在临界直线间出现了交点，且交点后 UF_k 曲线上升或下降超过了临界曲线（$\alpha=0.05$ 显著性水平时临界值为±1.96，$\alpha=0.01$ 显著性水平时临界值为±2.56)，那么则认为所测试的序列发生了突变，交点对应的时刻就是突变的开始。

(二) 结果分析

1. 气温变化趋势分析

将 29 个站点的月、年气温取平均，得到汉江上游年平均气温距平序列，并进行线性趋势拟合，结果如图 5-6 所示。

从图 5-6 可以看出，近 52 年来汉江上游地区年平均气温呈上升趋势，趋势增温率为 0.104℃/10a（通过 0.01 水平的显著性检验)，低于近 50 年来全国的增温速率 0.186℃/10a（IPCC work group Ⅰ，1992；任国玉等，2005）。1979 年之前正负距平交叉出现；1980～1989 年间以负距平为主；1990～1996 年间正、负距平交叉出现；1997 年以来以正距平为主。通过 5 年滑动分析结果也可看出其变化的波动趋势，1978 年之前较稳定，1978～2011 年间主要有 8 次明显的波动，1984、1993、2005、2011 等年出现波谷，1984 年为最冷年份，年均温为 13.03℃，比 52 年来平均年均温低了 0.80℃；1979、1988、

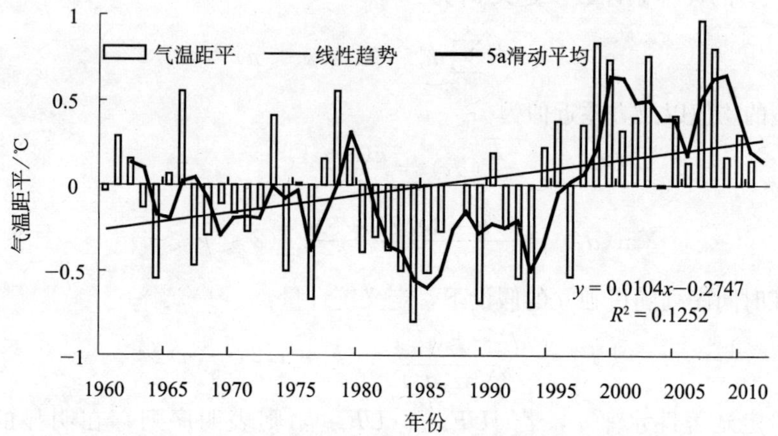

图 5-6　1960～2011 年汉江上游年平均气温变化趋势

1999、2007 等年出现波峰，2006 年为最热年份，温度达到 14.80℃，比 52 年来平均年均温高了 0.96℃，尤其是 2000～2007 年间气温上升趋势较明显，平均气温距平值达到 0.47℃，平均气温达到 14.31℃，可以看出汉江上游地区在该时段正处于气温偏高时期，这与全国气温的变化趋势大致相同（任国玉等，2005）；而 2008 年以来发现 5 年滑动平均线开始下降，距平值小，气温有所下降。

为了更清楚了解汉江上游近 52 年来气温变化趋势，对各年代际年均温进行统计分析，如表 5- 9 所示。从表 5-9 可知，20 世纪后半叶年均温和年均温距平值均呈现出先增后减再增的趋势，在 80 年代达到最低，且 90 年代以来的年均温增温速率比 60、70 年代快；由各年代的气温倾向率可知，90 年代的气温倾向率最高，通过了 0.05 水平的显著性检验，表明从 90 年代以来气温回升加速，而 2000 年以来的气温倾向率为－0.218℃/10a，并结合图 5-6 可知，近几年气温有所偏低。

表 5-9　1960～2011 年汉江上游均温特征值统计

年份	年均温（℃）	年均温距平值（℃）	气温倾向率（℃/10a）
1960～1969	13.78	－0.05	－0.322
1970～1979	13.79	－0.04	0.483
1980～1989	13.43	－0.41	0.063
1990～1999	13.90	0.07	1.074
2000～2011	14.20	0.37	－0.218
1960～2011	13.84		0.104

2. 气温突变特征分析

1960～2011 年间汉江上游的年平均气温的变化趋势已通过了 0.01 水平的显著性检验，为了更好地说明其变化趋势，对其再进行非参数统计检验法（Mann-Kendall），如图 5-7 所示。若 UF 或 UB 的值大于 0，则表示序列呈上升趋势，小于 0 则表示序列呈下降趋势。由图 5-7 可知，汉江上游 2000 年之前除了 1961、1962、1966 和 1979 年外，正序列曲线 c1（UF）多在 0 值以下，说明此时段气温呈波动下降趋势。2000 年后正序列曲线 c1（UF）均在 0 值以上，表明 2000 年以来气温回升，在 2007 年超过显著性水平 0.05 阈值线，气温显著增加。正序列曲线 c1（UF）和反序列曲线 c2（UB）在 0.05 显著性水平阈值线范围内有一个交点，即突变点。从突变检验得出突变点为 1997 年，由此可知，这个突变点 1997 年前后发生了从冷到暖的突变。

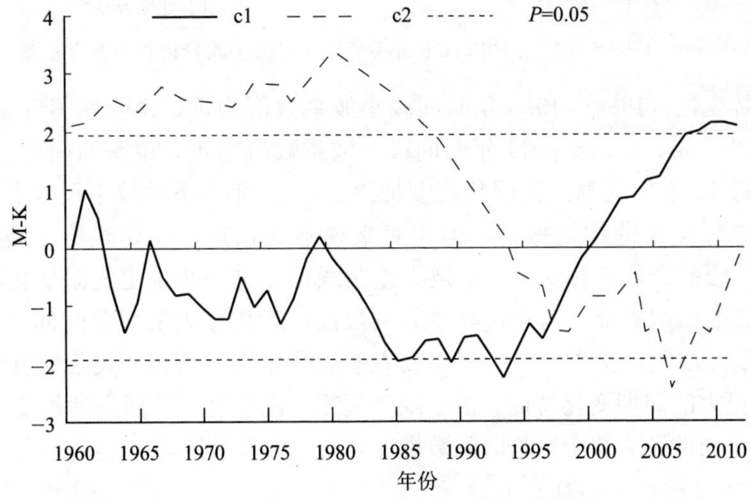

图 5-7　1960～2011 年汉江上游年平均气温的突变趋势

3. 气温周期特征分析

图 5-8 为汉江上游近 52 年年平均气温在不同时间尺度上的周期振荡（a）和小波方差图（b）。

图 5-8（a）中各个时间尺度的正小波变化系数与年平均气温的高温期相对应，用实线绘出；负小波变换系数与低温期相对应，用虚线绘出。正值中心是高温中心，图中用“+”表示；负值中心是低温中心，图中用“—”表示。由小波分析图图 5-8（a）从上至下可分析得出年均温存在 25 年以上尺度和 20 年以下尺度的周期性变化，周期中心分别为 29 年、19 年。较大尺度 25 年上的周期振荡非常明显，期间汉江上游的年均温变化经历了暖—冷—暖的

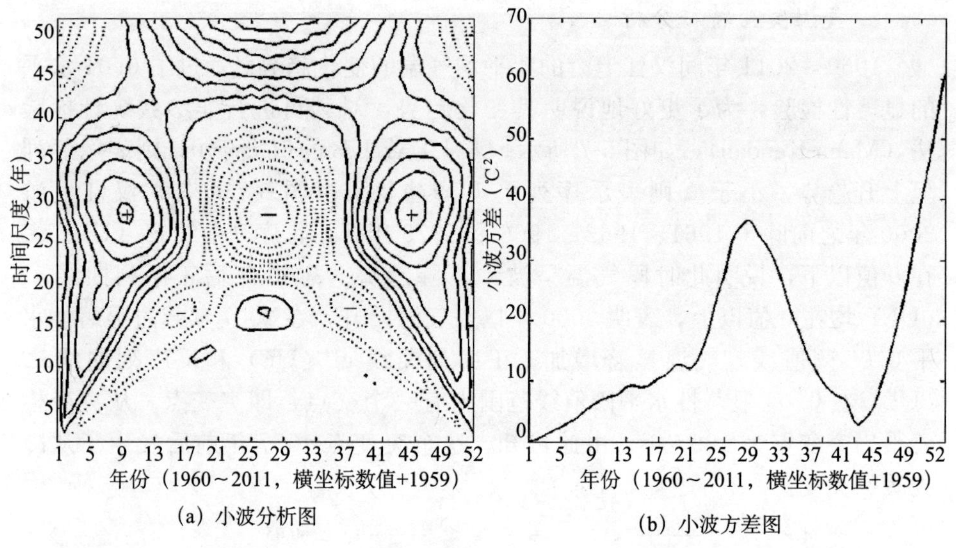

(a) 小波分析图　(b) 小波方差图

图 5-8　1960～2011 年间汉江上游年平均气温的小波分析和小波方差图

循环交替变化，1980～1995 年时间段小波系数值为负，说明期间气温偏低；1962～1977 年、1997～2011 年时间段小波系数值为正，说明期间气温偏高，尤其是近 10 多年气温的偏暖化程度加深。在 20 年以下的较小尺度上，同样存在着冷暖交替的周期振荡，但相对来说不太稳定，主要经历了暖—冷—暖—冷—暖的循环交替变化。小波方差曲线可以进一步确定气温变化时间序列中存在的周期成分，其对应峰值处的尺度即为该序列的主要时间尺度，即主要周期。因此，从图 5-8（b）小波方差曲线中可以看出年均温存在 19 年、29 年或更大的周期变化特征。由于限于观测年限限制，数据序列长度仅有 52 年，29 年周期还有待于更长时间数据序列的进一步验证。

4. 气温变化空间特征分析

从汉江上游年平均气温的时间变化特征可以看出，1997 年后的年平均气温变化与 1997 年前相比差异明显。为清楚反映其变化特征，并结合 M-K 突变检验结果，选 1960～2011 年间各站点年均温，绘制出汉江上游 52 年来的年均温和突变点 1997 年前后年均温及其相应的气温倾向率的空间分布图（彩图 12）。从彩图 12（a）中可以看出，汉江上游年平均气温的变化范围为 11.05～15.89℃，郧县、安康、旬阳、白河县周围出现暖中心，郧县的温度最高，达到 15.89℃；洛南、留坝、佛坪、镇坪和柞水县周围出现冷中心，洛南县的温度最低，为 11.05℃，总体表现为南北低，中间高，大致沿纬线分布。秦巴山地对汉江上游年平均气温的空间分布有较明显的影响，由于留坝、佛坪、洛南等县位于汉江上游北部秦岭南坡，受地形、海拔因素的影响使其年均温较汉江谷地低；另外，受大巴山的影响使安康南部的镇坪县年均温也出现冷中心，且北部秦岭南坡的年均温均较安康南部低。

由彩图 12（b）、彩图 12（c）可知，突变点 1997 年前后汉江上游多年平均气温整体上均呈现出南北低中间高的特征，对于同一个检测站来说，1997 年后（1997～2011）多年平均气温均高于 1997 年前（1960～1996），即 1997 年前后，所有县域年均温整体都有上升，变化范围由 10.93～15.89℃上升为 11.39～16.41℃。但其空间分布却存在着一定的地域差异，最高气温由 1997 年前的郧县变为旬阳县，最低气温均出现在洛南县。1997 年前暖中心主要出现在安康中部、十堰北部，1997 年后在汉中周围出现了新的暖中心；而 1997 年前冷中心主要在秦岭南坡和安康南部地区，1997 年后在汉中西南部宁强出现了新的冷中心。整体上看，汉江上游在 1997 年之后年均温的暖中心范围不断扩大，强度不断加深，而冷中心范围在不断减小，强度在不断减弱。

由彩图 12（d）看，1960～2011 年间，汉江上游气温倾向率的变化范围为－0.03℃/10a～0.46℃/10a。虽然汉江上游整体气温呈显著的暖干化，但不同县域温度的变化情况有着明显的差异。大部分县域呈现增温趋势，局部县域气温略有下降。河谷两侧低山区的镇安、郧西、佛坪、平利增温明显，其中镇安增温速率最大，达 0.464℃/10a，远高于近 50 年来全国的增温速率（0.186℃/10a）；而郧县、商南、宁强县温度略有下降，年均温最高的郧县降温速率最大，平均每 10 年下降 0.033℃。在温度较高的中间河谷盆地区域，郧县整体表现为降温趋势，西乡、汉阴、安康、白河、石泉、紫阳、洋县虽然呈现增温趋势，但增温幅度都很小（0.018～0.082℃/10a）。因此，从气温倾向率整体变化来看，年均温较高的中间河谷盆地增温较少或略有降温，而年均温较低的河谷两侧低山区增温明显，增温幅度较大。从彩图 12（e）、彩图 12（f）来看，1997 年前汉江上游东部地区增温明显，郧西增温速率最大，其次镇安增温速率较大；1997 年后，则在汉江上游的西部汉中、佛坪、洋县出现新的增温中心，增温中心明显由气温较高的东部向气温较低的西部移动。

（三）小结与讨论

1. 小结

近 52 年来汉江上游地区年平均气温呈上升趋势，趋势增温率为 0.104℃/10a，低于近 50 年来全国的增温速率 0.186℃/10a（IPCC work group Ⅰ，1992；任国玉等，2005），同样也低于西北区域整体年均温 0.37℃/10a（王劲松等，2008）的变化幅度，这与宁向玲等（2011）针对陕西省、冯彩琴等

（2011）和李小燕等（2012）针对陕南、张强等（2010）针对西北地区的气温变化特征的研究结果相似。1997 年以来年均温距平以正值为主，尤其在 2000～2007 年间气温上升趋势更明显，这与任国玉等（2005）对全国气温的变化趋势研究大致相同。汉江上游年均温突变点出现在 1997 年，表明这个突变点前后经历了由冷到暖的转变。对汉江上游近 52 年均温的小波分析得出，年均温存在 25 年以上尺度和 20 年以下尺度的周期变化，从小波方差曲线中可以看出年均温存在 19 年、29 年或更大的周期变化特征，由于观测年限限制，29 年周期还有待于更长时间数据序列的进一步验证。

汉江上游多年年均温整体表现为南北山坡低，中间河谷盆地高。受地形、海拔等因素影响大致沿纬线方向分布，但局部地区也存在着明显的区域差异。1997 年后与 1997 年前相比，所有县域年均温整体都有上升，但冷暖中心出现了一定的变化。整体上看，汉江上游在 1997 年之后年均温的暖中心范围不断扩大，强度不断加深，而冷中心范围在不断减小，强度在不断减弱。温度变率方面，年均温较高的中间河谷盆地增温较少或略有降温，而年均温较低的河谷两侧低山区增温明显，增温幅度较大。且 1997 年前后，增温中心明显由气温较高的汉江上游东部向气温较低的西部移动。

2. 讨论

从殷淑燕（2002）、延军平等（2001）、宋佃星等（2011）对秦岭南北气候变化的研究，殷淑燕等（2000）对陕西渭北旱塬气候暖干化的研究，以及刘晓琼等（2008）对陕西榆林市多年气候变化的研究中发现，在秦岭南北，也就是我国的中纬度地区，北亚热带到暖温带，气温变化的普遍特征是，冬季升温比夏季快，气温的年较差在减小。研究结果发现，在汉江上游，年均温较高的中间河谷盆地增温较少或略有降温，而年均温较低的河谷两侧低山区增温明显，增温幅度较大；且 1997 年后，增温中心由气温较高的汉江上游东部向气温较低的西部移动，西部增温较东部增温更明显，即研究区域内东部与西部、高海拔与低海拔之间温差都表现出减小的特征。除此之外，张春林等（2008）对山西黄土高原气候暖干化的研究，丁金梅等（2007）对陕甘宁地区气候变化特征的分析，王国庆等（2009）对黄河兰州上游的气温变化的研究，以及王海军等（2009）对中国北方气温时空变化特征的研究均可以得出上述结论，冬季升温显著，气温的年较差在减小，区域内温差减小。因此，在全球变暖的背景下，我国中纬度地区，普遍表现出时间和空间上温差减小的变化趋势，体现了在全球气候变暖背景下，区域响应的特殊性。

二、汉江上游极端气温季节变化特征及其对农业影响——以安康、石泉、汉中为例

为深入了解汉江上游气候变化规律及成因，选用汉江上游 3 个国家一级气象观察站点（汉中、石泉、安康）为代表进行极端气温变化研究。气温资料包括 1960～2010 年逐日平均气温，逐月平均气温、平均最低气温、平均最高气温，在此基础上统计出年、季平均气温距平、平均最低气温距平、平均最高气温距平。对个别缺测月份资料，采用多年同月平均值进行插补订正。以 3～5 月为春季，6～8 月为夏季，9～11 月为秋季，12 至翌年 2 月为冬季，采用距平分析、线性趋势法、滑动平均法、M-K 突变检验法（魏凤英，1999；尹云鹤等，2009）对数据进行处理。

（一）年气温变化趋势与突变特征

汉中、石泉、安康三地的年平均气温距平、年平均最高气温距平和年平均最低气温距平的变化趋势及相应的 Mann-Kendall 突变分析结果见图 5-9。由图 5-9 可见，1960～2010 年三地年平均气温整体呈上升趋势，线性拟合递增率为 0.107℃/10a（$P<0.01$）。1978 年之前年平均气温正、负距平交叉出现，1979～1995 年以负距平为主，而 1996～2010 年以正距平为主。通过 5 年滑动分析结果也可看出其变化的波动趋势，1980 年之前较稳定，1980 年以来有 7 次明显的波动，1984 年为最冷年份，2006 年为最热年份。由 M-K 突变检验图可知，年平均气温在 2001 年后有暖突变，尤其是 2001～2007 年成为该地区最热的时段，这与冯彩琴等（2011）研究认为 2001～2007 年陕南地区处于气温变高时期的结果吻合。

由图 5-9（b1）可见，1960～2010 年间三地年平均最低气温呈逐渐上升趋势，线性拟合递增率为 0.16℃/10a（$P<0.01$）。年平均最低气温在 1997 年之前正负距平交叉出现，但以负距平为主，而 1997 年之后全部为正距平。从 5 年滑动分析结果也可看出其变化的波动趋势，1996 年之前波动范围较小，之后上升趋势明显。由 M-K 突变检验可知，年平均最低气温在 2000 年后有暖突变。

由图 5-9（c1）可见，年平均最高气温在 1960～2010 年表现为不明显的上升趋势，在 1979 年之前正负距平交叉出现，1979～1993 年以负距平为主，1993 年之后以正距平为主，至 2006 年气温距平达到了 1.27℃。通过 5 年滑动分析结果也可看出其变化的波动趋势，在 1981 年之前曲线波动范围较小，1981～1996 年曲线波动范围较大，1996 年以来曲线呈明显上升趋势，但在 2005 年左右出现了波谷，之后又不断上升。由其 M-K 突变检验图可知，年平

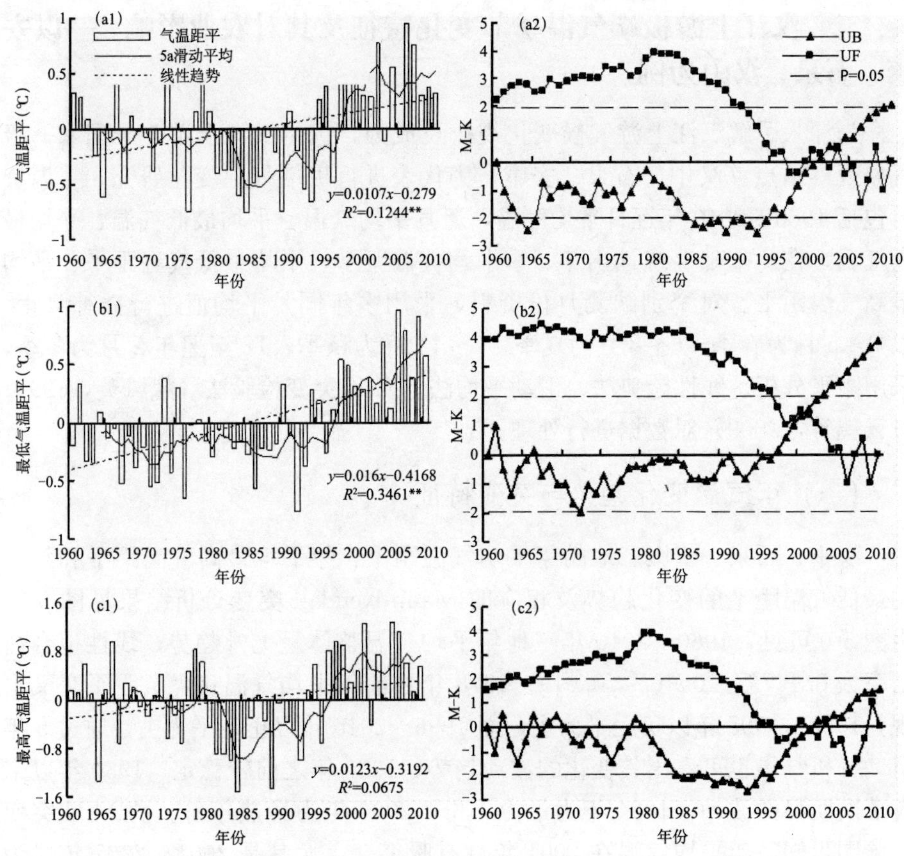

图 5-9 1960～2010 年汉江上游汉中、石泉、安康年平均气温（a1）、平均最低气温（b1）和平均最高气温（c1）的距平变化及其 M-K 检测

注：＊＊分别表示相关系数通过 0.05、0.01 水平的显著性检验

均最高气温在 2001 年出现了暖突变。

（二）季节气温的变化趋势与突变特征

从季节的平均气温演变分析来看（表 5-10），三地春季（P＜0.01）、秋季（P＜0.05）、冬季（P＜0.01）均表现出气温递增的趋势，但各自递增速率差异很大；夏季气温呈现出不显著递减的趋势。对平均气温、平均最低气温、平均最高气温在不同季节的线性递变速率进行比较发现，除了平均最高气温表现为春季增温速率最高，秋季、冬季次之，夏季最低之外；平均气温和平均最低气温均表现为冬季增温速率最高，春季、秋季次之，夏季最低。这说明三地冬季增温对年平均气温增暖的贡献最大，春季、秋季次之。

表 5-10　1960～2010 年汉江上游汉中、石泉、安康四季平均气温线性变化趋势和各年代距平

气温类型	季节	年份					线性趋势 1960～2010（℃/10a）
		1960	1970	1980	1990	2000	
平均气温	春季	−0.1	−0.2	−0.3	−0.2	0.8	0.187**
	夏季	0.4	0.1	−0.8	0.1	0.1	−0.054
	秋季	−0.1	−0.1	−0.3	0.2	0.3	0.135*
	冬季	−0.3	−0.1	−0.4	0.3	0.5	0.193**
平均最低气温	春季	−0.1	−0.1	−0.3	−0.1	0.5	0.131*
	夏季	0.1	−0.1	−0.3	0	0.3	0.047
	秋季	−0.1	−0.4	−0.1	0	0.5	0.165*
	冬季	−0.6	−0.2	−0.3	0.3	0.7	0.298**
平均最高气温	春季	−0.3	−0.3	−0.5	−0.4	1.4	0.33**
	夏季	0.7	0.4	−1.3	0.1	0.1	−0.118
	秋季	−0.3	0.1	−0.6	0.4	0.3	0.171
	冬季	0.1	0	−0.6	0.1	0.4	0.108

注：* 和 ** 分别表示相关系数通过 0.05、0.01 水平的显著性检验

除春季外，各年代年平均气温距平值在 20 世纪 90 年代以后各季基本为正距平，90 年代以前多为负距平，各季节略有不同。春季平均气温在 80 年代最低，90 年代、70 年代次之，21 世纪前 10 年最高，比多年春季平均温度高出 0.78℃；夏季平均气温在 80 年代最低，且低于多年平均值 0.75℃，其他均为正值，以 20 世纪 60 年代最高，高于平均值 0.45℃；秋季、冬季的平均气温均在 80 年代最低，21 世纪前 10 年最高，但冬季的距平值均大于秋季。

各年代平均最低气温距平值也表现为除春季外，20 世纪 90 年代以来各季基本为正距平，90 年代以前多为负距平，各季节略有不同。春季平均最低气温在 80 年代最低，1990～2010 年又大幅度上升，气候转暖。夏季平均最低气温也在 80 年代出现最低值。秋季平均最低气温也是先下降后上升，最低点出现在 70 年代；冬季平均最低气温呈现先升后降再升，尤其是 2000 年以来冬季平均最低气温比多年冬季平均最低气温高出 0.73℃。

从各年代平均最高气温距平值来看，四季的平均最高气温均呈由暖变冷再变暖的趋势，其中均在 80 年代出现最低值。整体来看，春季变化幅度较大（$P<0.01$），如 1960 年春季最高平均气温低于多年平均最高气温 0.33℃，而 2000 年的春季平均最高气温则比多年平均最高气温高 1.38℃。

通过 M-K 突变检验（图 5-10）可知，1960～2010 年间三地不同季节的平均气温变化也具有不同的特点。春季平均气温的 UF 曲线在 2007 年以后超过了 0.05 显著性水平的阈值线，且正反序列曲线在阈值线内有一个突变点，说明春季平均气温在 1998 年后有暖突变，这与春季平均气温趋势分析结果一

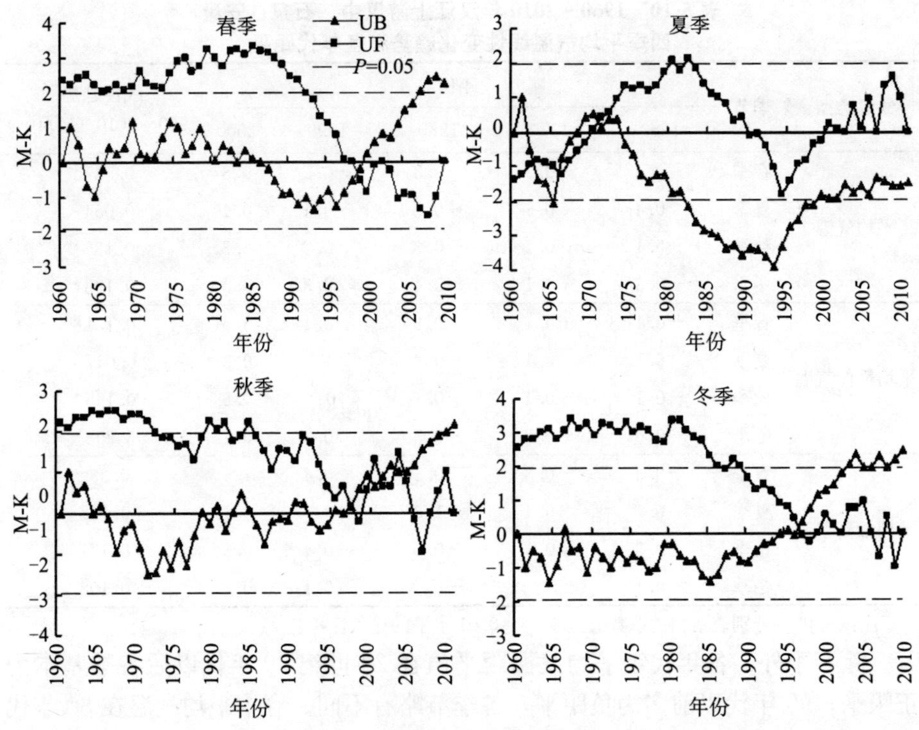

图 5-10　汉江上游汉中、石泉、安康季节平均气温的 M-K 突变检测（1960～2010）

致。夏季平均气温的正反序列在阈值线内有三个突变点，分别位于 1962～1963、1965～1966 及 1970～1971 年。而在 1971 年后正序列开始下降，说明在这期间夏季平均气温发生了冷突变。秋季平均气温的 UF 曲线在 2009 年之后超过了 0.05 显著性水平的阈值线，而且正反序列曲线在阈值线内存在多个突变点，说明这段时间内秋季平均气温十分不稳定。冬季平均气温的 UF 曲线在 2003 年以后超过了 0.05 显著性水平的阈值线，且正反序列曲线在阈值线内有一个突变点，位于 1996～1997 年，说明冬季平均气温在 1996 年之后出现了暖突变。分析表明春、冬季平均气温暖突变显著，且早于年平均气温突变时间。

（三）极端气温变化对农业生产的影响

1. 倒春寒天气

倒春寒（大气科学辞典编委会，1994；农业气象卷编委会，1986）是指初春（一般指 3 月）气温回升较快，而在春季后期（一般指 4 月或 5 月）气温较正常年份偏低的天气现象。农业气象实验指出（大气科学辞典编委会，1994），日平均气温≤12℃，维持期≥3d，不利秧苗生长。而在气候分析中一

般规定（大气科学辞典编委会，1994），当旬平均气温比常年偏低 2℃，就会出现较为严重的倒春寒，如果降温伴随阴雨，危害则会更大。但由于各地春播时间有先有后，倒春寒的时段与强度指标也稍有不同。根据庞文保（1999）对倒春寒的研究结果，三地 4 月上、中、下旬中的任一旬平均气温负距平（$|\Delta T|$）的绝对值大于 2℃为倒春寒衡量值，并将其大于 3℃出现的次数作为衡量倒数寒强度大小的标志。将 1960～2010 年三地的 4 月逐日气温资料进行整理可知（表 5-11，图 5-11），2000 年以来，在汉江上游汉中、石泉、安康三地，虽然春季平均气温呈极显著上升，但日平均气温波动性较大，倒春寒发生的时间较晚（4 月中、下旬为主），而频率和强度均表现出增强的趋势。

小麦和水稻是三地地区主要的粮食产物，倒春寒天气的发生会对其生长发育造成巨大影响。倒春寒可使小麦的发育期推迟，导致减产 10%～30%，严重时可减产 50%左右（孙耀峰等，2010）。水稻是喜温作物，幼苗期的生物学下限温度为 10～12℃，如果出现连续数日平均气温小于 12℃的阴雨天气，

表 5-11　1960～2010 年汉江上游汉中、石泉、安康 4 月各旬平均气温资料

阶段	发生次数	发生年份			强度（$|\Delta T|$>3℃的次数）
		上旬	中旬	下旬	
1960～1969	2		1960、1967		2
1970～1979	4	1972、1979	1971、1973		2
1980～1989	4		1983、1987	1986、1989	1
1990～1999	3	1993、1996		1995	1
2000～2010	5		2006、2010	2001、2002、2004	4
1960～2010	18	4	8	6	10

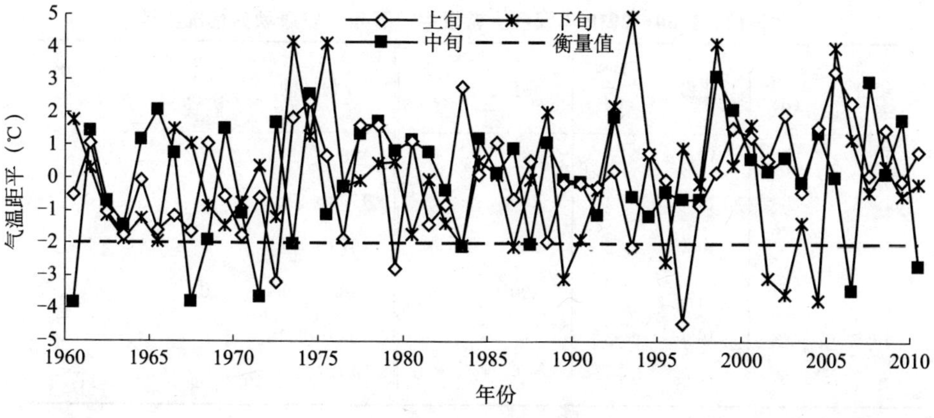

图 5-11　1960～2010 年汉江上游汉中、石泉、安康 4 月的旬平均气温的变化趋势

会造成烂种烂秧。水稻若遭遇倒春寒天气，播种后不能正常出苗，秧苗生长受影响，长势差，分蘖少，各发育期后延，抽穗扬花期不能避开秋风危害，影响后期产量（刘雪梅等，2000）。如2010年3月30日至4月3日，受新疆东移强冷空气影响，陕西全省出现了一次沙尘、大风和强寒潮天气过程，属历史同期罕见的“倒春寒”。全省自北向南气温骤降，4月2日和3日降温最为剧烈，平均降温幅度在10℃以上，因前期气温显著偏高，小麦返青、果树油菜花期提前（张荣霞等，2010），更加大了植物的受冻害几率，陕北、关中北部和南部、陕南最低气温均低于小麦、油菜、梨、桃、杏、李子等作物生育期临界最低气温，关中部分果树1/3的花受冻死亡（孙耀峰等，2010），造成了严重的经济损失。

2. 秋封天气

秋封（吴风声等，1992）是由于夏秋之交气温低于某一阈值，使作物不能正常灌浆而形成空瘪粒的自然灾害（冷害），常发生于积温不足的高寒山区和浅山河谷地带，是该区水稻和玉米生产上的重要气象灾害，对产量影响很大。秋封的农业气象指标为8月中旬～9月初出现连续3天的日平均气温≤20℃（汪竟生，1983）。根据对1960～2010年三地的各站平均逐日气温资料整理（表5-12）可知，近51年来秋封灾害发生的频率和强度波动均较大，1960～1972年发生频率高，但强度相对较小；1973～1988年发生频率小，连续3年发生，灾害强度大；1989年以后，灾害发生的频率较小，持续时间较长，灾害强度较大。从前面对秋季气温变化的分析来看，汉江上游秋季1997、1999～2000、2001～2002、2002～2003、2003～2004年出现了多个气候突变点，说明这段时间内秋季气温很不稳定。这可能是导致秋季日平均气温波动幅度大、秋封灾害持续时间较长的原因。

表5-12　1960～2010年汉江上游汉中、石泉、安康秋封情况统计

年份	日数(d)	年份	日数(d)	年份	日数(d)	年份区间	发生次数	>3d的次数（强度）
1960	7	1972	8	1996	8	1960～1972	7	3
1963	3	1979	4	2000	5	1973～1978	0	0
1965	3	1980	6	2003	4	1979～1981	3	3
1968	3	1981	7	2005	6	1982～1988	0	0
1969	6	1989	3			1989～2010	6	5
1971	3	1993	4			合计 1960～2010	16	11

8月中旬～9月底正是玉米灌浆、成熟的关键时期，在遭遇秋封后，会严

重影响玉米粒中淀粉酶的活动，使灌浆速度和物质转化严重受阻，出现籽粒嫩瘪的现象，导致产量大幅减少（陈明彬，2005）。秋封发生时期不同造成的产量损失也不同，玉米灌浆期遇秋封的产量损失率为50%，进入乳熟期遇秋封的损失率为30%，抽雄期遇秋封则会绝收，扬花期遇秋封产量损失80%（吴风声等，1992）。汉中地区是陕西省水稻主产区，水稻面积9.33万hm^2左右，约占陕西省水稻总面积的70%，总产、单产也均为全省之冠，但这个地区8月中旬以后（包括8月中旬在内）冷空气活动频繁，正值水稻抽穗扬花（少量的正在穗分化），如果遭受低温危害，将出现大量翘穗头和空粒，使产量显著下降（张嵩午，1983）。

（四）小结与讨论

1960～2010年，汉中、石泉、安康三地年平均气温、年平均最低气温呈极显著递增趋势，年平均最高气温呈不显著递增趋势，这与李小燕等（2012）针对陕南、宁向玲等（2011）针对陕西省和张强等（2010）针对西北地区的研究结果一致。这些研究结果也同时反映了区域气候变化与全球气候变化的一致性。三地年平均气温、平均最低气温、平均最高气温发生暖突变的时间分别为2001、2000和2001年，可见近10年是该区年平均气温增暖的主要时期。季节变化特征上，三地春季、冬季表现出气温极显著递增趋势（$P<0.01$），秋季也表现出气温递增趋势（$P<0.05$），但各季节递增速率存在很大差异，夏季气温呈不显著递减趋势。春季、冬季平均气温的暖突变分别位于1998、1996年之后，秋季平均气温的暖突变点存在多个，分别为1997、1999～2000、2001～2002、2002～2003、2003～2004等年，而夏季平均气温在1971年后正序列开始下降，在这期间夏季平均气温发生了冷突变。

气温变化对三地的农业生产具有十分严重的影响。春季遭遇倒春寒后，将严重影响该区水稻、小麦、果树等的产量；秋季遭遇秋封（冷害）后，对水稻、玉米等作物的灌浆也造成不可忽视的影响。近十几年来，虽然汉江上游春、秋季气温有极显著、显著上升趋势，但温度的日波动性大，倒春寒的频率和强度均有所增大，秋封的频率虽然有所下降，但持续时间长，灾害强度较大，相关生产部门应加强对倒春寒和秋封的预防和防治。除应及时掌握天气预报信息以外，还应采取选用优良品种、改进栽培技术、选择适合播种时期等有效方式减轻灾害的损失。

三、汉江上游近50年来降水变化特征与区域差异

全球气候大幅度变暖，势必会导致降水量的变化。近年来，我国不同地区降水量的变化情况存在明显差异。20世纪80年代以后，西北地区降水量出

现增多（施雅风等，2000；2003），黄土高原地区则呈现暖干化，降水量明显减少（傅朝，2008；丁金梅等，2007；延军平，1999）。在现代全球变暖的背景下，汉江上游地区的降水变化特征研究，具有重要的理论意义。作为我国亚热带与暖温带的过渡区，掌握汉江上游的降水变化特征，对于深入理解全球变暖背景下，我国降水变化规律具有重要意义。同时，作为我国南水北调中线工程的水源地，也是我国洪水和次生地质灾害最为严重的地区之一，对该区域降水量规律的研究，也具有重要的现实意义。

选取汉江上游沿岸 29 个气象站点（彩图 11），对于少部分站点缺测年份的数据（郧西、郧县），采用邻近站点多元线性回归进行插补处理。选取 1960～2011年的月降水量、年降水量进行探究分析。在资料统计中，四季的划分以 3、4、5 月为春季，6、7、8 月为夏季，9、10、11 月为秋季，12 月和次年 1、2 月为冬季。

采用距平分析、5 年滑动平均距平分析和线性回归分析方法对各区域年和四季降水的时间序列进行趋势研究；利用 M-K 突变检验法（魏凤英，1999；尹云鹤等，2009）分析其降水突变特征，得出序列突变点和可能突变点；采用 ArcGIS10 地学统计模块中的反距离权重法（徐建华，2002；曹文静等，2007）进行空间插值，分析降水年代变化的空间分布情况及特征；同时还利用 Matlab7.12 软件的小波分析（崔锦泰，1995；邵晓梅等，2006）工具箱，分析降水年际变化的周期，再进行综合分析。

（一）降水量变化特征趋势与突变分析

1. 年降水量变化特征分析

汉江上游 1960～2011 年间年降水量距平的变化趋势及相应的 Mann-Kendall 突变分析结果见图 5-12。

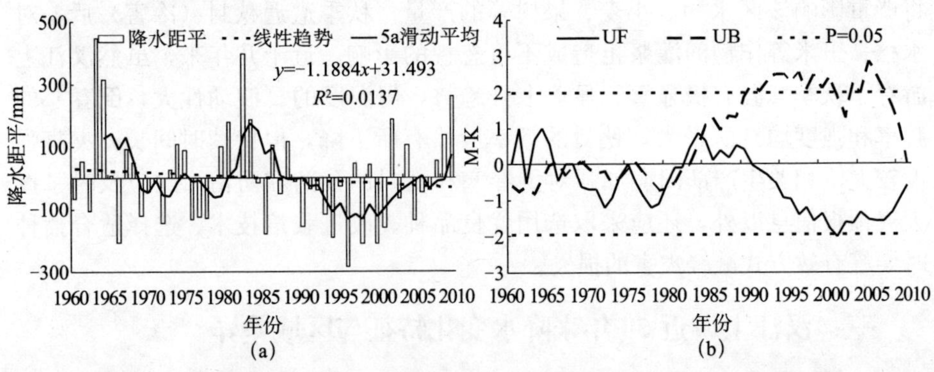

图 5-12　1960～2010 年汉江上游年降水量距平变化（a）及其 M-K 检测（b）

由图 5-12（a）可知，1960～2011 年间，汉江上游多年平均降水量为 879.57mm，且整体呈不显著下降趋势，线性趋势为－11.88mm/10a。20 世纪 90 年代之前降水量较丰富，但年际波动性较大，正负距平交叉出现，最大值出现在 1963 年，达到 1324.82mm，最小值出现在 1966 年，达到 673.03mm；90 年代以后，降水量偏少，近 22 年的平均降水量为 838.09mm，比多年平均降水量少 41.47mm。由 5 年滑动平均曲线也可以看出，20 世纪 90 年代之前降水量波动性较大；90 年代之后降水量减少，且波动性较小。由图 5-12（b）中 M-K 突变检验可知，汉江上游 UF、UB 曲线在 1966～1968、1975、1980、1985 年相交于临界直线（临界值 $u_{0.05}$＝±1.96）之间；从 UF 可以看出，1966 年之前降水偏多，1966～1975 年降水偏少，1980 后降水偏多，1985 年后降水又出现偏少的现象，且 UF 曲线在 2002 年超出临界下线，之后又回到临界线内，其前的交点应是突变点，表明在这些突变点处降水多、少交替出现。

2. 不同区域不同季节降水量变化特征

采用 SPASS 和 Excel 软件，计算各区域年及季节降水量线性变化趋势值，并利用相关系数趋势检验法进行检验。若 r＝0.3477 和 r＝0.2681 时，变化趋势分别达到 0.01 和 0.05 水平的显著性检验，被认为存在极显著、显著的变化趋势；若 r 为正值，表明具有上升或增加趋势，r 为负值，则表明具有下降或减少趋势。由表 5-13 可知，汉江上游全区年降水量呈不显著递减趋势；年降水量除了安康地区呈递增趋势外，汉中、商洛、十堰地区均呈递减趋势，且均没有通过显著性检验。

表 5-13　1960～2011 年汉江上游各区及季节降水量线性变化趋势分析

季节	降水线性趋势（mm/10a）				
	安康地区	汉中地区	商洛地区	十堰地区	全区
年	0.3106	－1.5545	－0.1177	－0.7225	－1.1884
春季	－0.8772	－0.9193	－1.0421*	－0.9741*	－0.9451*
夏季	3.162**	0.2572	1.7913*	1.3205	1.6404
秋季	－1.6944	－0.9736	－0.9926	－1.0599	－1.2646
冬季	0.0796	0.1177	0.1088	－0.009	0.0842

注：* 和 ** 分别表示相关系数通过 0.05（$P<0.05$）、0.01（$P<0.01$）水平的显著性检验

各季中，春季、秋季的全区年降水量呈递减趋势，夏季、冬季的呈递增趋势，且只有春季通过了 0.05 的水平显著性检验；春季商洛、十堰地区年降水量呈显著递减趋势，夏季安康、商洛地区年降水量呈极显著、显著递增趋势，其他均未通过显著性检验。从整体上看，全区年降水量呈减少趋势；全区及各区域的春、秋季降水量呈减少趋势，夏、冬季呈增加趋势，这表明汉

江上游全区春、秋季降水量减少幅度大于增加幅度，降水量整体呈减少的趋势。综上所述，汉江上游春、秋季降水量呈减少趋势，易导致该区春旱、秋旱现象加剧；而夏季是该区降水比较充沛的季节，降水量也明显增加，导致降水的年内分配更加不均匀，干旱、洪涝灾害频繁发生。

通过 M-K 突变检验（图 5-13）可知，1960～2011 年间汉江上游不同季节的年降水量变化也具有不同的特点。由图 5-13 可得，汉江上游夏、冬季的 UF、UB 曲线在临界直线（临界值 $u_{0.05}=\pm 1.96$）中存在多个交点，但 UF 曲线并没有超出临界值，无法证明这些交点就是突变点。春季 UF、UB 曲线在 1979～1987 年间多个交点相交于临界直线之间，且 UF 曲线在 2004 年超出临界下线，在 2009 年后再次回到临界线内，表明在 1979～1987 年间发生了由多到少的突变。秋季 UF、UB 曲线在 1966～1967、1971～1973、1976 年相交于临界直线之间，从 UF 可以看出，1966～1967 年和 1971～1973 年间降水相对偏多，1976 年降水相对偏少；且 UF 曲线在 1997 年超出临界下线，之后又回到临界线内，表明之前的这几个交点为降水的突变点。

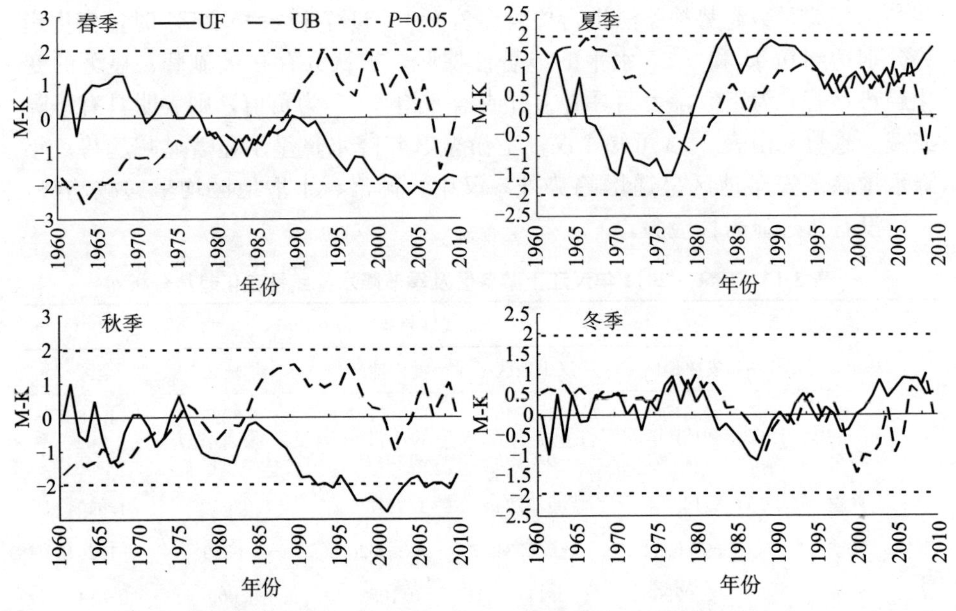

图 5-13　1960～2011 年汉江上游四季降水的 M-K 突变检验

（二）降水量周期变化特征分析

1. 年降水量的周期变化特征分析

对汉江上游年降水量运用 Matlab 小波方法来分析其不同时间尺度的周期变化特征，并绘制出近 52 年来年降水量的周期振荡图 5-14（a）和小波方差

图 5-14（b）。图 5-14（a）中实线表示年降水量的高值区，虚线表示其低值区；其高值中心用“+”表示，低值中心用“—”表示。由图 5-14（a）从上至下可分析得出年降水量存在 25 年以上尺度、10～25a 尺度及 10a 以下尺度的周期变化，周期中心分别为 30 年、17 年、8 年。其中较大尺度 25a 以上，汉江上游的年降水量变化经历了多—少—多的循环交替变化，但限于数据序列长度限制，30 年周期不完整，因此 25a 以上的周期还有待于更长时间数据序列的进一步验证；在 10～25a 尺度上，17 年的周期振荡非常明显，主要经历了多—少—多—少—多的循环交替变化；相对来说，10a 以下尺度表现地不太稳定，多少交替较频繁；由图 5-14（a）还可以看出，在降水量交替循环的过程中，降水减少的程度加大，目前正处于降水量偏多时期，但总体上降水量仍在波动中逐渐减少。

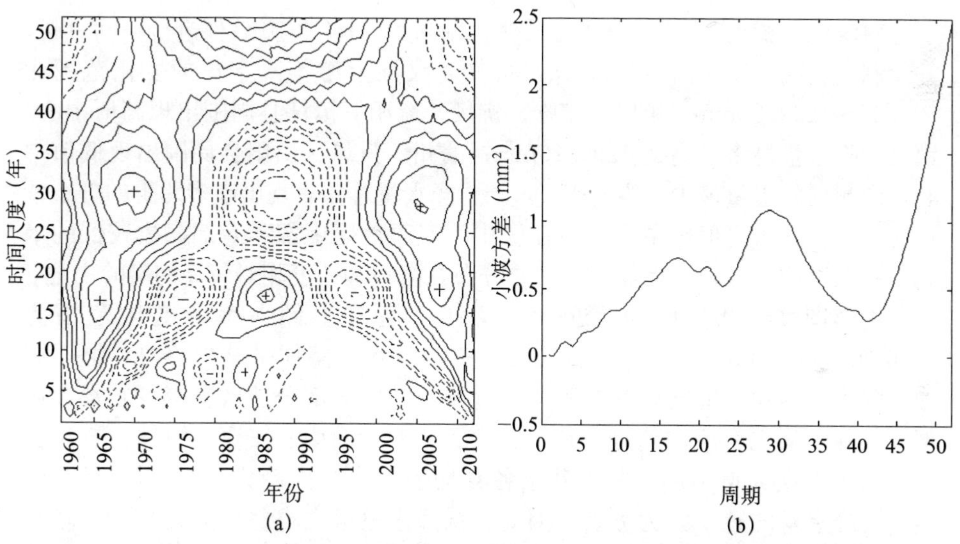

图 5-14　1960～2011 年间汉江上游年降水量的小波分析（a）和小波方差图（b）

2. 降水量季节周期变化特征分析

对汉江上游近 52 年各区域及季节降水量运用 Matlab 小波方法来分析其不同时间尺度的周期变化特征，得到相应的主、次周期（表 5-14）。由表 5-14 可知，汉江上游各区域年降水量的周期均与汉江上游全区的大体一致。从季节上看，春、秋季，四个区域的主、次周期与汉江上游全区基本一致。在 25a 尺度上，基本都存在 30a 左右（28～30）的周期。在 10～25a 尺度上，有 17a（16～18）左右的周期。由此表明，各区域及春、秋季的降水量的周期大致与汉江上游全区是一致的。

表 5-14　1960～2011 年汉江上游各区及季节降水量周期变化分析（单位：年）

季节	安康地区		汉中地区		商洛地区		十堰地区		全区	
	主周期	次周期	主周期	次周期	主周期	次周期	主周期	次周期	主周期	次周期
年	29	17	30	17	29	17	28	17	30	17
春季	28	17	29	17	27	19	29	17	29	18
夏季	28	16	17	9	29	16	29	17	18	28
秋季	30	17、9	30	18	30	9	30	17	30	18
冬季	27	12	28	12	12	29	12	4	28	12

（三）降水量空间变化特征分析

1. 年降水量的空间变化特征分析

对汉江上游近 52 年年降水量及倾向率采用 ArcGIS10 软件进行空间分析，并绘制出彩图 13。由彩图 13（a）可知，汉江上游年降水量的变化范围为 691.25～1299.20mm，镇巴、宁强、佛坪、紫阳、镇坪县周围出现高值中心，镇巴的降水量最多，高达 1299.20mm；商州、丹凤、山阳县周围出现低值中心，商州的降水量最少，为 691.25mm。降水量总体表现出南多北少的分布特点。其中，降水高值区主要分布在汉中、安康地区中部和南部海拔较低的米仓山和大巴山地区，降水低值区主要分布在海拔和纬度相对较高的秦岭山地。

由彩图 13（b）可知，近 52a 汉江上游降水倾向率的变化范围为 −40.07～20.63mm /10a。虽然汉江上游年降水量整体呈减少趋势，但不同地区降水量的变化情况却存在明显的差异，其中大部分地区呈减少趋势，局部地区降水量也有增加趋势。其中，除了郧西、商南、安康、镇坪、石泉县的降水量表现为增加趋势外，其余各县均表现为减少趋势，以宁强、勉县、洛南县降水量的减少尤为显著。因此，从降水量倾向率整体变化来看，降水量偏多的汉中盆地中部和南部米仓山、大巴山地区减少趋势明显，而安康盆地中部增加趋势较小；降水量偏少的东北部地区增加趋势较明显，汉江上游内部各区域间降水差异趋于减小。

2. 季节降水量空间变化特征分析

对汉江上游各季节降水量采用 ArcGIS10 软件进行空间分析，结果如彩图 14 所示。由彩图 14 可知，汉江上游四季降水量空间分布差异明显，春、冬季降水少，夏、秋季降水多。春季降水量的变化范围为 148.62～257.70mm，镇坪、镇巴、紫阳、平利、岚皋县出现高值区，镇坪降水量最多，达 257.70mm；丹凤、山阳、商州县出现低值区，丹凤降水量最少，为 148.62mm；降水量整体表现为东南多西北少。冬季降水量的变化范围为 16.57～49.66mm，郧县、宁强、郧西、镇坪县出现高值区，郧县降水量最多，达 49.66mm；略阳、洋县、旬阳县出现低值区，略阳降水量最少，为 16.57mm，降水量与春季一样表现出东南多、西北少的特点。夏、秋季降水量空间分布相似，主要呈现出西南多，东北少的特点；其中，夏季降水量高值区均出现在镇巴、宁强南部一带，镇巴降水量最多，达 614.12mm；降水量低值区夏季出现在商州、洛南县周围，商州降水量最少，为 309.36mm，秋季出现在郧西、丹凤、商南县周围，郧西降水量最少，为 188.49mm。在汉江上游，夏、秋季是主要的降水季节，但其水汽来源不像我国大部分地区那样主要来自东南季风，而主要来自西南季风，即水汽主要由来自孟加拉湾和南海的西南暖湿气流带来，受西南季风系统控制（苏连璧，1981），降水方向为西南向东北方向；而在春、冬季，受西北一东南季风系统控制，来自西北方向的冷空气强盛，大举南下，恢复对我国大陆的控制，在汉江上中游及川黔山地，由于高山阻拦，极锋停滞不前，遇到来自东南方向的较暖湿气流时，也会引起降水。因此，在汉江上游，春、冬季降水量表现出东南多、西北少的特点，夏、秋季降水量表现为西南多、东北少的特点，这应该是季风气候特点与地貌形态共同作用的结果。

（四）小结与讨论

依据 1960～2011 年汉江上游 30 个气象站数据，采用线性回归分析方法、Mann-Kendall 突变检验法、空间插值法及 Matlab 软件小波分析法对汉江上游近 52 年降水量的时空变化特征进行了分析。结果显示，在汉江上游，1960～2011 年间：

（1）年降水量呈不显著下降趋势，线性趋势为－11.88mm/10a；春、秋季降水减少，夏、冬季降水增加，减少量大于增加量。

（2）降水量偏多的汉中盆地中部和南部米仓山、大巴山地区减少趋势明显，降水量偏少的东北部地区增加趋势较明显。

（3）汉江上游年降水量存在多个突变点，最近一次突变在 1985 年，降水量呈现由多变少的趋势；从季节上看，夏、冬季降水量无突变点；春季降水量在 1979～1987 年间发生了由多到少的突变；秋季降水量也存在多个突变点，最近一次突变为 1976 年，降水量也呈现出由多变少的趋势。

（4）汉江上游年降水量存在 17a、30a 或更大的周期变化特征。从各区域及季节上看，各区域季节的降水量的周期大致与汉江上游全区基本保持一致。在现有数据序列长度下，17a 周期振荡最为明显。

近 52 年汉江上游年降水量呈减少趋势，这与蔡新玲等（2008）、赵红莉等（2009）针对汉江上游，冯彩琴等（2011）针对陕南地区降水量的研究结果一致；从季节上看，春、秋季降水量呈减少趋势，夏、冬季呈增加趋势，且减少幅度大于增加幅度，易导致降水的年内分配更加不均匀，干旱、洪涝灾害频繁发生，这与冯彩琴等（2011）针对陕南季节降水量，蔡新玲等

(2010；2012) 针对陕西降水量的研究一致。汉江上游年降水量总体表现出南多北少的分布特点，符合我国将水资源南多北少的总体格局，这是受季风环流影响形成的，与李小燕等 (2012) 针对陕南，屈振江等 (2010)，何艳芳等 (2011) 针对陕西降水空间变化的分析一致。从空间尺度上看，降水量偏多的汉中盆地中部和南部米仓山、大巴山地区减少趋势明显，安康盆地中部增加趋势较小；降水量偏少的东北部地区增加趋势较明显。汉江上游内部各区域间降水差异有减小的趋势。

四、汉江谷地近 50 年来月降水量变化与暴雨洪水发生规律

目前其他学者对于汉江谷地降水量特征的研究，只涉及年、季降水量 (蔡新玲等，2008；赵德芳等，2005，朱利等，2005)，还没有进行过逐月降水量变化的研究。在全球气候变化的背景下，大气环流格局的变化，不仅体现在气候要素的年际与年代际变化上，在东亚季风转换的月份，气候要素的月变化上具有特别的指示意义。例如，有学者分析发现，在我国西北地区，近 30 年来 6 月份降水明显增多 (王宝灵，1997；王鹏祥，2008)。这不仅体现在年降水量明显增多的新疆、内蒙古西部、甘肃河西地区，以及青海高原绝大部分地区；在年降水量减少的青海东南部、甘肃省河东地区、宁夏及陕西也有同样的变化趋势 (王宝灵，1997)。因此，在气候变化的区域响应研究方面，以月为单位，对典型区域进行更加深入细致的分析，有助于认识大气环流格局的变化。对于水资源规划与管理来说，月降水量的变化对于汉江谷地地区未来水量的存储、调节及防洪减灾工作也具有更重要的意义。

本章数据源自陕西省气象局以及国家气象信息中心中国气象科学数据共享服务网。选取汉江谷地沿岸 9 个测站，包括宁强、勉县、汉中、洋县、石泉、紫阳、安康、旬阳、白河。选取 1960～2009 年的月降水量进行统计分析。对数据进行距平处理、计算距平百分率，并进行 EOF 分解和回归分析。

EOF 分解即经验正交函数分析 (empirical orthogonal function) (魏凤英，1999；马开玉等，1993)，是一种分析矩阵数据中的结构特征，提取主要数据特征量的一种方法。Lorenz 在 20 世纪 50 年代首次将其引入气象和气候研究，现在在地学及其他学科中得到了非常广泛的应用。地学数据分析中通常特征向量对应的是空间样本，所以也称空间特征向量或者空间模态，主成分对应的是时间变化，也称时间系数。

(一) 汉江谷地近 50 年来月降水量变化特征

对 9 个站点从 1960～2009 年 50 年的月降水量做距平处理，对处理后的资料按月值、年值组成 13 个 (每个为 9 站点×50 a) 资料阵，再分别对它们进行 EOF 分解。EOF 分解的结果分为两个方面：一是空间向量，表现各地之

间降水量空间差异大小；二是时间系数分量，是消除空间影响后降水量随时间的变化。通过 EOF 分解发现，陕南汉江谷地从源头到白河，在空间向量上，近 50 年降水量各月和全年变化特点是一致的。各月和全年降水 EOF 第一特征向量空间值符号全区一致，且 EOF 第一特征向量的方差贡献占绝对优势（表 5-15）。该空间型解释了 54.06%～80.99%的方差，其中，7 月份相对较低，但也超过 50%。1、2、4、9、10、12 月在 70%以上，3 月份高达 80.99%。第一特征向量全区符号一致且其方差贡献占有绝对优势，说明汉江谷地各地处于相同的环流形势控制之下，具有相同的变化趋势，降水变化的空间分布全区一致。相对来说，6～8 月份，尤其是 7 月份各地之间降水变化趋势表现出轻微的差异，应该是受到局地风的影响造成的。6～8 月份汉江谷地地区降雨受局地风影响较大，7 月份受到影响最大，在一定程度上，削弱了大气环流的影响。

表 5-15　汉江谷地各月和全年降水量 EOF 第一特征向量方差贡献

月份	1月	2月	3月	4月	5月	6月	7月	8月	9月	10月	11月	12月	全年
方差贡献（%）	72.78	72.65	80.99	74.93	68.59	60.70	54.06	66.77	76.29	75.64	68.56	79.28	64.17

由于 9 地降水变化趋势一致性强，空间差异小，用折线散点图绘制的 EOF 分解第一特征向量对应的第一时间系数分量变化，与直接用 9 地月降水量进行算术平均得到的折线图有相同的变化特征。因为算术平均折线图上可以更直接地看到降水量的多少和均值，所以此处省略第一时间系数变化图，直接给出 9 地各月及年降水量算数平均后的折线散点图（图 5-15、图 5-16），并以 5 年为单位进行滑动平均及线性回归趋势分析，给出线性回归方程以及线性回归的信度检验。

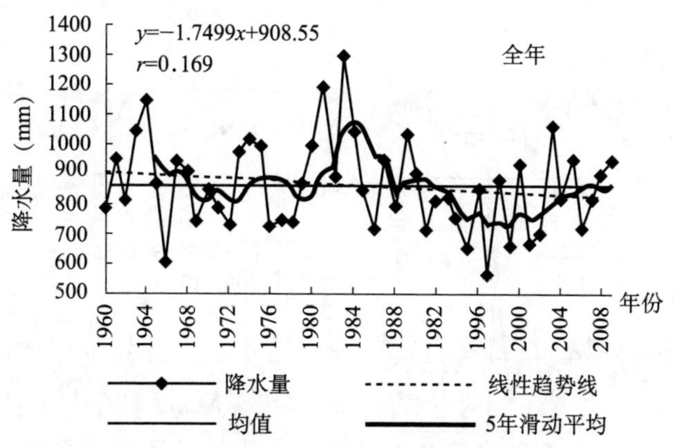

图 5-15　汉江谷地 1960～2009 年降水量变化曲线图

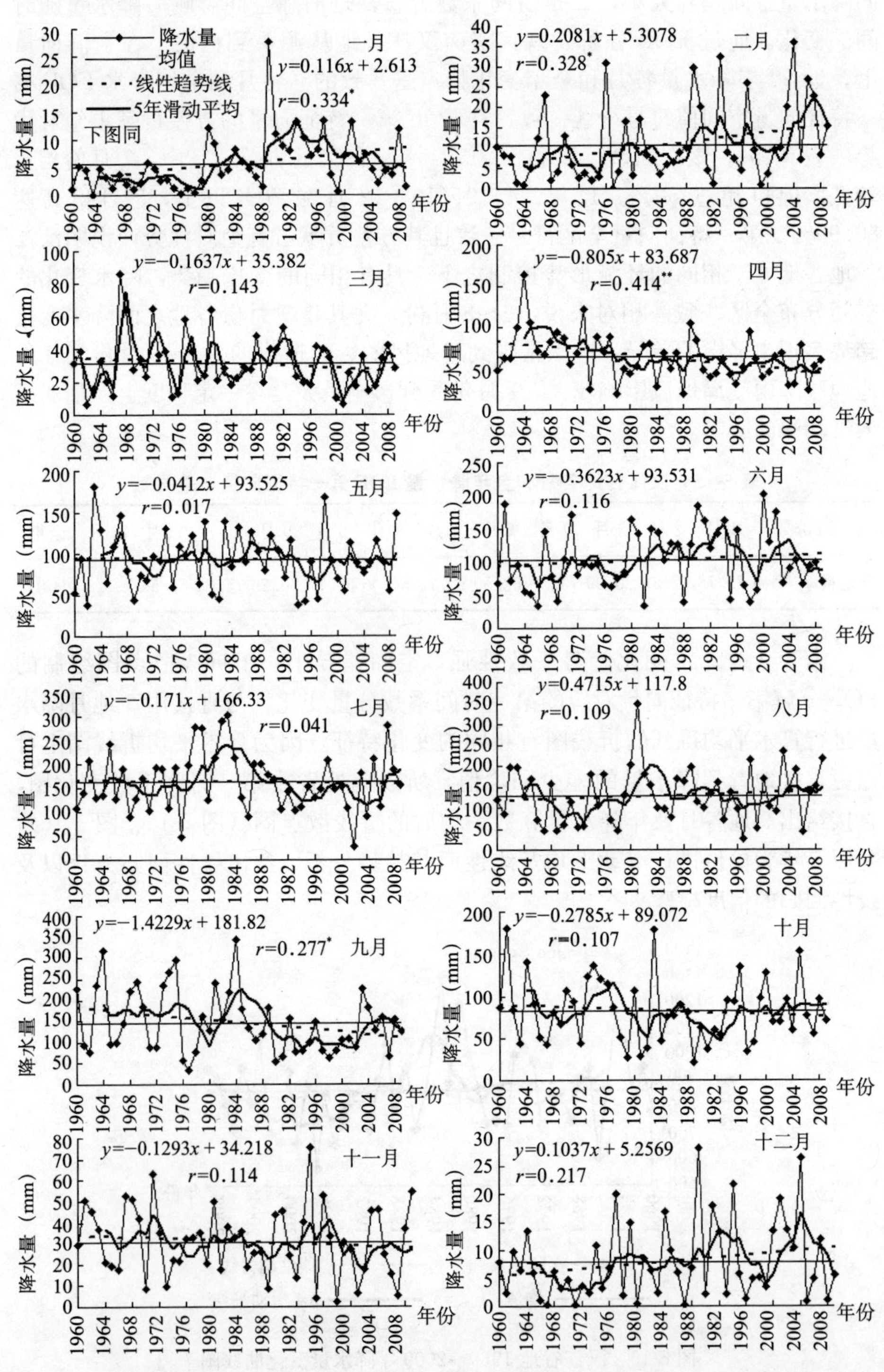

图 5-16　汉江谷地 1960～2009 年各月降水量变化曲线图

从图 5-15、图 5-16 可以发现，近 50 年来，汉江谷地各月与全年降水量变化各有特点。由于季风气候的控制，降水的年内分配很不均匀。5～10 月份降水量占全年降水的 80%，尤以 6～9 月份降水量为最丰，占全年降水量的 60%左右。降水量最多的月份为 7 月（近 50 年均值：161.97mm），其次为 9 月（145.54 mm），再次为 8 月（129.83 mm）、6 月（102.77 mm）、5 月（92.47 mm）、10 月（81.97 mm）。冬、春两季降水量较少，只占全年降水量的 20%左右，降水量最少的月份是 1 月（5.57 mm），其次为 12 月（7.90 mm）。全年降水量近 50 年平均值为 863.93 mm。

近 50 年来各月降水量变化趋势有明显的不同（图 5-17）。12～2 月份（冬季）降水为增多趋势，3～5 月份（春季）为减少趋势；6、8 月份为增加趋势，而 7 月份有微弱减少，夏季整体呈增加趋势；9～11 月份（秋季）为减少趋势。8 月份降水量有明显的增多倾向，增幅居各月之首，递增率达 4.715 mm/10a；其次是 6 月份，递增率为 3.623 mm/10a；减少幅度最大的是 9 月份，平均减少 14.229 mm/10a，其次为 4 月份，平均减少 8.05 mm/10a，即初秋降水减少趋势最为明显。由于减少量远高于增加量，所以从全年来看，降水总量呈减少趋势，平均减少 17.499 mm/10a。从线性拟合的信度来看，$r_{0.05}=0.273$，$r_{0.01}=0.354$。4 月份线性拟合 $r=0.414>r_{0.01}$，拟合度最好，呈极显著相关；1 月份（$r=0.344$）、2 月份（$r=0.328$）、9 月份（$r=0.277$）呈显著相关。

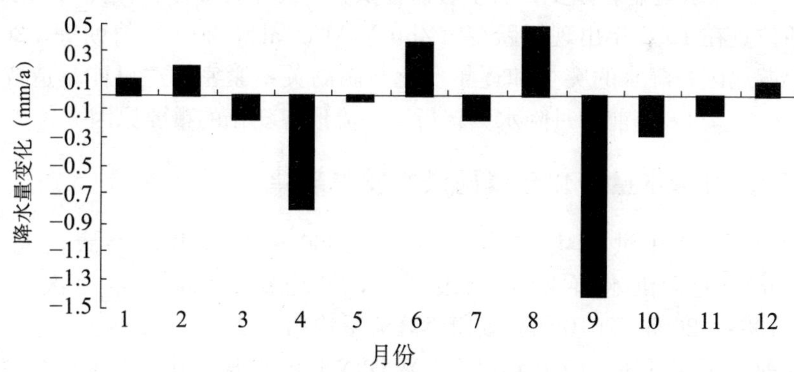

图 5-17　汉江谷地各月份降水量线性方程斜率

从年际变化来看，虽然各月降水量变化趋势不同，如 4 月份、9 月份表现出明显的下降趋势，而 6 月份、8 月份降水量表现出增加的趋势，但可以看出有一个共同的特点：各月降水量的变化都是在大约 1980～1988 年前后变化最为明显（图 5-16），且出现了转折性变化。为了更清楚地分析这一点，将 1988 年前后各月降水的平均值与标准差相对比（图 5-18）。凡是近 50 年来降水总趋势呈增多的月份：1、2、6、8、12 月，在 1980～1988 年之前降水较少，滑动平均基本在距平之下，波动幅度也较小，1980～1988 年之后降水量明显增多，滑动平均基本在距平之上，且波动幅度增大；而总体降水呈减少趋势的月份：3、4、5、7、9、10 月，以及全年，与以上月份正好相反，在大约 1980～1988 年之前降水滑动平均基本在距平之上，之后则在距平之下。1980～1988年之前降水较多，波动幅度也较大，而 1980～1988 年之后降水变少，波动幅度也变小了。可见，1980～1988 年是汉江谷地各月降水量和年降水量出现明显转折的时期。

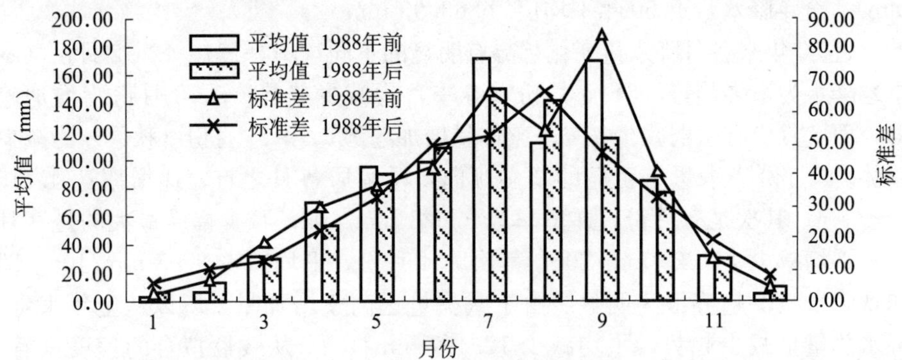

图 5-18 汉江谷地 1988 年前后各月份降水量平均值与标准差对比

1980～1988 年前后，汉江谷地降水发生了转型变化，8 月份降水明显增多，9 月份降水呈显著减少，有学者研究认为，夏季西太平洋副热带高压廓线的东西位置在 1985 年出现了跃变（Zhu Y M et al.，2000；傅朝等，2008），汉江上游地区月降水的突变和逐年变化与副高关系紧密，这可能是造成汉江谷地 1980～1988 年前后月降水量转折、环流形势变化的重要原因。

（二）月降水量变化与暴雨洪水发生规律

近 50 年汉江洪水灾害非常频繁，1960～2010 年，安康流量大于 15 000 m^3/s的大洪水有 20 次（表 5-3），平均每 2.55a 发生 1 次。1965、1974、1983、2005、2010 年，安康洪峰流量均超过 20 000 m^3/s。

从前面研究可知，1960 年以来，汉江谷地年均温上升，降水量减少，气候呈暖干化趋势（图 5-6、图 5-12）。1960～2011 年间，汉江上游多年平均降水量整体呈不显著下降趋势，线性趋势为－11.88mm/10a，各季中，春季、秋季年降水量呈递减趋势，夏季、冬季的呈递增趋势，且只有春季通过了 0.05 的水平显著性检验（表 5-13）。从整体上看，汉江上游春、秋季降水量减少幅度大于增加幅度，因此降水量整体呈减少的趋势；而从月份分析，汉江谷地 4、9 月份表现出明显地减少趋势，而 6、8 月份降水量表现出增加的趋势（图 5-17）。夏季是该区降水比较充沛的季节（多年平均，5～10 月份降水量占全年降水的80%，尤以6～9月份降水量为最丰，占全年降水量的60%左右)，夏季降水量明显增加，导致降水的年内分配更加不均匀，也就是说，虽然年降水量明显减少，但是降水更集中于夏季，降水的集中降落导致了洪水灾害不降反升，而且降水的年季波动也明显增大，这也加剧了洪水灾害的发生。

汉江谷地近50年来洪水发生的另一特点是：在月降水量发生明显转折的20世纪80年代，大洪水发生频率明显高于其他年代际。安康在此10年间发生了8次大洪水，平均1.25a一次。不仅发生频率高，而且洪水的强度也大。最大洪峰流量达到了31 000m^3/s，导致安康毁城之灾的1983.7.31特大洪水就发生在这一时期。而且，1982～1983年出现的3次最大洪峰流量超过15 000m^3/s的大洪水，包括1983.7.31特大洪水，都发生在7月下旬，这在安康洪水发生历史上，是极为罕见的。可见，1980～1988年这一时期，汉江谷地出现明显的气候转型，不仅各月和全年降水量的变化出现了转折，还导致这一时期出现了频率高、强度大、发生时间特殊的洪水灾害。

(三) 汉江谷地气候转折期与其他地区的对比

20世纪80～90年代气候的转型变化，并不是汉江谷地地区孤立的现象。远在非洲的撒哈拉沙漠于1984年最为干旱，其植被指数最低，沙漠扩展，但1985年后明显转向湿润（Tucker C J et al.，1999）。有学者研究认为，夏季西太平洋副热带高压廓线的东西位置在1985年出现跃变，月降水的突变和逐年变化与副高关系紧密，造成了我国黄土高原地区在1985年发生突变，降水减少趋势加剧（傅朝等，2008；赵汉光等，1996）。在我国西北的新疆北部、天山及其两侧地带、塔里木盆地西侧，叶尔羌河下游，祁连山及其北侧中西段地区，以及柴达木盆地东南侧格尔木河和察汗乌苏河地区，气候和水文记录显示，1950～1987年53条河流出山口径流量总体呈下降趋势（赖祖铭等，1995）；但在20世纪80年代以后降水和径流出现了明显的增加，洪水灾害也迅猛增加（姜逢清等，2002）。新疆学者首先报道了博斯腾湖水位自1987年开始转为迅速上升，艾比湖面积也迅速扩大（胡汝骥等，2002）。这种现象启发施雅风提出了我国西北气候自1987年开始由暖干向暖湿转型的假说（施雅风等，2000；2003）。施雅风认为，是由于全球显著变暖和水循环加快，使得中国西北主要是新疆地区于1987年气候发生突然变化，随着温度上升，降水量、冰川消融量和径流量连续多年增加，内陆湖泊水位显著上升，洪水灾害也迅猛增加。以上地区气候变化的共同特点是在20世纪80～90年代，气候出现了明显的转型变化，虽然不同地区的转型方向并不一致，对转型的原因目前也仅限于推测，但20世纪80～90年代气候发生了明显转型是不争的事实，气候的这种转型变化对很多地区的降水产生了显著的影响，同时，也导致了洪水灾害的明显增加。因此，在80～90年代，汉江谷地气候的转折变化与全球气候变化是有相关性的，是汉江谷地气候水文系统对于全球变化的一种响应，是由于全球气候变化导致的环流形势变化，而在降水和大、特大暴雨洪水发生方面表现出了转型的特点。

（四）小结与讨论

（1）通过EOF分解发现，汉江谷地流域近50年来降水量各月和全年变化特点是一致的。各月EOF第一特征向量空间值符号全区一致，且EOF第一特征向量的方差贡献达54.06%～80.99%，占有绝对优势，说明汉江谷地各地处于相同的环流控制之下，具有相同的变化趋势，降水变化的空间分布全区一致。

（2）汉江谷地降水量在各月的变化趋势不同。近50年来，汉江谷地4月份和9月份降水量明显减少。4月份降水量呈极显著的线性减少，9月份呈显著线性减少。减少幅度最大的是9月份，平均减少14.23mm/10a；其次是4月份，平均减少8.05 mm/10a。降水量增加幅度最大的为8月份，平均增加4.715 mm/10a；其次为6月份，平均增加3.623 mm/10a。由于降雨的减少量远高于增加量，所以从全年来看，降水总量呈减少趋势。年降水量平均减少17.431/10a。

（3）各月和年降水量年代际变化表现出一个共同特点，即在约1980～1988年，降水量变化最为明显，出现了转折性变化，凡是近50年来降水总体趋势呈增多的月份：1、2、6、8、12月，在大约1980～1988年之前降水量较少，1980～1988年之后降水量明显增多。总体降水呈减少趋势的月份：3、4、5、7、9、10月，以及全年，与以上月份正好相反，在大约1980～1988年之前降水较多，1980～1988年之后降水变少。可见，1980～1988年是汉江谷地气候的转型期，此期间环流形势发生变化。

（4）在1980～1988年这一气候转型时期，不但各月和全年降水量的变化出现了转折，同时，也导致这一时期出现了频率高、强度大、发生时间特殊的洪水灾害。汉江谷地气候的这种转型变化与全球气候变化密切相关，是由于全球气候变化导致的环流形势变化所引起的，是汉江谷地气候水文系统对于全球气候变化的一种响应。

五、汉江上游极端性降水变化特征与趋势分析——以安康为例

作为极端事件之一的极端降水事件，往往对自然环境造成严重破坏，特别是持续时间长的极端降水更容易造成大范围的严重洪涝，引发次生灾害。

因此，国内外不少学者致力于极端降水事件的发生及变化方面的研究。Karl（1998）、Frich P（2002）、Stone（1999）和 Yamamoto 等（1999）对区域降水的研究表明：在气候变暖背景下，强降水和强降水事件极有可能以更大比例增加，对当地社会经济与民生产生重大影响。因此，全球变化下极端降水的区域响应研究具有重要意义。

安康位于汉江上游中部，是汉江上游受极端降水和洪水影响最大的城市，汉江上游干流的历次洪水在安康都有明显表现，安康的极端降水变化，在汉江上游区域具有一定的代表性。极端强降水往往在单日或数日内发生，因此，以下拟从年最大日降水量、极端降水日数、极端降水量以及极端降水强度等指数着手，分析安康极端降水事件的变化特征，以及极端降水事件对安康地区造成的洪水威胁。气象资料来源于中国气象局国家气象信息中心数据应用服务室，主要包括安康气象站 1953～2011 年的逐日降水和历年最大洪峰流量。

（一）研究方法

1. 百分位阈值法

我国通常把日降水量超过 50mm 降水事件称为暴雨，把日降水量超过 25mm 的降水事件称为大雨，在我国北方降水少的地区，暴雨和大雨都可以看作强降水。事实上，对于不同的地区来说，由于区域差异，极端强降水事件是不能完全用全国统一固定的日降水量简单定义的。因此，本书引用翟盘茂等（2003）文中对极端降水事件的阈值，其具体方法是：把研究时间段（1953～2011）雨日（日降水量≥0.1mm）降水量分布第 99 个百分位值的 58 年平均值定义为极端降水事件的阈值，当该地区某年某日降水量超过规定阈值时，就称之为极端降水事件。

本书通过运用 SPSS17.0 对 1953～2011 年雨日数值的分析处理，将第 99 个百分位值作为安康的极端降水阈值，表 5-16 为安康降水量百分位值。

表 5-16　安康 1953～2011 年降水量百分位值

百分位值	数值（mm）
90	26.1900
95	37.7950
99	50.5000

2. 极端降水指数

本书以世界气象组织（WMO）气象学委员会（CCL）及气候变率和可预

报性研究计划（CLIVAR）推荐的50种极端气候指数为基础，有针对性的选取3种极端降水指数来分析安康极端降水的变化趋势，极端气候指数时间序列分析有助于深入了解气候变化，所选指数（表5-17）（任国玉等，2010）能简洁明确反映安康极端降水变化，并能够更直观的表征极端降水变化的特点。

表5-17　极端降水气候指数

代码	指数名称	定义	单位
Rx1day	年最大日降水量	每年最大单日降水量	mm
R99%	极端降水日数	日降水量≥第99百分位值的日数	d
R99p	极端降水量	日降水量>第99百分位值的总降水量	mm
SDII	极端降水强度	年极端降水量与年极端降水日数的比值	mm/d

（二）结果与分析

1. 年最大日降水量变化特征

安康逐年日最大降水量随时间呈波动变化如图5-19（a）所示。整体上，年最大日降水量呈不显著上升趋势，平均增长率为2.1mm/10a。单日降水量最大值出现在1978年7月2日，达161.9mm。年最大日降水量最小值出现在1965年8月3日，为32.2mm。1953～1959是一个小波峰，1960～1973为明显的波谷，1974～1993为明显的波峰，1993～1996年有所下降，1997年以后再次上升。与20世纪70年代中期至80年代相比，90年代以后年最大日降水量波动幅度相对较小。M-K检验结果表明如图5-19（b）所示，1966年最大日降水量通过−1.96临界线，说明降水量减少达到了显著水平；1974年，安

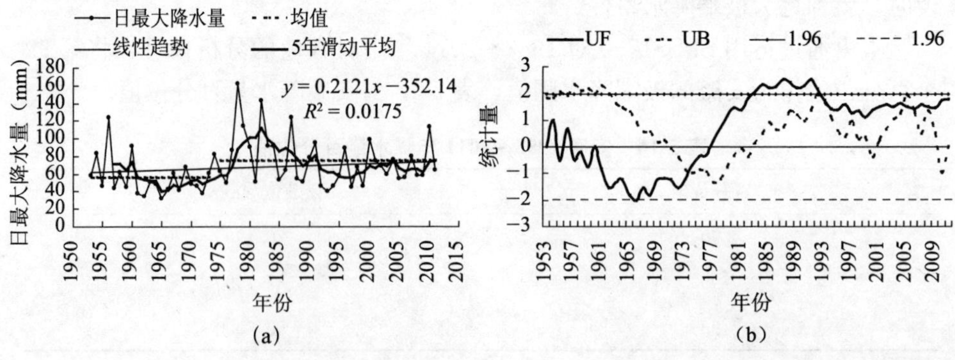

图5-19　安康1953～2011年逐年日最大降水量随时间变化曲线（a）与M-K突变检验（b）

注：突变检验直线±1.96为α=0.05显著性水平临界值，以下同

康最大日降水量发生了增多突变；1983 年增多超过了 0.05 显著性水平。1983～1993年，日最大降水量显著增多。均值计算结果显示，1974 年之前的年最大日降水量均值为 55.51mm，之后为 75.13mm，增加了 20mm 如图 5-19（a）所示，1974 年以后，平均年最大日降水量增多了 36.36%。1993 以后，虽然最大日降水量波动幅度变小，但 UF 与 UB 相交点增多，反复多次出现上升和下降转折变化，其波动性增强，但未达到突变程度。

2. 极端降水日数变化特征

近 60 年来安康极端降水日数整体也呈波动上升如图 5-20（a）所示。1953～1960 是一个小波峰，1961～1972 为波谷，1973～1991 为波峰，1991～1997 年略有下降，1997 年之后一直呈上升趋势。21 世纪后上升趋势更为明显。极端降水日数最多的年份为 2011 年（6d）。M-K 检验结果表明如图 5-20（b）所示，1966～1972 年极端降水日数减少超过显著水平。2002 年极端降水日数发生增多突变，2011 年增多达到显著水平。

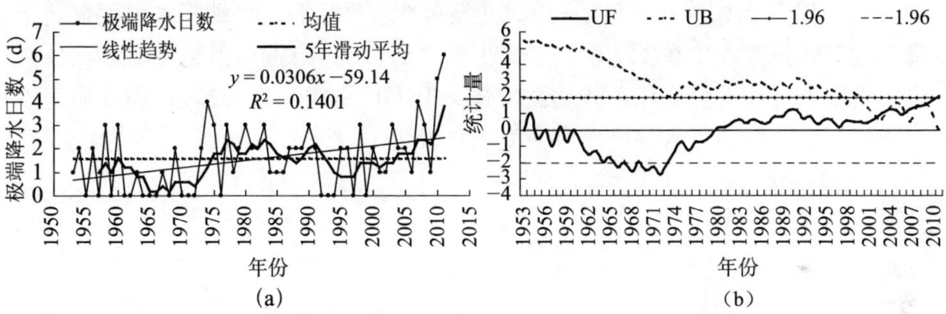

图 5-20 安康 1953～2011 年极端降水日数随时间变化曲线（a）与 M-K 突变检验（b）

3. 极端降水量变化特征

从时间变化序列来看如图 5-21（a）所示，安康 1953～2011 年极端降水量与极端降水日数变化趋势基本一致，整体亦呈波动上升趋势。1953～1960 是一个小波峰，1961～1972 为波谷，1973～1991 为波峰，1991～1997 年略有下降，1997 年之后一直呈上升趋势，进入 21 世纪以来上升趋势更为明显。其中，极端降水量最大值出现在 2010 年，为 393.4mm。M-K 检验结果来看如图 5-21（b）所示，1964～1974 年极端降水量减少达到显著水平，2007～2009 年 UF 与 UB 曲线在±1.96 范围内相交，但之后 UF 曲线未超过 1.96 临界线，说明 2007～2009 年前后，极端降水量出现了由低值到高值的转折，但没有明显的突变现象发生。

4. 极端降水强度变化特征

1953～2011 年，安康极端降水强度也表现为上升趋势如图 5-22（a）所

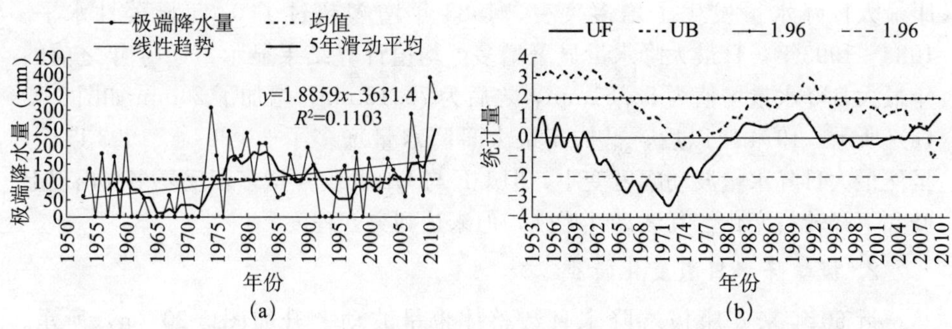

图 5-21　安康 1953～2011 年极端降水量随时间变化曲线（a）与 M-K 突变检验（b）

示。平均增长率为 5.455mm/10a。其中，极端降水强度最大值出现在 1978 年，为 161.9mm/d。均值计算结果显示，安康平均极端降水强度为 48.118mm/d。1953～1976 年为波谷，1977～1991 年为波峰，1992～1997 年略有下降，1997 年之后一直呈上升趋势。M-K 检验结果如图 5-22（b）所示，1964～1977 年极端降水强度通过 0.05 显著性水平检验，极端降水强度显著下降。增多转折点发生在 1978 年。1980 年之后，UF 与 UB 相交点增多，反复多次出现上升和下降变化，波动性增强。但 UF 曲线一直未超过 0.05 显著性水平值，说明极端降水强度没有突变现象发生。

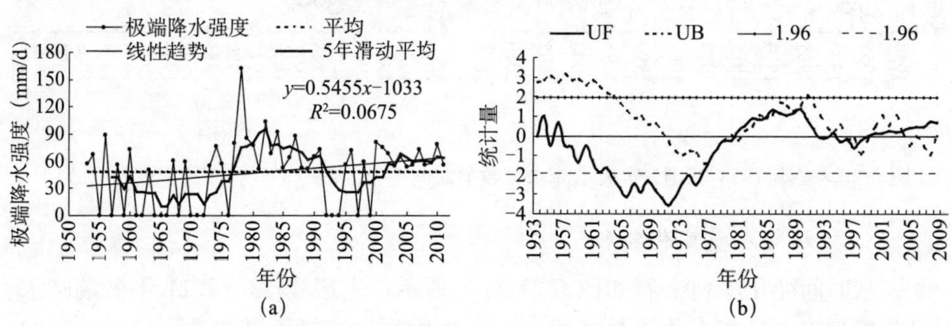

图 5-22　安康 1953～2011 年极端降水强度随时间变化曲线（a）与 M-K 突变检验（b）

5. 安康极端降水与洪灾

就我国而言，气象灾害是最重要的自然灾害之一，由极端降水导致的洪涝灾害又是气象灾害中重大的且具有多发性特点的灾害。持续时间长、分布范围广的极端降水事件更容易引发洪涝灾害。

根据前期研究（殷淑燕，2012；彭维英，2011；党红梅，2006；王娜，2010），受气候变化的影响，安康年降水量、年降水日数均呈下降趋势。根据本书的数据分析，可以看出近 60 年来安康日最大降水量、极端降水日数、极端降水量，以及极端降水强度都在增加。因此，在总降水量减少的情况下，降水在时间分布上更加不均匀，降水更为集中，发生强降水的概率会大大增加。加之，安康地两山夹峡谷之间，特定的地形地貌不利于降水的拦截与调蓄，短时间强降水极易引发山洪和城市洪灾。通过应用SPSS17.0处理，对安康1953～2011年年最大洪峰流量与洪峰前连续降水量进行相关性分析（表5-18），可知最大洪峰流量与洪峰前连续降水量呈极显著相关关系，说明极端降水是造成洪水的极显著因素。此外，在总降水量减少的前提下，短时期降水量的极端增多，一方面易造成大洪灾及次生地质灾害；而另一方面，其他时段降水减少，旱灾风险也进一步增大。

表5-18 安康1953～2011年最大洪峰流量与洪峰前连续降水量相关性分析

名称	年最大洪峰流量	洪峰前连续降水量
年最大洪峰流量	1	0.562**
洪峰前连续降水量	0.562**	1

注：**表示 $p<0.01$ 水平显著相关

在历史上，安康曾多次发生大洪水。1960～2010年，安康站最大洪峰流量超过15 000m^3/s的洪水有20次，平均每2.5a发生1次。1965、1968、1974、1983、1984、1987、2005年，安康洪峰流量均超过19 000 m^3/s（表5-3）。2010年7月18日，安康紫阳、岚皋、汉滨等县区出现了有水文观测记录以来的强降水，坝河、黄洋河、任河分别出现了1000、500、50年一遇洪水，安康水文站出现建站以来第三场大洪水（21 700m^3/s）（朱前斌，2011）。2011年9月，安康又出现一次长历时、高强度、洪水范围分布广的暴雨，降雨过程历史18天，累计面平均降雨量为315mm，受持续降雨影响，汉江流域出现大的涨水过程，安康水库18日21时出现最大入库流量19 000m^3/s（毛成本等，2010）。频繁发生的洪涝灾害，不仅给城市发展和人民生命财产安全带来严重威胁，甚至导致毁城之灾。因此，在极端降水事件明显增多的变化情况下，需进一步加强对洪灾、次生地质灾害及旱灾的防范措施，才能保障城市和人民生命财产安全。此外，极端降水的这种变化，对于当地通过水库调节径流量也提出了更高要求，需要通过工程措施有效地调节汉江上游径流量，才能为南水北调工程提供保障，顺利实现我国水资源跨流域调配。

（三）小结与讨论

基于安康近60年的逐日降水和历年最大洪峰流量资料，采用Mann-Kendall检验、百分位阈值、滑动平均、相关性分析以及趋势分析方法，并结合WMO提供的降水指数，对安康1953～2011年极端降水的时序特征、突变特点以及降水与洪涝灾害的相关性进行了分析，结果表明：

(1) 1953～2011 年，安康地区逐年最大日降水量呈波动上升趋势。1960～1973年最大日降水量较少，1974 年发生了增多突变，1983 年增多超过了 0.05 显著性水平。1983～1993 年，日最大降水量显著增多。1993 年以后，最大日降水量波动幅度变小，但 UF 与 UB 相交点增多，反复多次出现上升和下降转折变化，其波动性增强，但未达到突变程度。

(2) 近 60 年安康地区极端降水日数与极端降水量的变化趋势基本一致，总体均呈上升趋势。20 世纪 60 年代之前变化均表现为稳定增加，自 60 年代之后到 70 年代之前，呈现减少趋势，但 70 年代之后，增加幅度明显加大。90 年代前期、中期有所下降，1997 年之后，一直呈上升趋势，进入 21 世纪后上升趋势更为明显。其中，极端降水日数在 2002 年发生了增多突变，2011 年增多达到显著水平，2007～2009 年前后，极端降水量出现了由低值到高值的转折，但没有明显的突变现象发生。

(3) 安康地区近 60 年来极端降水强度随时间变化总体亦呈上升趋势。19 世纪 50 年代中期至 70 年代中期，极端降水强度较小，70 年代中期至 80 年代末，极端降水强度明显增大。90 年代前期、中期略有下降，1997 年之后一直呈上升趋势。1980 年之后，极端降水量波动性增强，但没有突变现象发生。降水强度的增加，对地面侵蚀加剧，水量增大，流速变快，降低了地面土壤植被对雨水的拦截调蓄作用，将会带来区域水土流失，影响植被生长，进而对安康地区种植业的发展乃至汉江上游自然生态环境建设构成威胁。

(4) 持续时间长、分布范围广的极端降水事件很容易引发洪涝灾害。安康近 60 年逐年最大洪峰流量与洪峰前连续降水量呈极显著相关关系。在总降水量减少的情况下，极端降水增多，降水更为集中，一方面，极易引发山洪和城市洪灾；另一方面，也导致旱灾的风险进一步增大。这对汉江径流的调控和防洪抗旱提出了更高的要求。

第六节　本章小结

汉江上游气候水文灾害频发，与该地区的气候、地形、人为等因素都有一定的关系。气候因素是导致该区洪、旱灾害的主要原因，地形因素放大了气候的影响，人为因素则是导致近现代汉江上游气候水文灾害加剧的重要因素之一。

我国大部分地区降水的多少，受到东亚、南亚季风强弱和西太平洋副热带高压位置的控制。形成降水，除东南季风（东亚季风的夏季风）、西南季风

（南亚季风的夏季风）带来的暖湿气流携带充沛的水汽之外，还要有来自北方的冷空气阻碍。冷空气阻碍暖湿空气北上，再加上副高阻滞气流南下，冷暖气流交馁，才会在副高脊线以北约5～8个纬度形成较强降水。而在副高脊控制区，受强烈的下沉气流控制，天气晴朗少雨，往往形成伏旱。每年夏季，随着副高位置的不断由南向北深入，我国从南向北依次出现雨季。

受副热带高压边缘到达时间差异的影响，汉江上游历史大洪水主要发生在6月下旬到7月下旬和8月下旬至9月下旬两个时期，时间过程呈M形。8月上旬到8月中旬时常形成伏旱，呈现涝（洪）一旱一涝（洪）的特征。降水量变化是导致灾害这种变化特征的关键因素。其降水形成一般过程为：从6月中旬至7月中旬，副高前沿到达汉江上游地区，高压前沿带来东南暖湿空气，成为降水的水汽来源之一。同时，来自孟加拉湾北上东移的西南暖湿气流，涌向汉江上游地区而为秦岭所阻，气流被抬升，并沿坡向东伸展。而此时北方冷空气南下的仍然不少，冷暖气流交馁，常造成大暴雨洪水。因此7月上、中旬，成为汉江上游历史大洪水发生频率较高的一个时段；到7月上半月，副高前沿位置已越过秦岭，黄河流域进入多雨期。而到8月下半月时，副高又开始南撤。其中在约8月上旬到8月中旬时，副高中部脊线控制汉江上游，该地盛行下沉气流，空气干热，进入酷暑季节，形成伏旱。如果高压脊控制时间过长，往往形成大旱灾；8月下半月，副高从北方南撤，副高边缘再次到达汉江上游。8月下旬到9月中旬，以9月上旬为高峰点，汉江上游进入第二个降雨高峰期，即著名的华西秋雨季节。此时北方冷空气强盛，大举南下，在汉江上中游及川黔山地，由于巴山山脉阻拦，极锋停滞不前，来自孟加拉湾的西南暖湿气流沿副高边缘北上，与北下冷空气遭遇，再次形成历时较长的降雨与洪水。因此，随着初夏副高边缘位置到达汉江上游，以及秋季副高边缘位置后退至汉江上游，在汉江上游，常出现两次降水高峰。导致其降水量与大洪水的时间过程呈现出M形。

从季风强弱的角度来看，由于西南季风带来的低纬度暖湿水汽，水量充足，空气层厚度大且稳定性较差，且在汉江上游，西南季风带来气流走向和雨带移动方向与径流方向基本一致，与各支流涨水的先后顺序一致，对洪涝灾害的发生起着加剧作用，因此，西南季风带来的水汽成为汉江上游降水的主要来源。当西南季风较强而东南季风较弱的年份，在汉江上游易形成大洪水夏季洪水。西南季风和东南季风都较强的年份，则易形成初夏、秋季两季洪水。西南季风较弱，则易导致降水较少，形成旱灾。副高控制时间越长，旱灾就程度越强。季风气候转型期，季风的强弱变化波动频繁，会加大汉江上游洪、旱灾害发生的风险。

从ENSO事件角度来看，因为ENSO现象是大洋温度的异常变化，这种变化会加强或减弱海陆间的热力差异，导致季风环流的增强或减弱。随着季风的强弱变化，西太平洋副热带高压的强弱与位置移动也受到影响，进一步导致雨带位置与降水量的变动。因此，ENSO对我国大部分地区降水量的多少也有着显著的影响。位于南北方过渡区的汉江上游，由于特殊的地理位置与地形条件，在上一年年底或本年年初有较强El Nino的年份，以及El Nino与La Nina相互转换的年份，易发生大洪水，相关性超过极显著水平，且洪峰大、成灾重。当季风气候发生转型时期，会对汉江上游的气候带来更多的不确定性，El Nino与La Nina事件频繁、接连发生，这种情况下，汉江上游极易发生特大洪水。因此，当气候发生转折或突变，季风气候发生转型时，汉江上游特大洪水的发生几率也大为增加。前文在地层研究中，发现在气候转折、突变期，汉江上游沿岸地层中出现明显SWD沉积层，表明当时有特大洪水的发生，两方面研究结果是一致的。

有现代气候资料记录的近50年来，汉江上游地区年平均气温呈上升趋势，趋势增温率为0.104℃/10a。年均温突变点出现在1997年，在1997年前后，汉江上游经历了由冷到暖的转变，在2000～2007年间气温上升趋势更明显。在1997年之后汉江上游年均温的暖中心范围不断扩大，强度不断加深，而冷中心范围在不断减小，强度在不断减弱。温度变率方面，年均温较高的中间河谷盆地增温较少或略有降温，而年均温较低的河谷两侧低山区增温明显，增温幅度较大。且1997年前后，增温中心明显由气温较高的汉江上游东部向气温较低的西部移动。研究区域内东部与西部、高海拔与低海拔之间温差都表现出减小的特征。在全球变暖的背景下，汉江上游地区，表现出时间和空间上温差减小的变化趋势。

近50年来，汉江上游年降水量呈不显著下降趋势，线性趋势为－11.88mm/10a；但并不是四季降水量都有下降，而是春、秋季降水减少，夏、冬季降水增加，这导致降水的年内分配更加不均匀，干旱、洪涝灾害频繁发生。年降水量变化存在多个突变点，最近一次突变在1985年，降水量呈现由多变少的趋势。空间差异方面，降水量偏多的汉中盆地中部和南部米仓山、大巴山地区减少趋势明显，降水量偏少的东北部地区增加趋势较明显，汉江上游内部各区域间降水差异有减小的趋势。虽然汉江上游的降水逐渐减少，气候存在暖干化趋势，但洪水特别是特大洪水事件发生次数不仅没有减少，而且强度还呈增加趋势（殷淑燕，2012）。而且中国其他区域的近代洪水研究，也有相似的结论得出（何佳，2010）。可见，洪水事件的发生与降水丰富的湿润期时间上并不一致，而应与气候的恶化转折或气候突变有关，这可能是由于气候的恶化或转折时期，大气循环格局发生变化，致使大气能量在某些区域重新聚集，使得气候降水年际变化和季节变化加大，容易引起极端气候水文事件的普遍发生，这与第三章中我们对沉积洪水事件发生气候背景的分析结论是完全一致的。

极端气温变化方面，以汉江上游汉中、石泉、安康三地为例研究结果表明，1960～2010 年，汉江上游年平均气温、年平均最低气温呈极显著递增趋势，年平均最高气温呈不显著递增趋势。年平均气温、平均最低气温、平均最高气温发生暖突变的时间分别为 2001、2000 和 2001 年，近 10 年是该区年平均气温增暖的主要时期。季节变化特征上，春季、冬季表现出气温极显著递增趋势，秋季也表现出气温显著递增趋势，夏季气温呈不显著递减趋势。近十几年来，虽然汉江上游春、秋季气温有极显著、显著上升趋势，但温度的日波动性大，倒春寒的频率和强度均有所增大，秋封的频率虽然有所下降，但持续时间长，灾害强度较增大。

将研究时间段（1953～2011 年）雨日（日降水量≥0.1mm）降水量分布第 99 个百分位值的平均值定义为极端降水事件的阈值，统计分析安康气象站的日降水数据，结果表明，安康近 60 年来，年最大日降水量、极端降水强度、极端降水日数与极端降水量都呈波动上升趋势。其中，极端降水强度、极端降水日数与极端降水量的上升趋势尤为明显。20 世纪 70 年代中期，年最大日降水量发生了增多突变。在总降水量减少的情况下，降水时间分布更加不均匀，降水集中度增加，强降水事件增多。

因此，从近 50 年来汉江上游的气温、极端气温、降水、极端降水数据统计分析结果来看，汉江上游气候整体变化趋势为暖干化，年均温上升、年降水量减少。但四季变化情况不同。春、冬季气温上升极显著，夏季气温上升不显著或略有下降；降水量春、秋季呈减少趋势，夏、冬季呈增加趋势。年内各季间温差和汉江上游区域内部温差有减小趋势。虽然年内各季间气温差异有减少趋势，但温度的日波动性增大，倒春寒的频率和强度均有所增大，秋封的频率虽然有所下降，但持续时间长，灾害强度较较大。降水量在汉江上游区域内空间差异有减小趋势，但年内差异增大，尤其是夏季降水增多，导致年内降水更加不均匀，洪涝及时灾风险均有增大。

在目前全球气候变暖的背景下，全球气候仍处于一个转折期，波动性大，气候水文灾害多，灾情重。在汉江上游，同样表现出虽然整体气候暖干，但旱、涝、洪、倒春寒、秋封等灾害增多，极端降水增多增强的趋势。

综合第二章至第五章分析来看，不论是古洪水，还是现代洪水，深入研究的结果都表明：大洪水的发生，在气候转型期，以及气候异常波动性大、气候突变时期频率和强度都有明显增大的趋势。气候由暖湿向冷干转化，或由冷干向暖湿、暖干转化，转化期间，大洪水事件都会明显增加。

从现代观测数据结果来看，洪水在气候转型期发生频率最大，是因为洪水的发生与否，关键影响因素并不是降水总量，而是降水量的年内与年际分配。气候转型期和气候突变期，气候都具有明显的异常波动，气候的异常波动变化导致降水量年内和年际分配不均匀，是导致洪灾频繁发生的主导因素。因此大洪水在气候转型期、突变期出现频率高，气候平稳期出现频率较低。这种认识，可能与人们通常认为的，在气候湿润期，洪水发生频率大，在气候干旱期，洪水发生频率小的认识不符合，但古洪水滞流层、历史灾害记录和现代洪水与气象观测记录三方面的研究，都印证了这一点。虽然不同时间尺度的研究有着各自的特点，如古洪水主要是根据地质沉积记录进行研究，难以计算频率，且由于时间样本的长度有限，目前也很难确定气候转型期的时间，气候转型期、突变期的时段也较难明确划分，我们所认定的转型期，有可能一部分已进入到湿润期，但是，根据不同角度、不同方法研究的成果进行比较印证，仍可发现其中表现出明显的共同规律性，即大洪水在气候转型期、突变期出现频率最大，应该是气候湿润期对应洪水事件较多这一观点的一个重要补充认识。对这种规律性的认识，仍是非常有意义的。

事实上，在气候转型期，不仅大洪水增多，干旱、寒冻等极端性气候事件也明显增多。从降水方面来说，气候的异常波动变化导致降水量年内和年际分配不均匀，不仅会造成洪灾频发，同样也会造成较多的旱灾。因此，历史灾害研究中，可见水旱灾害同步增多、出现灾害群发期的现象。从更高层面上理解，按照辩证唯物主义认识论，在事物内部，矛盾的双方，互相依存又相互排斥，它们之间的关系，不会一成不变，矛盾双方的斗争，推动着事物的变化和发展。列宁说："对立面的统一（一致、同一、均势）是有条件的、暂时的、易逝的、相对的。相互排斥的对立面的斗争是绝对的，正如发展、运动是绝对的一样。"（列宁，1990）对立统一的矛盾双方中，如果其中一种单一势力处于统治地位，事物的发展就会处于相对平缓状态；而不同力量势均力敌时，矛盾斗争激烈化，推动事物发展变化。对于气候变化来说，影响气候变化的各种要素，如果一种单一势力处于统治地位，气候处于平稳期，具体表现上，相对来说，降水、温度的变幅相对会较小，波动性较弱，这种情况下，气候灾害就会相对较少。气候转型期，是大气环流系统内部矛盾要素之间地位转化的时期，是矛盾双方斗争激烈的时期，矛盾的激烈斗争，易导致气候异常波动变化，进而导致水、旱、寒、冻、热等多种气候灾害的频发，而形成灾害群发期。

附录　汉江上游气候水文灾害年表

附录1　历史时期以来汉江上游洪涝灾害年表

朝代	年份	地点	灾　情	资料来源
秦朝 1次	公元前 208	勉县	七至九月霖雨	《勉县志》
		城固	七月，霖雨月余	《城固县志》
				《中国历代天灾人祸表》
		留坝	七至九月霖雨庄稼被毁	《留坝县志》
		无具体地点	七月大霖雨……时连雨自七月至九月	《汉书》卷1《高帝纪》
西汉 3次	公元前 185	宁强	汉水溢，漂流四千余家	《宁强县志》
		勉县	汉江溢，漂四千余家	《勉县志》
		南郑	大水，汉江泛滥，四千余户被冲走	《南郑县志》
		汉中	夏，大水，汉江溢，四千余家被冲走	《汉中市志》
			吕后三年夏，汉中大水，水出流四千余家	雍正十三年《陕西通志》
		城固	夏，汉江涨溢，淹漂两岸四千余家	《城固县志》、《重刻汉中府志》
		安康	夏，汉中南郡大水，汉江溢流四千余家	《安康县志》
		旬阳	夏，汉水溢，流民四千余家	《旬阳县志》
		白河	夏，汉江洪水（白河县人习惯认为汉江淹没县城河街街道，居民搬迁为洪水）	《白河县志》
		郧县	夏，汉中大水，流四千余家	《中国气象灾害大典·湖北卷》
		汉水	夏，汉中南郡大水，汉江溢，流四千余家	《续资治通鉴》
			夏，汉中、南郡大水，水出流四千余家	《汉书》卷27《五行志》
			夏，江水、汉水溢，流民四千余家（注：按此记载，不能确定洪水发生在汉江上游，但佐以同年《汉书》卷二七《五行志》“夏，汉中、南郡大水，水出流四千余家”，可以发现该次洪水过程是包括汉江上游在内的长江、汉江全流域洪水，因此可以作为一条佐证，以下类似记载不再说明）	《汉书》卷3《高后纪》
	公元前 180	宁强	汉水溢，漂六千余家	《宁强县志》
		勉县	汉江溢，漂六千余家	《勉县志》
		南郑	大水，汉江泛滥成灾，六千余家被水冲走	《南郑县志》
		汉中	夏，汉江河水暴涨，漂六千余家	《汉中市志》
		城固	夏，汉江涨溢，淹漂两岸六千余家	《城固县志》

续表

朝代	年份	地点	灾情	资料来源
西汉 3次	公元前 161	安康	汉中南郡水害后，流六千余家	《安康县志》
		旬阳	夏，汉水溢，流民万余家	《旬阳县志》
		留坝	七月，黑龙江水溢，泯人民	《留坝县志》
		郧县	夏，汉中水复溢，流六千余家	《中国气象灾害大典·湖北卷》
		汉水	夏，汉中、南郡水复出，流六千余家	《汉书》卷27《五行志》
		汉水	夏，江水、汉水溢，流万余家	《汉书》卷3《高后纪》
		汉水	秋，大雨，昼夜不绝三十五日，蓝田山水出，流九百余家。汉水出，坏民室八千余所，杀三百人	《汉书》卷27《五行志》
东汉 4次	195	洋县	五月，大霖雨，汉水溢	光绪二十四年版《洋县志》
	197	勉县	汉江溢	《勉县志》
		汉中	秋九月，汉水溢，泯人民	《汉中市志》
		城固	九月，汉江涨溢，淹没两岸村舍、农田	《城固县志》
		安康	秋九月汉水溢，流人民	《安康县志》
		旬阳	秋九月，汉水溢	《旬阳县志》
		留坝	八月，大霖雨，紫柏河水溢	《留坝县志》
		郧县	秋，九月，汉水溢，害民人	《中国气象灾害大典·湖北卷》
		汉水	汉水流，害人民，是时天下大乱	《后汉书》志一五《五行三》
		汉水	九月，汉水溢	《后汉书》卷9《献帝纪》
		汉水	九月汉水溢，流害人民	《行水金鉴》卷77
	215	宁强	汉水溢，漂6000余家	《宁强县志》
		南郑	汉水泛滥，人民被冲若干	《南郑县志》
	219	宁强	大霖雨，汉水溢	《宁强县志》
		勉县	大霖雨，汉江溢	《勉县志》
		南郑	大暴雨，汉水泛滥	《南郑县志》
		汉中	八月，大霖雨，汉水溢	《汉中市志》
		城固	八月，大霖，汉江涨溢	《城固县志》
		石泉	秋，“八月大雨，汉水溢”	《石泉县志》
		安康	秋八月，大霖雨，汉水溢	《安康县志》
		旬阳	秋八月，大霖雨，汉水溢	《旬阳县志》
		白河	八（9）月，汉江洪水	《白河县志》
		汉水	八月，汉水溢	《后汉书》卷9《献帝纪》
		汉水	汉水溢流，害民人	《后汉书》志一五《五行三》
		汉水	秋，大霖雨，汉水溢，平地水数丈	《三国志》卷17《于禁传》
		汉水	八月，汉水溢，流害人民	《中国气象灾害大典·湖北卷》

续表

朝代	年份	地点	灾情	资料来源
魏国 1次	230	宁强	大雨30余日，水涨山崩，栈道断绝	《宁强县志》
		勉县	大雨，汉江溢	《勉县志》
		南郑	大霖雨30余日，汉水泛滥	《南郑县志》
		汉中	秋，八月，大霖雨三十余日，汉水泛滥	《汉中市志》
		城固	九月，汉江涨溢	《城固县志》
		石泉	九月，“大雨，汉水溢”	《石泉县志》
		安康	九月大雨，伊、洛、河、汉水溢	《安康县志》
		旬阳	九月大雨，汉水溢	《旬阳县志》
		白河	十月初，汉江洪水	《白河县志》
		留坝	秋，大霖雨，褒水泛滥	《留坝县志》
		汉江上游	太和四年司马宣王溯汉水，当会南郑。诸军或从斜谷道，或从武威入。会大霖雨三十余日，或栈道断绝，诏真还军	《三国志》卷9《曹真传》
西晋 1次	277	宁强、汉中	汉中暴水杀人，九月又大水，死300余人。伤秋稼	《宁强县志》
		勉县	6月，暴水，9月又大水	《勉县志》
		南郑	大水（两次）死人300余口，秋禾损失严重	《南郑县志》
		汉中	六月，益、梁二州郡国人暴水杀三百多人	《晋书、汉中市志》
		城固	六月，汉江涨溢，漂没300余人。十月又大水成灾	《城固县志》
		西乡	六月，梁、益二州郡国人暴水，杀三百多人。九月又大水	《西乡县志》
		安康	六月益、梁二州郡国大暴水，死三百余人。七月荆州大水，十月荆、益、梁又水	《安康县志》
		旬阳	七月，荆州大水，九月戊子（10月30日）。荆、梁州大水伤秋稼，十月，梁州又水	《旬阳县志》
		留坝	秋，暴雨成灾，洪水败禾	《留坝县志》
东晋 1次	390	宁强	汉中大水	《宁强县志》
		勉县	沔中大水	《勉县志》
		南郑	大水	《南郑县志》
		汉中	大水	《汉中市志》
南朝宋 2次	434	宁强	汉水泛溢	《宁强县志》
	441	勉县	汉江泛溢	《勉县志》
		南郑	汉水泛滥	《南郑县志》
		汉中	夏，汉江泛滥，农田受损	《汉中市志》
		城固	五月，汉江泛滥成灾	《城固县志》
		西乡	五月，汉水泛滥成灾	《西乡县志》
		汉水	夏五（6）日汉水泛溢	《古今图书集成》
		安康	夏五月，勉水（汉水）泛滥	《安康县志》

续表

朝代	年份	地点	灾 情	资料来源
南朝宋 2次	434 441	旬阳	夏五月，沔水泛溢	《旬阳县志》
南朝梁 1次	502	安康	汉水溢，安康县城江南居民避水赵台山	《安康地区志·大事志》
唐朝 12次	654	镇安	大水	《镇安县志》
	655	镇安	大水	《镇安县志》
	788	镇安	大水有灾	《镇安县志》
	812	石泉	夏，“汉水溢”	《石泉县志》
	816	旬阳	夏，大雨	《旬阳县志》
	821	勉县	汉江溢	《勉县志》
		南郑	汉水溢	《南郑县志》
		汉中	夏，汉江溢	《汉中市志》
		城固	夏，汉水溢	《城固县志》
		安康	夏，汉水溢	《安康县志》
		旬阳	夏，汉水溢	《旬阳县志》
		白河	夏，汉江洪水	《白河县志》
	824	宁强	汉水溢	《宁强县志》
		南郑	汉水泛滥	《南郑县志》
		城固	夏，汉水溢决	《城固县志》
		安康	夏，汉水溢决	《安康县志》
		旬阳	夏，汉水溢决	《旬阳县志》
	830	安康	夏，鄜坊水漂，三百余家，山南东道，京畿大水皆害稼	《安康县志》
		旬阳	夏，大水害稼	《旬阳县志》
	838	宁强	汉水溢	《宁强县志》
		勉县	汉江溢	《勉县志》
		南郑	汉水泛滥	《南郑县志》
		汉中	夏，汉水溢	《汉中市志》
		城固	夏，汉江涨溢	《城固县志》
		安康	夏，汉水溢	乾隆五十三年版《兴安府志》
		旬阳	夏，汉水溢	《旬阳县志》
	841	宁强	汉水溢决	《宁强县志》
		勉县	汉江溢	《勉县志》
		南郑	汉水泛滥	《南郑县志》
		城固	七月，汉水溢	《城固县志》
		安康	七月，壬辰（14日）汉水溢	《安康县志》
		旬阳	七月壬辰，汉水溢	《旬阳县志》
	850	安康	四月霖雨	《安康县志》
		旬阳	四月霖雨	《旬阳县志》
	901	城固	汉江涨溢	《城固县志》
北宋 14次	960	石泉	七月，“汉水溢，民有溺死者”	《石泉县志》

续表

朝代	年份	地点	灾 情	资料来源
北宋 14 次	961	南郑	汉水泛滥	《南郑县志》
		城固	汉江涨溢	《城固县志》
		安康	汉水溢	《安康县志》
		旬阳	汉水溢	《旬阳县志》
		汉水	汉水溢	《古今图书集成》
	984	郧县	夏六月，汉水涨，坏民舍	《中国气象灾害大典·湖北卷》
	991	宁强	汉水涨，坏民庐舍	《宁强县志》
		勉县	汉江水涨，坏民田庐舍	《勉县志》
		南郑	汉水暴涨，冲毁民房甚多	《南郑县志》
		汉中	汉江水涨，死人甚多，九月又大水，损坏庐田	《汉中市志》
		城固	七月，汉江水涨，毁两岸村舍、农田	《城固县志》
		洋县	七月，汉江水涨，毁境内汉江两岸农田、民舍	《洋县志》
		安康	七月，汉江水涨，坏民田庐舍	《安康县志》
		旬阳	七月，汉江水涨，坏民田庐舍	《旬阳县志》
		镇安	河水猛涨，有灾	《镇安县志》
	992	郧西	上津县（湖北郧西县上津镇）大雨，河水溢，坏民舍，溺者三十七人	《宋史》卷 61《五行志》
	1000	洋县	七月，洋州汉水溢，有人被淹死	《洋县志》
		西乡	七月，洋州（辖今西乡、洋县）汉水溢，民有溺死者	《西乡县志》
	1009	留坝	夏，发生特大水灾。黑龙江（褒河）等诸河流水涨，死人甚多，栈阁毁坏	《留坝县志》
	1016	南郑	大水	《南郑县志》
		汉中	八月，利州水，漂栈阁	《汉中市志》
		安康	八月，利州水，漂栈阁	《安康县志》
		旬阳	八月，利州水	《旬阳县志》
		留坝	八月，黑龙江发大水，漂荡庐舍	《留坝县志》
	1052	石泉	六月九日，“汉水大溢，石泉嘴（汉阴邑署）漂没”	《石泉县志》
		安康	六月九日，汉水大溢，邑署漂没	《安康县志》
		旬阳	六月九日，汉江大溢	《旬阳县志》
	1067	安康等地	八月，金州（安康郡，辖今安康、汉阴、旬阳、石泉、平利）大水，毁城坏官私庐舍	《宋史》卷 61《五行志》
	1071	安康	八月，金州大水，毁城坏官寺庐舍	《安康县志》
		旬阳	八月，金州大水，毁城、坏官私庐舍	《旬阳县志》
	1075	安康	金州大水	《安康县志》
		旬阳	金州大水	《旬阳县志》
	1113	安康	大水入城	《安康县志》
	1127	城固	八月，大水漂淹村舍农田	《城固县志》

续表

朝代	年份	地点	灾 情	资料来源
南宋16次	1133	安康	秋，大水入城	《安康县志》
		旬阳	秋，大水入城	《旬阳县志》
		白河	九月，南宋绍兴三年（1133）八月，汉江洪水	《白河县志》
	1134	安康	大水入城	《安康县志》
	1145	宁强	汉水决溢，漂荡庐舍	《宁强县志》
		勉县	汉江决溢，漂荡庐舍	《勉县志》
		南郑	汉水决堤，泛滥，冲毁民舍	《南郑县志》
		汉中	汉水决溢，漂荡庐舍	《汉中市志》
		城固	汉江涨溢，决堤，漂淹村舍、农田	《城固县志》
		安康	汉水决溢，漂没庐舍	《安康县志》
		旬阳	汉水决溢，漂荡庐舍	《旬阳县志》
		汉水	汉水决溢，漂荡庐舍	汉江流域资料第一部分历史资料
	1155	勉县	6月丙申，大雨，水流民庐，坏桥栈，死者甚众	《勉县志》
	1158	宁强	汉沔及大安军大雨水。漂没民舍，冲塌桥栈，死者甚众	《宁强县志》
		南郑	大雨，冲毁民舍、桥栈，死人甚多	《南郑县志》
		汉中	六月丙申，汉沔及大安军大雨，水泯民庐，坏桥栈，死者甚众	《汉中市志》
		安康	六月，兴、利二州大雨水，流民庐，坏桥栈，死者甚众	《安康县志》
		留坝	六月，黑龙江大水，毁坏栈阁多处，栈道塞，水泯民庐	《留坝县志》
		汉江上游	六月丙申，兴、利二州（汉中郡、安康郡、洋洲郡等地）及大安军（宁强）大雨水流民庐，坏桥栈，死者甚众	《宋史》卷61《五行志》
	1186	宁强	利州路霖雨败禾稼，大饥，赈之	《宁强县志》
		汉中	秋，霖雨，败禾稼	《汉中市志》
		西乡	洋州霖雨，毁禾稼	《西乡县志》
		安康	秋，金州、洋州、凤州霖雨败禾稼	《安康县志》
		旬阳	秋，金州霖雨败禾稼	《旬阳县志》
		白河	连阴雨，庄稼不收	《白河县志》
	1189	南郑	霖雨	《南郑县志》
		安康	五月，利（州）西（路）诸道霖雨	雍正十三年版《陕西通志》
	1191	宁强	嘉陵江暴溢，大安军大水	《宁强县志》
		南郑	大水；久雨伤麦	《南郑县志》
		汉中	五月二十二日大水	《汉中市志》
		城固	久雨，伤害禾苗	《城固县志》
		西乡	利州久雨，伤麦……石泉军、大安军、兴州、利州大水	《西乡县志》

续表

朝代	年份	地点	灾情	资料来源
南宋16次	1191	石泉	“五、六月，石泉大水”	《石泉县志》
		安康	七月，辛亥（8）日，金州大水	《安康县志》
		旬阳	七月癸亥，金州大水	《旬阳县志》
	1192	白河	汉江大水	《白河县志》
	1193	勉县	褒河大水，河堰尽决	《勉县志》
		南郑	大水，冲毁山河堰等渠道	《南郑县志》
		汉中	夏，黑龙江（褒河）大水，山河堰尽决	《汉中市志》
		留坝	夏，大水	《留坝县志》
	1196	南郑	大雨	《南郑县志》
		汉中	夏雨大至	民国十三年版《汉中府志》
	1205	宁强	利州郡县霖雨害稼	《宁强县志》
		南郑	霖雨，庄稼受害	《南郑县志》
		西乡	七月，利州郡县霖雨害稼	《西乡县志》
		安康	七月，利州郡县，霖雨伤稼	《安康县志》
		旬阳	七月，利州郡县霖雨害稼	《旬阳县志》
	1215	留坝	秋，水灾	《留坝县志》
	1230	洋县	夏大水	康熙三十三年版《洋县志》
	1246	留坝	夏，水患	《留坝县志》
	1267	宁强	汉水溢	《宁强县志》
		勉县	汉江溢	《勉县志》
		南郑	汉水泛滥	《南郑县志》
		汉中	六月，汉水溢	《汉中市志》
		城固	六月，汉江涨溢	《城固县志》
		安康	六月，汉水溢	《安康县志》
		旬阳	六月，汉水溢	《旬阳县志》
元朝4次	1313	留坝	大水	《留坝县志》
	1314	石泉	秋：“七、八月暴雨，庄稼淹没”	《石泉县志》
		安康	七月，金州霖雨淹没田稼	《安康县志》
		旬阳	秋七月金州霖雨，没田稼	《旬阳县志》
	1328	留坝	秋，发大水，栈道毁坏多处	《留坝县志》
	1349	宁强	大霖雨，汉江溢，漂没民居、禾稼	《宁强县志》
		郧县	秋七月，汉水溢，漂没民舍禾稼	《中国气象灾害大典·湖北卷》
明朝61次	1372	宁强	大雨，河水暴溢，巨木蔽江而下	《宁强县志》
		勉县	6月，大雨，汉江暴溢，巨木蔽江而下；	《勉县志》
		南郑	大雨，江河暴溢，汉江漂满巨木	《南郑县志》
		汉中	六月，大雨，汉水暴溢，巨木蔽江而下	《汉中市志》
		城固	六月，大雨。汉江暴涨，巨木蔽江而下	《城固县志》
		西乡	六月，大雨，汉水暴溢，巨木蔽江而下	《西乡县志》
		石泉	六月，“大雨，汉水暴溢。巨木蔽江而下”	《石泉县志》
		留坝	六月，暴雨成灾，江水暴溢，巨木蔽江而下	《留坝县志》

续表

朝代	年份	地点	灾情	资料来源
明朝61次	1385	勉县	汉江溢，漂没堤坝民舍	《勉县志》
		城固	汉江涨溢	《城固县志》
	1389	旬阳	秋八、九月淫水，汉水暴溢	《旬阳县志》
	1390	勉县	8月，淫雨，汉江暴溢	《勉县志》
		南郑	淫雨，汉水暴溢，庐舍人畜漂没无算	《南郑县志》
		汉中	秋八月，淫雨，汉水暴溢	《汉中市志》
		城固	八月，淫雨。汉江暴涨	《城固县志》
		西乡	秋八月淫雨，汉水暴溢	《西乡县志》
		安康	秋八月淫水，汉水暴溢，由郢以西庐舍人畜漂没无际，州城陷	《安康县志》
		旬阳	秋八月汉水暴涨，州城陷五天，水退，人舍漂流无数	《旬阳县志》
		留坝	八月，霖雨，褒水暴溢	《留坝县志》
		汉水	秋八月淫水，汉水暴溢，由郢以西庐舍人畜漂没无算，州城陷五日乃止	《行水金鉴》卷77《江水》
	1396	汉中	褒水涨，损坏打钟坝民舍	《汉中市志》
	1410	安康	五月汉中府金州大水，毁城垣仓廪，漂溺人口	《安康县志》
		旬阳	五月金州大水，坏城垣仓廪，漂溺人口	《旬阳县志》
	1412	安康	汉水水溢	《安康县志》
		旬阳	汉江水溢	《旬阳县志》
	1416	宁强	汉水涨溢，淹没公私庐舍无数	《宁强县志》
		勉县	5月庚申，汉江涨溢，淹没公私庐舍	《勉县志》
		南郑	汉水涨，泛滥，淹没大量公、私房舍	《南郑县志》
		汉中	五月庚申，汉水涨溢，淹没公私庐舍	《汉中市志》
		城固	五月，汉江涨溢。淹没村舍	《城固县志》
		洋县	五月庚申，汉水暴涨，淹及县城，毁公私房舍	《洋县志》
		石泉	五月，“汉水涨溢，城池淹没，庐舍无存”	《石泉县志》
		安康	五月，汉水涨溢，淹没州城，公私庐舍无存	《安康县志》
		旬阳	五月，汉水涨溢，淹没州城，公私庐舍无存者	《旬阳县志》
		留坝	夏，褒水洪溢，淹没庐舍，毁坏栈道，紫柏河水高数丈，城郭居民俱移	《留坝县志》
		汉水	五（5）月，汉水涨溢，淹没州城，公私庐舍无存者	《古今图书集成》
	1426	郧县	秋，七月汉水涨，沿江民居漂没者半	《中国气象灾害大典·湖北卷》
		郧西	秋，七月汉水涨，沿江民居漂没者甚多	《中国气象灾害大典·湖北卷》
	1436	镇安	山水泛涨，庄稼受损	《镇安县志》
	1437	镇安	淫雨，粮欠收，百姓饥饿	《镇安县志》

续表

朝代	年份	地点	灾　情	资料来源
明朝 61次	1441	镇安	骤雨，山水横溢，禾苗受损	《镇安县志》
	1446	安康	四月，金州霖雨河溢，淹死人畜，漂流房屋，民饥待赈	《安康县志》
		旬阳	四月，霖潦河溢，淹死人畜，漂流房屋，民饥待赈	《旬阳县志》
	1460	镇安	淫雨，粮欠收，有饥民	《镇安县志》
	1470	宁强	汉水涨溢，城郭居民尽淹没	《宁强县志》
		勉县	8月，汉江涨溢，高数十丈，城郭居民俱淹没	《勉县志》
		南郑	汉水涨，高数10丈，城郭被淹没	《南郑县志》
		汉中	八月、汉水涨溢，高数十丈，城郭居民俱淹没	《汉中市志》
		城固	八月，汉江暴涨，淹没村舍、农田	《城固县志》
		洋县	八月，汉江水暴涨，城西郊部分民房、田地被淹没	《洋县志》
		西乡	八月，汉水涨溢，高数十丈	《西乡县志》
		镇巴	八月，大水	《镇巴县志》
	1471	旬阳	八月汉水涨溢，高数十丈，淹没州城居民，洵阳文庙圮于大水，成化十年（1474）改迁今址	《旬阳县志》
	1472	勉县	8月，汉江涨溢，高数十丈	《勉县志》
		南郑	汉水高涨，高数10丈	《南郑县志》
		汉中	八月汉水涨溢，高数十丈	《汉中市志》
		城固	八月，汉江暴涨。水高约数丈	《城固县志》
		安康	八月，汉水涨溢，淹没州城居民，高数十丈	《安康县志》
		留坝	八月，褒水涨溢，高数十丈，栈道毁	《留坝县志》
		汉水	八（9）月，汉江涨溢，高数十丈	雍正十三年《陕西通志》
	1474	旬阳	汉江泛涨，洵阳县署堂宇圮地，知县杜琳改迁今址	《旬阳县志》
	1491	西乡	秋，大水为灾，西关街衢通舟楫，民居多被漂没	《西乡县志》
	1498	旬阳	汉江洪水，据蜀河口杨泗庙前水文题刻，此次洪水水位比1983年8月1日汉江最高洪峰水位高48厘米	《旬阳县志》
	1502	宁强	大雨伤禾，多时疫	《宁强县志》
			夏，大雨，伤禾稼，民多疫	道光十二年版《续修宁强州志》
		勉县	夏，大雨，伤禾稼，民多疫	《勉县志》
		南郑	大雨，庄稼受损	《南郑县志》
		城固	大雨，伤禾稼	《城固县志》
		西乡	夏大雨，伤禾稼，民多疫	《西乡县志》
		旬阳	夏大雨，伤禾稼，民多疫	《旬阳县志》

续表

朝代	年份	地点	灾情	资料来源
明朝61次	1502	白河	夏，暴雨冲毁庄稼，瘟疫流行	《白河县志》
	1507	安康	大水	《安康县志》
		旬阳	大水	《旬阳县志》
	1508	旬阳	夏大雨、山崩	《旬阳县志》
		白河	夏，大雨、洪水、山崩	《白河县志》
	1519	勉县	汉江涨溢，倾县城	《勉县志》
		南郑	汉水泛滥	《南郑县志》
		城固	六月，汉江涨溢	《城固县志》
		安康	夏，汉江水涨，漂没庐舍甚多	《安康县志》
		旬阳	夏，汉江水涨，漂没庐舍甚众	《旬阳县志》
		白河	汉江大水，冲毁河街房舍甚多	《白河县志》
	1522	安康	春涝，夏秋旱	《安康县志》
		旬阳	春涝	《旬阳县志》
		白河	春，连阴雨	《白河县志》
	1523	勉县	大水	《勉县志》
		南郑	大水	《南郑县志》
		汉中	陕南大水	民国十三年版《汉中府志》
		城固	江河涨溢	《城固县志》
		安康	陕南大水	《安康县志》
		旬阳	大水	《旬阳县志》
	1526	南郑	五郎坝雨水3丈余，冲毁官舍、吏民70余家	《南郑县志》
	1527	勉县	褒河水合	《勉县志》
		汉中	乌江（今褒河）水合	《汉中市志》
		留坝	九月，江水暴发，漂没民舍无数，栈道毁	《留坝县志》
	1529	勉县	汉江决	《勉县志》
		南郑	汉水决	《南郑县志》
		汉中	汉江决口	《汉中市志》
		城固	汉江决堤。水毁农田	《城固县志》
		安康	汉水决	《安康县志》
		旬阳	汉水决	《旬阳县志》
	1530	洋县	天雨化荞，虫食禾。又十一年夏，大雨加风三日，拔树漂屋	《洋县志》
	1531	城固	汉江涨溢	《城固县志》
	1532	宁强	汉中大水	《宁强县志》
		南郑	大水	《南郑县志》
		汉中	夏，汉江大水	《汉中市志》
			嘉靖十一年（1532）夏，汉中大水，又大风拔木	雍正十三年《陕西通志》
		城固	夏，江河大水	《城固县志》
		安康	夏，大水	《安康县志》
		旬阳	夏，大水	《旬阳县志》
		白河	十一年（1532）夏、洪水	《白河县志》

续表

朝代	年份	地点	灾　情	资料来源
明朝61次	1536	洋县	夏，汉江水泛涨，淹没城西河边民房，有人溺死	《洋县志》
	1537	旬阳	秋霖伤稼	《旬阳县志》
	1539	宁强	汉江涨溢，漂坏民舍	《宁强县志》
		勉县	汉江溢，漂坏民舍	《勉县志》
		南郑	汉水涨，冲毁民舍若干	《南郑县志》
		汉中	七月，汉江水涨，漂没民舍无数	《汉中市志》
		城固	七月，汉江涨溢。漂没村舍、农田	《城固县志》
	1542	南郑	大雨，民舍被冲走	《南郑县志》
		汉中	夏，大水，漂没民舍	《汉中市志》
		城固	夏，江河大水。漂没村舍、农田	《城固县志》
	1546	安康	五月，河水涨溢	《安康县志》
	1547	旬阳	洵水冲涨，漂没庐田无算	《旬阳县志》
	1550	勉县	褒河涨，漂民舍	《勉县志》
		汉中	乌龙江（褒河）涨，漂打钟寺民舍	《汉中市志》
		旬阳	夏，大水	《旬阳县志》
		白河	夏，洪水	《白河县志》
	1551	南郑	霖雨月余	乾隆五十九年版《南郑县志》
		城固	六月，霖雨弥月	光绪四年版《重刻城固县志》
		汉中	六月，霖雨弥月	民国十三年版《汉中府志》
	1566	郧县	大雨，平地水深丈余坏城坯庐舍，人民溺死无算	《中国气象灾害大典·湖北卷》
		郧县	九月，陨阳大淫雨，平地水丈余坏城垣庐舍，人民溺死无算	《明史》卷29志五《五行二》
	1567	南郑	霖雨	《南郑县志》
		郧西	大水	《中国气象灾害大典·湖北卷》
		郧县	大水	《中国气象灾害大典·湖北卷》
	1570	安康	大水，饥	《安康县志》
		旬阳	大水，饥	《旬阳县志》
	1573	郧县	大水	《中国气象灾害大典·湖北卷》
		郧西	上津甲河水溢，坏城桓六十余丈，人民庐舍漂没无数	《中国气象灾害大典·湖北卷》
	1578	城固	夏，雨涝成灾	《城固县志》
		西乡	夏，（陕南）涝	《西乡县志》
		安康	夏涝	《安康县志》
		旬阳	夏涝	《旬阳县志》
		白河	夏，连阴雨	《白河县志》
	1579	安康	春，多雨，饥	《安康县志》
		旬阳	春，多雨，饥	《旬阳县志》

续表

朝代	年份	地点	灾情	资料来源
明朝61次	1579	白河	春，连阴雨	《白河县志》
	1583	石泉	四、五月，"猛雨数日，汉江大溢。兴安州金城淹没，公署民舍一空，溺死者五千余人"汉江流量达34 000立方米/秒（为历史上最大流量）	《石泉县志》
		安康	夏四月，兴安州猛雨数日。汉水溢，黄洋河口水壅高城丈余，全城淹没，公署民舍一空，溺死者五千余人，阖门全溺，无殓者无算	《安康县志》
		旬阳	夏四月，兴安州猛雨数日，汉江溢，黄洋河口水壅高城丈余，全城淹没，公署民舍一空，溺死者5000余人，阖门全溺无殓者无算。洵阳洪水，据蜀河口杨泗庙前水文题刻，此次洪水高程比1983年8月1日最高水位高218.9厘米，为迄今所知旬阳境内历史上汉江第一水位	《旬阳县志》
		白河	四月，汉江洪水	《白河县志》
		兴安州（安康、平利、石泉、旬阳、紫阳、汉阴、白河）	万历十一年（1583）夏四月，兴安州猛雨数日，汉江溢，有一龙横塞黄洋河口水壅高城丈余，全城淹没，公署民舍一空，溺死者五千余人，阖门全溺无稽者不计数	雍正十三年《陕西通志》
	1588	西乡	秋、大水环城，南关毁坏民居百家	《西乡县志》
		镇巴	秋，大水	《镇巴县志》
	1595	宁强	淫雨为灾，禾苗不实	《宁强县志》
		南郑	淫雨连绵，庄稼不结籽	《南郑县志》
		城固	秋雨连绵。禾"秋封"不实	《城固县志》
		洋县	秋季霖雨，禾无收	康熙三十三年版《洋县志》
		汉中	秋季霖雨，禾无收	民国十三年版《汉中府志》
	1604	勉县	8月，水、旱	《勉县志》
		城固	八月，境内普遍遭受水灾	《城固县志》
		安康	八月，陕西俱报水旱	《安康县志》
	1607	郧西	六月大水，漂没庐舍	《中国气象灾害大典·湖北卷》
		郧县	六月大水，漂没庐舍	《中国气象灾害大典·湖北卷》
	1612	镇巴	大水	《镇巴县志》
	1613	城固	境内江河涨溢。大水成灾	《城固县志》
		西乡	秋，水没东关	《西乡县志》
	1617	城固	夏、秋，淫雨成灾	《城固县志》

续表

朝代	年份	地点	灾　情	资料来源
明朝 61次	1617	安康	秋涝，大饥	乾隆五十三年版《兴安府志》
		旬阳	秋涝，大饥	《旬阳县志》
	1623	紫阳	夏大水	《紫阳县志》
		安康	夏，大水	《安康县志》
	1628	安康	八月，恒雨	《安康县志》
	1631	洋县	夏、秋，大水，汉江两岸田禾尽淤，房屋倾损	《洋县志》
	1632	郧县	汉水涨，伤禾稼	《中国气象灾害大典·湖北卷》
		洋县	大水伤禾	康熙三十三年版《洋县志》
	1633	勉县	夏，大水	《勉县志》
		南郑	大水	《南郑县志》
		汉中	夏，汉江大水	《汉中市志》；民国十三年版《汉中府志》
		城固	夏，江河水涨。大水成灾	《城固县志》
		镇巴	大水	《镇巴县志》
	1634	勉县	6月连雨40天	《勉县志》
		宁强	六月连雨四十日	雍正十三年《陕西通志》
		南郑	连阴雨40天	《南郑县志》
		汉中	六月，连雨四十天	《汉中市志》
		城固	六月，霖雨40天	《城固县志》
		洋县	六月，连阴雨40日，庄稼无收，出现严重饥馑	《洋县志》
		西乡	六月连雨四十日	《西乡县志》
		留坝	六月，连阴雨，褒河、青羊河、西河等诸水泛涨，西寺被毁	《留坝县志》
	1643	勉县	大水	《勉县志》
		南郑	水灾	《南郑县志》
		汉中	汉中各县大水	《汉中市志》
		城固	江河大水	《城固县志》
		安康	陕南大水	《安康县志》
		留坝	秋，暴雨两日，霪雨四十天，江河洪溢，树木连根蔽江而下，灾民无计	《留坝县志》
清朝 133次	1647	宁强	宁羌、略阳等州县，暴雨两日夜，汉水泛涨，田苗尽伤，大饥	《宁强县志》
		勉县	8月，暴雨两昼夜汉江泛涨，田苗尽伤	《勉县志》
		南郑	暴雨两昼夜，汉水泛涨	《南郑县志》
		汉中	八月，暴雨两日夜，汉水泛涨，田禾尽伤，大饥	《汉中市志》
		城固	八月，暴雨两昼夜，汉江泛涨，两岸田禾尽伤	《城固县志》
		洋县	八月，暴雨两昼夜，田苗尽伤，饥馑严重	《洋县志》

续表

朝代	年份	地点	灾情	资料来源
清朝133次	1647	石泉	八月，“暴雨两昼夜。汉水大溢，淹没田舍人畜，石泉大饥”	民国十三年版《汉中府志》
		紫阳	“汉水涨溢，淹没田舍人畜”	《紫阳县志》
		安康	秋，七月，汉水涨溢，淹没州境田舍人畜	嘉庆十七年版《兴安府志》
		旬阳	八月汉水大涨，淹没田舍人畜	乾隆四十八年版《洵阳县志》
		白河	清顺治四年（1647）九月汉江洪水，冲毁田舍人畜	嘉庆六年版《白河府志》
		镇巴	大水，暴雨两昼夜，河水漂没田禾，大饥	《镇巴县志》
		留坝	八月，暴雨两日夜，江水泛涨，田禾尽伤，民大饥	《留坝县志》
		汉阴	八月，汉水泛溢，淹没州境田舍人畜	《汉阴县志》
	1648	旬阳	五月，汉江大水，白河堤决	《旬阳县志》
	1650	安康	六月，大水	《安康县志》
		旬阳	阴历六月，兴安大水	《旬阳县志》
	1653	紫阳	五月大水歲灾	《紫阳县志》
		安康	五月，大水	《安康县志》
		旬阳	五月，兴安、白河、洵阳淫雨四十余日，兴安大水	《清史稿》
	1656	勉县	北山山水陡发，漂没田庐	光绪九年版《沔县新志》
	1658	城固	秋，霖雨 40 余日	《城固县志》
		西乡	秋，霖雨四十余日	《西乡县志》
		安康	秋，霖雨四十余日	《安康县志》
		旬阳	秋，霖雨四十余日	《旬阳县志》
		白河	秋，连阴雨 40 日	《白河县志》
		汉阴	淫雨 40 日	《汉阴县志》
		洋县	大水	民国二十六年版《洋县志》
	1661	紫阳	五月雨雹成灾	《紫阳县志》
	1662	宁强	陕西全省皆淫雨。宁羌六月起，大雨断续 60 日	民国十三年版《汉中府志》
		勉县	6 月，大雨 60 日	《勉县志》
		南郑	大雨 60 余日	《南郑县志》
		汉中	陕西全省淫雨，六月，大雨六十日	《汉中市志》
		城固	六月起，大雨 60 天	《城固县志》
		洋县	六月，淫雨，大雨 60 日，秋作物普遍减产	《洋县志》
		西乡	陕西全省皆淫雨，大雨六十日	《西乡县志》
		安康	六月大水	《清史稿》
		旬阳	六月，洵阳、白河、兴安大水	光绪二十八年版《洵阳县志》
		镇安	淫雨，粮欠收，民有饥饿	《镇安县志》
		镇巴	六月，大雨六十日	《镇巴县志》
		留坝	六月，霪雨过后连下大雨六十天，山洪冲毁农舍，庄稼无计，灾民逃荒，人口锐减	《留坝县志》

续表

朝代	年份	地点	灾　情	资料来源
清朝 133次	1662	宁陕	五、六月，大雨60日，诸谷皆溢	《宁陕县志》
	1663	勉县	6月，汉江大水，又雷雨，大风拔木	《勉县志》
		南郑	汉江大水，又雷雨	《南郑县志》
		汉中	六月，汉江大水，又雷雨，大风拔树	民国十三年版《汉中府志》
		城固	六月，雷雨交加。汉江大水	《城固县志》
		镇巴	大水又雷雨，大风拔木	《镇巴县志》
	1664	勉县	大水	《勉县志》
		汉中	汉中大水成灾	《汉中市志》
		城固	大水成灾	《城固县志》
	1667	紫阳	七月大水成灾	道光二十三年版《紫阳县志》
		旬阳	七月大水	光绪二十八年版《洵阳县志》
	1669	宁强	汉中各州县大水	《宁强县志》
		勉县	大水	《勉县志》
		南郑	大水	《南郑县志》
		汉中	汉中各县大水	《汉中市志》
		城固	境内江河大水	《城固县志》
		西乡	汉中各县大水	《西乡县志》
		紫阳	六月大水成灾	民国十四年版《紫阳县志》
		留坝	六月，大水	《留坝县志》
	1676	安康	大水淹没东关，堤决惠家口，冲为深堑	《安康县志》
		旬阳	五月，洵阳、白河大水	光绪二十八年版《洵阳县志》
		白河	洪水	《清史稿》
	1679	南郑	连阴雨40日，倾盆大雨一昼夜，大水冲毁民房无计	《南郑县志》
		汉中	淫雨四十日，如倾盆者一日夜，大水漂没民舍无计	《汉中市志》
		城固	淫雨40天。其中暴雨倾盆一昼夜，江河水涨，淹漂村舍	《城固县志》
		洋县	八月、九月，霖雨40天，如倾盆者一日夜，大水漂没民舍无数	《洋县志》
		西乡	八、九月大雨，连绵四十日，如倾盆者一日，夜，大水漂没田庐	《西乡县志》
		紫阳	秋涝	《紫阳县志》
		安康	八月大雨，田禾尽淹	《清史稿》
		旬阳	秋涝	《旬阳县志》
		镇巴	淫雨四十日，如倾盆者一日夜，大水漂没田庐	《镇巴县志》
		留坝	夏末，霪雨四十日，大水漂没民舍无计	《留坝县志》
		汉阴	秋淫雨3月，河水泛滥，冲崩西南城角数十米，损坏近城民房数家。禾苗尽伤，民遭大饥	《汉阴县志》

续表

朝代	年份	地点	灾情	资料来源
清朝133次	1680	安康	五月二十九日，大雨如注，水入州城，淹死2385人	《安康县志》
	1688	宁强	雷雹交加，风狂雨暴，水涨甚猛，树木连根蔽江而下，沟渠桥梁尽壅圮	《宁强县志》
		勉县	雷雹，风雨如注，水涨甚猛，树木连根蔽江而下，沟渠桥梁尽拥圮	《勉县志》
		南郑	水涨甚猛，树木连根拔起，顺江而下，沟渠、桥梁尽毁	《南郑县志》
		汉中	雷电交加，大雨如注，水涨甚猛，树木连根蔽江而下，沟渠桥梁尽拥圮	民国十三年版《汉中府志》
		城固	夏，雷、电、风交加。大雨如注，江河猛涨。树木连根蔽江而下，境内沟渠桥梁尽毁	光绪四年版重刻《城固县志》
		洋县	夏，暴雨如注，水涨甚猛，北山崩裂，树木连根蔽江而下，桥梁尽毁	康熙三十八年《洋县志》
		西乡	汉中雷雹，风雨如注，水涨甚猛，树木连根蔽江而下，沟渠桥梁尽拥圮	《西乡县志》
		留坝	初秋，雷电交加，大雨倾盆一日夜，水涨甚猛	《留坝县志》
	1691	镇安	淫雨有灾，知县耿晋光招抚流民、移民	《镇安县志》
		留坝	秋，大雨如注	《留坝县志》
	1692	镇安	淫雨，庄稼受损	《镇安县志》
	1693	城固	汉江涨溢	《城固县志》
		西乡	汉水溢	《西乡县志》
		安康	五月，汉水暴涨，西从天圣寺东南入万春堤，东从惠家壑石佛庵南流，东西交汇于郡之南，冲破南门，直入城中，大部被淹，北面堤岸崩塌，全城俱倾。居民多由万柳堤避水，城中数十年生聚，尽赴巨波	《安康县志》
		安康	汉水溢，兴安州城圮	雍正十三年版《陕西通志》
		旬阳	五月汉水暴涨，兴安州城圮，洵阳县洪水	《旬阳县志》
		白河	汉江洪水	《白河县志》
	1694	镇安	淫雨，粮减产	《镇安县志》
	1697	紫阳	“县城南墙因雨坍塌五十四丈。”	《紫阳县志》
	1698	勉县	被水	《勉县志》
		南郑	水灾	《陕西历代自然灾害大事记》
		汉中	汉中12县、州均被水灾	《汉中市志》
		城固	本县和全府其他州县均遭水灾	《中国历代自然灾害大事记》
		洋县	水灾，淹没汉江两岸田地多处	《洋县志》
		西乡	汉中十一州县均遭水灾	《西乡县志》
		留坝	秋，水灾成患，下南河街被水淹没	《留坝县志》

续表

朝代	年份	地点	灾　情	资料来源
清朝 133 次	1703	宁强	四五月以来，宁羌等州县阴雨连绵，收成只有五六成不等	《宁强县志》
		勉县	被水	《勉县志》
		南郑	水灾	《南郑县志》
		汉中地区	汉中府属南、褒、沔等七州县被水淹	民国十三年版《汉中府志》
		城固	大水，淹村舍、农田	《城固县志》
		洋县	水灾，沿江田地多被淹没	《洋县志》
		西乡	汉中府七州县被水	《西乡县志》
	1704	安康	六月，大水，漂没田庐	《清史稿》
		旬阳	六月大雨，漂没田庐	《旬阳县志》
	1706	城固	夏秋，陕南涝，本县尤甚，汉江两岸田多被淹没	巡抚都宪鄂公赈碑记、王郡侯赈济碑记
		安康、旬阳、白河	兴安州河水溢涨，冲坍城垣房屋，漂没仓粮6440余石	乾隆五十三年版《兴安府志》；光绪十九年版《白河县志》
		旬阳	汉水暴涨，冲塌城垣房屋，漂没各案仓粮六千四百四十余石，兴安州城圮	《旬阳县志》
		白河	汉江洪水	《白河县志》
	1709	宁陕	三月十四日，天雨黄土	《宁陕县志》
	1713	安康	五月大水	《清史稿》
		旬阳	五月兴安大水	《旬阳县志》
	1714	西乡	西乡大水	道光八年版《西乡县志》
		郧西	六月大水，河水高十余丈，漂没民舍甚多	《中国气象灾害大典・湖北卷》
	1715	镇安	淫雨，粮减产	《镇安县志》
	1716	城固	境内水灾	《城固县志》
	1724	安康	汉水暴涨，冲入兴安州城	乾隆五十三年版《兴安府志》
		旬阳	汉水暴发入兴安州城。又汉水暴涨，至洵阳县西关骆驼岭	乾隆四十八年版《洵阳县志》
		白河	汉江洪水	《白河县志》
		郧县	夏五月，山水漫堤	《中国气象灾害大典・湖北卷》
	1727	郧西	淫雨，自六月至九月	《中国气象灾害大典・湖北卷》
	1728	白河	汉江洪水	《白河县志》
		郧西	淫雨，自六月至九月	《中国气象灾害大典・湖北卷》
	1730	西乡	（陕南）五、六月大雨，山崩	《西乡县志》
		安康	五月大雨，山崩	《清史稿》
		旬阳	五月，兴安大雨，山崩	《旬阳县志》

续表

朝代	年份	地点	灾情	资料来源
清朝 133 次	1736	城固	五六月，大雨连绵 12 天，汉江涨溢	乾隆五十三年版《兴安府志》
		安康	五月初八至十一，大雨连绵，十二日江水骤涨上岸	《故宫奏折抄件》①
		旬阳	五月初八至十一日，大雨连绵，十二日，江水骤涨上岸	《旬阳县志》
	1738	勉县	四五两月，阴雨连绵，收成歉薄，只有五六分不等	《勉县志》
		汉中	四、五月以来，阴雨连旬数月，收成歉薄，仅有五、六成不等	《汉中市志》
		镇安	乾佑河上游山洪暴发，沿河毁农田、房屋，人畜有伤亡	《镇安县志》
		留坝	五月以来，阴雨连续数月，收成歉薄，大饥	《留坝县志》
	1747	安康	汉江水涨	《故宫奏折照片》
		旬阳	汉江水涨	《旬阳县志》
	1748	镇安	淫雨，禽兽下山，残食庄稼	《镇安县志》
		郧西	九月大水，漂没禾稼。西南诸乡沿河田地冲压	《中国气象灾害大典·湖北卷》
	1749	安康	大水冲塌城墙、水洞、炮楼、道路及堤岸	《故宫奏折照片》
	1752	郧县	水	《中国气象灾害大典·湖北卷》
		郧西	水	《中国气象灾害大典·湖北卷》
	1756	柞水	大雨十多日，乾佑、金井、社川三河大涨，冲毁沿岸土地 5000 余亩，民房 1741 间，冲死 13 人	《柞水县志》
	1760	旬阳	五月洵阳大水	《旬阳县志》
	1770	安康	五月大水，汉水涨溢，入城汇于东关，不能泄，次日巳刻决惠壑堤	《安康县志》
		旬阳	夏，洵阳、白河大水，闰五月大水，汉江涨溢，冲去洵阳县东西两关市	《清史稿》
		白河	汉江洪水冲毁河街民房多间，戏楼冲毁	嘉庆六年版《白河县志》
	1773	郧西	夏，山水陡发，沿河田地新垦者皆坏	《中国气象灾害大典·湖北卷》
	1775	勉县	褒城雨秋过多，城垣间有坍塌	《勉县志》
		镇安	雨，城垣、民房有坍塌	《镇安县志》
	1778	柞水	八月暴雨，乾佑河水大涨，冲淹营盘民房 18 间，死 8 人	《镇安县志》

① 《故宫奏折抄件》和《故宫奏折照片》来自水利部中国水利水电科学研究院.

续表

朝代	年份	地点	灾　情	资料来源
清朝133次	1779	安康	夏五月洪水为灾	《汉江洪水痕迹调查报告》
		旬阳	夏五月惨遭洪水为灾	《旬阳县志》
	1781	白河	汉江洪水	光绪十九年版《白河县志》
	1796	郧县	春二月，汉水溢，有巨木百余漂下	《中国气象灾害大典·湖北卷》
	1801	勉县	8月初旬至9月末，阴雨连绵	《勉县志》
		南郑	阴雨连绵	《南郑县志》
		汉中	汉中各县自八月初旬直至九月末后，阴雨连绵	《汉中市志》
		城固	八月初至九月下旬，境内阴雨连绵	《城固县志》
		安康	自八月初旬，直到九月半后，阴雨连绵	《故宫奏折照片》
		旬阳	安康、汉中一带自八月初旬，直至九月半后，阴雨连绵	《旬阳县志》
		留坝	八至九月，阴雨连绵	《留坝县志》
	1802	勉县	被水，冲塌房屋，伤损禾苗多处	《勉县志》
		安康	六月，城垣有被冲坍损之	《故宫奏折照片》
		旬阳	连日雨水冲刷城垣，自十数丈至数十丈不等	《故宫奏折照片》
		镇安	城垣水冲	《镇安县志》
		柞水	大雨十多日，各河暴涨，冲毁大山岔厅城，冲毁土地4061亩，死28人，冲毁房屋1748间	《柞水县志》
		郧西	甲河大水，民房倒塌，而人畜无损	《中国气象灾害大典·湖北卷》
	1803	镇安	密雨连绵，经旬不止	《镇安县志》
		宁陕	五月，密雨连绵，经旬不止	《宁陕县志》
	1806	南郑	阴雨连绵，秋粮欠收	《南郑县志》
		城固	秋雨连旬，秋粮减产	《城固县志》
		西乡	汉中、安康、商县秋雨连旬，收成歉薄	《西乡县志》
		安康	秋雨连绵，收成歉薄	民国二十年版《续修陕西通志稿》
		旬阳	秋雨连旬，收成歉薄	民国二十年版《续修陕西通志稿》
		留坝	秋雨连旬，山水骤发，居民不能迁避，致人口淹毙无计，房屋多冲塌	《留坝县志》
	1807	郧县	秋，西乡大水，冲刷田稼民房无算	《中国气象灾害大典·湖北卷》
	1808	旬阳	雨潦，大饥	光绪二十八年版《洵阳县志》
		留坝	秋雨连绵，迭次水徒发，偏桥多有冲塌，兼之山石滚落，阻塞正路，行人皆绕溪涧稍浅处行走。发生特大洪灾后瘟疫流行，人、畜死者无计	《留坝县志》

续表

朝代	年份	地点	灾情	资料来源
清朝 133次	1808	汉阴	秋雨弥月，苞谷青空	《汉阴县志》
	1810	宁强	大水，南山河窄，汇洪不及，致成灾害	《宁强县志》
		南郑	水灾，山洪暴发，田地被冲，青黄不接，人民群众生活十分困难	《南郑县志》
		汉中	汉中水灾，山洪暴发，田地受冲，青黄不接，人民群众生活十分困难	《汉中市志》
		城固	六月二十一至二十二日，大雨滂沱，山洪陡发，水土严重流失，冲毁农田	《城固县志》
		安康	陕西省本年入夏天气干旱，民间望泽甚殷。自六月初九、十、十一、十七等日栉次深雨，至二十一、二等日大雨滂沱，南山（陕南）一带，河窄，渲泄不及，致成偏灾	《安康县志》
		南郑、城固、勉县	因山水陡发被冲，青黄不接之时，民力不无拮据	《故宫奏折照片》、《故宫奏折抄件》
		宁陕	夏，大雨，山水暴发，平地水深数尺，塌墙倒房无算，禾苗损伤严重	《宁陕县志》
	1811	勉县	大水，兵房、城垣、地亩间有冲塌	《故宫奏折照片》
		南郑	水灾，城垣被冲，房屋被毁	《南郑县志》
		镇安	大雨，洪水冲农田	《镇安县志》
		佛坪	洪水冲毁袁家庄关帝庙	《佛坪县关帝庙石碑文》
		留坝	秋，大水，塘汛，号舍、地亩冲毁	《留坝县志》
		宁陕	六月一日、二十一日、二十二日，暴雨成灾，禾苗受害	《宁陕县志》
	1813	南郑	多雨、涝，稻苗苦死，饥荒严重	《南郑县志》
		汉中	夏旱，秋涝，稻禾半槁，岁大荒	《汉中市志》
		城固	秋雨多涝。水稻减产	雍正十三年版《陕西通志》
		陕南	兴、汉、商各州秋涝多雨，稻苗半收，年岁大荒	民国二十年版《续修陕西通志稿》
		安康	兴、汉、商各属秋涝，稻苗半槁，年岁大荒	《安康县志》
		旬阳	秋涝（多雨），稻苗半槁，年岁大荒	《旬阳县志》
		汉阴	秋涝，稻苗半槁，苞谷青空，收获不及五分	《汉阴县志》
	1814	镇安	秋淫成涝，粮欠收	《镇安县志》
		柞水	大雨断续两月余，乾佑、金井、社川三河大涨，冲毁土地万余亩，死38人，牲畜108头	《柞水县志》
	1815	汉阴	秋淫加夏旱，麦禾皆伤	《汉阴县志》
		南郑	大水，沿河地被水淹沙压	《故宫奏折照片》
		汉中	沿河田被水冲沙压，营田亦被水冲刷	《汉中市志》

续表

朝代	年份	地点	灾　情	资料来源
清朝 133次	1815	城固等县	城固等九厅州县六月内，雨水稍多，以致山河水发，民房地亩营田间被水冲淹，城垣衙署兵房等项，亦有被雨淋塌	《故宫奏折照片》
		西乡	（陕南）被水	《西乡县志》
		镇安	大水，田舍被水冲淹	《镇安县志》
		宁陕	水灾	《宁陕县志》
	1818	紫阳	夏，县城以东大暴雨，长滩沟发生特大型泥石流，汉水被壅为险滩	《紫阳县志》
		郧县	夏六月，水涨，漂没人家菜园，男妇三百余人	《中国气象灾害大典·湖北卷》
	1819	宁强	河水涨发，桥梁间被水冲	《故宫奏折照片》
		勉县	褒城阴雨连绵，褒河泛溢，冲民房二百余间，沿江稼禾亦多被淹。沔县河水涨发，桥梁间被冲	《勉县志》
		南郑	江水涨溢，水淹到城根，深二三尺，浸倒民房400余间，秋禾被淹	《南郑县志》
		汉中	阴雨连绵，乌龙江（褒河）水泛溢，冲民房二百余间，沿江稼禾被淹；汉水涨溢，直灌城根，水深二三尺，浸倒民房四百余间，东北两乡，近城处所，秋禾亦多被淹	《汉中市志》
		城固	七八月间，阴雨多，汉江涨溢，淹没农田	《故宫奏折照片》
		安康	南山一带，七、八月间，阴雨过多，老林包谷损伤	《安康县志》
		旬阳	六月，洪水横流，将关口桥儿沟古桥冲坏	《旬阳县志》
		留坝	阴雨连绵，褒河泛滥，冲民房二百余间，沿河庄稼亦多被淹，桥梁多被冲毁。石峡沟洪流，冲毁新城西门口	《留坝县志》
	1820	西乡	大水环城	道光八年版《西乡县志》
		西乡	大水坏东关	《西乡县志》
	1821	白河	六月十八日晚，山水陡发从沟内冲出，将柴家庄社仓下重仓廒三间内贮粟谷480石全行冲没无存	《故宫奏折照片》
		安康	六月大水	《安康县志》
		宁强	夏，汉江暴涨	《宁强县志》
		安康	六月大水	《安康县志》
	1822	石泉	八月，“大雨弥旬，石瓮为木筏横梗，水泄不及，汹涌澎湃。而大坝、饶峰、珍珠之水障于城西，红河之水障于城东，诸水混一，茫无际涯，数十里皆成泽国，是历年未有之灾”。汉水流量25000立方米/秒	《石泉县志》
		镇巴	大水，简池坝尤甚	《镇巴县志》
		郧县	大水，汉水溢	《中国气象灾害大典·湖北卷》

续表

朝代	年份	地点	灾情	资料来源
清朝133次	1823	勉县	县西南秋雨淋漓日久，包谷稼禾之迟种者，收成锐减	《勉县志》
		城固	境内水灾	《续修陕西通志》
		西乡	北山大水入东关	民国二十二年版《西乡县志》
		安康、石泉	河水泛涨，居民庐舍田禾间被冲没	《故宫奏折照片》
		安康	安康、石泉河水泛涨，居民庐舍田禾被冲毁	《安康县志》
		留坝	秋，水涝成灾，人口外流	《留坝县志》
	1824	洋县	低洼处所亦间有水淹之处	《故宫奏折照片》
		城固	秋雨连绵，玉米等秋粮减产	《故宫奏折抄件》
		勉县、宁强、西乡	秋雨淋漓日久，内有包谷秋禾之迟种者收成甚减	《故宫奏折照片》
		镇安	淫雨，玉米秋封，收成大減	《镇安县志》
		镇巴	大水，中槠河五块石山崩坏市廛民屋	《镇巴县志》
	1825	宁强等地	宁强等九州县水灾	民国二十年版《续修陕西通志稿》
		宁强	宁羌等9州、县水灾	《宁强县志》
	1826	城固	秋，大雨弥月不止，汉江两岸内涝严重，农田、村舍受灾	《城固县志》
		西乡	北山大水，漂没东关官署民舍。西乡入夏以来被水	《西乡县志》
		安康	入夏以来被水	《安康县志》
		旬阳	入夏以来被水	《旬阳县志》
		岚皋	入夏后，水灾	
		镇巴	四月二十一日，大水，坏山沙坡蜡溪沟等处田庐，居民亦多淹毙	《镇巴县志》
		留坝	五月以来多雨，夏粮被水冲毁	《留坝县志》
		宁陕	入夏，水灾	《宁陕县志》
	1827	佛坪	“佛坪、留坝入夏以来，间有被水冲塌庐舍、害及人口者，有浸损盖藏淹没田禾者。”	《故宫奏折照片》
		留坝	入夏以来，霪雨不断，被水冲塌房舍，伤及人口，淹没田禾	《留坝县志》
	1828	安康	洪水进城，将桥打断，淹死多人	《汉江洪水痕迹调查报告》
		旬阳	水进兴安州城，淹死多人	《旬阳县志》
		镇安	山洪暴发，县城西门外虹化桥被淹	《镇安县志》
		岚皋	六月十三日，天降大雨，山水陡发，淹没居民34人，冲塌木瓦草房120余间	《岚皋县志》
	1830	宁强	七道水、两河口地方，四月十二日，夜大雨入注，山水陡发，并淹死毙男妇大小三十二口，冲塌草房四十九间	《故宫奏折照片》

续表

朝代	年份	地点	灾 情	资料来源
清朝 133次	1830	宁强	四月十二日夜，大雨如注，山洪陡发，淹死男妇大小32口，冲塌草房49间	《宁强县志》
	1831	镇安	暴雨，山洪冲庐田，淹死二十余人	《镇安县志》
		岚皋	近山滨村庄暴雨猛注，山水陡发，间有冲塌房屋，淤塞田丘	《岚皋县志》
	1832	勉县	8月，汉江水溢，决口13处	《勉县志》
		南郑	汉江水溢，决口13处	《南郑县志》
		汉中	八月，汉江水溢，决口十三处	《汉中市志》
		城固	八月，汉江水涨，决堤13处	《汉江流域资料第一部分历史资料》
		西乡	秋，大雨浃旬，木马河波涛汹涌，冲塌南关房屋无算，街道几为河道	民国二十二年版《西乡县志》
		石泉	夏秋阴雨，河水泛滥，山洪冲毁汉阴城东真武殿及附近坟墓	《汉江干流及主要支流洪水调查资料汇编》
		石泉	夏秋，“石泉阴雨，庄稼尽伤，人相食”。九月十四日，“水高数丈，由城直入，冲塌房屋，淹没人口”	《石泉县志》
		紫阳	“七月初旬，河水猛涨，间有冲塌房屋，淹毙人口；夏秋阴雨伤稼，人相食。”	《紫阳县志》
		安康	八月初八日至十二日，大雨如注，江水泛滥，更兼东南施家沟、陈家沟、黄洋沙山水泛涨，围绕城堙。十四日水高数丈，由城直入，冲塌房屋，淹毙人口	《故宫奏折抄件》
		旬阳	八月十五日水到此（洪水迹照片）。雨潦大饥	《汉江洪水痕迹调查报告》
		白河	淫雨，汉江洪水，发饥荒	《白河县志》
		岚皋	九月初八至十二，大雨如注，南山水发，江河上涨	《岚皋县志》
		镇巴	六月，淫雨月余，夏寒秋无获，民多饿殍。狼噬人	《镇巴县志》
		汉阴	望日夜，蛟（泥石流）出城东龙岗之阿，倾陷真武庙及附近坟墓，月水遂溢县城。城东龙滚凼由此得名	《汉阴县志》
		郧县	汉水溢，漂没禾稼人畜无算	《中国气象灾害大典·湖北卷》
		郧西	八月汉水溢，漂流民物庐舍无算	《中国气象灾害大典·湖北卷》
	1833	洋县	霖雨，大饥	《洋县志》
		紫阳	涝。正月至九月，共晴三十三日，其余非雨则阴。斗米值钱一千六百，贫民典卖儿女，甚至骨肉相食	道光二十三年版《紫阳县志》
		旬阳	雨潦大饥	光绪二十八年版《洵阳县志》

续表

朝代	年份	地点	灾 情	资料来源
清朝 133 次	1833	白河	淫雨，汉江洪水，发饥荒	《白河县志》
		岚皋	春至夏，无雨。秋雨伤稼，收成大减，兴安8县（厅）大灾，民相食，逃荒、饿死者到处可见	《岚皋县志》
		镇巴	夏，复淫雨，大饥，渔渡坝民园中地陷十余丈	《镇巴县志》
		汉阴	秋雨弥月，收成歉薄	《汉阴县志》
	1834	南郑	入秋以来，亦间有被水之区	《故宫奏折照片》
		安康	大水，城圮南隅	《安康县志》
		旬阳	大水，安康城圮南隅	《旬阳县志》
		镇安	淫雨大水，庄稼欠收成灾	《镇安县志》
		岚皋	降雨过多，收成大减	《岚皋县志》
	1835	勉县	5月汉水溢，漂没田庐。6月4日汉江大涨，沿江田庐尽被漂没。黄沙驿号舍房间被水冲塌，知县陆华封勘验请赈未果。秋，境内栈道间被山水冲塌	《故宫奏折照片》、《清史稿》；光绪九年版《勉县新志》
		汉中	汉水涨溢，民房漂没	《汉中市志》
		城固	五、六、七月，汉江数次涨溢。六月初四水毁农田、村舍，冲毁秦家坝关帝庙	《中国历代天灾人祸表》
		洋县	五、六月，大雨9日，汉江水猛涨。沿江淹没18处，毁田568亩，地1461亩，倒塌房屋6000余间，淹死300余人	《洋县志》
		西乡	六月，城北东沙渠决堤，漫没田地二百余亩，决口堵。七月二十八、九日，大雨如注，复决坎二十余丈，县署大堂下一片汪洋，东西仓廒水漫二三尺，漂没仓谷一百六十余石	《西乡县志》
		安康	白河、安康间有被水地方	《安康县志》
		旬阳	白河、安康间有被水的地方	《旬阳县志》
		柞水	暴雨多日，大水成灾，冲毁房舍、农田无数	《柞水县志》
		镇巴	淫雨，渔渡坝母猪洞沟山崩	《镇巴县志》
		留坝	秋，境内栈道被水冲塌	《留坝县志》
	1836	镇安	淫雨，洪水灾	《镇安县志》
	1838	安康	秋，大雨，谷芽生寸余	《安康县志》
		岚皋	夏，大雨10日，小麦发红腐烂。秋大雨，谷生芽1寸左右	《岚皋县志》
	1839	勉县	秋，汉水溢	《清史稿》
		紫阳	县城南墙因雨坍塌	《紫阳县志》
		郧西	大水	《中国气象灾害大典·湖北卷》
	1840	宁强	汉江暴涨	《宁强县志》
		勉县	八月十九日，汉水大涨，较十五年微小	光绪九年版《沔县新志》

续表

朝代	年份	地点	灾　情	资料来源
清朝 133次	1840	南郑	汉江暴涨，县城墙被折毁140余丈，淹死人无计	《南郑县志》
		汉中	汉水暴涨，县城墙被拆毁140余丈，死人无计	《汉中市志》
		城固	八月十七至十九日，大雨，水涨，沿河两岸田禾遭灾	民国二十六年版《洋县志》
		洋县	八月十七至十九日，大雨水涨，沿江田地人口受灾	《洋县志》
	1842	旬阳	八月十五日（6月12日）汉江洪水。据蒿塔乡泥沟街东边江岸水文题刻，此洪峰水位比1983年8月1日最高水位低386厘米	《旬阳县志》
		镇安	县城冯子沟出蛟，毁小北街和月弓桥	《镇安县志》
	1843	城固	六月二十九至七月初三，大雨不止，汉江大涨，淹漂村舍、农田	民国二十六年版《洋县志》
		勉县	七月一日晨，汉江涨，较十五年大，黄沙镇东西两街行船，毁坏民房无算，县主勘验请赈，每坏民房1间发银1两，坏草房1间发钱1千文，由此迁移乡村者亦多	光绪九年版《沔县新志》
		汉中	六月二十九日至七月初，大雨不止，汉水大涨，漂没民舍	《汉中市志》
		洋县	上至汉王城，下至渭门镇，淹没沿江村庄田地共63处，房屋6091间。淹死137人，南坝村房屋无存	《洋县志》
		西乡	六月二十九日至七月初，大雨不止，汉水大涨，淹没民舍	《西乡县志》
	1844	勉县	南山一带山水暴发，漂没民田无数	《勉县志》
		南郑	南山一带，山水暴发，淹没民田无数	《南郑县志》
		汉中	山水暴发，淹没农田无数	《汉中市志》
		城固	七月起霖雨40日，稻、粟生芽，山洪暴发，淹没农田无数	民国二十年印本《续修陕西通志》
		西乡	南山一带，山水暴发，淹没民田无数	《西乡县志》
		安康	夏，陕西阴雨四十余日，麦穗生芽寸许；南山一带山洪暴发，漂没民田	《安康县志》
		岚皋	夏，阴雨，麦穗生芽4寸左右。南山一带，山水爆发，水毁农田无数	《岚皋县志》
		留坝	夏，阴雨四十余日，麦穗生芽4寸许；山水暴发，漂没民田无数	《留坝县志》
	1846	城固、勉县	七八月，霖雨40天，稻黍生芽	光绪九年版《沔县新志》
		城固	七八月，霖雨40天，稻黍生芽	《城固县志》
	1847	安康	九月初三日（10月11日）阴雨，至十月二十五日（12月2日）雨止开霁，淹坍沿河街瓦房74间，草房52间，秋雨过多，包谷青封	《故宫奏折照片》

续表

朝代	年份	地点	灾情	资料来源
清朝133次	1847	旬阳	安康于八月初三日阴雨起，至是月二十五日雨止开霁，淹塌河街商民瓦房74间，草房52间，（农村）秋雨过多，淹塌民房多间	《旬阳县志》
	1849	勉县	被水	《勉县志》
		安康	五月大水	《清史稿》
		旬阳	五月兴安大水	《旬阳县志》
		佛坪	佛坪被水	《故宫奏折照片》
		岚皋	五至六月，大水	《岚皋县志》
		留坝	秋，连阴雨，河水涨，秋粮被水冲毁过半	《留坝县志》
	1851	勉县	汉江上游大雨连旬，江、河并涨，田地被淹	《勉县志》
		南郑	大雨连旬，汉江湖河并涨，军民田地被淹	《南郑县志》
		汉中	秋，汉江上游大雨连旬，霖雨连绵，次年春，粟价昂贵	《汉中市志》
		城固	秋，大雨连旬，江河并涨，农田被淹	《城固县志》
		汉江	大雨连旬，江汉湖河并涨，军民田地被淹	《汉江流域资料第一部分历史资料》
		旬阳	大雨连旬，汉江暴涨，田地均淹	《旬阳县志》
	1852	宁强	七月十七日，大雨，汉江泛溢	《宁强县志》
		南郑	大水从南城门冲进城，房屋被毁无计，兵民被淹死者300多	《南郑县志》
		汉中	七八月，大水从南城门进城，房屋被毁无计，兵民被淹死者三千四百余人	《汉中市志》
		城固	七月十七日，汉江大水，淹没农田、村舍	《故宫奏折抄件》
		安康	七月十七日（8月31日）大水，决小南门入城，庐舍坍塌无算，兵民溺死者三千数百名	《安康县志》
		旬阳	七月十四日（8月28日）汉水溢，至县西关骆驼岭。据蒿塔乡泥沟街东边江岸水文题刻，此次洪峰水位比1983年8月1日汉江最高洪峰低120厘米	光绪二十八年版《洵阳县志》；《汉江痕迹调查报告》
		白河	七月中旬，汉江洪水，淹河街半壁	《白河县志》
		郧县	汉水溢，漂没禾稼人畜无算	《中国气象灾害大典·湖北卷》
		郧西	七月，大淫雨，汉江水溢，漂没民物无数	《中国气象灾害大典·湖北卷》
	1853	柞水	连续暴雨，五月十日大水，二十四日大水，六月八日又大水，乾佑、金井、社川三河沿岸土地冲毁过半	《柞水县志》
		镇巴	大水	《镇巴县志》
		郧西	六月天河等大水，坏田庐，人畜多溺死	《中国气象灾害大典·湖北卷》
	1857	勉县	因山水陡发，田野被冲，青黄不接，民众无不拮据	《勉县志》

续表

朝代	年份	地点	灾　情	资料来源
清朝133次	1858	宁强	燕子砭一带大水	《宁强县志》
		镇巴	大水，坏民田庐，大池堡袁家沟山崩	《镇巴县志》
	1861	白河	九月，红石河大水冲毁西沟花房园门	《白河县志》
		镇安	暴雨，发山洪	《镇安县志》
	1864	郧西	秋大水	《中国气象灾害大典·湖北卷》
	1867	勉县	同治六年（1867）大水，武侯祠数千年之庙宇即将沦没	光绪九年版《沔县新志》
		南郑	因雨受灾	《南郑县志》
		汉中	陕南因被水，兴汉府属地方受灾	《汉中市志》
		城固	八九月，霖雨40余天，秋禾“秋封”不实	《城固县志》
		西乡	陕南因被雨水，府属地方受灾	《西乡县志》
		石泉	八月，“秋雨连绵，始而城南大堤坝，继则东北二城墙之倾塌者十有八九”	《石泉县志》、《汉江干流及主要支流洪水调查资料汇编》
		安康	汉水泛滥，料木没半。秋霖雨，八月十八日（9月15日）大水，决东堤入城，民房官舍冲毁殆尽	《安康县志》、《汉江痕迹调查报告》、《汉江干流及主要支流洪水调查报告》
		旬阳	秋大水，淹没蜀河市廛甚众，汉水泛涨，难作砥柱，而仍旧寺湮没	光绪二十八年版《洵阳县志》、《汉江痕迹调查报告》
		白河	八月中旬，汉江洪水	《白河县志》
		岚皋	八月十四日，岚河洪水暴发，水打化鲤墟桥。河对岸一龙姓四五十人，房屋10多间，天井9方，被洪水冲走。是日，淹没砖坪厅城，漂没人畜数以千计。又毁岚河铺，淹没30余户，死400余人	《岚皋县志》
		镇巴	八月十六日，大水，石虎坝尤甚	《镇巴县志》
		留坝	秋，遇特大洪水，冲毁火烧店、南河、江西营诸村庄；汉中府属地方全都受灾	《留坝县志》
		郧县	八月，淫雨三昼夜，坏官署民房甚多	《中国气象灾害大典·湖北卷》
	1868	宁强	宁羌等9州、县水灾	民国二十年版《续修陕西通志稿》
		勉县	被水	民国二十年版《续修陕西通志稿》
		南郑	大水，平地水深数尺，田地被淹，房屋被毁甚多	《南郑县志》
		汉中	汉中洪水，平地水深数尺，田地被淹，房屋被毁甚多	《汉中市志》
		城固	霖雨，汉江、湑水涨溢，淹漂农田、村舍	《城固县志》
		洋县	湑水陡涨，淹没苏村，田地房屋俱尽	《洋县志》
		西乡	汉中各县被水	《西乡县志》
		镇安	洪水，有灾	《镇安县志》

续表

朝代	年份	地点	灾情	资料来源
清朝133次	1868	柞水	特大暴雨，乾佑河水猛涨。冲毁营盘镇25间民房，死13人，冲毁沿岸土地1000多亩	《柞水县志》
		宁陕	九月四日发大水，山谷皆溢，斗米银二两	《宁陕县志》
	1869	西乡	秋大水，坏东关居民无数	民国二十二年版《西乡县志》
		旬阳	秋大水，山崩	光绪二十八年版《洵阳县志》
	1870	旬阳	夏，汉水溢，冲去神河镇庐舍甚众。七月阴雨连绵，洋芋腐烂，包谷歉收	光绪二十八年版《洵阳县志》
		白河	六月二十二日，暴雨、洪水，白石河沿两岸田舍尽毁	《白河县志》
		镇安	大水，毁庐田，淹死人畜甚	《镇安县志》
		柞水	两月大雨，乾佑河水猛涨，冲毁厅城西城楼，浸塌城内民房十分之二，冲毁土地2078亩	《柞水县志》
	1872	安康	秋八月，陕西阴雨六十日	《安康县志》
		岚皋	九月初三至十月二十五，阴雨近60日，玉米秋封	《岚皋县志》
		留坝	秋，阴雨六十日，气温骤降，农作物大部“秋封”	《留坝县志》
	1873	洋县	六月十七日始，大雨两天，河水暴涨，斜堰冲坏200余丈	《洋县志》
		柞水	六月大雨，大水。冲毁土地3000多亩。七月十六日至十八日特大暴雨，乾佑、金井、社川三河暴涨，冲毁土地万亩以上，房屋500多间，死80人。乾佑河水冲毁复修的新城墙，冲毁城内民房80多间	《柞水县志》
	1874	城固	大雨两日，河水大涨，连根树木蔽江而下，淹没农田、房屋，死人颇多	《城固县志》
		洋县	七月十六日大雨，十八日大水，华阳、茅坪、铁河、湑水、溢水河水涨，树木蔽江而下，淹没田地房屋颇多，淹死200余人	《洋县志》
		安康	八月间，秋雨兼旬，至九月仍复淫雨连绵	《安康县志》
		佛坪	山中多雨，洋芋腐烂	《佛坪乡土志》
		岚皋	九月，秋雨并旬，至十月仍阴雨连绵	《岚皋县志》
		留坝	夏，霖雨兼旬，水之大，几没桥洞。太平山城墙壕水洪流，东城门房屋毁半	《留坝县志》
	1876	镇安	洪涝灾	《镇安县志》
		城固	大雨两日，河水大涨，连根树木蔽江而下，淹没农田、房屋，死人颇多	《城固县乡土志》
		岚皋	秋霖冬旱，连年大荒	《岚皋县志》
	1880	镇安	暴雨山洪，冲毁庐田，淹死人畜	《镇安县志》

续表

朝代	年份	地点	灾情	资料来源
清朝133次	1881	安康	五月十三日夜降暴雨，山水陡涨，冲毁居民草房	《安康县志》
	1882	镇安	大雨，山洪冲毁房屋	《镇安县志》
	1883	勉县	8月，褒河水大发，杨寨等4处滨江地亩冲刷2238亩	《勉县志》
		安康	五月十三日夜降暴雨，山水陡涨，将附近居民草房冲没	《故宫奏折照片》
		汉中	八月，江河发水，沿江农田淹没	《汉中市志》
		城固	六月十二日，暴雨，山水涨发，冲毁沿河农田、村舍	《故宫奏折照片》
		西乡	六月十二日，天降猛雨，山水涨发，一时宣泄不及，沿河一带所种秋禾被水冲淹	《故宫奏折照片》
		洋县	六月十三日暴雨，山水发，沿江所种秋禾被水冲淹	《洋县志》
		镇安	降大雨，沟水连发，冲倒西门外洪道元房三间，七人全淹毙	《镇安县志》
		岚皋	六月二十八，大雨倾注，山水陡发，自厅东南乡滥河坝起至笔架山止，以及化鲤墟保上岚河等处，河狭水猛，居民不及迁避，淹死61人。沿河房屋被冲塌，两岸秋禾、田地、水堰亦多处被冲刷	《岚皋县志》
		留坝	八月，褒水大发	《留坝县志》
	1884	勉县	自闰五月以后，连次大雨，山水暴发，河流泛滥，淹没田庐人口	《勉县志》
		南郑	连次大雨，山水暴发，河流泛涨，大量田地、房舍被淹没，人被冲走	《南郑县志》
		汉中	自闰五月以来，连次大雨，或山洪暴发，或河流泛滥，淹没田庐人口	《汉中市志》
		城固	闰五月起，连降大雨，山水暴发，河流泛滥，淹没农田、村舍、人口	《城固县志》
		洋县	闰五月，连次大雨，山水暴发，河流泛滥，淹没田地、房屋颇多	《洋县志》
		南郑、城固、洋县、佛坪、勉县	自闰五月以来，连降大雨，或山水暴发，或河流泛溢，淹没田庐人口民国	《续修陕西通志稿》
		岚皋	秋分后，各种杂粮正升浆结实之际，阴雨过多，减产	《岚皋县志》
		留坝	五月以来，连降大雨，山水暴发，河流泛滥，淹没田庐人口	《留坝县志》
		汉阴	夏，大水，冲毁月河高桥	《汉阴县志》
	1886	勉县	被水	《勉县志》

续表

朝代	年份	地点	灾情	资料来源
清朝133次	1886	南郑	连日大雨，河水暴涨，东乡二坝被水淹没土地200余亩，浸倒草房20余间	《南郑县志》
		汉中	六月二十一日至二十五日，连日大雨，河水暴涨，东、西、北三乡被冲草房二百余间，漂男女人丁数十	《汉中市志》
		城固	六月二十一日至二十五日，连日大雨，汉江水涨	《城固县志》
		留坝	六月二十一日至七月二十五日，连降大雨，河水发，冲毁房舍、漂失人数无计	《留坝县志》
		勉县	被水	《故宫奏折照片》
		城固	六月二十一日至二十五日，连日大雨，汉江水涨	《故宫奏折照片》
		南郑	六（7）月二十一日连日大雨，河水暴涨，东乡二坝被水淹没土地 ，至二十五（26）日，200余亩，浸倒草房20余间	《故宫奏折照片》
		西乡	秋淫雨，均害农事，秋收减成	《西乡县志》
		岚皋	七、八月，阴雨过多	《岚皋县志》
		留坝	秋，因霪雨月余，庄稼无收，贫民百姓无涉他乡	《留坝县志》
	1888	勉县	褒城、沔县六月一—六日，连日大雨，势若倾盆，河流泛滥，山河涨发，田地、房屋各有淹没	《勉县志》
		南郑	大水，汉江泛滥，西乡七里坝淹淤地2顷，倒房36间	《南郑县志》
		汉中	六月初一至初六日，连日大雨，势若倾盆，河水泛滥，山水涨发，田地房屋各有淹没	《汉中市志》
		洋县	铁沿河上下山沟六月二十八日午刻，风雷交作，大雨如注，顷刻水涨丈余，冲塌房舍20余间，淹死19人	《故宫奏折抄件》
		西乡	秋霪雨，均害农事，秋收减成	《西乡县志》
		城固、勉县、洋县	六月初一至初六，连降暴雨，势若倾盆，山洪暴发，河流泛滥，很多田地、房舍被淹	《故宫奏折照片》
		留坝	六月初一至七月九日，连降大雨，势若倾盆，山洪暴发，河水泛滥，田地、房屋大部被淹没	《留坝县志》
		宁陕	八月二十四日晚，倾盆暴雨，山水陡发，冲塌房屋25家，伤人六十有余	《宁陕县志》
	1889	南郑	大水，汉江泛滥，西乡七里坝淹淤地2顷，倒房36间	《南郑县志》
		城固	五月二十九日至六月初二，山洪暴发，江河水涨。唐家营等村、堡，水淹田地780多亩，浸塌房屋	《城固县志》

续表

朝代	年份	地点	灾 情	资料来源
清朝133次	1889	西乡	五月二十九日，六月初一、二等日（陕南）山水暴发，田庐被水淹没。桑园铺等七村堡，山水骤涨，淹没田地八十二顷四十八亩	《西乡县志》
		紫阳	雨涝大饥。六至七月阴雨连绵，洋芋腐烂，包谷无收	《故宫奏折抄件》
		安康	夏秋之交，雨涝百余日，山地崩走，塌伤居民。九月连阴雨近20天，杂粮多被损伤；坝河、恒河同时俱涨，沿河30余里，浸田15顷，淹死40余口	《安康县志》
		镇安	古道沟降大雨，毁房十六间，死十六人	《镇安县志》
		柞水	大雨，楼子石、太峪河两保土地被水冲毁过半，冲毁民房802间	《柞水县志》
		佛坪	六、七月霖雨，山中洋芋溃烂无收	《佛坪县志》
		岚皋	秋，阴雨连绵，山南等处洋芋得晚疫病	《岚皋县志》
		留坝	八月初一至九月初八，大雨滂沱。太平山城西北角塌陷，西南方城墙被紫柏河洪水冲垮十余丈	《留坝县志》
		宁陕	六月，雨兼旬，洋芋浸烂失收。北乡八村堡（现江口地区）山水暴涨，冲塌民房97间，淹死11人	《宁陕县志》
		汉阴	大水。是年夏秋，淫雨经月，中河铺之石条街起蛟，水淹百余家。安平、青泥河同时被灾。又南北山苞谷、洋芋俱坏	《汉阴县志》
	1890	岚皋	五、六月，连阴雨成灾，洋芋萎烂	《岚皋县志》
		宁陕	六至七月，阴雨连绵，洋芋浸烂。北区大堰沟、船机等七地方，山水暴涨，地亩禾苗冲淹，漂没房屋24间，淹死男女27人	《宁陕县志》
		汉阴	南北山水灾，自夏徂秋乏食	《汉阴县志》
	1891	旬阳	秋，大水伤稼	《旬阳县志》
		白河	雨涝、冰雹	《白河县志》
		汉阴	南北山秋淫，更兼连年水灾和平坝夏旱，公私俱匮，以致市上无米可买，饥民哗噪	《汉阴县志》
	1892	佛坪	佛坪正河老街起洪水，冲没草房四间，淹毙民妇一口，冲地六十余亩	《佛坪县志》
	1893	南郑	冰雹、大风、大雨，平地水深数尺	《南郑县志》
	1894	勉县	水灾	《勉县志》
		旬阳	秋水大伤稼	光绪二十八年版《洵阳县志》
	1895	紫阳	夏大水，任河自毛坝关以下各集镇冲毁铺房祠宇几半，淹没畜物无数，元气自此大损。瓦房店大水	道光二十三年版《紫阳县志》、《汉江干流及主要支流洪水调查资料汇编》
		安康	乙未闰五月（7月），汉水溢，城区大部被淹	《安康县志》

续表

朝代	年份	地点	灾情	资料来源
清朝 133次	1895	旬阳	雨多，闾河松木滩等处山崩，山石阻塞汉江河道，沿岸庐舍被淹。洋芋萎，大饥	光绪二十八年版《洵阳县志》
		镇安	连降淫雨，县河水猛涨，三官庙石矶被冲，冯子沟山洪入城内	《镇安县志》
		汉阴	六月初二至初六日，大雨连绵，月河水涨高五丈六尺（约18米多），涧池铺民房化为乌有。蒲溪、双乳两铺民房冲塌过半。由平梁东80里（约合31公里）田坝多被冲塌，禾苗水浸泥淤十分之一。二十二日，卞家沟及仙鸡河等处山洪突发，伤19人，房屋田坎亦有崩圮	《汉阴县志》
	1896	石泉	秋涝。自八月中旬到十月中旬，阴雨连绵50日，向阳之地因旱而枯槁，背阴之地谷实又以潦而霉烂	《石泉县志》
		安康	自七月中旬至九月中旬，商洛、安康一带阴雨连绵	《故宫奏折抄件》
			自七月中旬至九月中旬，阴雨连绵，或四十日、五十五日不等，向阳之地，既因亢旱而枯槁，背阴之地，谷实又以久潦而霉烂	《旬阳县志》
		镇安	洪涝成灾，收成大减，饥民逃亡甚多	《镇安县志》
		紫阳	秋涝大饥	民国十四年版《紫阳县志》
		岚皋	七月中旬至九月中旬，阴雨连绵，或40日，或60日不等	《岚皋县志》
	1897	西乡	大水，均害农事，秋收减成，中区水灾尤重	《西乡县志》
		石泉	接连雨涝，大饥	《石泉县志》
		安康	（光绪）二十三、四年涨大水	《汉江洪水痕迹调查报告》
		旬阳	雨多、山崩	《旬阳县志》
		镇巴	六月初，大雨连绵，南路喻家河等处发水，河坝河田被淹	《镇巴县志 》
	1898	宁强	嘉陵江发大水，沿岸被灾甚众	《宁强县志》
		旬阳	竹筒河因四月十九日（6月7日）大雨倾盆，河水陡涨，沿河两岸秧田被水冲淹200余亩，并冲塌瓦房8间、草房15间。同年秋涝伤稼	《故宫奏折抄件》、光绪二十八年版《洵阳县志》
		镇安	东乡十八寺等地降大雨，山洪暴发，水头高七八尺、丈余不等，淹麦田，毁房屋	《镇安县志》
		佛坪	（佛坪）东乡沙窝子于六月十五日（8月2日）夜，山河水发，冲塌水田、民房，伤毙男丁11口	《故宫奏折抄件》
	1899	白河	夏季大水，西营溪涧飘没人畜	《白河县志》
	1900	宁强	暴雨10日，河水猛涨。庄稼歉收，百姓逃荒者甚多	《宁强县志》

续表

朝代	年份	地点	灾　情	资料来源
清朝 133次	1901	汉阴	汉水溢，汉阳坪街被冲淹	《汉阴县志》
	1902	宁强	夏秋之交，淫雨成灾，州城北关全部陷入洪水之中，上游民宅及牲畜被洪水冲去者甚多	《宁强县志》
		汉阴	汉水溢，汉阳坪街被冲淹	《汉阴县志》
		旬阳	竹筒河因四月十九日大雨倾盆，河水陡涨，沿河两岸秧田被水冲淹二百余亩，并冲塌瓦房8间，草房15间。秋涝，伤稼	《故宫奏折抄件》、光绪二十八年版《洵阳县志》
		紫阳	五月大水成灾	民国十四年版《紫阳县志》
	1903	勉县	江河暴涨，冲淹田地房屋人口、牲畜	《勉县志》
		宁强	五月，暴雨10日，河水猛涨。庄稼歉收，百姓逃荒者甚多	《宁强县志》
		南郑	大水发，汉江暴涨，汉江波浪滔天，冲淹田地、房屋、人口和牲畜，大水淹至镇江楼，为数十年罕见	《南郑县志》
		白河	夏、秋旱。又遭大雨冰雹，租税免	《白河县志》
		汉中	大水发，汉水暴涨，波浪涛天，冲淹田地、房屋、人口和牲畜，大水淹至镇江楼，为数十年罕见	《汉中地区志》
		城固	六月大水，汉江涨溢，沿江田地，或被泥沙压淤，收成全无；或被冲塌入河	《城固县志》
		紫阳	五月大水	民国十四年版《紫阳县志》
		西乡	夏六月，汉水涨溢。木马河由牛头山下决口北流。西乡迭次大雨，江河涨发，被淹田地、房屋、谷豆并及人畜。粟豆一斗粜五、六百元	《西乡县志》
		石泉	“六月初五、六日，大雨如注，汉江河水暴涨。初八日，午前，水越南墙，高出女墙一丈余，冲圮城垣一百余丈，东西二关几成泽国。小南门城楼冲塌，沿江之油坊坎、汉阳坪等各街房屋冲塌甚多”。“是岁桃杏乱开，花果不时”	《石泉县志》
		紫阳	六月大水成灾，汉王城街坊冲塌过半，沿汉损民房畜物无数	民国十四年版《紫阳县志》
		安康	五月初八、二十八大水，冲淹田地、房屋、人口、牲畜	《安康县志》
		旬阳	大水发，江河暴涨，冲淹田地、房屋、人口牲畜。又六月六日（7月29日）汉水猛涨，水高数十丈，洵阳县城关河街商业区房屋全被淹没。屋上行船，损失惨重，水退后，河洪改道北岸，正洪堆成沙丘	《汉江干流及主要支流洪水调查资料汇编》、《旬阳县志》
		柞水	阴雨，河水大涨，冲毁土地十分之七	《柞水县志》
		岚皋	夏，大水	《岚皋县志》

续表

朝代	年份	地点	灾情	资料来源
清朝 133次	1903	留坝	秋，紫柏河暴涨，冲淹田地、房屋、人口、牲畜无计；荒草坪沟山洪冲毁农户、田地无计	《留坝县志》
		宁陕	雨多成灾，洋芋失收。玉米生芽，收成欠薄	《宁陕县志》
		汉阴	闰五月七日，汉水暴涨，沿江之汉阳坪、漩涡、汉王城3镇房屋及沿江人户多被冲没	《汉阴县志》
	1904	宁陕	秋雨成灾，收成减薄	《宁陕县志》
		白河	四月二十一日，设白河邮局为三等局。同年六月二十日，暴雨猛水，凉水金盆湾前大岸被洪水冲走	《白河县志》
	1905	白河	汉江洪水	《白河县志》
	1906	勉县	大雨连番，山水暴发，河水猛涨，冲淹田亩，崩塌屋宇，人畜伤毙。受灾轻重不等	《故宫奏折照片》
		汉中	大雨连番，山水暴发，河水猛涨，冲淹田亩，崩塌房宇，死毙人畜	《汉中市志》
		城固	连降大雨，山水暴发，江河猛涨，冲淹田亩，浸塌房屋，伤毙人畜	《故宫奏折照片》
		镇安	大水，有灾	《镇安县志》
		佛坪	佛坪大雨连番，或山水暴发，或山水猛涨，冲淹地亩，崩塌房舍，间有伤毙人、畜者，被灾轻重不等	《故宫奏折照片》
		宁陕	七至八月，先后三次大雨，水势横溢，几成泽国，沿河田地、房屋多被冲淤，淹没男女12人，房屋20余间，被灾393户计1986人	《宁陕县志》
	1907	宁陕	被水受灾	《宁陕县志》
	1908	紫阳	县城南墙坍塌十余丈	《紫阳县志》
		镇安	五、六月降大雨，秋又大雨，粮欠收，百姓逃亡	《镇安县志》
	1909	安康	汉江水淹至水西门跟前	《安康县志》、《汉江洪水痕迹调查报告》
		白河	秋，卡子圣母山一带，大雨7昼夜不止，沟溪洪水，滑坡、泥石流随处可见，主粮包谷青封，是岁大饥，包谷每斗千钱，有食人现象（卡子双河口）	《白河县志》
		汉阴	夏淫雨，月河泛涨，冲毁两道河之同善桥	《汉阴县志》
	1910	勉县	褒城雨水过多，田房淹没，受灾轻重不一	《勉县志》
		汉中	阴雨连绵月余，大水淹地毁房甚多	《汉中市志》
		城固	七月，霖雨40日，江河两岸田地村舍淹没，全县不同程度受灾	民国二十年版《续修陕西通志稿》
		安康	汉江水淹至水西门跟前	《安康县志》、《汉江洪水痕迹调查报告》

续表

朝代	年份	地点	灾　情	资料来源
清朝 133 次	1910	旬阳	八月十五日（9 月 18 日）汉水大涨，蜀河杨泗庙门外石坎只有一级未淹，沿江上下房屋庄稼、家具货物损失很大	《旬阳县志》
	1911	南郑	大水，淹地毁房甚多	《南郑县志》
		汉中	被水冲塌房地	《汉中市志》
		安康	有淹没人畜等事	《故宫奏折照片》
		佛坪	佛坪时阴时晴时雨，粮食大歉，有淹没人畜等事	《故宫奏折照片》
		留坝	秋雨四十余日，河水溢，沿河两岸及谷地粮食大都无收，灾民外逃	《留坝县志》
中华民国 32 次	1912	白河	大雨 40 日，汉江洪水，船行（河街）屋脊，水洇红石河口	《白河县志》
	1913	旬阳	6 月 6 日神河水大涨，街上行船，房屋倒塌很多	《旬阳县志》
		白河	南区过风楼暴雨山洪、滑坡死伤 60 余人	《白河县志》
		汉阴	秋淫雨 40 余天，禾家霉朽，苞谷青空，市中乏粮	《汉阴县志》
	1914	石泉	七月，汉江流量 19 600 立方米/秒。“淫雨四十余日，稻不熟。石泉大饥”	《石泉县志》
		柞水	7～9 月，连续大雨、大水，乾佑、金井、社川三河冲毁农田 13 000 余亩。11 月灾民携老带幼逃向他乡 1000 多户	《柞水县志》
	1916	佛坪	佛坪大雨三天，椒溪河水猛涨，水进袁家庄北门	《佛坪县志》
		紫阳	七月初四大雨雹，盘厢河、铁砭溪一带，田禾尽损，漂没人畜	民国十四年版《紫阳县志》
	1917	汉阴	秋淫	《汉阴县志》
		宁强	入秋以来，淫雨数月	1915～1925 年版《秦中公报》
		白河	夏旱，秋涝	《白河县志》
	1918	旬阳	向家坪大水。6 月 20 日下午暴雨洪水将蜀河街兴文桥冲垮	《汉江干流及主要支流洪水调查资料汇编》
		白河	夏秋多阴雨，汉江水涨冲毁城关河街过半	《白河县志》
	1919	紫阳	中、北两区入夏以来旱涝相继，秋收无望	《紫阳县志》
	1920	佛坪	6 月 15 日始下大雨，至 6 月 17 日，椒溪河猛涨，水进袁家庄北门	《佛坪县志》
		白河	洪水	《白河县志》
		汉阴	十月廿三日大雨间雹	《汉阴县志》
	1921	宁强	3 至 7 月，阴雨断续，夏粮大半无收	《宁强县志》
		南郑	本年六、七月间，迭降大雨，兼旬不止，以致山洪暴发，河水陡涨，冲毁田禾，浸没房屋，秋收无望，被灾甚重，有 70 到 80 村，幅员数百里，地方辽阔	1915～1925 年版《秦中公报》
		勉县	苦雨兼旬，山水暴发，河渠冲溢，人畜、田庐漂没无算	《勉县志》

续表

朝代	年份	地点	灾 情	资料来源
中华民国32次	1921	汉中	六七月间连降大雨，兼旬不止，山洪暴发，河水陡涨，冲毁田禾，浸没房屋，秋收无望，被水冲甚重者70～80村，幅员数百里，地方辽阔	《汉中市志》
		城固	5月起，霖雨40天，全县成灾，南区沈家寨等处，灾情甚重。入秋后，阴雨连绵，江河泛涨，两岸秋禾悉被淹没	1915～1925年版《秦中公报》
		西乡	秋大雨，水没农稼	《西乡县志》
		紫阳	阴雨半年，大饥，人民多有饿死者	《紫阳县志》
		洋县	苦雨兼旬，山水暴发，河渠冲溢，人畜田庐，淹没无数	1915～1925年版《秦中公报》
		安康	陕西水灾奇重，安康等县民以野草为粮。六月初八日午刻，水没镇江寺神台。夏季，天雨连绵，大雨成灾，山洪暴发，河水陡涨，淹没田地禾苗	《安康县志》
		旬阳	7月12日汉水大涨，至骆驼岭，洵河水和汉江水几乎在骆驼项相接。比1903年大水还高一丈多，据蜀河口对岸谢家台水文题刻，此次洪峰在蜀河口比1983年8月1日最高洪峰低353.54厘米	《旬阳县志》
		白河	夏季，天雨连绵，大雨成灾，以致山洪暴发，河水陡涨，冲去麦禾，淹没田地禾苗，秋收无望	1915～1925年版《秦中公报》
		镇安	绵雨，大西沟洪水暴发，西关十多家民房被毁。秋又淫雨，收成大减，灾民大饥	《镇安县志》
		佛坪	佛坪县属各区于四、五两月大雨连绵，禾稼尽伤，淹没人畜，灾情重大	《佛坪县志》
		岚皋	入秋后，阴雨连绵。大道河等保，洪水成灾，淹没田地禾苗，冲塌房屋	《岚皋县志》
		镇巴	6月下旬，暴雨倾盆，洋河水骤涨泛滥入城，水深处达四五尺，周家营下坝和东岳庙四五百亩农田冲毁，乡间水灾更甚。同年秋，淫雨连绵月余，秋粮减产，县内普遍饥荒	《镇巴县志》
		留坝	4至5月，大雨不断，山水暴发，河渠冲毁，道路中断，人、畜、田庐漂没	《留坝县志》
		汉阴	夏，大水。七月七日大暴雨，历时仅一刻钟左右，观音、仙鸡等河洪水猛涨，河边田屋尽被淹没。月河高桥、同善桥被冲决，幺店子民舍数十间化为乌有，娘娘庙街水深五尺许（约1.5米）	《汉阴县志》
	1922	石泉	秋雨，汉江水淹至西门坎15步	《石泉县志》
	1923	汉中	水灾	《汉中市志》

续表

朝代	年份	地点	灾情	资料来源
中华民国32次	1923	城固	7月20日，大雨，江河水涨，境内遭受水灾	1915～1925年版《秦中公报》
		镇安	大雨，县城校场沟、冯子沟山洪倾泻，再次冲毁小北街，民房倒塌	《镇安县志》
		白河	5月，暴雨，白石河大水。6月，县城河街再遭火灾，被焚商号50余家，延烧房屋400余间。事后，修太平池6处，购置手摇水龙、水枪消防设备存商会	《白河县志》
		石泉	绘溪及老城等处，被水冲决河堤，沙压地亩，并冲没房舍、秋禾，甚至淹毙男女多口	1915～1925年版《秦中公报》
		西乡	7月20日大雨，水涨堤决，淹没稻田，被水成灾	1915～1925年版《秦中公报》
		汉阴	七月廿一日起大雨兼旬，河溪水暴涨，毁田房无数	《汉阴县志》
	1924	岚皋	八月初十夜，东区草鞋垭保，放牛场保及北区花坝等保，始则暴雨倾注，田地被水冲毁；继复雨雹交作，禾苗全被打毁，受灾户十之六、七	《岚皋县志》
		留坝	夏末，霖雨为灾，洪水泛滥，农田、庐舍漂没	《留坝县志》
		紫阳	旧历六月初二、初九、二十六，七月初二等日，先后遭猛烈之冰雹风雨，冲人畜、扫田禾，倒塌房屋、变迁陵谷之灾，各区皆有，不一而足	1915～1925年版《秦中公报》
		汉阴	秋淫	《汉阴县志》
	1925	勉县	春，被阴雨，淹没田禾	《勉县志》
		汉中	夏季多雨，以致山洪暴发，江河泛涨，冲毁田房，漂没人口不计其数	1915～1925年版《秦中公报》
		南郑	夏季多雨，以致山水暴发，江河泛涨，冲毁田屋，漂没人口不计其数	1930～1931年版《陕灾月报》
		城固	夏季，阴雨连绵，江河泛滥，冲毁房屋、田地，淹没人口	1932版《陕赈特刊》、《城固县志》
		西乡	淫雨连绵，河堤冲决，淹没田产	《西乡县志》
		安康	水灾	《陕西乙丑急赈录》
		旬阳	淫雨连绵，河堤冲决，淹没田庐	1915～1925年版《秦中公报》
		镇安	淫雨，庄稼欠收	《镇安县志》
		佛坪	6月26日至7月5日，全县连降大雨，田地、房屋淹冲甚多。龙草坪钟鼓槽山崩；东岳殿、水田沟的水田冲毁；椒溪河沿岸民房倒塌甚多；陈家坝冲毁水田200亩，冲倒40户房屋100多间多，淹死7人；石墩河金竹沟口张德胜一家淹死7人，房屋、财产全冲毁；大河坝街冲毁18户房屋40间	《佛坪县志》

续表

朝代	年份	地点	灾情	资料来源
中华民国32次	1925	岚皋	夏，淫雨连绵，河堤冲缺，淹没农田、房屋	《岚皋县志》
		石泉	水灾极重	1915～1925年版《秦中公报》
		宁陕	阴雨连绵，河水高涨，冲毁河堤，淹没田舍	《宁陕县志》
	1926	宁陕	七月大雨连绵七天七夜，长安河水头高达二、三丈。老城东城墙冲塌数处，关口街进水数尺深，冲毁民房二三十户，沿河两岸良田被淤成沙洲，损失惨重。同年八月，江口地区秋雨连绵近月，苦竹沟5户农民，盐店街3家住户，均被洪水卷走	《宁陕县志》
		汉阴	秋淫	《汉阴县志》
	1930	宁强	6月，暴雨3天，城北上关街水深齐腰。二郎坝西流河水泛滥，冲毁田地数百亩，冲走猪牛无数，灾民逃荒	《宁强县志》
		汉中	汉江水涨2～3丈，沿江一带居民农田多被冲毁	《汉中市志》
		城固	汉江暴涨，水高二至三丈，沿江两岸村舍、农田多被淹没	1930～1931年版《陕灾周报》
		镇安	县境西北各地暴雨烈风	《镇安县志》
		佛坪	佛坪县东岳殿、老庵被水	1930～1931年版《陕灾周报》
		镇巴	秋，大水，北区百余里、西区200余里，因水灾逃之甚多	《镇巴县志》
		留坝	秋，县城及江口各区被水，沿河水田尽成淤泥；山坡地不雠，田禾无存	《留坝县志》
		宁陕	江口等地被水	《宁陕县志》
	1931	宁强	夏秋之交，天雨连绵，山洪暴涨，冲毁堤堰、禾田甚多	《陕西灾情档案》①
		勉县	汉江流域支流分歧，山水暴发，纵横泛滥，冲崩堤堰、田亩所在皆是，江水损坏田禾甚多。8月20日淫雨连绵，河水大涨，冲塌田地、房屋甚多，山坡之地尤苦	《勉县志》
		南郑	夏秋本县及沿江各县大水灾的情况："七月十七日大雨如注，河水陡涨"，"汉水西自勉县起经褒城到该县（指南郑）又东经城固至洋县两岸平坦，泛滥之处，损坏田禾甚多"。进入8月份汉水因雨继续大涨，水头高数丈，冲堤横流，沿江十余县尽成泽国，"冲没田庐，淹毙人数不可胜计，待赈者数十万人"	《陕西灾情档案》

① 中国第二历史档案馆。

续表

朝代	年份	地点	灾　情	资料来源
中华民国32次	1931	汉中	张寨、周寨、范寨等处山洪暴发冲毁田禾。7月17日大雨如注，河水陡发，北门外李家桥堤被冲毁崩，洪水横流，当其冲者，均被淹没，损坏田禾房屋、漂去衣物、粮食、牲畜甚多，水势泛滥延及东北护城河桥，桥之左右以及瓮城内水深数尺	《汉中市志》
		城固	7月15日至8月3日，淫雨连绵，境内大水，淹没农田39 740亩，死139人，湑水东侧的原公一带河床东徙，冲垮水田数百亩。文川、南沙河和堰沟河流域均有冲坍田地（《陕西灾情档案》中国第二档案馆）	《陕西灾情档案》
		西乡	夏，大水成灾。沙河坎至水东坝淹没禾稼5000余亩。西乡南区之白庵河、面子山、丰渠、蔡家河；西区之桑园铺、沙河坎、苦竹坝；北区之朱家河、罗圈沟、龙王庙、牟家沟、七星坝、子午牌、神溪铺等处，均小溪错出，水势流急，漂没田庐、人畜甚多。夏大水成灾	《陕西灾情档案》民国二十二年版《西乡县志》
		石泉	8月23日后，淫雨连绵数日已，通宵达旦，势如倾盆，以致山洪暴发，沟沟皆盈，冲毁田地九千七百亩，淹没民房一千九百余户，溺毙男妇大小六百余口，损失已熟待收稻穀八千三百余口，灾情之特殊实为六十年来所未有	1931～1939年版《陕西省政府公报》
		安康	沿汉江一带被灾最重	《陕西灾情档案》
		旬阳	7月3日北区小河口铺子河、东河、小岭峡大雨，水势横流，稻田冲成乱石，旱田亦有被冲者	《旬阳县志》
		白河	八月二十七～二十八日，白河大雨倾盆，四面均不见山，但闻岩崩水吼，房屋震摇，人人心惊胆裂，次日汉水暴涨，顷刻上街，街面水深8尺余，货物漂流无数，房屋摧折，县内河沟冲出的人畜、树木拥挤江面，铺盖数里之广，漂流数小时	1931～1939年版《陕西省政府公报》
		洋县	南区江坝、南坝、望江铺、黄安坝等处，东区酉水、金水河所经之处遭水患，统计冲毁农田二千三百余亩，旱地八千八百余亩，死伤人丁一百八十五口	《陕西灾情档案》
		镇安	暴雨六昼夜，山洪暴发，河水猛涨，全县淹死1200多人，冲毁田地、房屋无计	《镇安县志》
		佛坪	佛坪惨遭水患，淹毙人畜，冲塌房屋，淹及田禾，灾情奇重	《陕西省政府公报》
		岚皋	七月初三，大雨，汉水暴涨，灾民领赈者漂没13人	《岚皋县志》

续表

朝代	年份	地点	灾情	资料来源
中华民国32次	1931	镇巴	5月初，降黑雨，河水陡涨，冲田地2400余亩，淹死2000余人	《镇巴县志》
		留坝	夏秋之交，大雨不断，褒河、黑河泛滥，出现特大洪灾	《留坝县志》
		宁陕	夏，下雨近3月，沟河皆盈，土地崩裂，房舍倾塌，沿河禾稼，冲洗无余，沟边居民，水淹沙埋，景象凄惨	《宁陕县志》
		郧县	洪水成灾，今复淫雨肆掠	《中国气象灾害大典·湖北卷》
	1932	城固	秋涝	1939～1944年版《陕西省政府工作报告》
		紫阳	秋水伤稼	1932年版《陕赈特刊》
		南郑	秋涝	1932年版《陕赈特刊》
		镇安	水灾	《镇安县志》
		佛坪	6月21日，佛坪暴雨、冰雹6小时之久，骤起洪涛，田禾打毁无余，房屋、牲畜损伤甚多	《陕西灾情档案》
		石泉	五月三日至十日，连夜大雨滂沱，同时骤冷，无异寒冬，当此麦豆结实之时，经此淫雨，收成绝望	1932年版《陕赈特刊》
		岚皋	惨遭霖雨等灾	《岚皋县志》
		镇巴	暴雨，东西楮河一带淹田地数百亩	《镇巴县志》
	1933	西乡	霖雨，中区水灾尤重	《西乡县志》
		安康	全省自六月起，暴雨迭降，山洪陡发，大小河渠泛滥，人畜庐舍、器具资粮及棉植秋苗，被水冲害者比比皆是	《陕西灾情档案》
		旬阳	六月，暴雨、山洪陡发，全县大小河无不泛滥，人、畜、房、粮被冲者比比皆是	《旬阳县志》
		镇安	大雨，河水猛涨，淹没庄稼和民房	《镇安县志》
		柞水	7～8月，暴雨十多次，乾佑河水冲进西城墙，冲毁城内房屋30多间	《柞水县志》
		紫阳	6月，大风怒号，续以雹雨，遍地皆成泽国	民国二十二年九月《紫阳县政府第三次行政会议记录》
		留坝	6月起，暴雨连降，山洪徒发，大小河流泛滥，人、畜、庐舍、器具，被水冲者比比皆是	《留坝县志》
		宁陕	四月，阴雨不断，气候变寒，禾苗枯萎，夏粮大减	《宁陕县志》
		汉阴	秋淫	《汉阴县志》
	1934	勉县	被水灾	《勉县志》
		城固	境内水灾	1931～1939年版《陕西省政府公报》《城固县志》

续表

朝代	年份	地点	灾情	资料来源
中华民国32次	1934	西乡	秋霖雨，中区水灾尤重	民国二十二年版《西乡县志》
		紫阳	7月22、23、24等日，汉江大水涨发，大木为拔，房屋为之坍塌，人物为之漂流，瓦房店、芭蕉口、高滩、毛坝关等处遭灾最惨，人畜器具、房屋食粮悉被冲没。哀鸿遍野，惨不忍睹	民国二十三年7月24日、8月17日《民众晓报》
		安康、宁强、石泉	六月一日起大雨三昼夜，沿河居民淹没无数或因山洪暴发，或以河流涨溢，大灾遽临，猝不及避，男女老幼淹毙无算，庐舍牲畜，荡然无存	《陕西灾情档案》 1931～1939年版《陕西省政府公报》
		旬阳	7月16日拂晓，天降大雨，山洪暴发，麻坪河水高十丈，将所有水田一扫而光；平定河水高五六丈，将水田亦打坏大半，中区各处坡地概如水洗，冲倒成禾不下十分之四。统计此项水灾损失约在百万元以上	1931～1939年版《陕西省政府公报》
		白河	七月十七日，白河县界岭一带暴雨洪水毁地	《白河县志》
		佛坪	8、9两月霪雨，岳坝野猪成群，遭害庄稼。陈家坝、石墩河稻谷出芽，无法收割	《佛坪县志》
		岚皋	七月初一至初三，大雨三昼夜。初五，岚河洪峰2930立方米/秒，沿河居民淹死无数	《岚皋县志》
		镇巴	暴雨，山洪暴发，男女老少死者无数	《镇巴县志》
		留坝	5月3日至9日水患，麦禾被冲	《留坝县志》
		汉阴	秋淫	《汉阴县志》
		郧县	农田被淹，水涨	《中国气象灾害大典·湖北卷》
	1935	勉县	被水	《勉县志》
		城固	境内水灾	1931～1939年版《陕西省政府公报》
		旬阳	6月6日双河大水，洪水入双河街，下街到上街视线被洪峰隔断，毁房百余间。自竹筒河下至蜀河，百里内水田尽被冲毁，7月淫雨兼旬，江水大涨，沿岸灾象与1921年无异	《旬阳县志》
		白河	七月三至七日，连阴雨，总降雨量301.1毫米，七月六日一天降雨量达133.1毫米，全县洪水	《白河县志》
		佛坪	6月中旬，连降大雨3日，蒲河暴涨，冲毁陈家坝下街头民房、水田，直径1米多的柳树被冲走。7月中旬下大雨5天，椒溪河猛涨，沿河两岸田禾毁没。8、9两月，霍乱流行，人多有死亡	《佛坪县志》
		郧县	水涨，汉水漫溢，溃决	《中国气象灾害大典·湖北卷》

续表

朝代	年份	地点	灾情	资料来源
中华民国 32次	1935	郧西	沿河沿溪，全岸淹没，冲毁无数	《中国气象灾害大典·湖北卷》
	1936	宁强	6至7月，淫雨连绵数日	《宁强县志》
		石泉	秋，淫雨成灾，成熟农作物霉烂	《石泉县志》
		白河	秋，阴雨连绵，迭遭冰雹，玉米毁坏，次年春旱，民食草根树皮	《白河县志》
		汉阴	秋淫雨为灾，少数成熟农作物均霉烂	《汉阴县志》
	1937	旬阳	6月6日双河一带又一次大水，将西岔河到蜀河两岸水田冲毁殆尽	《旬阳县志》
		镇安	发大水，冲毁土地、禾苗无数	《镇安县志》
		汉阴	七月廿八日，北山大雨如注，山洪暴发，河水陡涨	《汉阴县志》
	1938	安康	夏，大雨数日，山洪暴发，沿河田禾，悉被水淹。五月二十主日，越河水打飞机场。秋稻收获时，阴雨连绵，谷多生芽，包谷、洋芋收获仅一、二成。民间早患粮荒，山中灾情最重，以牛蹄堡、牛山庙、张家滩等地最惨	《安康县志》
		旬阳	夏，大雨洪水为灾，山地被洪水冲刷，一望赤石	《旬阳县志》
		镇安	秋涝，庄稼无收，饥民食树根、野菜、观音土	《镇安县志》
		汉阴	秋，淫雨水灾，受灾面积2632方市里	《汉阴县志》
	1939	宁强	7月水灾，民困至极	《宁强县志》
		城固	秋涝成灾，收成锐减	1939～1944年版《陕西省政府工作报告》
		安康	陕南秋涝成灾，收成锐减	《安康县志》
		旬阳	陕南秋涝成灾，收入锐减	《旬阳县志》
		镇安	淫雨，冯子、校场、大西三条沟山洪倾泻，东关民房倒塌	《镇安县志》
		岚皋	秋涝成灾，收成锐减，人食人，犬食犬	《岚皋县志》
		留坝	五月，大雨时行，河水溢	《留坝县志》
		宁陕	秋涝成灾，收成大减。三十三年（1944）八月七～九日，恶风四起，突降冷雨、雪片、冰雹，各种农作物吹倒、冻坏、打毁大半，收成失望	《宁陕县志》
		汉阴	八月初十至十二日，大雨倾盆，成灾。是年夏旱秋涝，合家出外逃荒者478户，单人出走谋食者261人，饿死2597人，无粮继炊者16 023人	《汉阴县志》
	1940	城固	8月5日起，六夜淫雨，山洪暴发，洪波惊涛。9月大水成灾，房屋倒塌，禾谷淹没。南沙河流域冲毁房屋数百间	《陕西灾情档案》

续表

朝代	年份	地点	灾　情	资料来源
中华民国32次	1940	西乡	8月9日，连续降特大暴雨，牧马河水猛涨，跨民房百间，为百年一遇之洪水	《西乡县志》
		石泉	秋，连续大雨，成灾。水淹至西门坎9步。汉江流量16 500立方米/秒	《石泉县志》
		旬阳	秋雨冬寒，大风为灾，高山收成大减，粮价腾贵	《旬阳县志》
		佛坪	7月4日，涨大水，上沙窝长沟口石梁被冲断。7月中旬连阴雨，椒溪河猛涨。沿河两岸，田禾毁没甚多。大、小龙洞沟滑坡，冲毁坡地。7月24日，大雨，蒲河大涨，河改道，冲毁陈家坝玉皇墩西水田200多亩	《佛坪县志》
		汉阴	秋，连续大雨，成灾。受灾户2247户，损坏房屋150间，汉阳坪街被冲毁	《汉阴县志》
	1942	白河	夏，卡子圣母山一带暴雨、洪水、水头八九尺高。遍山滑坡形成泥石流，推走房屋、田地	《白河县志》
		镇安	淫雨后又暴雨，县河水猛涨，大西沟、校场沟、冯子沟洪水奔泻，东街水深过脐，房屋倒塌，损失惨重	《镇安县志》
		柞水	暴雨、大水，乾佑、金井、社川三河冲毁沿岸土地5000多亩	《柞水县志》
		汉阴	暴雨间冰雹，秋又遭虫害，庄稼仅收四成	《汉阴县志》
	1943	宁强	8月，嘉陵江水暴涨，沿岸田禾尽被水淹	《宁强县志》
		紫阳	“连年水旱灾歉及惧匪患，……灾歉以三十二年极为惨重。减免赋额为三万八千九百多元，占全县总数百分之七”（紫阳县政府代电，民国三十四年，日期不详）	《紫阳县志》
		旬阳	7月26日，双河遭大水灾，把1937年水灾后修复的水田冲毁殆尽	《旬阳县志》
		镇安	大雨倾盆。甘沟、月西沟、龙胜沟山洪猛发，活土层被剥。水田沟8户20余人被洪水冲走	《镇安县志》
		留坝	7月29日夜，突降暴雨，川陕公路武关驿路段及桥梁被洪水冲毁，行旅阻滞。崇仁乡四保（中西沟）、五保（上西沟）农户、田禾全被洪水荡溃，石沙堆积二丈高，受灾348户，冲毁房屋135间，死亡男女118人，淹没牲畜、猪、牛圈等无计	《留坝县志》
		汉阴	春，淫雨	《汉阴县志》
	1944	紫阳	权竹等乡“秋季淫雨为灾，虫蝗作祟，稻谷之平均收成不及十分之二”（权竹乡公所呈文）	《紫阳县志》

续表

朝代	年份	地点	灾情	资料来源
中华民国32次	1944	旬阳	由兰田县小峪口起至洵阳县赵湾止，沿线山洪河水，冲刷田亩亘五百里	1939～1944年版《陕西省政府工作报告》
		镇安	暴雨成灾	《镇安县志》
		岚皋	秋涝，收成不及五成。冬饿死人者，时有所闻	《岚皋县志》
		汉阴	秋，冰雹加暴雨。北山双清等乡，八月廿九日晚，山洪暴发，淹没田禾	《汉阴县志》
		白河	8月中旬，大雨倾盆，山洪暴发，一切禾苗均被冲刷	伪民政厅《本省三十三年各县灾情》
		郧西	天惠渠被冲毁	《中国气象灾害大典·湖北卷》
	1945	宁强	秋，淫雨连绵，因灾死亡132人	《宁强县志》
		紫阳	夏秋两季，水旱灾害交替，受灾面积24万亩，占全县耕地总面积十分之六以上。洄道乡七、九等保，双许乡六道河各保因灾并避匪，多举家逃亡，十室九空。蒿林、七宦、五马等乡水毁严重，“减产八至十成”（紫阳县政府代电）	《紫阳县志》
		留坝	秋，城关镇、崇仁乡水灾，庄稼无收	《留坝县志》
		汉阴	七月二日，南山暴雨	《汉阴县志》
	1946	宁强	6月，淫雨连绵20余日，河水暴涨，山崩地溃，沿河田地尽被水毁，数万灾民无家可归	《宁强县志》
		勉县	秋，水灾	1945～1948年版《陕西省政府工作报告》
		城固	夏涝	《民国档案资料》
		西乡	秋，霖雨余月，受灾田地12万多亩，倒房437间，水溺房塌，死亡72人	《西乡县志》
		安康	九月七日，汉江水涨	《安康县志》
		汉阴	秋，淫雨	《汉阴县志》
	1948	西乡	6月8日，山洪漫卷，田河房屋摧残殆尽，共毁稻田1664.4亩，旱地5340.7亩，粮食减产近1.3万石	《西乡县志》
		安康	十月一日，汉水溢	《安康县志》
		旬阳	7月27日，双河大水冲毁年产谷子八千石以上水田	《旬阳县志》
		镇安	淫雨，坡地包谷大减产	《镇安县志》
	1949	宁强	秋，阴雨断续40余日，山洪暴涨，沿河庄稼淹没，秋粮收成颇受影响	《宁强县志》
		勉县	9月，汉江两岸几乎全都淹没，为60年来最大一次洪水	《勉县志》

续表

朝代	年份	地点	灾 情	资料来源
中华民国32次	1949	汉中	七八月，阴雨连绵四十多天，江洪大发，房屋田禾牲畜大量被冲。灾情数10年少见，受灾群众10万余人，其中死亡100余人，受伤1000余人，淹没房屋15 000余间，冲毁倒塌房屋800余间，淹没农田45 000亩，其中冲毁39 600余亩	《汉中市志》
		城固	八九月阴雨连绵江河水涨，全县遭灾。8月28日汉江暴涨，周家滩、梁家庵、江湾、柳渡、莲花池等10多个村庄水淹。县城南关王爷庙戏楼上水。汉江龙王庙段洪峰流量12 500立方米/秒，冲毁河堤139处，长32.26公里；汉江两岸淹没农田35270亩，水毁房屋12 668间，使3千多户、2万多灾民无家可归	《城固县志》
		西乡	9月，汉中平原沿江几乎全部淹没，民房倒塌无数，为60年来最大的一次洪水	《西乡县志》
		石泉	七月，汉江水涨。淹至西门内，环城皆水。船停北门楼下，水尾至古堰滩。民房倒塌，汉江流量为23 500立方米/秒	《石泉县志》
		紫阳	8月，大雨滂沱10日，14～15日，汉水暴涨，淹没沿江集镇，以汉王城受灾最重，洪水涨至后街，“据父老云，比光绪二十九年之水高一尺五寸。”程（春波为王欣陶诗《吟洪水》加注）	《紫阳县志》
		安康	十天连涨两河水。九月，安康沿江灾巨，下游蒋家滩、长春观、俊德堡均溃	《安康县志》
		旬阳	8月，洵河水猛涨，冲毁沿河人家很多，甘溪小学校具被冲走大半。9月汉江出现大洪水，安康沿江洪灾甚巨，洵阳水淹平河边石坎。9月6日开始，淫雨连日，至12日蜀河口汉江水猛涨，是晚9时许即进入前街，至天明水深至半屋，13日午前街房顶全部没水，后街开始沉入水中，黄昏后，后街房屋大部分没水，水位比平时高出8丈，冲毁房屋30余间。24日河水又一次暴涨，水位仅低前次2尺	《汉江干流及主要支流洪水调查资料汇编》
		白河	9月20日，汉江洪水，24日水退出河街，毁房屋百余间	《白河县志》
		镇安	秋涝成灾，日几山滑坡80余亩，魁星楼楼基倾斜。收成大减，灾民食榆树皮、观音土	《镇安县志》
		佛坪	霪雨40天	《佛坪县志》
		镇巴	秋，暴雨连阴雨，冲房4家20间	《镇巴县志》

续表

朝代	年份	地点	灾情	资料来源
中华民国32次	1949	留坝	秋，阴雨连绵40余日，伤禾减产九成，道路中断	《留坝县志》
		汉阴	秋淫，大水	《汉阴县志》
中华人民共和国52次	1950	石泉	涝灾。粮食减产	《石泉县志》
		旬阳	6月17日～20日，蜀河、双河、城关等地先后降暴雨冰雹，山洪暴发	《旬阳县志》
		镇巴	9月16日～10月27日，淫雨42天，山洪暴发，河水泛滥城关、青水、观音3区，秋粮损失2/3	《镇巴县志》
		留坝	9月14日晚9时，紫柏山狂风暴雨	《留坝县志》
		宁陕	秋涝成灾，收成有减	《宁陕县志》
	1951	宁强	8月下旬，连续降雨数日，大安河、嘉陵江、玉带河暴涨，至9月上旬，洪峰迭出，沿河田地水毁严重，代家坝、阳平关两区尤甚。全县13乡1980户受灾	《宁强县志》
		南郑	7～9月，三降暴雨。7月11日南海区山洪暴发，冲毁农田1595亩，倒房98间，淹死2人。7月19日晚，红庙发生洪水灾害，冲淤农田602亩，毁堤1160米。9月上旬，汉江水涨，沿江6047亩农田被淹。县人民政府发动群众生产自救，弥补损失	《南郑县志》
		安康	9月9日，汉江涨水，流量18 000立方米/秒	《安康县志》
		旬阳	8月24日～10月3日，阴雨40余天（羊山70余天）。河边地区受到洪水浸洗	《旬阳县志》
		白河	2月～5月16日，多次连阴雨，豆麦减产40%	《白河县志》
	1952	宁强	8月1日至17日，大雨，山洪暴发，全县普遍受灾，城关、大安、阳平关3区尤重	《宁强县志》
		南郑	7～8月，阴雨连绵20余天。8月16日、17日梁山、汉山、冷水、红庙、南海等9区普遍遭受洪水袭击。全县有39 863.9亩农田受灾，损失粮食61.85万公斤，棉花4.85万公斤；毁桥22座，道路2430米，渠堰218处；倒塌房屋713间，死伤8人。灾情发生后，县委书记张建德带领干部奔赴灾区，组建42个抢险组，搬迁被水围困的262户、595人；政府发放救济款3000元，银行贷款5.42万元，帮助灾民安排生活、生产，重建家园	《南郑县志》
		汉中	秋，霖雨两月余。8月16日，全市淹农田2124亩。受灾群众890户，3818人。8月15日	《汉中市志》

续表

朝代	年份	地点	灾　情	资料来源
中华人民共和国52次	1952	西乡	5月，北山洪水由北坝防洪渠灌入县城，北马路及东关灾情严重	《西乡县志》
		石泉	秋涝。7月中旬至9月中旬，阴雨连绵，山洪暴发。冲毁农田，人畜伤之。受灾面积8万余亩，受灾农户2600余户。以汉江以南区乡受灾最为严重	《石泉县志》
		安康	夏旱秋涝，低山芽枯苗萎，沿河洪水冲刷，高山秋封	《安康县志》
		旬阳	8月，全县阴雨20多天，倒塌（损坏）房屋1052间，损失粮食25 597石	《旬阳县志》
		镇安	东川区出现历史上罕见的大暴雨，农田损失严重	《镇安县志》
		镇巴	6月26日～7月5日，大雨，稻田淹没6320余亩。高山晚洋芋大部分霉烂；冲毁农田5196.4亩，大小堰渠479条，民房348间，桥梁26座，死10人，伤6人，伤亡家畜32头	《镇巴县志》
		留坝	秋，淋雨月余，发洪水。城关、嵩坝、铁佛3区受重灾，农作物受灾面积达35 600亩，粮食减产过半，毁房130间，人、畜冲走，死亡甚多	《留坝县志》
		宁陕	秋禾受涝，粮食减产	《宁陕县志》
		汉阴	秋涝。7月中旬至9月中旬，淫雨连绵，山洪暴发，河水猛涨，冲毁农田12 943亩，倒塌房屋224间，淹死36人、51头猪、牛，冲走农具1288件	《汉阴县志》
	1953	勉县	7月，水灾相继发生，长林乡有40多户房屋被淹。冲毁渠堰17条、民房124间，粮食受灾面积0.34万亩	《勉县志》
		西乡	泾洋河泛滥，水东熊家营被淹，房屋多垮	《西乡县志》
		安康	7月2日～3日，10日～13日，洪水泛滥，张滩区7个乡淹没农田1383亩，五里、关庙、茨沟等区遭洪灾	《安康县志》
		旬阳	6月17日，7月中旬～8月初，各地相继降暴雨近10次。全县有18万多亩秋田受水、风、雹灾，减产7211石，冲毁房屋48间，有6人淹死	《旬阳县志》
		白河	7月18日，顺水、大坪、中厂一带暴雨，秋粮受损	《白河县志》
		镇巴	6月16日大雨，城关、渔渡、观音、三元、简池、青水6区冲毁稻田1938亩，玉米3万余亩	《镇巴县志》

续表

朝代	年份	地点	灾情	资料来源
中华人民共和国52次	1953	宁陕	秋雨连绵，作物受害，五、六、七、八、九5个区、乡最为严重	《宁陕县志》
		汉阴	8月1日夜，暴雨，月河水入县城，沟河沿岸普遍遭灾，受灾3505户，冲毁田地4786亩，倒塌房屋648间，淹、塌死亡16人，伤19人，冲毁部分公路桥梁及多处堤、堰	《汉阴县志》
	1954	宁强	9月3日，暴雨9小时，汉江上游河水暴涨，大安镇水漫街道。全县有38乡3659户12 132人受灾，冲毁农田数千亩，房屋87间，毁路基桥梁27处，死2人	《宁强县志》
		石泉	秋涝，洪灾。8月11日、19日，两场大雨，后柳、熨斗冲走黄牛3头，塌房22处，筒车11架，水磨10架。全县受灾面积3391亩，有1023户，5000余人受灾	《石泉县志》
		旬阳	7月中旬～9月，全县下暴雨9次，山洪暴发，河水上涨。神河、洵河、汉江多次涨水，沿岸遭水淹没，水灾使粮食减产200余万斤，毁房48间，死10人，伤2人	《旬阳县志》
		留坝	7月8日～8月23日，连降大雨，山洪暴发，河水猛涨，庙台子、江口、武关驿3区被洪水淹死3人，滑坡塌死12人，冲走耕牛2头	《留坝县志》
		宁陕	5月19日，第七区高桥乡遭暴雨袭击，损失严重。同年7月13日，江口地区又突降大暴雨两小时，沿河、沟两岸土地大遭破坏。曹家院水田被毁50余亩，旬河的熊家沟口被洪水推下来的山石，堆成一座小山头，3户人家被水冲走	《宁陕县志》
	1955	勉县	9月，雨量多而集中，汉江流量（武侯镇）2180立方米/秒	《勉县志》
		南郑	9月15～16日，全县大部分地区降大雨，梁山、汉山、冷水、南海等7个区有8660亩农田遭水灾，倒塌房屋741间，死2人。由于入夏以来先旱后水灾，全县秋粮减产1105万公斤。县长张正范带领各部门负责人赶赴重灾区，组织群众防洪抢险	《勉县志》
		城固	8月中旬起，霖雨40多天，江河泛滥，冲毁民房486间，粮食28 228公斤；淹秋作物5526亩；淹死12人，大家畜32头	《城固县志》
		石泉	9月16日，汉江暴涨。因及时抢救，城镇居民和财产损失较小	《石泉县志》

续表

朝代	年份	地点	灾　情	资料来源
中华人民共和国52次	1955	安康	7月2日、6日，吉河、梅子铺区先后降暴雨，晏吉河、越河陡涨洪水，水头高丈余，冲毁耕地1126亩，堰渠211条，堰塘9口，房屋14间。8月12日大河、叶坪二区，突发恶风暴雨，山洪暴发，大河区17个乡有16乡受灾，冲毁堰渠305条，筒车25架，房屋28间，淹死1人。叶坪区9个乡有6乡受灾，冲毁堰渠86条，房屋59间，纸厂1座，淹死1人、伤1人。9月12日，两区再次暴发山洪，叶坪区崩塌1670处，受害107户	《安康县志》
		旬阳	8至9月，阴雨连绵，高山秋季阴雨40多天，县城9月7日55分钟降水61.5毫米。汉江出现中华人民共和国成立以来大洪水，有4000多亩农田受灾，减产粮食286石，死15人，倒房86间	《旬阳县志》
		镇巴	9月～10月中旬，淫雨，降水404毫米，全县有11个乡54个村受重灾	《镇巴县志》
		留坝	1955年7月27日～8月22日，连续降暴雨，全县受灾乡22个、1109户，受灾稻田4969亩。其中，冲毁稻田1551亩、旱地2011亩，粮食减产；毁房56间；死亡13人；冲毁堰渠241条	《留坝县志》
	1956	宁强	6月初至7月初，淫雨连绵，洪水暴涨。全县受灾，大安、白杨、桑树湾等13乡尤重。毁房1212间，死22人，损失粮食90.24万公斤	《宁强县志》
		勉县	5月2～3日，发生狂风暴雨，茶店乡石峡村被山水冲走6人，80亩小麦，250亩玉米颗粒无收。水涝灾害，受灾面积16.8万亩，损失粮食42万公斤，冲毁大小渠堰1056条、水库3座，陂塘5口、大桥2座、348间房屋被淹，其中倒塌197间，冲走23间	《南郑县志》
		南郑	6月23～24日连降大雨，郭滩、回龙、山口等33乡，淹没水稻22 112亩，沙淤农田1812亩，冲毁旱地3910亩；毁河堤351处、渠堰851处；淹死10人，伤5人；冲走粮食7.6万公斤；秋粮减产871万公斤。县委、政府抽调130多名机关干部，分赴灾区，与群众一起抗洪抢险。6月24日，用渡船、木筏救出被水围困的群众1617人。政府发放救济款1000元，帮助群众生产自救	《南郑县志》

续表

朝代	年份	地点	灾情	资料来源
中华人民共和国52次	1956	汉中	6月21日，镇江楼周围形成内涝，北郊渠堤溃决11米，渠水下泄，淹没孙家坝农民16户及全部农田。全市52户74间房屋9000米。倒塌，水毁农田436亩，菜地346亩，冲毁坝坎	《汉中市志》
		城固	6月，连降大雨，山洪暴发，河水猛涨，河堤渠道冲毁1227处，毁塘94口，冲毁汉江木桥13孔。成灾面积33 426亩，其中毁田599亩，淹秋作物10 171亩。冲毁粮食12 475公斤，洋芋85 800公斤；冲毁农具264件，淹死耕牛180头，猪173头。当年因灾减产粮食228万公斤	《城固县志》
		安康	6月中旬，接连阴雨，熟麦霉烂，丰产减收。8月22日，汉江涨水，流量15 100立方米/秒	《安康县志》
		旬阳	6月初～7月中旬，长时阴雨，各地连降大雨，洵河、蜀河、神河几次涨水，沿岸土地被冲淹很多，夏粮减产470万斤	《旬阳县志》
		白河	夏，暴雨洪水，全县受灾面积18.66万亩，灾区人口6.4万人，倒塌房屋269间，冲毁渠堰1122条，水田863.9亩，冲垮石岸1万余条，死亡8人（中有雷击3人）	《白河县志》
		留坝	1956年6月15日～7月15日，1个月内降4次暴雨，降水量达1176.1毫米。全县受灾面积达13 703.81亩，减产80万公斤；冲毁大小堰渠272条、房屋154间，毁坏公路3处；死亡8人，冲走牲畜13头	《留坝县志》
		汉阴	秋涝	《汉阴县志》
	1957	宁强	6月17日，暴雨如注，县北4区发生特大洪水。大安镇水漫小街，冲断大桥，86米河堤被毁	《宁强县志》
		南郑	7月10～16日，连降大雨，南海、冷水、红庙、汉山等区的16个乡受灾。山洪冲淤稻田5216亩、淹没19 753亩；毁旱地4300亩，河堤6.1万米；倒房312间；死28人，伤23人。灾情发生后，中共南郑县委、县人民委员会立即派出工作组，赴灾区慰问灾民，发动群众抗灾自救；并发救灾款3500元	《南郑县志》
		城固	7月16～18日，暴雨，山洪暴发，江河涨溢，毁房774间，塌死28人，伤49人。冲毁河堤166处，计20.8公里，塘库121个。冲走农家具1579件，粮食6568公斤。水冲沙淤无收者田19 165亩，减产粮240万公斤。水灾损失2930万元	《城固县志》

续表

朝代	年份	地点	灾　情	资料来源
中华人民共和国52次	1957	石泉	秋涝、水灾。8月15～28日，连阴雨15天，毁田3600余亩、旱地15 000余亩。汉江沿岸乡村受灾严重。当年减产粮食105余万公斤	《石泉县志》
		安康	7月15～19日，连降暴雨，山洪暴发，淹没农田32 302亩，房屋187间，大小堰渠404条，筒车10架，死亡37人	《安康县志》
		旬阳	春，先涝后旱，秋后靠河边一带受到暴雨洪水浸袭	《旬阳县志》
		镇安	6月27日，达仁河水猛涨，淹狮子沟口营业所。7月16日至18日，连降暴雨，河水横溢，全县冲毁农田5400亩，塌房180间，死亡33人	《镇安县志》
		柞水	大雨，后沟河水冲进县城，冲毁县医院	《柞水县志》
		镇巴	7月中旬，暴雨，降水量301毫米，冲毁河堤96条，堰渠632条，毁田1260亩，旱地6505亩，倒塌房屋121间，圈舍125间，死亡5人	《镇巴县志》
		宁陕	全县农作物遭受水灾面积16 616亩，减产粮食250吨。受灾人口5276人	《宁陕县志》
		汉阴	秋涝，大水灾。7月17日清晨2～6时，暴雨倾盆，4小时降雨达108毫米，全县36个乡受灾，重灾乡21个。死59人，伤49人，冲走耕牛9头、猪30头、农具1286件、家具9051件，毁民房1840间，毁田地62 483亩	《汉阴县志》
	1958	宁强	5月3日，大雨倾盆，大安、代家坝、广坪3区被灾，农田受灾面积4.03万亩，冲毁房屋518间，死7人	《宁强县志》
		南郑	8月阴雨连绵，19日大雨倾盆，汉江、濂河波浪翻滚，决堤而出，沿河36村2123户农家受灾。淹淤农田15 396亩，倒房425间，毁堤、堰坎692处，死1人。全县秋粮减产1358万公斤	《南郑县志》
		城固	9和10月秋霖，稻谷等秋粮未及时收回，抛撒浪费严重；冒雨抢种小麦，整地粗糙，播种失时	《城固县志》
		安康	7月6日18时，汉江水涨，流量14 500立方米/秒	《安康县志》

续表

朝代	年份	地点	灾　情	资料来源
中华人民共和国52次	1958	旬阳	7月4日～5日夜和17日，三次暴雨、山洪，发生百年未遇大洪灾。城关、赤岩、神河、蜀河等集镇均为水淹，神河街水高一丈多。赤岩、神河两区通讯中断数日。全县1.7万多亩农田受灾，减产432万斤，倒(坏)房屋1711间，死65人	《旬阳县志》
		白河	9月13日，汉江洪水，水至河街医院门诊部坎下。1971年8月，暴雨冲毁南岔河湾40%土地庄稼	《白河县志》
		柞水	大雨，乾佑、金井、社川三河暴涨，冲毁沿岸土地2000余亩	《柞水县志》
		留坝	1958年8月1日，连降暴雨3天，降水量分别为45.7毫米、40.4毫米、59.1毫米，褒河、黑河水系发生特大洪水3次，冲毁水田1445亩、旱地2417亩、堰渠361条、水塘119个；冲塌房屋159间、畜圈45间，冲走（亡）19人、牲畜3头；宝汉公路塌方多处，交通中断	《留坝县志》
		郧西、郧县	死亡人数61人	《中国气象灾害大典·湖北卷》
	1959	城固	8月5日，五堵、天明、二里区的部分管理区，5小时内降水200毫米左右，南沙河、堰沟河上游洪峰超过河堤70厘米左右，滑坡200处，冲毁河堤292处。冲断马家河7米，倒房246间，死8人。全县秋粮成灾面积42 226亩，其中无收25 000多亩	《城固县志》
		旬阳	9月13日降暴雨，全县10个区遭灾，中断交通和通讯联络。冲走或倒塌房屋7275间	《旬阳县志》
		镇安	暴雨，乾佑河水猛涨，多处河堤决口，民房倒塌644间，庄稼被淹，损失严重	《镇安县志》
		汉阴	秋涝	《汉阴县志》
	1960	西乡	秋，洪水泛滥，农业受灾147 781亩，减产3284.23万斤，倒房122间，死15人，427处水利设施被毁	《西乡县志》
		石泉	秋涝。9月中旬连续大雨，山洪暴发，受灾面积27万亩	《石泉县志》
		安康	9月上旬，连降大雨5日，降水274.7毫米。6日21时，汉江流量18 500立方米/秒。城关、文武、张滩、吉河、恒口、五里、茨沟等区水灾严重，受灾4746户，成灾面积131 330亩，倒塌房屋4629间，死亡17人，重伤15人，冲毁黄洋河、牛岔湾等中小型水库4座，堰塘241口，渠道4744条	《安康县志》

续表

朝代	年份	地点	灾 情	资料来源
中华人民共和国52次	1960	旬阳	7月17日双河、蜀河发生自1943年以来大洪水。9月3日～7日，降暴雨4天4夜，9月4日安康黄洋河水库决口，汉江、洵河水进了县城及吕河、蜀河街道。县城河街水深4米。水灾造成秋粮减产263万斤，死2人，伤27人，冲走房屋35间，倒48间，坏74间	《旬阳县志》
		镇巴	7月22日，成灾水稻698亩，玉米2154亩。8月31日下午4时，受灾农作物面积39 883亩。9月3日～6日，大雨，日降水量100毫米以上，泾洋河水涨3次最大流量716立方米/秒，农作物受灾4万多亩，倒塌房屋865间，死亡10人	《镇巴县志》
		汉阴	9月1～7日大雨连绵，山洪暴发	《汉阴县志》
	1961	勉县	夏秋，遇连阴雨40多天，农业生产严重减产	《勉县志》
		南郑	春夏之交连续降雨30余天，山洪暴发，江河横溢，全县27.16万亩农田成灾，其中，5万余亩夏粮霉变生芽；17 172亩田禾淹没冲毁。水毁房屋1405间，水利设施129处；死7人，淹死家畜77头。夏插时干旱无雨；入秋后又阴雨连绵45天，秋收、秋种难以进行，人民生活十分困难	《南郑县志》
		城固	6月下旬起连降雨20多天，平坝雨量525.5毫米，山洪暴发，河水猛涨。全县冲毁河堤1050处，渠堰2454处，毁坏塘库435处，滑坡3200处，冲坏公路98段，倒房1451间，淹没水田38 374亩，冲淹旱地2939亩，沙压田5075亩	《城固县志》
		西乡	6月28日，暴雨连续5个多小时，县城北郊成灾，城管百户进水	《西乡县志》
		石泉	秋涝。7月两次阴雨长达1个月。受灾2000余户，倒房78间，冲走耕牛40多头，长阳、凤阳、藕阳灾情严重。受灾面积57 667亩，粮食减产285万公斤	《石泉县志》
		安康	9月10日，霪雨伤稼，减产5074万斤	《安康县志》
		旬阳	秋，秋收秋种，开始阴雨1月多，又遭洪水浸袭	《旬阳县志》
		镇安	连降淫雨，秋粮减产	《镇安县志》
		汉阴	秋涝	《汉阴县志》
	1962	宁强	夏，连续3次降暴雨，全县20个公社81个大队641个生产队被灾，冲淤良田1.12万亩，旱地2.41万亩，毁房579间，死亡4人	《宁强县志》

续表

朝代	年份	地点	灾情	资料来源
中华人民共和国52次	1962	汉中	7月下旬，连降暴雨，7月24日，上水渡150米河堤溃决，部分堰渠遭到破坏。成灾面积17 370亩，其中水毁830亩，淹没房屋1300余间，倒塌800余间，冲走大小牲畜58头，受灾群众12 500余人	《汉中市志》
		城固	7月26～27日，大雨。汉江过境段最大流量10 736立方米/秒，河堤决口60余处，垮堤（岸）17.76公里，水毁房1719间，田地1106亩，死2人。受灾面积62 626亩，粮食减产366万公斤	《城固县志》
		西乡	8月暴雨，垮房390间，冲坏渠道5219条，冲垮河坎1873处，冲毁桥梁5座，受灾农田42 750亩	《西乡县志》
		安康	7月28日20时30分，汉江水涨，流量10 800立方米/秒	《安康县志》
		镇安	涝灾，秋粮欠收	《镇安县志》
		佛坪	境内大雨，椒溪河猛涨，上下沙窝遭洪灾，洋芋、小麦减产严重	《佛坪县志》
		镇巴	5月23日、6月25日、26日，暴风雨、冰雹，观音、小洋、九阵、碾子等8个公社24个大队受灾，玉米、杂粮成灾7605亩，减产22万多公斤，倒塌房屋128间，吹断漆树3700株，漆籽减产5万余公斤。同年秋，青水、观音、兴隆高山地区20多天连阴雨，1万多亩豆类作物减产	镇巴县志
		留坝	1962年6月7日下午7时，桑元、柘梨园、江口3个公社，在半小时内降水26毫米。山洪暴发，冲毁11个生产队的小麦109.5亩、洋芋1105.2亩、水稻144.3亩、包谷1053.9亩、杂粮90亩	《留坝县志》
		汉阴	夏秋涝	《汉阴县志》
	1963	南郑	6月，部分地区洪水肆虐，4.4万亩农田受灾，倒房235间，死8人，伤7人，夏粮减产557万公斤	《南郑县志》
		城固	5月下旬，连降暴雨，江河横溢。天明街水深70厘米，太平大队300多户水困三天。全县死4人，冲走大家畜13头。倒塌、浸毁房屋2197间。成灾面积9487亩，减产粮食442.5万公斤，棉花3.4万公斤，油料11万公斤	《城固县志》
		石泉	4～5月，降雨47天，雨量366毫米，高出1955～1962年8年同期平均降雨的1倍多。受灾面积11万亩；油菜减产3万公斤，粮食减产337万公斤。豌豆、胡豆、洋芋大部分都烂在地里。倒房118间。冲走耕畜8条	《石泉县志》

续表

朝代	年份	地点	灾　情	资料来源
中华人民共和国52次	1963	安康	5月24～25日，汉江洪水暴涨，至26日凌晨4时，最大流量16 900立方米/秒，沿江两岸的农作物和房屋受灾严重，淹没农田6142亩，毁房31间，死亡1人	《安康县志》
		旬阳	夏初，小麦等扬花抽穗之际又阴雨过多，高山、半高山少数低洼地带被成片泡死。入夏后局部有暴雨洪水为害	《旬阳县志》
		佛坪	阴雨20余日。22日前后，几次暴雨倾盆，山洪暴发，椒溪、蒲河猛涨。上沙窝等地倒塌房屋4间，毁大堰6条，渠道11条，淤田96亩，冲毁小麦71亩，洋芋68亩，包谷148亩。该月降水194.5毫米，袁家庄、西岔河灾重，长角坝、石墩河受灾特重。全县冲毁田地1341亩，房屋17间，桥3处，堰渠81条。6月29日，上沙窝山洪暴发，冲毁水田30亩	《佛坪县志》
		岚皋	以涝为主，冻、洪、旱、风、暴、鸟、兽诸灾俱全	《岚皋县志》
		镇巴	5月～6月7日，连续降雨，其中两次暴雨，降水量374.9毫米，毁田地2462亩，堰渠165条，夏粮成灾面积达207 263亩	《镇巴县志》
	1964	宁强	9月3日，全县降暴雨，雨量达136.4毫米。玉带河水流量达1710立方米/秒，城关镇河街、新市区被淹；宝成铁路塌方，火车停驶3小时。全县42个公社的2.73万亩农田受灾，冲断公路桥梁两座，房屋639间，死3人	《宁强县志》
		勉县	9月2日，大雨，一日一夜降雨98毫米，汉江上游山洪暴发，大小河流水位上涨。3日下午汉江流量（武侯镇）5650立方米/秒，超过1964年前最大流量的46.1%洪水越堤，城内进水，酿成前所未有的洪水灾害	《勉县志》
		南郑	4月，20天降雨254.8毫米，洪水为害，32 453亩夏粮作物被泡坏；塘、库、渠、堤塌方1229处；倒房69间，死1人。县委、人委领导人分赴各地，动员群众抗灾。全县排除田间积水29 800亩，扶秧补苗1347亩，修复塘、库、渠、堤890余处，87户农民的危房被及时搬迁	《南郑县志》
		城固	4月连阴雨，汉江、湑水河决堤91处，渠堰决口345处，水塘决坝7处；死亡4人，大家畜44头；倒塌房263间，浸损387间；淹没农田166 373亩。减产小麦465万多公斤，油料15.5万公斤	《城固县志》

续表

朝代	年份	地点	灾　情	资料来源
中华人民共和国52次	1964	西乡	7月大水，冲坏渠道3058条，农田受灾18 673亩	《西乡县志》
		石泉	秋涝，暴雨。最大时降水量达74.84毫米，7月18日上午9时至下午2时，降雨101毫米。8月6日，特大暴雨长达2小时，降雨88.4毫米。饶峰和城关毁堰142条，河坎500余丈，塌房97间	《石泉县志》
		安康	4至6月阴雨连绵42日，628 239亩夏禾受害	安康县志
		旬阳	4至5月，连绵阴雨，使41万多亩夏田因灾减产1136万多斤。8月到11月中旬长期阴雨，为建国以来所少见。全县有67%秋田受灾，减产12%，有4138间房倒塌，5667间房损坏，崩垮溜走土地1.8万多亩，塌死11人，伤9人，淹死7人	《旬阳县志》
		镇安	夏、秋淫雨，小麦生芽，玉米秋封减产	《镇安县志》
		岚皋	8月10～10月5日，连续48昼夜雨，淫雨断续近百日。不少地方玉米秋封，黄豆无荚。9月3日晚和10月2～4日，恶风暴雨，洪涝成灾，受灾面积11.95万亩，房屋倒塌501间，冲毁渠道136条，河堤50米．桥21处，道路262处，大小农机具106件。死30人，死牛6头、猪10头、羊7只。是年全县受灾总面积53.43万亩，是继1959～1961年大旱灾后又一特大涝洪灾害	《岚皋县志》
		镇巴	4月2日～5月底，连续降雨，农作物受灾面积达23.43万亩。8月29日～11月底降雨62天，雨量949毫米，秋粮作物受灾43万多亩，占播种面积的69.9%；死亡7人，倒塌、损坏民房2058间	《镇巴县志》
		留坝	1964年初秋，全县阴雨连绵60余天，降水586.7毫米，大小河谷均发大水。9月9日，火烧店公社又降暴雨，洪水冲毁稻田317.45亩，冲塌房屋24间；褒河沿岸的武关河、青桥驿等公社的66个生产队，受灾面积达4000亩，粮食减产，淹死24人，冲走耕畜23头，毁房187间	《留坝县志》
		汉阴	秋涝。8月28日～10月5日连阴雨39天，降雨576.3毫米	《汉阴县志》
		郧西、郧县	汉江上游自8月下旬至10月上旬连续45天阴雨连绵，洪涝成灾	《中国气象灾害大典·湖北卷》
	1965	城固	4月30日，境内降水127毫米，汉水猛涨，死亡5人，倒塌房64间，被淹农田85 679亩	《城固县志》

续表

朝代	年份	地点	灾　情	资料来源
中华人民共和国52次	1965	西乡	大水，悍将流量20 400立方米/秒	《西乡县志》
		石泉	秋季暴雨成灾，降水400多毫米，为全年降雨量的50%。汉江大水，流量为20 400立方米/秒	《石泉县志》
		紫阳	7月13日，全县普降大暴雨，山洪暴发，河水涨溢，瓦房店集镇被淹	《紫阳县志》
		安康	7月11～13日，汉江、越河流域普降大雨，山洪暴发，洪水猛涨。13日19时，汉江流量20 400立方米/秒，越河流量2200立方米/秒。沿河两岸和部分高山地区成灾面积3.4万亩，倒塌房屋491间	《安康县志》
		旬阳	年因水灾使35 800亩农田受损	《旬阳县志》
		柞水	特大暴雨，金井河水大涨，冲毁民房18间，冲毁沿岸土地1000余亩	《柞水县志》
		镇巴	5月1日～8月，暴雨、冰雹、狂风共发生8次，全县47个公社普遍受灾，渔渡、赤南、仁村、响洞、黎坝5公社尤重。洪水冲毁水田7947亩，旱地13 830亩，堰渠7173条，河堤2187丈，公路138公里，桥梁24座，冲毁小学8所，冲毁洪渡潭铁厂及大河口煤矿厂房35间，毁坏房屋1605间，圈舍1125间；死亡44人，死牛24头，猪羊225头（只），农作物受灾22万余亩	《镇巴县志》
		汉阴	夏，暴雨成灾。仅7月10～13日降雨就达430毫米，冲毁田地11 147亩，倒塌房屋83间，死亡10人	《汉阴县志》
	1966	镇巴	4月26日～6月26日，洪水、冰雹、暴风。观音、三溪、田坝、伍家、向家坪受灾，冲毁田地908亩，堰渠103条，夏秋粮受灾面积19 527亩	《镇巴县志》
		汉阴	秋涝	《汉阴县志》
	1967	旬阳	有部分地区不同程度受到旱、涝、虫灾	《旬阳县志》
		镇安	6月30日，降特大暴雨，雨量达318毫米，灾情严重	《镇安县志》
	1968	旬阳	9月13日，县上紧急通知：天雨在继续，河水还在上涨，要加紧搬迁	《旬阳县志》
		白河	9月13日，汉江洪水，水至河街医院门诊部坎下。1971年8月，暴雨冲毁南岔河湾40%土地庄稼	《白河县志》
		汉阴	秋涝	《汉阴县志》
	1970	宁强	7月下旬至8月初，中雨不断，时而大雨，部分地区山洪倾泻，决堤淤田，秋粮减产	《宁强县志》

续表

朝代	年份	地点	灾情	资料来源
中华人民共和国52次	1970	南郑	7月28日，黄官、新集、高台、汉山、冷水等区猛降暴雨。新集5小时降雨150毫米，黄家河水涌进镇区，部分房屋进水，区医院被冲，溺死3人。沿濂河、汉江岸，冲淤稻田11 672亩；冲走粮食6.4万公斤；毁房1999间，死14人。冲毁新集、高台两地的公路、桥涵、通讯线路多处。2万多群众投入抗洪抢险，共恢复水田及秋杂粮8200余亩，补种蔬菜1300亩，修复渠道661条，修补房屋807间	《南郑县志》
		城固	8月4日，小河口日降水148.7毫米，山洪暴发，滑坡淤田严重。水毁电站1处，道路25公里，推倒房18间，冲流大树6800根。沙压田1 264亩，淹没农田19 635亩，损失粮食15.6万公斤。千山水库水面为树木覆盖，打捞数日	《城固县志》
		旬阳	石门、楼房、白庙、太山、沙阳等公社降暴雨，发生几十年没有过的大水灾，石门公社有1070亩水田被冲毁，其中413亩无收成	《旬阳县志》
		镇巴	6月11日、13日、16日，特大冰雹、洪水，泾洋、青水、三元、观音、渔渡等6区的13个公社受灾，毁坏夏秋作物2万余亩，倒塌房屋380余间，死亡3人	《镇巴县志》
		汉阴	夏涝，山洪暴发。7月1日，田禾、龙门、清明寨3公社机关房舍被冲毁，淹没沿河田地16 080亩，冲毁房屋189间	《汉阴县志》
	1971	白河	8月，暴雨冲毁南岔河湾40%土地庄稼	《白河县志》
	1972	宁强	秋涝灾害严重，粮食减产515万公斤	《宁强县志》
		安康	7月1日上午8～10时，下午1至4时，大河区连降两场暴雨，山洪暴发，太平、紫荆、沙坝、大河等乡被毁农田1050亩，死亡1人，毁房28间。7月1～3日，岚河、恒口、关庙、大河、叶坪等区连降大雨，洪水冲倒房屋359间，淹死30人	《安康县志》
		旬阳	7月1日～8日和8月，4次暴雨洪水为害，旬河流量达4190立方米/秒，蜀河出现近百年来未见大洪水，冲毁农田9621亩，冲坏渠道1519条，河堤24 429丈，死51人，伤17人	《旬阳县志》
		镇安	普降暴雨，柴坪日降雨量155.2毫米。全县受灾农田15.42万亩，秋粮大减。杨泗、栗扎林场支援襄渝铁路伐木民工24人被山洪淹没，冲走木材5850立方米，毁公路50多公里	《镇安县志》

续表

朝代	年份	地点	灾　情	资料来源
中华人民共和国52次	1972	留坝	1972年7月7日～10日，连降大雨，冲毁田地1230亩、堰渠30条、河堤40公里。7月15日后又连降大雨，秋粮受灾，大部分坡地洋芋霉烂	《留坝县志》
		宁陕	7月1日，以平河梁、旬阳坝、胭脂坝一带为中心，倾盆大雨猛降6小时，山洪陡发，沟岔溪流横溢，关口河水刹时暴涨，翻逾大桥。被洪水袭击的有21个社（镇）94个大队254个生产队，毁坏农作物8900多亩，减产粮食82万多公斤。死亡24人，受灾面积占播种面积53.5%。新矿、新建分销店被洪水冲毁房屋9间，商品物资损失1.137万元	《宁陕县志》
		郧西	7月1日，降雨量122.8毫米，局地暴雨	《中国气象灾害大典·湖北卷》
	1973	安康	6月23日，茨沟区大雨倾盆，山洪毁田296亩。7月29日至8月1日，岚河、吉河、五里等区急风暴雨成灾，巨风拔木。岚河区双龙桥被水冲塌，毁农田1833亩	《安康县志》
		旬阳	9月9日～14日，特大洪水为害，县城汉江流量达33 700立方米/秒	《旬阳县志》
	1974	南郑	9月12日后半夜，马元乡突降暴雨，蒲家沟村发生大滑坡，泥石堵塞河道，形成水坝壅水高达16米，坝垮，水泻，使下游20公里处的福成街被冲，死31人	《南郑县志》
		西乡	7月暴雨，垮房2141间，水坏堰塘440口，冲坏渠道1357条，冲垮河坎1780处，受灾农田18 986亩，冲毁农田1843亩，死7人，9月10日～13日，再次暴雨成灾，牧马河红流量5000立方米/秒	《西乡县志》
		石泉	9月；汉江大水，流量23 300立方米/秒。受灾20个公社，131个生产大队，854个生产队受灾。受灾面积近6万亩，受灾人口45 676人。损坏房屋1734间	《石泉县志》
		紫阳	5月16～22日，连降暴雨，汉城、毛坝、高桥、双河4区及城关镇不同程度受灾；5月30日，牌楼公社冰雹。7月17日，双河，洄水、高桥、毛坝4区大风、冰雹、暴雨；9月11~15日，全县阴雨，江、河出现洪水，城关、蒿坪、洞河、洄水、毛坝等区受灾，洞河、芭蕉、瓦房集镇被洪水冲刷，毛坝集镇受损严重，倒塌房屋1900间；高滩全区受风雹为害，累计全县粮食作物受灾11.2万亩，倒塌房屋2781间，死亡7人。灾后再次出现人口外流，此后各年时有发生	《紫阳县志》

续表

朝代	年份	地点	灾 情	资料来源
中华人民共和国52次	1974	安康	9月9日，岚河、越河、恒河、傅家河、黄洋河等主要河道均暴发洪水。13日汉江迅速上涨，13日6时最大洪峰流量23 400立方米/秒，淹没耕地29 700亩，毁房2513间	《安康县志》
		旬阳	7月16日～18日，全县大部分地区连降暴雨，汉江、旬河出现大洪水，汉江旬阳段流量2.8万立方米/秒，水位234.6米，损失很大	《旬阳县志》
		白河	9月14日，汉江洪水，淹没河街，粮站损失玉米、大豆9万余斤，居民损失无算；10月2日，洪水二次淹没河街	《白河县志》
		镇安	暴雨，冲毁农田2万余亩，倒塌房屋329间	《镇安县志》
		柞水	连续大雨，乾佑、金井、社川三河暴涨三次，冲毁沿岸土地3000余亩	《柞水县志》
		岚皋	涝灾	《岚皋县志》
		汉阴	汉江大水，沿江两岸受灾	《汉阴县志》
	1975	宁强	7月24日，代家坝区暴雨，河水四溢，淹没稻田，全区损失粮食103.5万公斤，倒塌房屋23间	《宁强县志》
		石泉	全县水灾面积69 894亩。粮食减产486万公斤	《石泉县志》
		旬阳	全县先旱后涝，8月、9月连降暴雨，河水猛涨，部分地区遭洪水为害，全县毁房594间，死19人	《旬阳县志》
		白河	8月7日～9日，遭百年不遇特大暴雨，全县冲毁水田5000多亩，冲毁坡地48 000多亩，房屋4900多间，所有沿河边道路、公路尽毁，死亡171人，伤79人，冲走耕牛60余头，猪410余头，羊290多只，严重受灾10个公社、110个大队、11 447户、61 481人，占总农户的35%	《白河县志》
		镇巴	7月8日下午至9日下午，降雨210.2毫米，夏秋作物成灾7.39万亩，冲毁田地3.52余万亩，堰渠1828条，河堤10万余丈；倒塌房屋196间，圈舍180间，死亡17人。同年暴雨、秋霖，粮食严重减产，重灾区的前进、西河、后河等公社于1976年春发生人口外流、浮肿、死亡现象	《镇巴县志》
		留坝	1975年9月上旬，连降暴雨3天，降水161.5毫米，山洪暴发，冲毁、淹没水田1560亩、坡地1006亩。之后秋雨连绵，河水猛涨，又被洪水冲毁水稻1200亩。9月下旬，气温骤降，秋季作物大都“秋封”，全县12个公社32个生产大队的粮食损失过半	《留坝县志》

续表

朝代	年份	地点	灾　情	资料来源
中华人民共和国52次	1975	郧西、郧县	9月中旬，汉江上游阴雨连绵，政府拨款赈灾	《中国气象灾害大典·湖北卷》
	1976	城固	七八月阴雨连绵，气温降低，水稻大面积“秋封”，减产1662万公斤	《城固县志》
		西乡	8月21日～10月31日四次连阴雨，合计降雨量315.4毫米，全县水稻减产963万斤	《西乡县志》
		石泉	秋涝。8月21日～10月31日，4次连阴雨，秋粮减产	《石泉县志》
		汉阴	秋涝。8月21日～10月31日，4次连阴雨，秋粮减产。上七里灾情尤重	《汉阴县志》
	1977	宁强	7月5日，广坪暴雨，公路冲毁，电话线路中断。毁房746间，圈舍651间。2.5万亩农田受灾，8853亩无收	《宁强县志》
		安康	5月29日、6月25～26日和7月7～10日，流水、石转、恒口、大河、叶坪、茨沟、五里、长胜、文武等区（乡）连续遭受暴雨洪水灾害，冲毁河堤31.2公里，渠遨20.7公里，堰塘46口，水库两座，受灾面积30 083亩，损坏房屋1351间，死亡1人	《安康县志》
		岚皋	6月25日，暴雨成灾，163个队受灾，个别社队冰雹。7月8～9日，暴雨，民主、大道、蔺河公社受灾面积1.17万亩，减产471.1吨；洪水冲走4人，倒塌房屋56间，猪圈6处，牛羊圈10处	《岚皋县志》
		汉阴	7月16日夜，凤亭乡大龙王沟山洪暴发，冲淤田地1239亩，冲毁房屋97间、石桥4座、堰塘11口、堰闸114处，冲走大家畜8头	《汉阴县志》
	1978	城固	6月下旬，暴雨。7月4日、19日雨量达150毫米，桔园一带半小时降雨40多毫米，河水猛涨。累计冲断桥涵5处，河堤渠道37 000米，毁深北沟水库大坝和水塘19口；倒房838间，死6人，伤99人，死牲畜126头；冲走粮食15万公斤，泡烂粮食5万公斤；6.04万亩农作物被淹，其中2千亩颗粒未收。受灾22个公社，123个大队	《城固县志》
		西乡	7月大雨，垮房578冲毁桥梁10座，冲垮河坎791处，冲毁公路81处，受灾农田34 696亩，死9人	《西乡县志》
		石泉	全县遭冰雹，洪水。共有4个区，85个大队受灾，受灾面积达15万亩，减产八成以上的有万余亩	《石泉县志》

续表

朝代	年份	地点	灾　情	资料来源
中华人民共和国52次	1978	紫阳	5月4日冰雹；7月2日大暴雨，日降雨量达历史最高记录，倒塌房屋2000余间，死亡15人。但由于降雨充足，加之生产救灾工作得力，粮食产量创历史最高水平，民谣谓之“人努力，天帮忙”	《紫阳县志》
		安康	7月1～3日，连降暴雨，降水量207.5毫米。全县除大河、叶坪、石转外，各区均遭受水灾，受灾农田面积64 535亩，其中无收27 904亩；4153亩蔬菜基本无收；损坏房屋1087间，毁堰塘39口和大小渠道413条（65公里）以及治河工程19处（22.3公里），小水电站4处，豳洪塌方死亡7人，雷电击死1人。城区南山排洪渠溢流，城关有4乡18村和4个居委会遭到洪水袭击，重灾389户，倒房83间半	《安康县志》
		旬阳	7月1日～4日连续受到大雨、大风、洪水等灾害袭击	《旬阳县志》
		镇安	6月4日，西镇公社降暴雨加雹，山洪暴发，8个大队受灾农田620余亩	《镇安县志》
		佛坪	陈家坝地区大雨，孔家湾村北头滑坡，埋没瓦房3间，死1人	《佛坪县志》
		镇巴	7月1日下午8时～2日下午3时，降雨234.7毫米，山洪暴发，县境内10多条公路毁坏，冲毁铁索桥9座，石拱桥16座，小学9所，电线杆2300根；倒塌房屋3642间，圈舍1175间；成灾水田12 865亩，旱地60 220亩；冲走淹没集体仓库和个体粮食15.85万公斤。冲毁渠道4033条，河堤17.4万多米，滑坡1800余处，容量24万立方米的九阵水库被冲毁，死36人，伤13人	《镇巴县志》
		宁陕	7月20日，丰富、沙洛公社一带突降大雨兼大风、冰雹，受灾面积586亩，约减产粮食45吨，冲毁耕地60余亩	《宁陕县志》
		汉阴	秋涝	《汉阴县志》
	1979	宁强	7月4日，城关地区降暴雨，沙河子尤重，房舍倒塌30余间，1800余亩稻田被淹	《宁强县志》
		南郑	7月14～15日，县内部分地区降大雨20多小时，雨量达140毫米，35 850亩农田受灾；189间房屋倒塌，1人被雷击身亡。是年先旱后涝，秋粮减产1485万公斤	《南郑县志》
		紫阳	全县3万亩农作物受损，粮食减产5000吨，倒塌房屋5562间，冲走牲畜427头，亡125人，重伤131人	《紫阳县志》

续表

朝代	年份	地点	灾　情	资料来源
中华人民共和国52次	1979	安康	7月14～15日，连降暴雨，山洪暴发，受灾农田98 000亩，死亡32人，毁木船17只，淹没倒塌房屋3900余间。城区有3个乡36个村62个小组和5个居委会受到损失，淹没耕地3800亩，倒塌损坏房屋38间，触电死亡1人	《安康县志》
		旬阳	7月11日、18日、24日，全县先后五次遭暴雨袭击，县城、神河、赤岩等地几次被水淹，其中淹没房屋15 000余间（390间倒塌）	《旬阳县志》
		白河	7月14日晚～17日，全县大雨，茅坪全区平均降雨量110毫米；18日，大风、冰雹、暴雨，药树公社朝阳大队玉米损失惨重，茅坪至歌风一带山洪暴发，1167户受灾，冲毁房屋43间，南岔冲毁房屋384间，死11人，伤20多人，冲走耕牛3头、猪4头、羊1只。灾区减产粮食57.5万公斤，汉白公路冲塌54处，冲倒电杆254根，冲走硫铁矿石2200吨	《白河县志》
		镇安	全县48个公社受暴雨、狂风、洪水灾害，13 949亩农田减产八成以上	《镇安县志》
		岚皋	7月14～15日，大暴雨，洪水成灾	《岚皋县志》
		镇巴	7月11日，碾子、简池、三元等地暴风雨；7月14日晚～15日上午11时，全县暴风雨，降水150.2毫米。水毁成灾稻田8000多亩，其中无收的3896亩；旱地3.69万多亩，其中无收的10 005亩；洪水吞没集体和私人的粮食9.52万公斤，倒塌房屋902间，因灾死亡40人，伤27人	《镇巴县志》
		宁陕	7月14日，新建公社暴雨大风成灾，洪水摧毁农田40多亩，吹倒折断玉米禾1400多亩，倒塌房屋2间，死1人，粮食减产	《宁陕县志》
		汉阴	7月14日晚至15日晨，暴雨骤降，山洪暴发。40个公社158个大队受灾。死15人，垮房956间、堰塘43口、拦河闸243处、渠道305条、河堤491处，冲走牛3头、猪89头、羊40只，损失粮食360多万公斤	《汉阴县志》
		郧西、郧县	7月14～16日，普降暴雨	《中国气象灾害大典·湖北卷》
	1980	宁强	6月15日，本县遭受历史上罕见的特大暴雨和洪水灾害，冲跨河堤，县城积水深处达1.7米。全县交通、邮电多处中断。46个社（镇）281个大队1743个生产队受灾，死亡9人；农作物受灾15.4万亩，决堤141公里，毁渠1893条；损失粮食12.85万公斤、牲畜86头，倒塌房屋1.08万间，129户财产被洪水卷走	《宁强县志》

续表

朝代	年份	地点	灾情	资料来源
中华人民共和国52次	1980	勉县	六、七月，两次遭受暴雨洪水袭击，不少江河决堤，7.2万多亩农作物严重受灾，损坏和倒塌房屋0.26万多间	《勉县志》
		南郑	6月15日至7月2日，全县三次降中到大雨，局部地方降暴雨。毁田、地2.07万亩，沙淤秋粮3万余亩，倒房638间，死8人	《南郑县志》
		汉中	6月15、16两日暴雨成灾，500余间民房被水浸泡，渠道被毁，沿江农田大部分被淹，金华乡400余人被洪水围困。25 000余人受灾，伤7人死1人，1106间房屋被淹，586间房屋在洪水中毁塌，淹没农田24 300亩，损失粮食69.3万斤，化肥143吨，各种农机具98台(件)，冲走大小牲畜210头，水毁河堤5.33公里，渠道6.53公里，抽水站16处	《汉中市志》
		城固	5月中下旬连阴雨，小麦普遍受水浸泡，千粒重降低，小麦减产。6月15日，7月2日两次暴雨（6月15日降水97.6毫米），湑水河暴涨，小河、双溪两区电讯、交通中断，洪水毁坏山区水田，淹没莲花公社廉家庄等村水稻	《城固县志》
		石泉	秋涝。成灾面积18 372亩，粮食减产150万公斤	《石泉县志》
		紫阳	夏秋两季，连降暴雨，损坏部分农作物，延误收割、播种；8月，县城南墙崩塌20余米；春夏发生鼠害，汉城等公社家鼠成群入野，糟害农作物。自是年起，鼠害时起时伏。	《紫阳县志》
		安康	7月初连降暴雨，汉水猛涨。4日11时30分，流量14 700立方米/秒，城郊有4个村43个组被淹，淹没耕地3200亩，淹死2人。8月下旬～9月上旬，全县普降大雨和暴雨，高山地区连阴雨形成涝灾	《安康县志》
		白河	5月23日，茅坪、卡子暴雨洪水。24日，冲毁厚子河口即将合龙的公路大桥，损失5万余元。6月15日，西营、朱良一带暴雨，半小时内发山洪，9个大队63个生产队小麦尽毁，大树冲倒，毁房38间，死1人	《白河县志》
		镇安	8、9月，淫雨40天。10月淫雨20天，农田受损19万亩，塌房1000余间	《镇安县志》
		佛坪	大雨、暴雨，降雨130～180毫米，椒溪、蒲河、金水河猛涨，洪峰超过百年水位，椒溪河洪流量达1426立方米/秒。全县倒塌房屋325间，淹死15人，牛1头，猪23头，冲坏县肖家庄电站及乡、村电站5座：冲毁田地4503亩，堰渠192条，铁索桥被冲垮多处，电话、广播、公路运输中断月余。是年，粮食减产严重。7月3日，长角坝地区大风，2间草房顶被卷	《佛坪县志》

续表

朝代	年份	地点	灾　情	资料来源
中华人民共和国52次	1981	岚皋	6月22日晨8～23日晚8时，岚河上游暴雨，造成洪水灾害，冲毁农田1343亩，粮食损失90吨，水毁18千瓦电站1座，损失严重的电站5座，水毁抽水机站1处，河堤4085米，渠道1246米，房屋倒塌165间，冲走渡船2艘，死2人	《岚皋县志》
		留坝	1980年6月初至7月上旬，阴雨过后普降大雨、暴雨。暴雨中心在两河口、狮子坝、柘梨园、桑元等公社。7月2日，降水量达100毫米以上，全县有9个公社195个生产队受灾最重，洪水淹没田地1149.6亩、抽水站7处；倒塌房屋337间，其中冲倒校舍96间，冲毁课桌150套；粮食损失400万公斤以上；淹没耕牛、生猪、农具无计	《留坝县志》
		宁陕	7月2日～3日，四亩地、柴家关、皇冠、新场等公社遭受暴雨洪水袭击，冲毁水田258亩，有770多亩农作物颗粒无收，损失粮食326吨。冲走耕牛1头，生猪3条，毁坏房屋8间，蒲河供销社油库、化肥库被冲垮。日降雨量99.7毫米	《宁陕县志》
		宁强	7至8月，多暴雨，造成全县性特大灾害。铁路中断，输电通讯线路大量倒杆断线。总计全县重灾36个乡196个村9.81万人，倒房8916间，死亡55人，农田当年无收者达7.5万亩，损失粮食4017.5万公斤，各种经济损失达4464.5万元	《宁强县志》
		勉县	7月12～13日，连降大雨和暴雨，汉江（武侯镇）流量高达4300立方米/秒，新街子、黄沙、板桥等地大片房舍，田地被淹，受灾严重的17个公社，倒塌房屋1.3万余间，死亡10人	《勉县志》
		南郑	8月22日汉江大桥洪峰流量达8360立方米/秒。县内大多数塘、库满溢，河流洪水泛滥，使68个公社、504个大队遭受不同程度的灾害，汉江沿岸的8个公社尤为惨重。水灾给全县造成严重损失：决堤721处，长31.6公里；毁渠354处，长13.5公里；水库滑坡7处；毁坏农田42 590亩；有45个自然村被水包围；倒房1.47万间，2.4万多人无家可归	《南郑县志》
		汉中	7、8两个月降雨40天。雨区覆盖面广，暴雨中心多，强度大，受灾严重，其他省市送来大批救灾物资	《汉中市志》

续表

朝代	年份	地点	灾情	资料来源
中华人民共和国52次	1981	城固	7月中旬大雨，汉江暴涨，共冲毁河堤3426处，长157公里；毁塘库、抽水站471处；毁干支公路8条，146公里，地方道路21条，235公里；毁桥涵82处；毁高低压输电线路170公里，变压器70台，电话线路100多杆公里；损毁汽车、拖拉机及大中型农机（具）1384台（件）。全县水毁53个自然村房屋3.7万间，死亡猪牛4898头（其中耕牛98头），冲毁粮食500多万公斤，受灾农作物294 680亩，其中10万亩无收益	《城固县志》
		西乡	8月，连续32田降水量546.44毫米，秋粮全面减产，冲毁渠道28公里，农田21 891亩，垮房602间	《西乡县志》
		石泉	8～9月，连降32天连阴雨。降雨量470毫米，占全年降雨量一半。受灾面积27万余亩，占播种面积61%，减产粮食1000余万公斤。塌房2000间。人畜伤亡严重	《石泉县志》
		安康	入秋以后，连续降雨两月余，叶坪、大河区部分乡、村及城郊受灾尤重。全县秋粮作物受灾30 452亩，倒塌房屋2180间，死亡2人，伤10人	《安康县志》
		旬阳	8月13日～9月13日，阴雨月余（有的地方40多天），9月13日降水141.6毫米，汉江旬河、蜀河、神河沿岸地区山洪暴发，河水猛涨。全县损失，计倒房1067间，42人受伤，4人死亡，105人无家可归，冲毁农田1.7万多亩，损失粮食379万斤	《旬阳县志》
		佛坪	连降暴雨，降水量195.7毫米，山洪暴发，河水猛涨，死8人，死耕牛10头，冲塌房屋100多间，堰渠154条，河堤646米，公路38处，电站4座；受灾耕地35 864亩，其中冲毁6400亩。13日，岳坝、栗子坝地区降冰雹，大如鸡蛋，受灾农田363亩。8月11日～27日，霖雨，秋粮减产	《佛坪县志》
		留坝	1981年7月13日和14日连降暴雨，县城降水量达120毫米．暴雨中心在两河口、庙台子、马道公社，降水量达148毫米以上，致各条河水暴涨，使全县12 059亩农田受损。而后又阴雨连绵，又致高山小麦发芽，洋芋腐烂。全县粮食损失达100.5万公斤。同时，冲毁河堤55处，长19公里；水毁堰渠189条、电站4处、桥梁17座、房屋186间；冲走13人、耕牛14头、生猪13头。两河口卫生所、兽医站被洪水浸淹，两河口小学校舍被洪水冲毁一半	《留坝县志》

续表

朝代	年份	地点	灾　情	资料来源
中华人民共和国 52 次	1981	宁陕	5 月 9 日，江口区沙沟等 8 个公社中的 28 个生产队遭到一次达 75 分钟的大雨、冰雹袭击，打烂瓦房 247 间，夏粮减产 5 万多公斤。同年 7 月 2 日至 9 月 7 日，全县各地各条河流暴涨 6 次洪水，后又降早霜，使 5.6 万亩大豆无收，1 万亩回茬玉米、7 千亩水稻只有一半收成。蒲河、旬河等沿岸渠道和防洪堤坝多处冲毁，修复的河滩地再遭水毁，水土流失相当严重	《宁陕县志》
		汉阴	秋涝。连续 30 天连阴雨，粮食全面减产	《汉阴县志》
	1982	西乡	7 月大水，受灾农田 3425 亩，冲坏渠道 420 条，垮房 88 间	《西乡县志》
		安康	7 月 30 日起，连续降雨 20 天。7 月 20～22 日，三天降雨 213 毫米，其中 21 日降雨 128 毫米。全县 76 个乡 1150 户受灾，倒塌房屋 1827 间，损坏房屋 668 间，死亡 8 人，大牲畜 15 头	《安康县志》
		旬阳	7 月 20 日～23 日，全县降中到大雨，局部暴雨，总降水量 125.8～237.8 毫米，其中城关、甘溪、吕河、神河在 200 毫米以上，日降水量 96.4 毫米，江、河、沟、堰洪水横流，泥沙俱下，使 43 个公社，1942 个生产队遭灾。计死 13 人，伤 13 人，倒房 740 间	《旬阳县志》
		白河	7 月 21 日～23 日，降雨 153.2 毫米，山洪暴发，白石河、冷水河、厚子河洪水，全县 11 条县、社公路被毁，梯地滑塌 88 000 处，毁房 380 余间，死 2 人	《白河县志》
		佛坪	椒溪河水猛涨，全县受灾耕地 12 000 多亩，公路塌方 273 处，43 127 米，死 8 人，死牲畜 10 头，倒塌毁坏房屋 1200 多间	《佛坪县志》
		镇安	阴雨连绵，山洪暴发，塌房 930 间，5 人死亡，16.4 万亩农作物减产	《镇安县志》
		岚皋	5 月 26～28 日，全县夏粮作物遭灾面积 7894 亩，减产粮食 250 吨，毁水田 59 亩，房屋倒塌 27 间，冲走猪、羊 13 只，毁公路桥涵 22 座。全县受灾总面积 4.44 万亩，粮食减产 1480 吨。房屋倒塌 36 间，畜舍倒塌 10 余处，冲毁农田 8717 亩，堰渠 35 条(335 米)，河堤 11 470 米，公路 25.1 公里，土木桥 37 座。死 11 人，冲走、塌死牲畜 68 头，313 个大队受灾面积 12.24 万亩，粮食减产 5110 吨，冲毁桑园 18 亩，菜园 575 亩，经济林 145 万株。此次灾害全县受损 1169 万元	《岚皋县志》

续表

朝代	年份	地点	灾 情	资料来源
中华人民共和国52次	1982	镇巴	5月至7月底，全县发生霜冻、低温、干旱、风灾、冰雹、暴雨、洪水等灾害，35.547万亩农作物受损，倒塌房屋59间，损坏227间；死7人。涉及全县所有区、社，尤以赤南、大池两个公社灾情严重。同年8月6日3～6时，赤北区降雨109.5毫米，河水暴涨、洪峰夹杂着泥石流，翻堤入街，区级12个单位和29户群众住房进水。三溪、简池两乡尤重。冲毁稻田918亩，旱地受灾1592.6亩，毁河堤338处、18 065米，灌渠372条25 010米，5座水轮泵站报废。塌方437处，倒房767间，圈舍830间，死亡4人	《镇巴县志》
		宁陕	8月4日，东风、狮子坝两社遭到暴雨袭击。同月13日，江口区的小川、黄金、沙洛、丰富和直属狮子坝5公社受到暴雨袭击，秋粮成灾面积2432亩，减产粮食160多吨	《宁陕县志》
	1983	南郑	5月23～26日，县内多处普降大雨，使615处河堤决口，淹没农田51 813亩，倒房801间，死3人，夏粮减产500余万公斤，经济损失达400多万元	《南郑县志》
		城固	7月，巴山山区各区降暴雨，南沙河、孙坪沙河暴涨，淹没两岸农田	《城固县志》
		西乡	7月暴雨，垮房2924间，冲坏渠道120公里，堰塘129口	《西乡县志》
		石泉	连续遭受2次特大洪水灾害，县城西关、东关、居民街被淹没，二里桥工业区被冲毁，交通广播中断，停电停水。全县倒房4530间，损坏农机具165台，毁公路269公里，桥梁、涵洞20座，水电站12处，水泵站17处，堰道4514米，堤坝1488米，树苗600多万株。受灾户23 652户，占全县人户75.3%，粮食减产1671万公斤，死亡牲畜66头	《石泉县志》
		紫阳	7月31日，汉江、任河同时暴涨：下午4时汉城镇最高水位337.60米（渓淞高程），较1949年洪水线低0.85米，冲毁沿江大半房舍；全县山体滑塌14 681处，滑塌面积26 700亩，倒塌民房11 767间，死亡50人，粮食减产25 000吨。冬，橘树大面积发生虫害	《紫阳县志》

续表

朝代	年份	地点	灾　情	资料来源
中华人民共和国 52 次	1983	安康	7 月下旬，陕南普降大雨、暴雨，雨洪同步，汉江出现特大洪峰。31 日 22 时 18 分最大流量 31 000 立方米/秒，安康老城被淹，89 600 人受灾，870 人遇难，倒塌房屋 3 万余间，损失 4.1 亿元。同期，农村受灾农户 72 015 户，倒房 17 778 间，冲毁耕地 3 万余亩。9 月 28～10 月 5 日，汉江连续两次涨水，流量均超过 1 万立方米/秒	《安康县志》
		旬阳	7 月 19～22 日洪水第一次浸淹旬河、汉江两岸城镇。28 日全县普降大到暴雨，旬河、汉江水暴涨。汉江旬阳县城段 30 日水位为 218.5 米，8 月 1 日 4 时为 240.3 米，最大洪水流量达 4.5 万立方米/秒，出现了自 1852 年以来罕见的特大洪水灾害。全县 59 个乡，2 个镇，4430 户受灾。冲毁房屋 24 620间、农田 16 711 亩、防洪堤 4.7 万多米、公路 42 公里、小水利水电设施 62 处。造成 1471 户 7922 人无家可归。各类经济损失达 4 千多万元	《旬阳县志》
		白河	7 月 31 日，汉江特大洪水，房舍尽毁；冲毁房屋 5687 间，形成危房 2374 间，受灾 1704 户 8573 人，损失物资无算	《白河县志》
		镇安	雨，麦倒生芽，洋芋水化。7、8、10 月又降大雨三次，农作物成灾面积 18.6 万亩，倒塌房屋 3973 间，死亡 9 人。境内公路几乎全部被毁。旬河洪峰 2690 立方米/秒，柴坪街房被水冲毁 134 间。甘岔河乡梁家庄大滑坡，共下滑土石 412 万立方，截断河流，形成 150 万立方米的自然水库	《镇安县志》
		柞水	7 月下旬至 8 月中旬，暴雨持续一月之久，乾佑、金井、社川三河暴涨，冲毁水电站 21 座，冲毁公路 299 公里，冲毁房屋 4002 间，死 63 人，死牲畜 87 头，冲毁耕地 42 450亩，总计损失达 5000 多万元	《柞水县志》
		佛坪	1983 年 4～7 月，县境内多次遭水灾（5 月 11～12 日、7 月 20 日两次尤重），毁坏农田 955 亩，滑坡、垮坎毁地 1792 亩，冲坏电话、广播线路及堰渠 166 条、河堤 23 处、水电站 12 座，公路塌方 140 多处，水毁路面 4.6 公里，路基 1.2 公里，冲垮涵洞 1 处、铁索桥 3 座、拱桥 1 座、渡口码头 2 处，冲走木船 1 只，死 1 人，倒塌房屋 176 间	《佛坪县志》

续表

朝代	年份	地点	灾情	资料来源
中华人民共和国52次	1983	岚皋	1983年5～10月，降雨103天，其中暴雨14天，降洪水毁旱地1.05万亩，水田814亩，冲坏旱地3万余亩，大部颗粒无收。房屋倒塌2327间，毁公路路基2.33万米，涵洞114座、长210米，档墙2100米，河堤248处、长1300米，渠道315处、长3.7万米，堰塘12口，电站13处、672千瓦	《岚皋县志》
		留坝	1983年7月27日～30日，集中降水154.4毫米，冲毁堰渠68条、水电站3处、河堤17处（计长4.98公里）、地方公路8.4公里；滑坡塌方95处，约1.7万立方米；损坏桥涵4座、挡土墙1公里；水毁农田1033亩；秋粮受灾面积6498亩，其中一半颗粒无收；洪水冲倒民房89间、畜圈28间，淹没倒塌房屋131间，4人受伤，塌死耕牛2头，毁手扶拖拉机1台	《留坝县志》
		宁陕	7月19日～8月6日，全县遭到3次暴雨袭击。公路中断，淹没农田5427亩，损失粮食7040吨，倒塌房屋441间，造成危房587间，死亡7人，牲畜73头（条）	《宁陕县志》
		汉阴	夏涝。7月30～31日，持续暴雨，山洪暴发，41乡、镇262村1557个村民小组48 325人受灾。全县水毁河堤509段、公路路基122公里、桥涵764座，冲毁淹没农田41 158亩，冲走大家畜30头，倒塌房屋3506间，死亡2人，伤16人，有524户2080人一时无家可归	《汉阴县志》
	1984	宁强	6月，入汛后连降暴雨，截至8月8日，全县冲毁农田3.08万亩及部分公路、水利设施等，损失折款达183万余元	《宁强县志》
		南郑	5～9月共降雨882毫米，比历年同期平均增多190.4毫米，使部分地区遭受洪灾。7月1～5日，红土乡全新村、喜神乡沙梁村发生滑坡，幸未伤人；24日晚周家坪降大雨一小时半，部分单位和50户民房进水；25日新集、黄官等区又降暴雨，造成毁田垮房等损失	《南郑县志》
		石泉	7月17～18日，县境东北部特大暴雨，降雨量135毫米。迎丰、柳城、饶峰区受灾较重，塌房788间，损失桑苗5500株，香菇2514公斤，木耳1762公斤，杜仲苗35万株，冲毁堰道共18万多米。8～9月降雨45天，雨量556.5毫米，受灾面积达5万亩，粮食减产639万公斤	《石泉县志》

续表

朝代	年份	地点	灾　情	资料来源
中华人民共和国52次	1984	安康	7月7日，汉江流量19 200立方米/秒。城关镇的城郊、东城、西城部分地区受灾。9月10日，汉江流量18 700立方米/秒。两次暴雨、洪水造成农村多处滑坡，受灾386户，塌房350间，受灾农田9万多亩。9月24日，汉江流量又达14 800立方米/秒	《安康县志》
		旬阳	因汉江上游及全县普降大到暴雨，7月5日～7日、9月8日～10日，9月25日，全县出现三次洪水为害。8月23日～10月3日又阴雨40余天，使5639处走山滑坡，倒房5604间	《旬阳县志》
		镇安	秋雨连绵，倒塌房屋966间，北城坡贺家槽滑坡20万立方米，老干部楼和数户群众拆房搬迁	《镇安县志》
		岚皋	6～9月，出现较大降雨7次，其中特强3次。全县38乡，210村，848村民组，1588户，83 640人受灾。两亩以上滑坡840处，毁地2099亩，其中水田161亩。受灾总面积16.93万亩，粮食减产5000吨，房屋倒塌	《岚皋县志》
		镇巴	5月27日～6月23日，暴雨、冰雹、狂风交替发生。同年9月1日～27日，暴雨、淫雨连绵降雨量674.9毫米，全县农作物受灾面积16.6万亩，冲毁田地1万余亩，河堤7600米，堰渠439条，公路路基53处；损毁煤井、煤窑23口，冲走原煤5800余吨，硫铁矿150多吨，死亡25人，伤16人	《镇巴县志》
		留坝	1984年8月2日下午8时到次日下午8时，城关、闸口石、庙台子、火烧店、南河、石门、玉皇庙、柳川等8个乡遭受特大暴雨袭击，24小时共降水214.9毫米。特别是8月3日2时10分至10时，8小时内降水201.4毫米，造成重灾	《留坝县志》
		汉阴	6～9月，铁佛区连降中雨、大雨和暴雨，8乡45村119个村民小组受灾，倒塌房屋259间，塌死牲畜6头，公路塌方50多处，损坏农作物万余亩	《汉阴县志》
	1985	勉县	5月下旬至6月上旬连阴雨，成熟小麦生芽霉烂过半，普遍减收50%至60%左右	《勉县志》
		南郑	5月13日，全县大雨，碑坝区尤甚，7个乡有96个村受灾。县长张光中等到灾区慰问群众	《南郑县志》

续表

朝代	年份	地点	灾情	资料来源
中华人民共和国52次	1985	城固	4月26～30日低温阴雨，5月1～2日气温回升，部分秧苗"青枯"。6月3日起连阴雨，影响小麦收割、脱粒，小麦霉烂生芽严重	《城固县志》
		旬阳	5月11日，全县降大到暴雨，小河、双河区的小岭、康坪、红军、圣驾、西岔、落驾等6区26个乡因暴风雨袭击，山洪暴发，损失夏粮2193万斤，冲塌房屋95间，雷电击死1人，洪水淹死3人。9至10月连绵阴雨。9月14日～15日汉江旬河上游降大到暴雨	《旬阳县志》
		佛坪	长角坝、袁家庄、西岔河等地暴雨。5月2日，暴雨，陈家坝村后山滑坡，冲垮房屋2间。蒲河猛涨，冲毁房屋7间，52户房屋进水。6月16日16时16分，长角坝、袁家庄、东岳殿等地暴雨、冰雹	《佛坪县志》
		岚皋	5～10月，降暴雨3次，连阴雨5次。全县受害14.6万人，受害面积23万余亩，粮食减产9500吨。滑坡145处，房屋倒塌752间。公路、水利工程受损严重	《岚皋县志》
		镇巴	5月，降雨277.1毫米，局部地方夹有冰雹。全县41个乡（镇）受灾。农作物受灾面积14.69多万亩，冲毁堰渠3.12多万米，河堤2.15万米；倒塌房屋263间，圈舍247间。死5人，伤2人	《镇巴县志》
	1986	南郑	6月2～8日，连天阴雨，6天降雨量44毫米，使未及收割的小麦生芽霉变	《南郑县志》
		安康	9月27日20时，石转区大部分乡村暴雨持续40分钟，山洪暴发，河水猛涨，冲毁水田112亩，滑坡78处，塌房33间，冲走牲畜，交通阻塞	《安康县志》
		旬阳	8月1日，14日～15日，神河区金寨乡及城关、甘溪、吕河遭暴雨袭击，县城15日降水103.5毫米，使18.45万亩农田受损，经济损失20多万元	《旬阳县志》
		宁陕	5月2日，四亩地街遭大暴雨袭击，后坡山洪暴发，泥、沙、石、林木塌滚街头。51户群众及12个机关单位的财产均受损失。同年8月13日，华严乡华严村筒车组突降半小时大暴雨，使24户81间房屋内积水2尺深，泥、石堵塞了渠道，迫使电站停电，机砖厂、综合厂停产，300亩水田灌溉受到严重影响	《宁陕县志》

续表

朝代	年份	地点	灾情	资料来源
中华人民共和国52次	1987	勉县	6月26日，狂风暴雨袭击茶店、新铺、温泉、褒联四区，受灾2.5万亩，14所小学进水，3户住房倒塌，淹死猪5头，耕牛1头，吹倒葡萄架763架	《勉县志》
		南郑	5月31日部分地区突降大雨，雨量达71毫米。县城东南部被淹；歇马乡遭山洪袭击，毁坏公路、农田，损失甚重。7月16日～18日，全县大雨。碑坝地区22小时降雨277毫米，多数乡村受灾	《南郑县志》
		西乡	9月8日～10日，遭遇暴雨袭击，农作物6401亩受灾，冲垮河堤8050米，拱桥4座，房屋220间，经济损失40余万元	《西乡县志》
		石泉	9月9日，城区狂风暴雨，冰雹最大直径为22毫米。历时43分钟。降雨量114毫米，平地水深0.3米，风力8级，风速19米/秒。雷电击毁变电站主变压器和两个高压配电柜。倒房117间，冲毁耕地1581亩，损失粮食50万公斤	《石泉县志》
		安康	7月17～19日，汉江上游普降大雨，安康段流量19 800立方米/秒。8月2日、6日、11日，连遭暴雨和洪水，累计降水310毫米。8月6日凌晨3～7时，降水120毫米，其中6～7时降水60.4毫米。全县受灾农田15.7万亩，占秋粮面积18%。水毁大小渠道1744处，长136公里，河堤249处，长34.7公里。塌房333.7间，死亡12人，伤60人。公路塌方70处，路基被毁60多公里，冲毁桥涵38处，49个乡道路不通	《安康县志》
		旬阳	6月4日～5日，全县降大到暴雨，山洪暴发。将渡河回家的22名金洞乡小学生被洪水冲走，其中死5人，7人下落不明。7月17日～19日暴雨，汉江出现21 700立方米/秒大洪水，县城河街房屋被淹。10月12日城关、蜀河、双河降暴雨。蜀河洪峰流量583立方米/秒，使魏家园、向阳、蜀河等电站停止运转	《旬阳县志》
		镇安	全县降暴雨234.7毫米。旬河水猛涨，洪峰2840立方米/秒，有337个村，1768个居民组，45 113户受灾。农田成灾22万亩，倒塌房屋492间，冲毁河堤165公里、渠道139条	《镇安县志》

续表

朝代	年份	地点	灾情	资料来源
	1987	佛坪	全县大雨;袁家庄地区大风、大雨。晚11时至次日10时降雨68毫米。全县7个乡受灾,冲毁田地275亩,损坏农作物1460亩,死5人,倒塌房屋35间,进水35间,冲垮大堰4条,冲淤堰渠102条。5日,三郎沟山洪暴发	《佛坪县志》
		镇巴	7月,大风、暴雨、冰雹,总降雨量321.3毫米,全县公路塌方581处20多万立方米,5座小型水电站损失尤重。6区22个乡97个村受灾,受灾农作物6.76万多亩,倒塌房屋700余间,圈舍1150间	《镇巴县志》
		宁陕	8月2～4日,全县普降暴雨,局部地区降了大暴雨,造成走山滑坡,水势暴涨。水毁耕地11 698亩,河堤860处103 800米,倒塌房屋509间,冲走木耳、香菇5317架,死4人伤3人,全县受灾面积38 825亩,经济损失达1200万元	《宁陕县志》
		郧西、郧县	6月5～6日,连遭山洪灾害	《中国气象灾害大典·湖北卷》
中华人民共和国52次	1988	西乡	8月13日,两小时特大暴雨,秋粮、房屋损失严重	《西乡县志》
		石泉	秋,涝灾。有87个村,7744户受灾。总灾面积为94 244亩,减产3成以上16 372亩,绝收面积达4117亩,损坏房屋5470间	《石泉县志》
		柞水	特大暴雨引起山洪暴发,河水大涨,损失惨重。共死亡59人,其中九间房乡死55人,双坪第五自然村死29人,重伤17人;冲毁房屋726间,其中九间房乡609间;造成危房1300间;冲毁公路25公里。九间房乡电话、广播、交通全部中断	《柞水县志》
		佛坪	龙草坪、长角坝、袁家庄地区降暴雨,椒溪河猛涨,冲走河堤施工设备,7月22～24日,全县连续大风、暴雨	《佛坪县志》
		留坝	1988年8月3～5日,姜窝子、火烧店、鲜家坝、铁佛殿乡和马道镇突降暴雨,受灾面积4000亩,其中绝收1100亩,粮食减产达38万公斤;冲毁农田1420亩、公路15公里。9日凌晨2至7时,东沟、鲜家坝两乡再次遭受特大暴雨袭击,降水量240毫米,河水暴涨,山体滑崩,桥垮,路毁,房塌,人亡,通信中断。据统计,死亡32人(其中男性15人,女性17人),毁房352间,山体滑崩推倒房屋58间,造成危房534间,10余个村324人无家可归,造成直接损失62万余元;农作物受灾面积7625亩;冲毁农田4500亩、大小桥梁24座、堰渠50条、公路11.4公里,直接损失160万元	《留坝县志》

续表

朝代	年份	地点	灾　情	资料来源
中华人民共和国52次	1989	宁强	6月11日至14日，五丁关以北地区连降大雨，12个乡3.43万亩农作物受灾，死3人	《宁强县志》
		西乡	6月6日，暴雨袭击，成灾6800亩。全县有1.45万亩农田受灾	《西乡县志》
		石泉	7月，暴雨，总降水量727毫米。23日，出现8级大风。8月，熨斗区局部地区有暴雨，部分村组灾情严重	《石泉县志》
		旬阳	8月30日～9月1日，城关、神河降暴雨；6月30日至7月11日全县连日阴雨。汉江旬阳段最大洪峰流量1.35万立方米/秒，9月28日达1.013立方米/秒	《旬阳县志》
		镇巴	7月6日～10日，大雨、暴雨，全县33个乡（镇）受灾。农作物受灾16.85万亩，山体滑坡2350处，倒房480多间，校舍91间；公路塌方279处，死亡6人，重伤9人。同年9月24日县城降大暴雨，降雨222.4毫米，泾洋河洪峰流量800立方米/秒。新修河堤冲垮40.8米，移位36米，裂缝23.3米	《镇巴县志》
	1990	宁强	7月5日下午8时至6日中午12时，本县普降大到暴雨，山洪暴发，河水猛涨。大安公路大桥再次被洪水冲断，树木蔽江而下。洪灾全县倒塌房屋3542间，水毁农田6.96万亩，决堤120余公里，因灾死亡12人，交通、邮电线路多处中断，直接经济损失达6100余万元	《宁强县志》
		城固	是年暴雨成灾，洪涝严重。7～8月3次暴雨使县境内一江五河堤坝决口，南北山区山洪暴发。7月7日凌晨，因汉江上游暴雨，过境段洪量9000立方米/秒。汉江河堤虽未决，但各支流江水倒灌，县针织厂进水，部分农田被淹。7月16日、7月30日，二里和五堵区部分乡降暴雨，毁堤淹田	《城固县志》；《城固年鉴》(1997—2002)
		西乡	7月31日，暴雨袭击，交通中断，农户房屋财产受损严重	《西乡县志》
		镇巴	7月31日晚，特大暴雨，兴隆区6乡49个村农作物受灾1.17万多亩，粮食减产130万公斤，倒塌房屋、圈舍170多间，冲走猪22头、牛5头、羊32只；冲毁堰渠132条1.54万米，河堤232处3.13万米，死1人，伤5人	《镇巴县志》

续表

朝代	年份	地点	灾 情	资料来源
中华人民共和国52次	1990	留坝	7月5日，本县遭特大暴雨，全县死亡10人，冲走房屋216间，涉及91户、410人；倒塌房屋150间，涉及225户、791人；造成危房2100间，涉及1146户，占全县总户的12.6%；死亡耕牛170头、生猪334头；冲毁圈舍1750间。6日12时，全县公路、通讯、供电、供水全部中断	《留坝县志》
	1991	宁强	7月15日19时至21时10分，阳平关镇和大长沟、唐渡、太阳岭乡遭受特大暴雨袭击，降雨量134毫米，1.1万亩农作物受灾	《宁强县志》
	1992	勉县、汉中、洋县	8月12日2～20时，汉江上游普降大到暴雨，汉江支流沮水河勉县茶店站12日16时洪峰流量2600立方米/秒（超警戒），汉江勉县武侯站12日18时30分出现洪峰流量4010立方米/秒（超保证），汉中站、洋县站于12日23时、13日5时12分洪峰流量分别为3000和2710立方米/秒	《陕西历史自然灾害简要纪实》
	1998	汉中市	7月5日～10日和8月20～21日，汉中市先后出现两次区域性暴雨均造成山洪暴发，河水猛涨，大量农田和部分村镇、街道被淹，受灾人口达151万，死亡14人，损坏和倒塌房屋8.58万间，作物受灾8.6万公顷，绝收1.66万公顷，粮食减产7.87万吨，同时，洪水还冲毁铁路桥3座，公路桥948座，坝塘577座，还使151个工矿企业停产或半停产，共造成直接经济损失6.01亿元	《中国气象灾害大典·陕西卷》
	1999	城固	7月28日，城固县遭受狂风暴雨袭击，城固小河镇因灾死亡1人，倒塌房屋2109间，损坏3980间，洪水冲毁道路94公里，桥梁28座，损坏电力线路54处，直接经济损失1.21亿元	2000年版《汉中年鉴》
	2002	洋县、西乡、石泉、紫阳、宁陕、城固	6月8～9日，宁陕、城固、石泉、旬阳等县遭受特大暴雨洪水袭击，损失惨重。6月21～23日，紫阳、白河等县再次遭受暴雨洪水，两次因灾死亡44人，失踪177人，无家可归9889人，农作物绝收23.8万亩。8月28日至29日，宁陕县普降暴雨，造成山洪暴发，引发大面积山体崩塌和泥石流灾害。造成5人死亡，10人失踪，房屋、道路、农田大量损毁，经济损失4.12亿元	《汉中年鉴2003》；《安康年鉴2003》、《城固年鉴（1997—2002）》，《洋县年鉴（2002—2003）》

续表

朝代	年份	地点	灾　情	资料来源
中华人民共和国52次	2003	宁强、安康、石泉、紫阳、白河、镇巴、西乡、勉县	盛夏到秋季暴雨、连阴雨集中，汉江上游全流域洪水。石泉、白河、安康、旬阳、宁强、镇巴、西乡、勉县等普发洪水	《汉中年鉴2004》；《安康年鉴2004》、《勉县年鉴2003—2004》
	2004	镇坪、岚皋、紫阳、平利、汉阴	2004年7月15日至16日镇坪、岚皋、紫阳、平利暴雨，形成洪水。8月14日汉阴降暴雨，9月19日紫阳暴雨，造成滑坡	《安康年鉴2005》
	2005	白河、石泉、紫阳、安康、旬阳、镇坪、平利、略阳、宁强、镇巴、佛坪	7月上旬、8月中旬和9月下旬到10月初先后出现了3次阴雨和连续性暴雨洪水，造成巨大损失。安康、紫阳、汉阴、镇坪、平利、白河、石泉洪灾灾情严重，是继1983年之后灾情最重的一年；7月，汉中略阳、宁强、镇巴、佛坪连受暴雨、大暴雨袭击，洪灾、泥石流、滑坡灾害严重	《安康年鉴2006》；《汉中年鉴2006》
	2007	安康	7月1日以来，安康市普降大到暴雨，特别是宁陕、镇坪、石泉、汉阴、紫阳、汉滨等县区的降水过程呈现出强度高、范围广、历时长的特点。石泉、安康水库的最大入库流量分别达到7590立方米/秒和13 000立方米/秒；7月4日，宁陕县境内发生了入汛以来的首次洪灾，据初步统计，全市因灾倒房288户578间，损坏房屋2727间，毁坏耕地193公顷，直接经济损失4350万元。受灾人口72万人；8月7日，强降雨造成汉滨、岚皋两县区部分乡镇遭受严重的洪涝、山体滑坡和泥石流灾害，出现重大人员伤亡	《安康年鉴2008》
		汉中地区宁强、佛坪、洋县、南郑	5～10月多次出现暴雨洪水，及滑坡、泥石流灾害；洪水量级不大，连续性洪水偏多	《汉中年鉴2008》；《洋县年鉴2006—2007》

续表

朝代	年份	地点	灾 情	资料来源
中华人民共和国52次	2010	汉江全流域洪水	2010年7月中旬以后，汉江流域发生了大面积强降水，陕西汉江干流发生50年一遇特大洪水，多市县进水。安康市7月18日最大洪峰流量25 537立方米/秒。安康市万人撤离；致8人死57人失踪	《安康年鉴2011》；《安康市政府地情网-2010年大事记》；http：//www.aksdq.cn/typenews.asp? id＝675
	2011	汉江全流域洪水	2011年9月5～27日，汉江上游发生了1983年以后最大的一次秋季洪水。重现期20年一遇。2011年9月18日22：00点，安康汉江水位246.48米，流量13 000立方米/秒（警戒水位246.43米）；旬阳县甘溪镇再次遭受洪水“重创”，最深积水达1.5米；19日凌晨1时左右汉江白河段最大洪峰流量达到20 600立方米/秒，水位189.8m；2011年9月19日洪峰到达丹江口，最大流量达28 000立方米/秒	安康论坛网 http：//bbs.ankang.net/thread-173219-1-1.html
	2012	汉江上游	2012年7月8日～9日，陕南普降暴雨，汉江干支流出现洪水过程，汉江干流武侯镇站出现入汛以来首次超警洪水，汉江支流冷水河出现有纪录以来最大洪水，沮水、喜神坝河、漾家河出现超警洪水	中国新闻网 http：//www.chinanews.com/gn/2012/07-09/4019682.shtml
		汉江上游	2012年8月30日至9月2日，陕南普降中到大雨，安康市提前撤离了强降雨区13 831人，汉中市城固县提前转移了文川河涵洞倒灌险情威胁区523名群众。9月2日19时，汉江洪峰以7890立方米/秒流量顺利通过白河站出陕	人民网>>陕西频道 http：//sn.people.com.cn/n/2012/0904/c339256-17437374.html

附录2　历史时期以来汉江上游旱灾年表

朝代	年份	地点	灾　情	资料来源
西汉5次	公元前190	汉中	夏大旱，江河水少，溪谷水绝	《资治通鉴》;《汉纪》
	公元前161	柞水	今柞水境两月无雪	《柞水县志》
	公元前136	柞水	今柞水境两月无雨，田禾多枯死	《柞水县志》
	公元前103	柞水	今柞水两月无雨，田禾枯死半数	《柞水县志》
	公元前53	柞水	今柞水境三个月无雪	《柞水县志》
东汉2次	121	柞水	今柞水境两月无雪	《柞水县志》
	170	柞水	今柞水境无雪，至次年春两月无雨，田禾全部枯死，树木枯死过半	《柞水县志》
西晋6次	285	城固	三月，境内干旱	雍正《陕西通志》
		汉中市	春三月，梁郡国旱	《汉中市志》
		勉县	干旱	《勉县志》
		宁强	梁州旱	《宁强县志》
	286	留坝	大旱歉收	《留坝县志》
	296	南郑	江、汉、河、洛皆竭，可涉	《南郑县志》
	297	勉县、汉中、南郑、城固	七月，雍、梁大旱，疫	《晋书·惠帝纪》
		勉县	大旱	《勉县志》
		南郑	江、汉、河、洛皆竭，可涉	《南郑县志》
	302	柞水	今柞水境三个月无雨，田禾皆枯死	《柞水县志》
	309	西乡	三月，江、汉、河、洛皆竭，干涸可行	《西乡县志》
		勉县、汉中、南郑、城固、西乡、旬阳、白河	大旱，江、汉、河、洛、皆竭，可涉	《晋书·帝纪第五孝怀帝 》
		白河	县内大旱，沟溪枯竭	《白河县志》
		汉中	三月，江汉河、洛皆竭，可涉	《汉中市志》
		留坝	陕南江河皆竭，境内草木干枯	《留坝县志》
		勉县	汉江皆枯，可涉	《勉县志》
		南郑	江、汉、河、洛皆竭，可涉	《南郑县志》
		旬阳	汉江河竭，可涉	《旬阳县志》

续表

朝代	年份	地点	灾情	资料来源
西晋6次	309	郧县	夏，五月大旱，江汉皆竭，可涉	《中国气象灾害大典·湖北卷》
东晋2次	325	西乡	四月，雍梁大旱，自正月至四月	《西乡县志》
		汉中市	四月，雍梁大旱	《汉中市志》
		留坝	汉中、关中大旱，本境地裂河枯	《留坝县志》
		勉县	大旱	《勉县志》
		南郑	江、汉、河、洛皆竭，可涉	《南郑县志》
	379	安康	夏大旱，岁大饥	《安康县志》
隋朝1次	617	柞水	今柞水境两月无雨，田地无法播种	《柞水县志》
唐朝12次	682	勉县、南郑、城固	三月旱，关中及山南二十六州大饥	乾隆五十三年版《兴安府志》
		汉中市	三月，饥荒	《汉中市志》
		留坝	关中及陕南二十六州饥	《留坝县志》
		勉县	旱，饥荒	《勉县志》
	684	留坝	大旱	《留坝县志》
	685	勉县、汉中、城固	五月，旱	雍正《陕西通志》
		汉中	五月，汉中旱	《汉中市志》
		勉县	旱	《勉县志》
	811	安康	秋稼旱，谷不登	《安康县志》
		旬阳	秋稼旱损，农收不登	《旬阳县志》
	814	旬阳	旱	《旬阳县志》
	826	旬阳	旱	《旬阳县志》
	829	旬阳	旱	《旬阳县志》
	837	旬阳	旱	《旬阳县志》
	838	旬阳	去冬少雪，宿麦未滋	《旬阳县志》
	857	柞水	今柞水境三个月无雪	《柞水县志》
	904	汉中	自陇西迨于褒、梁之境，数千里内亢阳，民多流散，自冬经春，饥民食草木，至有骨肉相食者甚多。是年，或山中竹无巨细，皆放花结籽，饥民采之，舂米而食	《汉中市志》；雍正《陕西通志》
		留坝	陇西、关中、汉中数千里亢阳，民多流散，自冬经春大旱，民饥啖食草木，亦有骨肉相食者。是年，山中竹无巨细，皆放花结子，饥民采食之后竹枯之	《留坝县志》
	936	旬阳	自夏不雨，旱	《旬阳县志》
北宋17次	990	镇安	一至四月不雨	《镇安县志》
	991	镇安	伏旱，低山有灾	《镇安县志》

续表

朝代	年份	地点	灾　情	资料来源
北宋 17次	992	安康	连年旱灾，民多外出	《安康县志》
		陕西全省	全省干旱	《宋史》
		勉县	旱	《勉县志》
	993	安康	连年旱灾，民多外出	《安康县志》
	994	安康	旱灾	《安康县志》
	1006	陕西省	夏，陕西旱、饥	《中国历代天灾人祸表》
		勉县	旱、饥	《勉县志》
	1011	镇安	旱	《镇安县志》
	1017	陕西省	夏，全省旱	《宋史》
		勉县	旱	《勉县志》
	1018	陕西省	全省旱	《古今图书集成》
		勉县	旱	《勉县志》
	1019	汉中市	利州路饥	《汉中市志》
	1020	陕西省	春，境内干旱	雍正《陕西通志》
		勉县、南郑、褒县、汉中、城固、洋县、西乡、留坝、安康、石泉、旬阳、汉阴、平利等地	春，利州路旱	《宋史》
		勉县	旱	《勉县志》
		洋县	春旱，小麦、油菜生长受阻	《洋县志》
	1021	汉中	利州路旱	《汉中市志》
	1027	柞水	柞水境45天无雨，田禾多枯死	《柞水县志》
		镇安	干旱	《镇安县志》
	1079	城固	春，旱	雍正《陕西通志》
	1088	陕西省	诸路旱陕西尤甚	《宋史》
	1109	留坝	本境大旱，褒斜谷道水枯	《留坝县志》
		柞水	今柞水境三个月无雪	《柞水县志》
	1127	西乡	十二个月不雨，五谷焦枯	《西乡县志》
		城固	大旱，12个月不雨，稻禾焦枯	雍正十三年版《陕西通志》
南宋 11次	1129	留坝	本境旱	《留坝县志》

续表

朝代	年份	地点	灾情	资料来源
南宋11次	1136	利州路（包括汉中郡、洋州郡、安康郡）	利州路大饥，米斗四千，路饥枕藉	《安康县志》、《汉中市志》
	1160	留坝	本境旱	《留坝县志》
	1176	宁强、南郑、城固、西乡、旬阳、白河	夏，汉中旱，金洋州皆旱	《宋史·五行志》
		汉中	夏，大旱	民国十三年版《重刻汉中府志》
		白河	天旱	《白河县志》
		留坝	汉中旱，本境大旱	《留坝县志》
		南郑	大旱	《南郑县志》
		宁强	汉中旱	《宁强县志》
		旬阳	洋州皆旱	《旬阳县志》
	1183	安康	金州六至七月旱	《安康县志》
		白河	又大旱	《白河县志》
		旬阳	旱	《旬阳县志》
	1184	西乡	兴元、洋州旱尤甚，冬不雨至次年二月	《西乡县志》
		安康	四至八月不雨，兴元府、金、洋州旱，冬不雨至翌年二月	《安康县志》
		勉县、汉中、南郑、城固、洋县、西乡、安康、旬阳	四月至八月连续五月不雨。当年冬至翌年二月又不雨	《古今图书集成》
		汉中	四至八月，兴元府，金、洋州旱，兴元府尤甚，冬不雨至翌年二月	《汉中市志》
		留坝	陕南旱，冬到次年二月大旱	《留坝县志》
		勉县	旱	《勉县志》
		南郑	汉中一带大旱	《南郑县志》
		旬阳	阳历四月不雨，至于八月，金，洋州旱。冬不雨，至于明年二月	《旬阳县志》
		洋县	干旱，夏粮歉收，饥馑	《洋县志》

续表

朝代	年份	地点	灾　情	资料来源
南宋11次	1185	白河	再旱，县民乞食，外出逃荒	《白河县志》
		勉县	不雨	《勉县志》
		南郑	冬不雨至明年二月	《南郑县志》
		宁强、南郑、城固、白河	二月不雨，兴元府旱尤重	《古今图书集成》
	1191	留坝	本境旱，麦无收	《留坝县志》
	1196	安康	金州大旱	《安康县志》
		白河	大旱	清光绪十九年版《白河县志》
		留坝	汉中旱，本境大旱，守官祷雨	《留坝县志》
		旬阳	金州大旱	《旬阳县志》
	1197	西乡	陕南利州路旱	《西乡县志》
		城固	旱	《二甲野录》
		汉中市	陕南利州路旱	《汉中市志》
		勉县	旱	《勉县志》
		南郑	利州路旱	《南郑县志》
	1201	汉中市	利州路旱	《汉中市志》
		南郑	利州路旱	《南郑县志》
金国7次	1211	城固	干旱	《古今图书集成》、《城固县志》
		汉中市	连年旱	《汉中市志》
		勉县	旱	《勉县志》
		柞水	今柞水境50日无雨，川地田禾枯死	《柞水县志》
	1212	城固	七月，旱	《古今图书集成》
		汉中市	汉中七月旱	《汉中市志》
		勉县	旱	《勉县志》
	1213	城固	七月旱。斗米一万二千钱	《古今图书集成》
		汉中市	七月，旱，斗米钱万二千	《汉中市志》
		勉县	旱	《勉县志》
	1216	城固	七月，旱	《古今图书集成》
		汉中市	五月，大蝗，七月又旱	《汉中市志》
	1218	城固	大旱	《古今图书集成》
		汉中市	大旱	《汉中市志》
		勉县	重旱	《勉县志》
	1226	城固	三月，旱	雍正十三年版《陕西通志》
		汉中市	三月，旱	《汉中市志》
	1231	城固	春，大饥	《城固县志》
		汉中	春，汉中大饥	《汉中市志》
元朝9次	1314	汉中	汉中春正月岁荒。	《汉中市志》
	1324	安康	数岁不雨，斗米十三缗，饿殍载道	《安康县志》

续表

朝代	年份	地点	灾 情	资料来源
元朝 9次	1324	旬阳	数岁不雨，斗麦十三缗	《旬阳县志》
	1325	安康	数岁不雨，斗米十三缗，饿殍载道	《安康县志》
		旬阳	数岁不雨，斗麦十三缗	《旬阳县志》
	1326	安康	数岁不雨，斗米十三缗，饿殍载道	《安康县志》
		旬阳	数岁不雨，斗麦十三缗	《旬阳县志》
	1327	安康	数岁不雨，斗米十三缗，饿殍载道	《安康县志》
		白河	大旱，斗麦价高至13串	《白河县志》
		旬阳	数岁不雨，斗麦十三缗	《旬阳县志》
	1328	陕西	陕西自泰定二年至是岁不雨，大饥，人相食	《元史》
			陕西自泰定二年至天历元年不雨，大饥，人相食	雍正十三年版《陕西通志》
		白河	大旱，斗麦价高至14串	《白河县志》
		留坝	本境大旱，麦无收	《留坝县志》
		旬阳	数岁不雨，斗麦十三缗	《旬阳县志》
	1331	安康	金州连年旱	《安康县志》
		旬阳	金州频年旱	《旬阳县志》
	1336	城固	旱	雍正十三年版《陕西通志》
	1346	城固	旱，饥	雍正十三年版《陕西通志》
明朝 70次	1369	城固	大旱，饥	雍正十三年版《陕西通志》
	1371	西乡	陕西各路旱，汉中有甚。七月大旱	《西乡县志》
		汉中	七月，陕西各路旱，汉中尤甚	《重刻汉中府志》
		汉中	陕西各路旱，汉中尤甚	《汉中市志》
		留坝	陕南诸路旱，饥，汉中大饥，本境尤甚	《留坝县志》
		勉县	旱	《勉县志》
		南郑	全陕大旱，汉中尤甚	《南郑县志》
		宁强	陕西旱饥，汉中尤甚	《宁强县志》
		镇巴	大旱，大饥	《镇巴县志》
		陕西、汉中	陕西旱饥，汉中尤甚	《六典通考》
	1384	镇安	大旱，低山有灾	《镇安县志》
	1414	城固	三月，旱，饥	雍正十三年版《陕西通志》
	1426	西乡	汉中旱，三年又旱	《西乡县志》
		安康	汉中府旱，金州旱	《安康县志》
		城固	大旱	《重刻汉中府志》
		白河	夏旱	《白河县志》
		汉中	汉中旱，三年又旱	《汉中市志》
		留坝	本境旱	《留坝县志》
		勉县	旱	《勉县志》
		南郑	汉中府旱	《南郑县志》
		宁强	汉中旱	《宁强县志》

续表

朝代	年份	地点	灾　情	资料来源
明朝 70次	1426	旬阳	兴安旱	《旬阳县志》
	1427	勉县	旱	《勉县志》
		镇安	大旱，民饥	《镇安县志》
	1428	汉中	大旱，饥	《重刻汉中府志》
		白河	县民乞食	《白河县志》
		留坝	本境大旱、地裂	《留坝县志》
		勉县	旱	《勉县志》
	1436	安康	连年旱涝，人民缺食	《安康县志》
	1437	镇安	连年大旱，夏秋粮无收，百姓饥馁	《镇安县志》
	1438	南郑	陕南“连年旱涝，人民缺食”	《南郑县志》
		宁强	汉中连年旱，民遭饥馑	《宁强县志》
		旬阳	连年旱涝，人民缺食	《旬阳县志》
	1442	城固	大旱，饥	《城固县志》
	1444	陕西	陕西各州县数月不雨，人民艰窘，麦禾俱伤，民之弱者鬻男女，强者肆劫掠	《明实录》
			是岁陕西州县数月不雨	《明史》
	1450	西乡	陕南大旱	《西乡县志》
		城固	大旱	《重刻汉中府志》
		白河	大旱	《白河县志》
		汉中	陕南大旱	《汉中市志》
		留坝	本境大旱	《留坝县志》
		勉县	大旱	《勉县志》
		南郑	汉中府大旱	《南郑县志》
		宁强	汉中大旱	《宁强县志》
		旬阳	兴安大旱	《旬阳县志》
	1457	郧西	旱	《中国气象灾害大典·湖北卷》
		郧县	旱	《中国气象灾害大典·湖北卷》
	1465	汉中	三月旱，大饥	《重刻汉中府志》
		留坝	本境因旱而大饥	《留坝县志》
	1481	留坝	干旱	《留坝县志》
	1482	留坝	干旱	《留坝县志》
		郧县	夏秋大旱	《中国气象灾害大典·湖北卷》
	1483	留坝	干旱	《留坝县志》
	1484	城固	旱	雍正十三年版《陕西通志》
		汉中	连年大旱，遍及陕西、山西、河南赤地千里，井邑空虚，尸骸枕藉，流亡日多	《汉中市志》
		留坝	干旱	《留坝县志》
		南郑	连年大旱，遍及陕西、山西、河南，“赤地千里，井邑空虚，尸骸枕藉，流亡日多”	《南郑县志》

续表

朝代	年份	地点	灾情	资料来源
明朝70次	1485	汉中	连年大旱，遍及陕西、山西、河南赤地千里，井邑空虚，尸骸枕藉，流亡日多	《汉中市志》
		留坝	干旱，尤后三年连续大旱，陕南赤地千里，井邑空虚，尸骸枕藉，流亡日多，虫、鼠危害，凡五十五州县	《留坝县志》
		南郑	连年大旱，遍及陕西、山西、河南，“赤地千里，井邑空虚，尸骸枕藉，流亡日多”	《南郑县志》
	1486	汉中、城固	旱，大饥	《重刻汉中府志》
		汉中	连年大旱，遍及陕西、山西、河南赤地千里，井邑空虚，尸骸枕藉，流亡日多	《汉中市志》
		留坝	干旱，尤后三年连续大旱，陕南赤地千里，井邑空虚，尸骸枕藉，流亡日多，虫、鼠危害，凡五十五州县	《留坝县志》
		勉县	旱	《勉县志》
		南郑	连年大旱，遍及陕西、山西、河南，“赤地千里，井邑空虚，尸骸枕藉，流亡日多”	《南郑县志》
	1487	留坝	干旱，尤后三年连续大旱，陕南赤地千里，井邑空虚，尸骸枕藉，流亡日多，虫、鼠危害，凡五十五州县	《留坝县志》
	1488	汉中、城固	大旱	《重刻汉中府志》
	1501	西乡	陕南以旱灾免汉中府当年秋粮	《西乡县志》
		城固	大旱	《明实录》
		汉中、陕南	陕南大旱	《汉中市志》
		勉县	旱	《勉县志》
		南郑	夏旱	《南郑县志》
	1504	西乡	汉中府夏旱	《西乡县志》
		汉中、城固	夏，旱	《重刻汉中府志》
		白河	夏旱	《白河县志》
		汉中	汉中府夏旱	《汉中市志》
		留坝、陕西	诸地大旱，人民失所	《留坝县志》
		勉县	旱	《勉县志》
		南郑	夏旱	《南郑县志》
		旬阳	夏旱	《旬阳县志》
	1509	南郑	民多流移	《南郑县志》
	1510	西乡	汉中连旱荒旱，民多流移	《西乡县志》
		汉中	汉中连年荒旱，民多流移	《汉中市志》
		留坝	汉中连年干荒，本境民多流移	《留坝县志》
		勉县	连年荒旱，民多流移	《勉县志》

续表

朝代	年份	地点	灾　情	资料来源
明朝70次	1510	南郑	民多流移	《南郑县志》
	1514	镇安	大旱，灾民饥荒造反遭县府剿捕，饥民逃奔	《镇安县志》
	1515	柞水	今柞水境三个月无雪	《柞水县志》
	1521	南郑	连续大旱，并发瘟疫	《南郑县志》
		西乡	汉中各县旱，秋旱	《西乡县志》
		汉中、城固	夏、秋旱	《重刻汉中府志》
		白河	秋大旱	《白河县志》
		汉中	汉中各县夏秋旱	《汉中市志》
		留坝	夏、秋大旱	《留坝县志》
		勉县	旱	《勉县志》
		南郑	连续大旱，并发瘟疫	《南郑县志》
		旬阳	夏秋旱	《旬阳县志》
	1526	安康	秋旱，蠲免民欠银5400两，米全免，赈银13 700两	《安康县志》
		南郑	全陕三年大旱，“人相食饿死无数”	《南郑县志》
	1527	南郑	全陕三年大旱，“人相食饿死无数”	《南郑县志》
	1528	汉中、城固	大饥，志称“人相食”	《重刻汉中府志》
		汉中市	大饥，人相食	《汉中市志》
		留坝	大旱，民大饥	《留坝县志》
		南郑	全陕三年大旱，“人相食饿死无数”	《南郑县志》
		紫阳	五月，陕西全省大旱，人相食，饿死无数。紫阳亦然	《紫阳县志》
	1530	陕西省	夏，大旱	雍正十三年版《陕西通志》
	1537	白河	夏大旱	《白河县志》
		汉中市	夏旱	《汉中市志》
		南郑	夏又旱	《南郑县志》
		旬阳	夏旱	《旬阳县志》
	1538	汉中、城固	春，夏大饥	《重刻汉中府志》
	1544	汉中	春，陕南饥	《汉中市志》
	1548	安康	九月以灾饬免屯粮	《安康县志》
		汉中、城固	春，大饥	《重刻汉中府志》
	1555	汉中、城固	大饥	雍正十三年版《陕西通志》
	1562	紫阳	旱灾	《紫阳县志》
	1565	安康	旱	《安康县志》
		白河	夏大旱	《白河县志》
		旬阳	夏旱	《旬阳县志》
		紫阳	旱灾	《紫阳县志》
	1568	陕西省	大旱	雍正十三年版《陕西通志》

续表

朝代	年份	地点	灾情	资料来源
明朝 70次	1568	白河	大旱	《白河县志》
		旬阳	大旱	《旬阳县志》
		紫阳	六至七月大旱，大饥	《紫阳县志》
	1573	安康	大旱	《安康县志》
		旬阳	旱	《旬阳县志》
		紫阳	秋旱	《紫阳县志》
	1574	汉中	汉中府饥	《汉中市志》
	1577	汉中	道殣相望	《汉中市志》
	1578	安康	秋旱	《安康县志》
		白河	秋旱	《白河县志》
		旬阳	秋旱	《旬阳县志》
		紫阳	秋旱	《紫阳县志》
	1585	汉中市	汉中饥	《汉中市志》
	1586	陕西省	六月，旱	雍正十三年版《陕西通志》
	1589	郧县	旱	《中国气象灾害大典·湖北卷》
	1600	紫阳	秋旱	《紫阳县志》
	1604	宁陕	大旱	《宁陕县志》
	1610	安康	秋旱	《安康县志》
		旬阳	秋旱	《旬阳县志》
	1611	旬阳	秋旱	《旬阳县志》
	1615	汉中、城固	大饥	《重刻汉中府志》
	1616	南郑	三年连旱	《南郑县志》
		宁强	陕西全省大旱，宁羌州亦被灾	《宁强县志》
	1617	安康	夏旱	《安康县志》
		城固	春旱，麦收减半，夏又大旱，稻禾焦枯	康熙版《城固县志》
		白河	夏旱	《白河县志》
		南郑	三年连旱	《南郑县志》
		旬阳	夏旱	《旬阳县志》
	1618	南郑	三年连旱	《南郑县志》
	1621	旬阳	秋旱	《旬阳县志》
		紫阳	秋旱	《紫阳县志》
	1622	郧县	秋，七月旱	《中国气象灾害大典·湖北卷》
	1628	汉阴	全省旱	《汉阴县志》
		南郑	全省大旱，“饿殍遍野”，“草木食尽”	《南郑县志》
		宁强	不雨以至于秋，三伏亢旱，禾苗尽枯	《宁强县志》
		紫阳	全省旱，紫阳大饥	《紫阳县志》
	1629	汉中	汉中饥荒	《汉中市志》
		勉县	干旱	《勉县志》
		南郑	全省大旱，“饿殍遍野”，“草木食尽”	《南郑县志》

续表

朝代	年份	地点	灾 情	资料来源
明朝70次	1629	陕西	秦大旱，粟腾贵	《明史纪事本末》
	1630	南郑	全省大旱，“饿殍遍野”，“草木食尽”	《南郑县志》
	1633	陕西省	大饥	雍正十三年版《陕西通志》
		南郑	全省大旱，“饿殍遍野”，“草木食尽”	《南郑县志》
	1634	汉中	秋，陕西全省蝗，大饥	《汉中市志》
		南郑	全省大旱，“饿殍遍野”，“草木食尽”	《南郑县志》
	1635	西乡	西乡旱	《西乡县志》
		南郑	全省大旱，“饿殍遍野”，“草木食尽”	《南郑县志》
	1636	西乡	汉中各县夏旱	《西乡县志》
		汉中、城固	大旱	《重刻汉中府志》
		汉中市	汉中旱	《汉中市志》
		勉县	干旱	《勉县志》
		南郑	全省大旱，“饿殍遍野”，“草木食尽”	《南郑县志》
	1637	汉中、城固	秋旱，禾苗全无，当年大饥	《重刻汉中府志》
		南郑	全省大旱，“饿殍遍野”，“草木食尽”	《南郑县志》
		镇巴	大饥，道殣相望，居民采树叶草根食之几尽	《镇巴县志》
	1638	汉阴	夏，大旱	《汉阴县志》
		南郑	全省大旱，“饿殍遍野”，“草木食尽”	《南郑县志》
	1639	陕西省	夏，旱	雍正十三年版《陕西通志》
	1639	汉中市	汉中夏旱，秋蝗，禾苗俱尽，大饥	《汉中市志》
		留坝	大饥	《留坝县志》
		勉县	干旱	《勉县志》
		南郑	全省大旱，“饿殍遍野”，“草木食尽”	《南郑县志》
	1640	西乡	大旱，人相食，草木俱尽	《西乡县志》
		陕西省	大旱。志称“人相食，草木皆食尽”	雍正十三年版《陕西通志》
		汉中市	大旱，人相食，草木俱尽	《汉中市志》
		留坝	大旱，粟价涨十倍之值，树皮草根食尽，人相食	《留坝县志》
		南郑	全省大旱，“饿殍遍野”，“草木食尽”	《南郑县志》
		旬阳	秋，全陕大旱，饥。阴历十月粜价腾踊，日贵一日，斗米三钱，至次年春十倍其值，绝粜罢市，木皮、石面皆食尽，父子夫妇相剖啖，道殣相望，十亡八九	《旬阳县志》
		洋县	大旱，民食树皮	《洋县志》
		紫阳	秋，全省大旱。十月，粟价腾踊，日贵一日，斗米三钱。至次年春十倍其值，绝粜罢市，木皮石面皆食尽，父子夫妇相剖啖，道殣相望，十亡八九“。紫阳亦然	《紫阳县志》
	1641	汉阴	夏，大旱，禾苗尽枯	《汉阴县志》
		南郑	全省大旱，“饿殍遍野”，“草木食尽”	《南郑县志》

续表

朝代	年份	地点	灾 情	资料来源
明朝70次	1641	石泉	夏季大旱，禾苗尽枯	《石泉县志》
清朝82次	1645	汉中、城固	大饥	《重刻汉中府志》
		汉中	大饥	《汉中市志》
	1646	陕西省	七月，陕西旱	《二申野录》
		石泉	七月，大旱，大饥	《石泉县志》
		紫阳	七月，全省旱，紫阳大饥	《紫阳县志》
	1648	石泉	天旱，石泉大饥	《石泉县志》
	1652	镇安	大旱	《镇安县志》
	1655	洋县	大旱，粮歉收，上涨了10倍，民吃树皮	清光绪本《洋县志》
	1656	镇安	大旱	《镇安县志》
	1657	汉阴	夏，大旱，禾苗尽枯	《汉阴县志》
		石泉	夏，大旱。禾苗尽枯	《石泉县志》
	1663	安康	水旱不适，米价腾贵	《安康县志》
	1664	安康	水旱不适，米价腾贵	《安康县志》
	1665	安康	水旱不适，米价腾贵	《安康县志》
		镇安	春旱	《镇安县志》
	1666	安康	水旱不适，米价腾贵	《安康县志》
	1667	安康	水旱不适，米价腾贵	《安康县志》
	1671	西乡	大旱，无禾	《西乡县志》
		城固	大旱，粮食无收，大饥	康熙《城固县志》
		汉中	无禾	清嘉庆《汉南续修郡志》
		紫阳	秋旱	清道光23年版《紫阳县志》
		洋县	大旱，田禾无收	《洋县志》
	1674	郧县	秋，七月大旱	《中国气象灾害大典·湖北卷》
	1677	石泉	秋旱	《石泉县志》
		紫阳	秋旱	《紫阳县志》
	1678	紫阳	夏旱	《紫阳县志》
	1679	安康	夏旱	乾隆五十三年版《兴安府志》
		白河	夏天旱，秋涝，次年县民大饥	清光绪十九年版《白河县志》
		汉阴	夏，大旱3个月	《汉阴县志》
		石泉	夏，大旱三月。禾苗尽伤；民遭大饥	《石泉县志》
		旬阳	夏旱	清乾隆四十八年版《洵阳县志》
	1684	安康	六月旱	《安康县志》
		汉阴	夏，大旱，至秋分方雨，饥馑异常	《汉阴县志》
		石泉	夏，大旱，秋分方雨，石泉大饥	《石泉县志》
		旬阳	大旱	《旬阳县志》
		紫阳	六月旱，夏秋未登，大饥	《紫阳县志》
	1685	白河	大旱	《白河县志》
	1687	西乡	大旱，秋苗未插，颗粒无收	《西乡县志》

续表

朝代	年份	地点	灾　情	资料来源
清朝82次	1687	城固	旱，秋，颗粒无收	康熙本《城固县志》
		安康、紫阳、石泉	旱	嘉庆十七年版《兴安府志》
	1688	镇安	大旱	《镇安县志》
	1689	镇安	旱，麦欠收	《镇安县志》
	1690	郧县	大旱	《中国气象灾害大典·湖北卷》
	1691	安康	旱	《安康县志》
		陕西省	大饥	雍正十三年版《陕西通志》
		白河	大旱	《白河县志》
		汉阴	旱，饥	《汉阴县志》
		汉中市	春夏旱，民大饥	《汉中市志》
		南郑	春夏旱，民大饥	《南郑县志》
		石泉	旱，大饥	《石泉县志》
		旬阳	大旱	《旬阳县志》
		洋县	大旱，大饥，后两年又大旱	《洋县志》
		紫阳	旱	《紫阳县志》
	1692	陕西省	饥	雍正《陕西通志》
	1694	镇安	大旱成灾	《镇安县志》
	1701	汉阴	大旱，饥	《汉阴县志》
		石泉	大旱，大饥	《石泉县志》
	1703	汉阴	旱，饥	《汉阴县志》
	1722	镇安	大旱成灾	《镇安县志》
	1737	留坝	大旱，民饥流离	《留坝县志》
	1752	安康	秋禾被旱成灾	《故宫奏折照片》
		旬阳	秋禾被旱成灾	《故宫奏折照片》
		镇安	秋旱成灾	《镇安县志》
		紫阳	秋禾被旱成灾	《紫阳县志》
	1759	留坝	闰六月以后，留坝等地无雨，溪流绝	《故宫奏折抄件》
		安康、石泉、旬阳	闰六（7）月望以后，以后雨泽亦觉缺少	《故宫奏折抄件》
	1762	镇安	干旱	《镇安县志》
	1765	镇安	大旱	《镇安县志》
	1771	宁陕	大旱，山竹结实，人食	《宁陕县志》
	1784	宁陕	大旱，长安河涸	《宁陕县志》
	1800	汉阴	秋旱成灾，仅收五成	《汉阴县志》
		石泉	秋旱成灾	《石泉县志》
	1802	西乡	夏旱	《西乡县志》
	1804	汉阴	夏旱伤麦	《汉阴县志》
		汉中南郑等县	旱	《汉中市志》

续表

朝代	年份	地点	灾 情	资料来源
清朝82次	1804	安 康；旬 阳；紫 阳；南郑	安康、旬阳、紫阳，春间被旱，贫民乏食。南郑等地，南郑等十三县厅被旱	《故宫奏折照片》
		旬阳	春间被旱，贫民乏食	《旬阳县志》
	1807	宁陕	春旱三个月，夏欠收	《宁陕县志》
	1809	白河	大旱	《白河县志》
	1813	西乡	汉中各县夏旱，稻苗半槁，年岁大荒	《西乡县志》
		安康	夏旱，稻苗半槁，年岁大荒	《安康县志》
		汉中、城固	夏，旱，稻禾半焦，当年大饥	《重刻汉中府志》
		汉阴	夏旱	《汉阴县志》
		汉中	夏旱，稻、草半槁，年岁大荒	民国二十年版《续修陕西通志稿》
		留坝	留坝大旱，稻禾枯半，大荒	《留坝县志》
		勉县	旱，稻苗半槁，年岁大荒	《勉县志》
		南郑	夏旱，稻苗半槁，年岁大荒	《南郑县志》
		旬阳	夏旱，稻苗半槁，年岁大荒	《旬阳县志》
		洋县	夏，大旱，稻苗半枯，年岁大荒	《洋县志》
		镇安	旱	《镇安县志》
		郧县	大旱，大饥	《中国气象灾害大典·湖北卷》
	1814	汉阴	夏旱，禾木皆伤，河尽涸	嘉庆二十三年版《汉阴厅志》
		石泉	夏旱，秋旱。粟米昂贵，蕨根、树皮采食殆尽	《石泉县志》
		柞水	两月无雨，田禾全部枯死	《柞水县志》
		镇安	旱	《镇安县志》
		镇巴	大旱	《镇巴县志》
	1832	岚皋	岁大旱，民相食，逃荒、饥死者到处可见	《岚皋县志》
	1833	柞水	春旱两月，麦苗枯死，洋芋无法下种；夏旱月余，秋田未播。是年大饥，饿死人无数	《柞水县志》
		郧西	秋，旱，蝗虫。斗米钱二千四百文	《中国气象灾害大典·湖北卷》
	1834	柞水	春旱无雨	《柞水县志》
		镇安	旱	《镇安县志》
	1835	岚皋	秋旱	《岚皋县志》
	1836	柞水	春夏两季大旱，庄稼颗粒无收，秋田未播，冬饿殍满地	《柞水县志》
		镇安	旱	《镇安县志》
		郧西	旱，蝗，大饥	《中国气象灾害大典·湖北卷》

续表

朝代	年份	地点	灾　情	资料来源
清朝 82次	1837	郧县	秋旱，蝗	《中国气象灾害大典·湖北卷》
	1839	郧西	旱	《中国气象灾害大典·湖北卷》
	1841	石泉	夏，大旱	《石泉县志》
	1843	郧西	旱，蝗害稼	《中国气象灾害大典·湖北卷》
		郧县	旱，蝗害稼	《中国气象灾害大典·湖北卷》
	1844	郧西	夏旱	《中国气象灾害大典·湖北卷》
		郧县	夏旱	《中国气象灾害大典·湖北卷》
	1850	岚皋	春大旱	《岚皋县志》
		陕西省	自八（9）月以来，雨水稍缺，地土微形干燥	《故宫奏折照片》
	1853	郧西	八月蝗，旱	《中国气象灾害大典·湖北卷》
	1856	白河	大旱	《白河县志》
		岚皋	旱，赤地千里，饥饿灾荒	《岚皋县志》
		郧西	七月大旱，饥	《中国气象灾害大典·湖北卷》
		郧县	秋大旱	《中国气象灾害大典·湖北卷》
	1857	郧西	旱，蝗	《中国气象灾害大典·湖北卷》
	1860	安康	庚申春旱，二麦欠收	《安康县志》
		岚皋	旱，麦歉收	《岚皋县志》
	1862	柞水	六月大旱，田禾、树木皆枯	《柞水县志》
	1864	白河	大旱，县城至厚子河一带，汉江沿岸禾苗尽枯，后山地区粮食半收	《白河县志》
	1867	安康	丁卯夏大旱	《安康县志》
		岚皋	夏旱	《岚皋县志》
		旬阳	夏旱	《旬阳县志》
		陕西	陕西，夏旱	民国二十年版《续修陕西通志稿》
	1868	宁强	宁羌等9州、县旱	民国二十年版《续修陕西通志稿》
	1872	岚皋	春旱	《岚皋县志》
		陕西	十一（12）月间雪泽稍缺，农民望泽甚殷	《故宫奏折照片》
	1875	西乡	西乡旱	《西乡县志》
	1876	城固	五月起，天气炎热，田地干旱，虽有降水，但未透墒，秋禾产量大减	《故宫奏折抄件》

续表

朝代	年份	地点	灾情	资料来源
清朝82次	1876	汉中	大旱。夏秋禾受雹灾。欠收	《汉中市志》
		岚皋	冬旱，连年大荒	《岚皋县志》
		勉县	天气亢炎，地土干燥，各地虽间得雨泽，总未透足，以种秋禾均未及时发长	《勉县志》
		南郑	陕西全省大旱，“赤地千里”，“人相食”，“道殣相望，其鬻女弃男，指不胜屈，为百余年来未有之奇”	《南郑县志》
		镇安	大旱	《镇安县志》
		陕西	闰五（6）月以来，天气亢炎，地土干燥，各属虽间得雨泽，总未透足，凡已种秋禾，致未及时长发	《故宫奏折抄件》
	1877	西乡	干旱，赤地千里，四年四月初一始得甘霖，开仓赈济，人相食，饿殍载道	《西乡县志》
		安康	春至六（7）月不雨，大旱，粮价腾涨，四乡饥民蜂起“吃大户”，陕安镇总兵彭体道派兵弹压遣驱	《安康县志》
		汉中、城固	四月中旬后，大旱，田地无法插秧播种、赤地连片。当年饥馑，斗粟千钱	《重刻汉中府志》
		白河	麦收后百日无雨，红石河、白石河断流	《白河县志》
		汉阴	岁大旱，赤地千里，平坝水枯泉竭，野无青草。为清代200多年来未有之灾	《汉阴县志》
		汉中市	四月十五日大冰雹，或如鸡卵，干旱，田地无收，赤地千里，大旱饥馑，斗粟千钱	《汉中市志》
		岚皋	自冬经春及夏不雨，赤地千里，人相食，其鬻女弃男为百余年之奇。低山流民、逃亡者接踵而至，四乡饥民吃“大户”。陕安镇总兵彭体道派兵镇压，设团防局，办保甲。至九月初八、九始下雨。旱象缓解	《岚皋县志》
		留坝	留坝大旱，民焚烧堡子山奎星楼祭天	《留坝县志》
		勉县	大雨雹，或如鸡卵。从此干旱经年，山河、天分等堰俱无秋，赤地遍野	《勉县志》
		南郑	陕西全省大旱，“赤地千里”，“人相食”，“道殣相望，其鬻女弃男，指不胜屈，为百余年来未有之奇”	《南郑县志》
		宁强	大旱，全秦被灾，宁羌亦道殣相望	《宁强县志》
		石泉	是岁天旱，赤地千里，井枯泉涸，野无杳草。石泉大饥，道馑相望。是清代200年来未有的大灾	《石泉县志》
		旬阳	大旱，金河竭，秋禾萎，冬果木开花，竹笋成林。岁大荒，人相食。	《旬阳县志》
		柞水	三月至六月大旱，田禾、树木皆枯	《柞水县志》
		镇安	春、夏、秋连续大旱，收成甚微	《镇安县志》
		镇巴	大饥，斗米十千无籴，厅境平原大减产	《镇巴县志》

续表

朝代	年份	地点	灾　情	资料来源
	1877	紫阳	全省大旱。紫阳草木皆槁，大饥，人相食，道殣相望。秋冬，官府设局募钱一万七千余缗以赈，流亡者仍不少。是岁旱自五月至次年三月初二始雨	《紫阳县志》
		白河、石泉、紫阳等	春至六（7）月不雨，大旱，粮价腾涌，饥民嗷嗷待哺，白河、石泉、紫阳，旱甚；陕西，夏大旱，无麦禾，民大饥，至次年春三（4）月乃雨	民国二十年版《续修陕西通志稿》
		陕西	亢旱异常，今夏麦苗枯萎，秋稼间有种者，率苦蝗害，顷至八（9）月，泾、渭几涸，播种之时既失，来岁麦秋无望，谷价腾涌，穷民无所得食	《故宫奏折抄件》
			山陕豫三省，自光绪三年，苦遭旱灾，历时既久，为地尤宽，死亡遍野诚为二百年间所无	光绪朝《东华续录》
	1878	西乡	大旱，经年不雨，禾麦如焚，井水多涸	《西乡县志》
		城固	经年不雨，大旱，麦禾焦枯，井多干涸，粮价昂贵，大饥	《城固县乡土志》
		岚皋	少雨，旱情再度出现	《岚皋县志》
		勉县	始得甘露，亦经劝捐，照常开仓赈济	《勉县志》
		陕西	六（6～7）月中旬以后，亢阳弥月，禾苗渐就枯槁，民情又觉惶惶	《故宫奏折抄件》
清朝82次	1881	岚皋	望后旱	《岚皋县志》
		陕西	至六（6）月望后，稍形亢旱，入伏以来，炎歊渐炽	《故宫奏折照片》
	1886	安康	立秋后亢旱，秋禾约收六分	《安康县志》
		汉中市	秋旱	《汉中市志》
		岚皋	秋后旱，秋粮减收	《岚皋县志》
		南郑	皆秋旱，收成约六分	《南郑县志》
		陕西	立秋后，稍形亢旱，以致秋成减色，统计陕西各属九十一厅州县多寡牵算，秋禾约收六分	《故宫奏折照片》
	1887	镇安	大旱	《镇安县志》
	1888	汉中市	秋旱，收六成	《汉中市志》
		南郑	皆秋旱，收成约六分	《南郑县志》
		陕西	立秋后，正各色秋粮升浆结实之际，稍形亢旱，以致收成减色，统计扇省各属九十一厅州多寡牵算，秋禾约收六分有余	《故宫奏折照片》
	1891	西乡	自四月以来，未得透雨，南山稻秧秋收未及半	《西乡县志》
		汉中、城固	自四月起，未得透雨，北山秋禾，多未播种；南山插秧未过半，其他杂粮也未如期播种	《故宫奏折抄件》

续表

朝代	年份	地点	灾情	资料来源
清朝82次	1891	汉阴	大旱	《汉阴县志》
		汉中	四月以来未得透雨，秋种未播	《汉中市志》
		岚皋	秋后旱，秋季减产	《岚皋县志》
		留坝	五月以来，留坝大旱，秋禾无苗，大荒	《留坝县志》
		勉县	未得透雨，北山秋禾多未播种，南山稻秧，分秧亦未及半。各属玉米、粟、糜等粮亦未能如期播种	《勉县志》
		南郑	自四（5）月以来，未得透雨南山稻秧分插亦未及半"，"农田望泽甚殷"	《南郑县志》
		石泉	大旱。平川大旱，南北山区饥民哗噪	《石泉县志》
		旬阳	夏旱	《旬阳县志》
	1892	岚皋	夏旱	《岚皋县志》
		陕西	入春以来，雨泽愆期，夏初虽连得透雨，麦苗不免因旱受伤，收成歉薄，现在二麦豌豆业已次第登场，收成仅及中稔	《故宫奏折照片》
	1896	安康	今年夏秋又复先旱厚涝，自六（7）月初四（14）至七（8）月十四（22）各处皆大旱四十日	《故宫奏折抄件》
		岚皋	夏旱	《岚皋县志》
		石泉	夏旱，全县大饥	《石泉县志》
		旬阳	夏秋先旱后涝，自农历六月初四至七月十四（7月14日～8月12日）各处皆大旱四十日	《旬阳县志》
		镇安	六、七月大旱40余日，收成大减，民饥逃亡	《镇安县志》
		紫阳	夏旱，秋涝，大饥	《紫阳县志》
	1899	岚皋	五、六月后，天气亢旱，秋禾被旱	《岚皋县志》
	1900	西乡	西乡旱，大饥	《西乡县志》
		安康	夏旱	《安康县志》
		白河	麦收后百日无雨，红石河、白石河断流	《白河县志》
		岚皋	夏大旱。全省三月至夏秋季均少雨，农作物收获不及四五成。八月，兴安府属各地均亢旱成灾，秋季大半无收。十月，始有降雨。十一月，降雨仍很稀少	《岚皋县志》
		旬阳	夏旱，秋禾多萎	《旬阳县志》
		镇安	大旱	《镇安县志》
		陕西	春雨愆期，夏大旱，九（10）月谕陕抚岑春喧派员赴太白山祈雨，灾区至五十六属之广，饥民至数十万人之多	民国二十年版《续修陕西通志稿》
	1901	岚皋	入春后仍无雨，农田干旱，难以播种	《岚皋县志》
		镇安	春旱无法下种	《镇安县志》
	1903	城固	春，大饥	《城固李公金渊救灾碑记》录《城固文征》

续表

朝代	年份	地点	灾　情	资料来源
清朝82次	1905	城固	春，大饥	《城固李公金渊救灾碑记》录《城固文征》
	1907	宁陕	大旱	《宁陕县志》
	1908	西乡	西乡旱，举办工赈	《西乡县志》
		镇安	夏旱 40 余日	《镇安县志》
	1909	安康	夏旱	《安康县志》
		岚皋	自冬经春及夏不雨，赤地千里，人相食，其鬻女弃男为百余年之奇。低山流民、逃亡者接踵而至，四乡饥民吃“大户”。陕安镇总兵彭体道派兵镇压，设团防局，办保甲。至九月初八、九始下雨。旱象缓解	《岚皋县志》
中华民国36次	1913	岚皋	旱	《岚皋县志》
	1914	汉阴	夏旱	《汉阴县志》
		汉中市	汉中府属各州县饥	《汉中市志》
		石泉	夏旱	《石泉县志》
	1915	西乡	陕西夏收全无，秋田颗粒未登，灾情之大，全省皆然，致流亡载道，卖妻儿	《西乡县志》
		安康	春秋旱，夏季失收，秋粮未登，灾情严重，流亡载道，有卖妻鬻子发生	《安康县志》
		陕西、南郑、汉中、城固、勉县、西乡	陕西，本年夏收全无，秋田颗粒未登，灾情之大，全省皆然，至流亡载道，卖妻鬻子，层见垒出，本区南郑、汉中、城固、沔县、西乡等县均受灾	《赈灾汇刊》1928 年《秦中公报》
		汉中	旱灾，夏收全无，秋田颗粒未登，灾情至大，全省皆然致流亡载道卖妻鬻子，层见叠出	《汉中市志》
		岚皋	夏无收，秋田颗粒未收，灾情之大，全省皆然。灾民逃荒，弃男鬻女到处可见	《岚皋县志》
		留坝	陕西大旱，夏、秋粮无收，本境灾民流亡载道，妻离子散	《留坝县志》
		勉县	夏收全无，秋田颗粒未登，灾情大，致流亡载道，卖妻鬻子，层见叠出	《勉县志》
		南郑	陕西大旱，夏收全无，秋田颗粒未登，灾情之大，全省皆然，致流亡载道，卖妻鬻子，层见垒出	《南郑县志》
		旬阳	夏收全无，秋田颗粒无登。灾情之大，全省皆然，致流亡载道，卖妻鬻子，层见叠出。	《旬阳县志》
	1916	汉阴	夏旱	《汉阴县志》
		岚皋	入春亢旱	《岚皋县志》

续表

朝代	年份	地点	灾情	资料来源
中华民国36次	1916	石泉	夏旱	《石泉县志》
		陕西	去秋既歉收，入春又形亢旱	1915～1925年版《秦中公报》
	1917	汉阴	夏旱，自五月二十一日雨后至七月九日始雨	《汉阴县志》
		石泉	夏旱	《石泉县志》
	1918	汉阴	夏大旱，稻禾干枯	《汉阴县志》
	1919	安康	旱灾，薄收，粮价飞涨，贫民食绝	《安康县志》
		旬阳	因旱灾薄收，粮价飞涨，贫民几乎绝食	《旬阳县志》
	1920	安康	自端午节起五个月未得透雨，禾苗焦卷，荒象已成。自六月起，每斗米价由三千六百文涨至五千六百文	《安康县志》
		白河	旱灾	《白河县志》
		汉阴	四月大旱，至七月始雨，禾苗枯槁	《汉阴县志》
		岚皋	春雨稀少，数月不雨，谷、豆、棉尽为枯槁	《岚皋县志》
		旬阳	大旱，直至六月二十三日才下雨，第二年青黄不接，贫民食菜根、观音土，每天有不少人饿死	《旬阳县志》
		陕西、安康	陕西春季雨旱，麦收歉薄，入夏后数月不雨，谷豆棉花今为枯槁；安康自阴历端午节迄今（9月）未得透雨，连日愆阳为灾，异常亢堇，膏腴为枯，禾苗焦卷，荒象已成，万难挽回	1915～1925年版《秦中公报》
	1921	安康	复遭旱魃，灾情残酷，陕西全省灾区七十二县	《安康县志》
		岚皋	本县为全省72个受灾县之一	《岚皋县志》
		南郑	陕西全省复遭旱魃，灾情最为惨酷	《南郑县志》
	1922	西乡	春旱甚，秋大饥，人相食	《西乡县志》
		城固	大旱，成灾	1928年版《赈灾汇刊》
		岚皋	入秋后，数月亢旱	《岚皋县志》
	1923	安康	自去秋雨泽久缺，亢旱成灾	《安康县志》
		佛坪	袁家庄等地大旱	《佛坪县志》
		汉阴	春雨缺，夏旱冬干	《汉阴县志》
		岚皋	去秋至是年，雨泽欠缺	《岚皋县志》
		石泉	春雨缺，夏旱冬干	《石泉县志》
		紫阳	自旧历八月至次年五月底，亢旱成灾。豌豆未收，播种停顿，洋芋已坏，红薯又不能栽。稻田未栽者十之二三，已插秧而旱干成裂者十之八九。自十三年七月初二日以后，酷阳肆虐，阴云不布。适值稻谷放穗、玉粒扬放之际，被此亢阳，概行焦槁。	《紫阳县志》
		陕西	去秋至今，雨泽久缺，亢旱成灾。各县呈报灾民数目往往多至十万余以致二十余万	1915～1925年版《秦中公报》
	1924	西乡	春夏大旱，自是每年有旱象	《西乡县志》

续表

朝代	年份	地点	灾　情	资料来源
中华民国36次	1924	汉阴	春干，夏大旱	《汉阴县志》
		岚皋	春至秋，久旱不雨	《岚皋县志》
		石泉	春干，夏大旱	《石泉县志》
		旬阳	春大旱，饥民流离载道	《旬阳县志》
		镇安	大旱	《镇安县志》
	1924	紫阳	旧历六月初二、初九、二十六，七月初二等日，先后遭猛烈之冰雹风雨，冲人畜、扫田禾，倒塌房屋、变迁陵谷之灾，各区皆有，不一而足	《紫阳县志》、民国三十三年三月版《陕西省民国以来灾荒减免调查表》
		陕西、紫阳	陕西，春间亢旱过甚，麦收歉薄，入夏以来，迭据大荔等县呈报，或以亢旱频仍，或以雹霜为灾，秋收无望，综计成灾者计有四十余县。紫阳，自上年旧历八（9）月至本年五（6）月底，亢旱成灾，豌豆未收，播种停顿，洋芋已坏，红薯又不能栽，稻田未插秧者十之二、三，已插秧而旱乾成裂者十之八、九。自七（8）月初二（2）日以后，酷阳肆虐，阴云不布，适值稻谷放穗，玉粒扬放之际，被此亢阳，概行焦槁	1915～1925年版《秦中公报》
	1925	安康	自冬入春，雨雪稀少，禾苗枯萎，麦收无望，草根树皮采食殆尽	《安康县志》
		汉阴	春干，夏大旱	《汉阴县志》
		宁陕	旱、风成灾	《宁陕县志》
		旬阳	自冬入春，雨雪稀少，禾苗枯萎，麦收无望，草根树皮，采食殆尽	《旬阳县志》
		紫阳	自（上年）冬入春，雨雪稀少，禾苗枯萎，麦收无望，草根树皮采食殆尽	《紫阳县志》
	1926	汉阴	春干，夏旱五月十一日雨后至七月八日始透雨	《汉阴县志》
		旬阳	前半年未落雨，春无收，秋禾只收十分之二，树皮野菜充饥已尽	《旬阳县志 》
		镇安	大旱	《镇安县志》
		紫阳	四月初九至七月二十始见雨，大旱101天，树木多枯死	《紫阳县志》
	1927	佛坪	县境内干旱，山坡树木多干枯	《佛坪县志》
		汉阴	春雨缺，夏大旱	《汉阴县志》
		石泉	春雨缺，夏大旱	《石泉县志》
		旬阳	安康地区所属各县连年大旱	《旬阳县志》
		镇巴	连续3年干旱，山泉干涸，河溪断流，树木枯死，粮食无收，人食树皮草根，饿殍载道	《镇巴县志》

续表

朝代	年份	地点	灾情	资料来源
	1928	西乡	夏旱断流，车马可由河道通行，多年老鼠，大半枯萎，夏粮收成不到二成，秋禾颗粒未登	《西乡县志》
		安康	自春至秋，滴雨未沾，井泉涸竭，多年老树大半枯萎，收成不到二成。陕南各属更以历年捐派过重告罄，人民无钱买粮，树皮草根采掘已尽，赤野千里，村多赤身枯槁，遍野苍凉	《安康县志》
		汉江流域	自春至秋，滴雨未降，井泉枯涸，汉江、渭水断流，多年老树大半枯萎。夏收不足二成，秋粮颗粒未收，斗米 2～3 元（银元）。加以历年捐赋过重，群众无钱买粮，树皮草根剥掘亦尽，树多赤杆无皮，遍野苍凉	《陕西灾情档案》
		佛坪	县境内干旱，山坡树木多干枯	《佛坪县志》
		陕西、汉阴	陕西全省自春经秋，滴雨未沾，井泉涸竭，泾、渭、汉、褒诸水，平时皆通舟楫，是年夏季断流，车马由河道通行。多年老树，大半枯萎	《汉阴县志》
中华民国 36 次		汉中	自春至秋，滴雨未下，井泉枯涸。陕南各属，更以历年捐派过重之故，现今告罄，人民无钱买粮，其它树皮草根，采掘已尽，赤地千里，树多赤身枯槁，遍野苍凉，不忍目睹	《汉中市志》
		岚皋	旱灾，夏秋粮颗粒无收，赤地千里	《岚皋县志》
		陕西	陕西自春到秋，滴雨未沾，井泉涸竭。泾、渭、汉、褒诸水自夏断流，车马可由河道通行。多年老树大半枯萎。夏季收成不到二成，秋季颗粒未登。赤地千里，树皮、草根采掘已尽。本境遍野苍凉，惨不忍睹	1928 年版《赈灾汇刊》
		勉县	滴雨未沾，井泉枯竭，汉江褒河诸水夏间断流，车马可由河道通行。多年老树，大半枯萎。夏粮收成不到 2 成。秋禾颗粒未登，春耕又复愆期。又以历年捐派过重之故，现今告罄，人民无钱买粮。其它树皮草根采掘已尽，树多赤身枝槁，遍野苍凉，不忍目睹	《勉县志》
		南郑	自春徂秋，滴雨未沾，井泉涸竭，泾、渭、汉、褒诸水，平时皆通舟楫，今年夏间断流，车马可由河道通行。多年老树大半枯萎，三道夏秋收成统计不到二成。秋季颗粒未登，春耕又届衍期	《南郑县志》
		石泉	大旱，井泉涸竭，夏季河道断流	《石泉县志》
		旬阳	春、夏、秋三季滴雨未沾，井枯、河流断	《旬阳县志》

续表

朝代	年份	地点	灾　情	资料来源
中华民国36次	1928	洋县	夏，干旱，河断流，河道可行车，老树大半枯萎。夏、秋收成不足二成，草根、树皮采食殆尽	《洋县志》
		柞水	春夏大旱，乾佑、社川、金井三河上游干涸，田禾、树木皆枯，人民断炊，牛羊多渴死	《柞水县志》
		镇安	大旱，持续百日以上，乾佑河、西川河断流，井水干涸。人口逃亡甚多	《镇安县志》
		镇巴	连续3年干旱，山泉干涸，河溪断流，树木枯死，粮食无收，人食树皮草根，饿殍载道	《镇巴县志》
		郧西	旱灾严重，饥民遍野	《中国气象灾害大典·湖北卷》
	1929	西乡	汉中各县旱灾尤甚，收获不及二十分之一，树皮草根掘食已尽，死亡载道，不忍目睹	《西乡县志》
		安康	旱灾重，范围广，全省九十一县，报灾八十八县，夏秋颗粒无收，种麦又复失时。安康属丙级旱灾，总户数52 166户，人口417 329人，极贫数76 524人，次贫数22 824人	《安康县志》
		城固	持续干旱，2～8月微雨未降，汉江、湑水等大小河流干涸断流，树木枯死，禾苗干枯，遍地焦赤。农民无粮糊口，草根树皮食尽，并食“观音土”，腹胀而死者，不计其数。冬又大雪，寒冷异常。饥寒交迫，疫病流行，冻饿病死者，比比皆是。饥民奔走呼号，形如疯狂，赴川乞食者，络绎不绝。老、弱、妇、孺，流躺道旁，悲凄哀号，奄奄待毙，死者又不计其数。据第二年统计，无食者达41 470户，其中逃荒不归者5620户	《陕西灾情档案》
		白河	旱灾	《白河县志》
		汉中市	本年旱灾重，全省91个县，而报灾就有88个县，仍络绎不绝，汉中所属各县，旱灾尤甚，收成不及1/20，树皮草根，掘食已尽，死亡载道	《汉中市志》
		留坝	春夏之交，亢旱不雨，秋季炽热，持继大旱。汉中大旱，秋种失时，人心惶恐，凤县、留坝等县饥民，以树根、树皮为食，逃荒、讨饭者无计。次年春，青草毫无，饥民尸体遍野。县政府施赈济贫，则因污吏横暴，救济如杯水车薪，无济于事，灾民流离失所，饿殍载道	《留坝县志》

续表

朝代	年份	地点	灾　情	资料来源
中华民国36次	1929	勉县	二麦（大麦、小麦）固无收成，春夏之交雨泽愆期，秋收不及二三成。八九月间仍天旱不雨，种麦又复失时，人心慌恐，危急万分，举村逃亡者不一而足。……树皮草根掘食已尽，死亡载道	《勉县志》
		汉中、南郑	汉中“旱灾尤重，收获不及二十分之一，树皮草根掘食一尽，死亡载道”	《南郑县志》
		宁强	全省大旱，本县2至8月天旱无雨，河水断流，种难出苗，苗亦多枯死，人们以野菜、树皮和观音土充饥，许多耕牛被宰食，民众流离失所，路多饿殍	《宁强县志》
		石泉	旱，庄稼无收	《石泉县志》
		旬阳	全陕大旱	《旬阳县志》
		洋县	2～8月大旱，汉江断流，树木枯死，禾苗焦萎，平川地区赤地一片，庄稼两料无收，断粮，逃荒难民达4000多户，死尸载道	《洋县志》
		镇安	大旱	《镇安县志》
		镇巴	连续3年干旱，山泉干涸，河溪断流，树木枯死，粮食无收，人食树皮草根，饿殍载道	《镇巴县志》
	1930	汉中；洋县；西乡	汉中境内因旱减产，大饥。洋县灾民7.7万人，死亡9500余人；西乡、略阳、佛坪民食草根树皮，途多饿殍	1930～1931年版《陕灾周报》
		西乡	旱灾继续，除水东坝外，余尽荒赤，民食草根树皮，途多饿殍	《西乡县志》
		旬阳	不雨，无收	《旬阳县志》
		洋县	连续干旱，疫病、匪患不绝，灾民达7.7万人，死亡9500多人	《洋县志》
	1931	城固	民国19年秋旱象缓和，农业稍有收成。但民国20年又遭干旱，加之虫、匪、水灾，旧新诸灾全县待赈者134 453人	《西安日报》1931年11月10日第六版
		勉县	褒城北八坝旱田受旱	《陕西灾情档案》
		紫阳	全县旱	《陕西省民国以来灾荒减免调查表》
	1932	佛坪	包谷市价高出平年10倍	《佛坪县志》
		岚皋	旱象仍然严重	《岚皋县志》
		宁强	宁羌等县均旱	《宁强县志》
		陕西	入春以来，始之以霜风，继之以久旱，禾苗枯萎，千里复赤，麦将熟，亢旱且风，残余之苗，全形枯槁，收获成分平均不及十分之二，夏既大歉，秋仍未安，民心惶恐，流亡日多	1932年版《陕赈特刊》

续表

朝代	年份	地点	灾　情	资料来源
中华民国 36 次	1932	汉中各县	汉中所属各县夏秋皆旱，粮食歉收，待赈人数 32.6 万人	《陕西各县灾情统计》
	1933	岚皋	旱	《岚皋县志》
		紫阳	夏，低山亢旱成灾。籽种颗粒俱无。多有举家不能举火，佃户地主纷纷弃业逃亡。”“竹黄溪、鱼溪河等地迭被匪害，冰雹、大风各灾，收成缺乏。”	《紫阳县志》；民国二十二年九月《紫阳县政府第三次行政会议记录》
		陕西	冬春亢旱，自去冬雨雪愆期三、四月之久，点滴无有，麦豆各苗皆枯，生机断绝，因之全省又重返灾情严重时期。关中道各县灾情极重，陕北次之，陕南又次之	1932 年版《陕赈特刊》
	1934	西乡	秋初旱，黄池蹬地秧多枯死，约有五成收获	《西乡县志》
		白河	卡子、界岭一线 5～6 月不雨，苗禾枯死	《白河县志》
		岚皋	旱	《岚皋县志》
		柞水	三个月无雨	《柞水县志》
		镇巴	迭遭灾荒，饥殣大起，人自相食，白骨露道	《镇巴县志》
	1935	城固	城固，旱灾	《民国档案资料》
		佛坪	境内旱灾	《佛坪县志》
		汉阴	春干，夏旱，自四月廿日雨后亢旱匝月	《汉阴县志》
		宁强	旱，谷歉收	《宁强县志》
		石泉	春干、夏旱	《石泉县志》
		镇巴	迭遭灾荒，饥殣大起，人自相食，白骨露道	《镇巴县志》
		陕西	陕西，旱	《中国救荒史》
		宁强、城固、西乡	夏秋旱，秋歉收	1931～1939 年版《陕西省政府公报》
		宁强、西乡、白河、石泉	去秋久旱，稻谷歉收	《陕西灾情档案》
	1936	白河	天旱 60 天不雨	《白河县志》
		汉阴	入夏以来，天气亢旱，收成无望	《汉阴县志》
		旬阳	入夏以来，雨泽愆期，旱魃为虐，迨两月之久，演成旱荒，遍地皆成赤土	《旬阳县志》
		镇巴	春荒，饥民背井离乡，饿殍载道，城内有人卖人肉汤锅，慈善会开粥厂救济，饥民甚众，无济于事	《镇巴县志》
		白河；旬阳	白河，北区平衡乡，西区和协乡，秋旱不雨，已届六十余日，秋粮概未播种，纵有少数播种者，禾苗亦成枯萎，自今年 4 月以来，滴雨未降者六十余日；旬阳，入夏以来，雨泽愆期，旱魃为虐，迨两月之久，演成旱荒，遍地皆成赤土	1931～1939 年版《陕西省政府公报》

续表

朝代	年份	地点	灾情	资料来源
中华民国36次	1937	陕西	民食树皮榆叶等充饥	《中国救荒史》
		宁强	干旱无雨，禾苗枯萎，玉带河断流	《宁强县志》
		宁强	宁羌夏旱，玉带河断流，禾苗枯萎	1931～1939年版《陕西省政府公报》
	1938	白河	连续50余天不雨	《白河县志》
		岚皋	旱	《岚皋县志》
		旬阳	入秋后久旱不雨，五谷不收	《旬阳县志》
		镇安	大旱，河水断流	《镇安县志》
	1939	白河	两年天旱，人食蕨根、榆树皮、观音土、稻糠	《白河县志》
		汉阴	七月二十五日前干旱	《汉阴县志》
		汉中市	武乡镇旱灾	《汉中市志》
		岚皋	大旱。大灾	《岚皋县志》
		留坝	凤县、留坝亢旱，灾民外逃	《留坝县志》
		宁强	旱数月，禾苗枯死，秧苗耕作失时，成苗十分之五	《宁强县志》
		镇安	大旱，饥民逃荒，树皮食尽，死亡2500余人	《镇安县志》
		紫阳	夏旱，自五月十三日至六月二十一日止	《陕西省民国以来灾荒减免调查表》
		南郑	“武乡镇旱灾”，28～35年（1939～1946），旱麓乡“连年亢旱，颗粒无收”	国民党《陕西省政府工作报告（1939～1944）》《35年（1946）旱麓乡仕绅在给国民党南郑县府的报告》
		汉中、南郑、宁强	汉中、南郑、略阳、宁羌旱。宁羌亢旱数月，禾苗枯死，插秧失时，秧苗成苗仅半	《陕西省政府工作报告》
	1940	西乡	夏大旱，稻田龟裂，秋苗枯萎	《西乡县志》
		城固	夏，大旱，稻田龟裂，秋禾枯萎	《本县民国县卷》
		白河	两年天旱，人食蕨根、榆树皮、观音土、稻糠	《白河县志》
		汉阴	春荒夏旱，哀鸿遍野	《汉阴县志》
		汉中	夏大旱，稻田龟裂，秧苗枯萎	《汉中市志》
		岚皋	旱	《岚皋县志》
		南郑	连年亢旱，颗粒无收	《南郑县志》
		宁强	月余不雨，禾苗枯死	《宁强县志》
		石泉	春荒夏旱，哀鸿遍野	《石泉县志》
		紫阳	全县旱灾，平均收成六成	民国二十三年版《陕西省紫阳县过去田赋概况调查表》
		陕西	入春以来，天雨愆期，全省各县俱成灾象	1939～1944年版《陕西省政府工作报告》

续表

朝代	年份	地点	灾　情	资料来源
中华民国36次	1940	汉中、城固、西乡、宁强	夏旱，稻田龟裂，秋苗枯死	1939～1944年版《陕西省政府工作报告》
	1941	西乡	伏旱连秋旱，塘干田裂，小河断流	《西乡县志》
		安康	旱灾奇重。入夏以来，四月不雨，禾苗枯萎，杂粮断收	《安康县志》
		白河	大旱，花栎树枯死	《白河县志》
		汉阴	夏大旱，秋收仅二成，灾区遍全县	《汉阴县志》
		汉中	亢旱成灾	《汉中市志》
		岚皋	大旱，秋收不及五成，灾荒奇重。冬，饿死人屡有发生	《岚皋县志》
		南郑	连年亢旱，颗粒无收	《南郑县志》
		石泉	夏大旱	《石泉县志》
		旬阳	大旱，旱灾奇重，人相食	《旬阳县志》
		镇安	大旱	《镇安县志》
		镇巴	大旱	《镇巴县志》
		紫阳	自6月2日至8月中旬，“未雨，禾苗皆枯槁。全县粮食受灾面积16.5万亩，减产八成三分。仅城区受灾达4万亩，减产九成二分	《紫阳县志》
		南郑、褒城、安康、旬阳	南郑、褒城“亢旱成灾”；安康、旬阳，旱灾奇重	1939～1944年版《陕西省政府工作报告》
	1942	安康	春荒夏旱，粮食歉收，各乡逃亡饿死，日有所闻。田坝乡外逃300余户，饿死40多人	《安康县志》
		汉阴	春夏旱，秋禾种植后亢旱20余天	《汉阴县志》
		南郑	连年亢旱，颗粒无收	《南郑县志》
		石泉	夏大旱	《石泉县志》
		旬阳	秋又旱，包谷种了两次，未成苗。冬到第二年大饥，人相食	《旬阳县志》
		紫阳	旱灾，全年粮食仅收三成	民国三十二年版《陕西省紫阳县过去田赋概况调查表》
	1943	佛坪	境内河川地区干旱，水田秧苗干死	《佛坪县志》
		汉阴	夏旱	《汉阴县志》
		旬阳	发展到吃观音土，人相食；	《旬阳县志》
		南郑	28～35年（1939～1946），旱麓乡“连年亢旱，颗粒无收”	《南郑县志》
	1944	西乡	春夏旱，秋减产	《西乡县志》
		安康	入伏以后，久旱不雨，灾象已成	《安康县志》
		白河	麦季薄收，秋粮受旱	《白河县志》

续表

朝代	年份	地点	灾 情	资料来源
中华民国36次	1944	汉阴	夏大旱，旱灾奇重	《汉阴县志》
		岚皋	冬旱	《岚皋县志》
		南郑	连年亢旱，颗粒无收	《南郑县志》
		石泉	夏大旱	《石泉县志》
		洋县	干旱，后两年又夏旱，粮食歉收，37年又旱，民不聊生	《洋县志》
		镇安	久旱，河岸有树木枯死，人畜缺水	《镇安县志》
		郧西、郧县	旱	《中国气象灾害大典·湖北卷》
		陕西	去冬亢旱，今春缺雨，禾苗已成旱象。夏季雨水缺乏，秋禾大部被旱枯萎	1939～1944年版《陕西省政府工作报告》
	1945	安康	入夏以后，久旱不雨，秋田干涸，稻禾渐枯，包谷、棉花多未下种	《安康县志》
		汉阴	清明至夏至未雨，旱灾空前	《汉阴县志》
		岚皋	夏旱	《岚皋县志》
		留坝	春夏无雨，春禾枯萎，本县歉收，灾民抗赋，被官府镇压，留侯镇、江口镇灾民外逃者亦多。然秋季水灾，庄稼无收，次年春荒尤重	《留坝县志》
		南郑	连年亢旱，颗粒无收	《南郑县志》
		宁强	月余不雨，致使河水断流，禾苗枯死	《宁强县志》
		旬阳	全陕春夏连旱	《旬阳县志》
		陕西	计本省今年夏灾共七十九县，去秋种麦之时久旱未雨，播种失时，入冬雪少，开春奇寒，麦根乾冻，苗多枯萎，本年入春以来，从未普遍降雨，清明节后，旱象已伏，及至麦苗出穗、扬花之时，复遇旱风，摧残殆尽	1945～1948年版《陕西省政府工作报告》
		南郑、勉县、西乡	略阳、留坝、南郑、沔县、西乡春夏旱，小麦歉收，秋粮减产；沔县夏收不及三成，西乡插秧十不及四成	《陕西各县灾情统计》
	1946	城固	秋，大旱	《民国档案资料》
		汉阴	夏旱	《汉阴县志》
		南郑	连年亢旱，颗粒无收	《南郑县志》
		洋县	干旱，后两年又夏旱，粮食歉收，38年又旱，民不聊生	《洋县志》
		南郑、城固、洋县	南郑春旱，城固、洋县亦旱	《陕西各县灾情统计》
	1947	安康	夏秋两月不雨，山坡、平地雷公水田失收	《安康县志》
		汉阴	夏旱	《汉阴县志》
		岚皋	入春农田普遍遭受黑霜。夏后久旱不雨，赤地千里，遍野干枯	《岚皋县志》

续表

朝代	年份	地点	灾　情	资料来源
中华民国36次	1947	宁强	天旱，人心忧危	《宁强县志》
		石泉	夏旱	《石泉县志》
		郧县	春收无望，粮食上涨	《中国气象灾害大典·湖北卷》
		紫阳	入夏以来，水旱为灾，收成欠缺	《紫阳县政府训令》《紫阳县政府田粮科工作报告》《五马乡乡长陈宪章呈文》
	1948	安康	夏季雨水失调，禾苗枯槁，致成旱灾	《安康县志》
		宁强	大旱月余	《宁强县志》
		洋县	干旱，后两年又夏旱，粮食歉收，39年又旱，民不聊生	《洋县志》
中华人民共和国57次	1949	安康	入夏以来，旱魃为重，麦收不足六成，灾民逃亡嵩散者甚多	《安康县志》
		汉阴	夏旱	《汉阴县志》
		岚皋	旱灾，全县灾民达3658户，18 288人	《岚皋县志》
		留坝	春旱无雨，全县三乡（崇仁、崇义、崇礼）、三镇（城关、留侯、江口）夏粮歉收；秋季又遭连阴雨，伤禾严重，灾民逃荒者无计	《留坝县志》
		汉中各县	汉中各县春夏久旱，元至6月未降饱雨	《陕西农业自然灾情》
		洋县	春夏之间，久旱不雨，棉花缺苗，水稻、玉米受虫害	《洋县志》
		镇巴	春夏连旱，继则螟蝗为灾，秋天淫雨弥月，山洪冲田毁地，收成锐减	《镇巴县志》
	1950	安康	春大旱，有五成收成，包谷干旱枯萎	《安康县志》
		南郑	夏旱，黄官区（当时属褒城县）义学梁一带无水插秧，区长王世俊组织1众修军民堰，引水灌田	《南郑县志》
		宁陕	夏旱	《宁陕县志》
		石泉	全县受旱、风，雹灾，粮食减产，饶峰、柳城农民挖蕨根6.5万公斤。采摘野菜7.5万公斤	《石泉县志》
		旬阳	断续干旱近百天，加上风、雹、水灾，全县粮食减产5260万斤	《旬阳县志》
		洋县	春夏，因干旱，各地水稻受虫害	《洋县志》
		汉中、紫阳	汉中地区及紫阳县等地干旱严重	《中国气象灾害大典·陕西卷》
		镇巴	伏旱20余天，包谷苗枯，减产一半	《镇巴县志》
	1951	镇巴	干旱、淫雨、风、雹、洪水，死亡5人，伤6人，粮食产量大减	《镇巴县志》
		陕南	干旱，致使早秋棉花的生长发育及晚秋的播种均受到影响	《中国气象灾害大典·陕西卷》

续表

朝代	年份	地点	灾情	资料来源
中华人民共和国57次	1952	安康	夏旱秋涝，高山秋封，低山干枯苗萎，沿河洪水冲刷	《安康县志》
		佛坪	县内干旱，麦苗干枯，减产	《佛坪县志》
		旬阳	干旱	《旬阳县志》
		洋县	春旱，棉花受虫害	《洋县志》
		紫阳	春旱，并出现蝗虫及多种病虫危害，仅两溪乡捕捉蝗虫5.1公斤、稻包虫7.07公斤、钻心虫6762条	《紫阳县志》
	1953	留坝	干旱无雨，沟溪断流，水田干裂，稻禾枯死，坡地庄稼无收，大荒	《留坝县志》
		旬阳	6月以前干旱，抗旱播种	《旬阳县志》
		郧西、郧县	农田受灾较重	《中国气象灾害大典·湖北卷》
	1954	宁强	40余天未雨，水田干裂，包谷卷叶，受灾面积达4.23万亩，减产10%	《宁强县志》
	1955	西乡	塘干堰枯，河流断流	《西乡县志》
		安康	立夏时大旱50余日，末伏大雨冰雹，夏秋稼禾减产	《安康县志》
		城固	入夏，未降透雨。5月下旬湑惠渠流量由历年同期15立方米/秒，降为8立方米/秒。南沙河断流，旱象延至6月下旬，全县1万余亩田未插秧	《城固县志》
		汉阴	伏旱20天	《汉阴县志》
		勉县	“立匣”40天无雨，塘干堰枯，河水断流	《勉县志》
		南郑	灾害严重	《南郑县志》
		宁陕	无雨，禾苗枯萎，收成大减	《宁陕县志》
		石泉	5月，伏旱	《石泉县志》
		旬阳	4月至6月连旱58天	《旬阳县志》
		镇安	旱灾	《镇安县志》
		镇巴	干旱，1.2万亩水田夏至过后才插上秧，2000亩水田改种旱粮	《镇巴县志》
		郧县	降水偏少	《中国气象灾害大典·湖北卷》
	1956	白河	连续56天不雨，全县成灾面积28.9万亩，农村销粮26万公斤	《白河县志》
		汉阴	伏旱29天	《汉阴县志》
		勉县	旱灾严重，盒月降雨85.9毫米，棉花枯黄	《勉县志》

续表

朝代	年份	地点	灾　情	资料来源
中华人民共和国57次	1956	宁强	36天滴雨未下，河水断流，稻田干裂，农作物受灾面积43.16万亩；粮食减产1860.52万公斤，为民国18年以来未有之旱灾	《宁强县志》
		宁陕	伏旱。歉收	《宁陕县志》
		旬阳	4月至5月50多天无透雨，7月中旬到8月中旬相继发生旱灾，秋田作物因旱减产400多万斤	《旬阳县志》
		安康	安康地区9月上旬至11月下旬大旱	《中国气象灾害大典·陕西卷》
		镇巴	迭遭干旱、淫雨、冰雹、霜冻，粮食作物受灾12.95万亩，减产五成，高山尤甚	《镇巴县志》
	1957	安康	立夏前后干旱40余日，田禾重灾78 809亩。	《安康县志》
		汉阴	春旱连伏旱38天	《汉阴县志》
		南郑	灾害较轻	《南郑县志》
		宁强	旱情持续35天，8.42万亩水稻田21%裂口，50多万亩旱地有71%的禾苗叶片枯卷	《宁强县志》
		石泉	春旱连伏旱38天	《石泉县志》
		旬阳	2月至4月18日前久旱不雨，7至8月又干旱50多天，夏粮减产710多万斤，冬季雨雪很少	《旬阳县志》
		镇巴	天旱月余，受灾水田3.42万亩，旱地10万余亩	《镇巴县志》
		郧县、郧西	秋季作物和冬播受到不同程度的影响	《中国气象灾害大典·湖北卷》
	1958	南郑	灾害较轻	《南郑县志》
	1959	西乡	旱，农业产量锐减	《西乡县志》
		安康	入夏以后，遭受百日大旱，柴山成片枯死，浅山庄稼无苗	《安康县志》
		城固	干旱，全年仅降水557.1毫米，为1971～1990年的最旱年	《城固县志》
		白河	6月20日以后，连续88天基本未雨，全县成灾面积26万多亩，农村人口月均口粮6.5公斤，浮肿干瘦病人10 603人，出现大量非正常死亡	《白河县志》
		佛坪	干旱，水稻收成减半	《佛坪县志》
		汉阴	6～9月大旱百日，成灾面积178 167亩，农村出现干瘦浮肿，饿死人，以漩涡最严重	《汉阴县志》

续表

朝代	年份	地点	灾情	资料来源
中华人民共和国57次	1959	汉中	5月25日至9月上旬，未下透雨，高温抗旱105天，褒河、汉江可涉，灌溉渠道断流，大部分水库池塘枯涸，稻田龟裂，旱地板结，水稻及晚秋作物枯萎卷叶。全市（市县合并）成灾面积18.9万亩，粮食减产2204万斤，重灾人口达8.5万人。武乡丘陵区受灾最重，全区10水库有8座干枯，水塘全部干涸。在4.2万亩秋稻面积中，8000多亩收成只能及半，1.07万亩颗粒无收。秋杂粮收成及半的有5000余亩，颗粒无收的有5500亩。武乡乡同心村（组）共插秧7.20亩，有收的仅3.8亩，平均亩产仅275斤，全年人均口粮只有70斤。西村插秧613亩，有收的只有49亩，年人均口粮不及60斤。由于持续干旱，地下水位急剧下降，丘陵地区的水井多数干涸，群众每天要到几里外去挑水。抗旱中，市委、政府领导深入基层，组建386个抗旱突击队，动员20余万人，开挖水渠18条，打井15眼，拦截沟水181处，闸挡引水3440处，投入水泵、解放水车、龙骨水车、戽斗、水桶等抗旱机具1.22万台（件）。受灾严重的武乡区，出动3万余人昼夜担水押苕，抢种荞麦4700亩，补种蔬菜7600亩。金寨乡干部、群众奋战4昼夜，开挖一条8公里长的水渠，灌溉稻田800亩。白庙乡组织群众奋战3昼夜，劈开范家梁，引水灌田70亩	《汉中市志》
		岚皋	地遍野，粮食锐减，农民生活“低标准，瓜菜代”	《岚皋县志》
		南郑	灾害较轻	《南郑县志》
		宁陕	干旱成灾	《宁陕县志》
		石泉	6～9月，大旱百日，为百年未有的大旱。全县受灾面积22万亩，粮食减产1323万公斤。受灾人口159 500人。农村出现干瘦浮肿病人	《石泉县志》
		旬阳	7月以后“百日大旱”为近30年来少见，61万多亩秋田受灾	《旬阳县志》
		洋县	大旱，6～9月降水量比1958年同期少，26万多亩作物受灾减产	《洋县志》
		镇安	伏旱21天，秋田受灾减产	《镇安县志》
		镇巴	全县干旱，共降雨176.8毫米，41条河流4166条堰渠断流	《镇巴县志》
		紫阳	夏秋季，全县百日大旱年降雨仅865.8毫米，受灾面积占农作物总面积的60%以上	《紫阳县志》

续表

朝代	年份	地点	灾　情	资料来源
中华人民共和国57次	1960	西乡	夏，大旱百日，河流断流，粮食紧缺，群众大搞代食品度荒	《西乡县志》
		安康	夏收后干旱严重，6万亩水稻未能适时插秧	《安康县志》
		城固	5月中旬起干旱，直至7月下旬方降透雨。插秧时湑惠渠流量降到5立方米/秒。文川河、南沙河断流。全县挖掘水源抗旱插秧，当年仅插秧25.83万亩，少插1.77万亩，稻谷总产仅4456.5万公斤，比上年减产34.4%，秋粮共减产2199.5万公斤	《城固县志》
		佛坪	县内干旱，夏粮减产	《佛坪县志》
		汉阴	夏旱。4月28日～6月18日未雨，7月25日至8月24日亦未雨	《汉阴县志》
		汉中	4～6月，降雨量仅及常年同期56%。春末初夏又连续54天无雨。塘库干涸，沟渠断流，有22 000多亩田成灾，6000多亩水稻颗粒无收。市政府拨款26万元，帮助灾民解决生产和生活上的困难	《汉中市志》
		岚皋	有的灾民以树皮、草根、观音土为代食品。干瘦、浮肿病普遍发生	《岚皋县志》
		留坝	本境大旱，民饥外流	《留坝县志》
		勉县	汉江断流	《勉县志》
		南郑	灾害严重	《南郑县志》
		宁强	干旱持续两月，禾苗受损	《宁强县志》
		石泉	夏旱	《石泉县志》
		旬阳	5月至6月20日，多天无透雨，秋季又干旱	《旬阳县志》
		洋县	两个百日大旱，农作物受灾面积33万多亩，减产1500万公斤	《洋县志》
		紫阳	持续干旱	《紫阳县志》
	1961	西乡	旱象持续口粮短缺，仅沙河一地，发现浮肿病人519名	《西乡县志》
		安康	入伏以来，干旱40余日，受旱农田797 760亩，吉河、岚河、石转区和文武乡尤重。9月、10月阴雨，全县秋粮减产2500多万公斤，人民政府发放救济款75万元，高寒救济棉布16 000米，棉花1.9万公斤，调进大批粮食和副食品安排群众生活	《安康县志》
		白河	5月27日～7月5日，40天不雨，全县8万亩玉米减产，3万多亩红薯1/3干死，11万亩杂粮无收，山竹枯死，溪涧断流。	《白河县志》
		汉阴	夏旱23天	《汉阴县志》

续表

朝代	年份	地点	灾情	资料来源
中华人民共和国57次	1961	岚皋	1959年至是年，全县持续百日大旱。平均年农业产值1631.57万元，粮食产量29 189.8吨，与1958年比，分别下降25.59%、38.38%。1961年农业产值1251.1万元，粮食产量22 526.6吨，均为三年困难时期最低年。由于粮食锐减和工作严重失误，干瘦、浮肿病大量发生	《岚皋县志》
		勉县	干旱	《勉县志》
		南郑	灾害较轻	《南郑县志》
		石泉	夏旱	《石泉县志》
		旬阳	7月至8月干旱60～80天（个别地方100多天），部分地方井泉干涸，河沟断流	《旬阳县志》
		洋县	因旱，农作物受灾面积20.5万亩，粮食减产750多万公斤	《洋县志》
		镇巴	连续干旱、风、雹，成灾22个公社，225个大队，粮食作物成灾302 381亩，死亡3人，倒房439间	《镇巴县志》
	1962	西乡	夏旱持续，插秧延至六月底，全县少插秧1万余亩	《西乡县志》
		城固	夏季干旱、缺水。当年水稻面积比1961年减少1.47万亩	《城固县志》
		佛坪	县境内干旱，夏粮减产二成	《佛坪县志》
		汉阴	春夏旱，年降水为汉阴县49年以来最少的一年，3～7月仅降水201.9毫米	《汉阴县志》
		南郑	灾害较轻	《南郑县志》
		石泉	春夏旱。跨年度干旱216天；受灾面积达4.3万亩，粮食减产335万公斤。石梯、长安、新田等7个公社受灾严重	《石泉县志》
		旬阳	自上年秋播结束至本年4月中旬无透雨，全县60%～70%夏田作物受旱灾，秋季以来，全县大部分地区久旱不雨	《旬阳县志》
		镇安	春旱40余日，有7.4万亩农作物受旱减产	《镇安县志》
		镇巴	大旱，全县21 500亩田无水插秧	《镇巴县志》
	1963	城固	春旱。抗旱保苗	《城固县志》
		汉阴	春旱，伏旱。粮食减产，出现浮肿、干瘦	《汉阴县志》
		岚皋	伏旱，秋涝，全县粮食产量仅25 007吨	《岚皋县志》
		南郑	灾害较轻	《南郑县志》
		石泉	春旱、伏旱，粮食减产	《石泉县志》
		旬阳	因冻、旱、涝灾，使粮食减产四成	《旬阳县志》
		洋县	先旱后涝	《洋县志》
		镇巴	干旱76天。全县夏粮成灾面积207 263亩，减产粮食990万公斤，比1962年夏粮减产53%以上	《镇巴县志》

续表

朝代	年份	地点	灾　情	资料来源
中华人民共和国57次	1963	紫阳	伏旱，秋涝，农作物受灾面积80%以上，全年粮食总产仅36 565吨，低于1961年	《紫阳县志》
	1964	汉阴	夏旱、伏旱各29天，粮食歉收	《汉阴县志》
		岚皋	伏旱，受灾，粮食产量下降到21 003吨，比1961年还低	《岚皋县志》
		石泉	夏旱，伏旱	《石泉县志》
		旬阳	河、棕溪、吕河、小河区，6月中旬至7月底，一度干旱，18万多亩秋田受灾	《旬阳县志》
	1965	汉阴	夏旱46天。自5月16日～6月30日未雨。欠收	《汉阴县志》
		石泉	夏旱	《石泉县志》
		旬阳	有5000多亩夏作物受旱，抗旱插苕3万亩	《旬阳县志》
	1966	西乡	夏旱持续，长达36天	《西乡县志》
		安康	入夏以后，干旱百日，96 000亩无收，全县减产2000万公斤	《安康县志》
		城固	夏旱，5月降水比常年减少47.5%，6月降水比常年减少43.7%，插秧结束期推迟	《城固县志》
		白河	4月22日以后，90天不雨，玉米、红薯只有2～4成收入，4300多亩秋粮无收	《白河县志》
		汉阴	夏旱53天。自3月31日～7月22日未雨，全县31个公社受灾，成灾面积达6.3万亩	《汉阴县志》
		汉中	夏旱，5至6月插秧季节，两个月只降雨74毫米。褒河5至6月流量为1959年百日大旱日期流量的33%，褒惠渠引水流量下降到4.4立方米/秒，为设计流量的21%，多数水库和水塘干涸。到6月21日，有1.6万亩水田无水插秧，已插的18万亩中有1万亩无水灌溉，其中4.3万多亩干裂。人民政府组织群众开展抗旱仍获得较好收成	《汉中市志》
		岚皋	大旱	《岚皋县志》
		南郑	灾害较轻	《南郑县志》
		宁陕	旱灾	《宁陕县志》
		旬阳	6月上旬～9月上旬，110多天干旱明显，不少地方井塘干涸，沟溪断流，人畜用水困难，61万多亩秋作物受旱，其中有17万多亩无收成	《旬阳县志》
		紫阳	干旱，年降雨量为历年记录最低数，全年粮食减产7500吨。但由于救灾工作得力，未发生大的灾荒	《紫阳县志》
	1967	西乡	55天伏旱，秋粮减产2301万斤	《西乡县志》
		汉阴	夏秋连旱43天。自7月26日～9月6日未雨。欠收	《汉阴县志》

续表

朝代	年份	地点	灾情	资料来源
中华人民共和国57次	1967	岚皋	大旱后大涝，夏粮减产50%，秋粮减产30%。至次年6月，全县吃供应粮4200吨，副食750吨	《岚皋县志》
		留坝	夏季遭百日大旱，全县夏粮严重减产；秋季连阴雨40余天后又遇低温，农作物大都“秋封”。当年，全县人均口粮不足83公斤，个别生产大队人均口粮不足45公斤	《留坝县志》
		石泉	夏秋连旱	《石泉县志》
		旬阳	去冬今春少雨雪，部分地方发生旱象	《旬阳县志》
	1968	城固	6月旱，仅降水20毫米，比常年少74.8%，插秧推迟	《城固县志》
		汉阴	夏旱40天	《汉阴县志》
		南郑	灾害较轻	《南郑县志》
		洋县	先旱后霖	《洋县志》
		镇巴	大旱，农业减产	《镇巴县志》
	1969	西乡	特大干旱，粮食严重减产	《西乡县志》
		安康	7月以后，干旱50余日，河川断水，堰塘干枯，稻田龟裂，旱地作物枯萎	《安康县志》
		城固	夏旱，5、6两月仅降水45.9毫米，比常年少67.5%	《城固县志》
		佛坪	境内少雨，小麦、洋芋受灾	《佛坪县志》
		汉阴	伏秋连旱百日以上，粮食严重减产，出现干瘦、浮肿，南北山部分生产队有人口外流	《汉阴县志》
		汉中	旱灾。从3月下旬到8月上旬，只降过一次普雨，塘库干涸，褒惠渠一度只有4.7万立方米/秒（7月1日）。全市20万亩稻田有1.1万亩未插上秧，红苕、黄豆、玉米等秋杂粮不能正常播种，已插秧的18万亩秧田，有1.5万亩干死。革命委员会抽调机关干部下到干旱严重的武乡区7个乡，组织群众开展抗旱，减轻了旱灾损失	《汉中市志》
		留坝	狮子坝、柘梨园等公社干旱严重，其他公社降雨亦多，出现水涝，粮食欠收	《留坝县志》
		勉县	发生了几十年未遇的特大干旱。不少社队因灾减产，粮食比上年减产500余万公斤	《勉县志》
		南郑	灾害严重	《南郑县志》
		宁强	旱情持续发展，河水断流，塘库干涸	《宁强县志》
		石泉	伏秋连旱100日以上。粮食欠收，山区社队有人外出逃荒	《石泉县志》
		镇安	伏旱25天	《镇安县志》

续表

朝代	年份	地点	灾 情	资料来源
中华人民共和国57次	1969	紫阳	夏旱，秋涝，全县20个公社5万人缺粮。又因政府部门重视不足，西河、六河、燎原、洞河等公社出现浮肿、干瘦病人，部分公社出现人口外流	《紫阳县志》
	1970	安康	6月23日～7月23日，8月1日～9月26日，岚河区伏秋两度大旱，38 089亩包谷严重减产	《安康县志》
		佛坪	境内干旱，夏粮受灾	《佛坪县志》
		旬阳	6月17日～7月23日，干旱37天，7月29日～9月23日又干旱56天	《旬阳县志》
		西乡、安康	年内，大面积干旱两次。6月下旬～8月25日约60天，干旱波及全省各地；旱情较严重的有西乡、安康。6月18日～7月24日、8月初～8月31日，安康地区先后两次干旱，受旱10.7万公顷，占秋田总面积的35%，其中1万公顷失时	《中国气象灾害大典·陕西卷》
	1971	佛坪	少雨，插秧推迟	《佛坪县志》
		汉阴	夏初旱	《汉阴县志》
		旬阳	河边地区玉米孕穗时伏旱30～40天	《旬阳县志》
	1972	西乡	夏秋均旱，河沟断流，塘库干涸，部分地区夏至后十余天还插不上秧	《西乡县志》
		城固	8月伏旱，水稻、秋粮分别比上年减产866万公斤和1334万公斤	《城固县志》
		汉阴	伏旱47天。欠收	《汉阴县志》
		勉县	先后出现严重干旱，汉江断流，塘库干涸。部分地区在夏至后10天才插上秧，全县有4万亩秧苗长期缺水，2.6万余亩田皮龟裂，0.4万亩秧苗枯死。减产严重	《勉县志》
		南郑	灾害严重	《南郑县志》
		宁强	旱情严重，粮食减产1030余万公斤，重灾区减产40%	《宁强县志》
		石泉	伏旱至次春旱，连干206天	《石泉县志》
		旬阳	县上提出抗旱保秋	《旬阳县志》
		洋县	夏秋之间遭伏旱	《洋县志》
		镇安	伏旱40天	《镇安县志》
		汉中、安康	7月中旬至8月下旬，陕南严重伏旱，玉米晒花，棉花落桃，秋田受损。9～11月份，全省雨量偏少4～6成，出现秋旱。全省秋田受旱133.3万公顷，成灾105.9万公顷。汉中、安康地区夏旱	《中国气象灾害大典·陕西卷》
	1973	柞水	56天无雪	《柞水县志》

续表

朝代	年份	地点	灾 情	资料来源
	1973	全省	继上年秋旱之后，至本年3月底。全省大部7个月内降水偏少4～6成，持续干旱。全省受旱173.3万公顷，重旱46.7万余公顷。	《中国气象灾害大典·陕西卷》
	1974	留坝	干旱持续2个月，致小麦枯死、洋芋缺苗、玉米（包谷）播种期推迟半月，夏粮歉收；秋季低温多雨，庄稼“秋封”，致秋粮减收	《留坝县志》
		南郑	灾害较轻	《南郑县志》
		宁陕	春旱	《宁陕县志》
		石泉	冬至夏，旱。粮食减产486万公斤	《石泉县志》
		旬阳	吕河、城关、棕溪、蜀河、小河、赵湾等区5月前200多天无透雨，干土层一尺多深，减产3000万斤	《旬阳县志》
		柞水	63天无雪	《柞水县志》
		镇安	伏旱25天	《镇安县志》
	1975	西乡	春旱长达47天	《西乡县志》
		汉阴	夏旱，伏旱。歉收	《汉阴县志》
		南郑	灾害较轻	《南郑县志》
		石泉	伏旱	《石泉县志》
		镇安	伏秋连旱30余日	《镇安县志》
中华人民共和国57次	1976	白河	8月，大旱，低山河谷地区30%～40%玉米、红薯无收	《白河县志》
		汉阴	伏旱2月。减产。南北山出现干瘦、浮肿	《汉阴县志》
		宁强	无透雨，3万多亩耕地受旱	《宁强县志》
		石泉	伏旱	《石泉县志》
		旬阳	入夏以来干旱，中伏炎热，旱情加剧，早玉米减产二成，晚秋减产五成	《旬阳县志》
		柞水	57天无雪	《柞水县志》
		镇安	夏秋连旱60天	《镇安县志》
		紫阳	伏旱2月。5月下旬部分公社出现干瘦、浮肿病人	《紫阳县志》
		勉县、城固、洋县、白河、南郑、紫阳	7月初至8月17日，关中降水大部分偏少3～6成，陕南大部偏少3～7成；陕南的勉县、城固、洋县、白河、南郑、紫阳等地降水仅为15～30mm形成两片少雨区，加上高温，伏旱严重，使关中的棉花、陕南的水稻受到威胁。据统计，年内受旱农田49.5万公顷，成灾48.7万	《中国气象灾害大典·陕西卷》
	1977	西乡	初夏干旱，三万余亩水田改种旱粮	《西乡县志》
		洋县	旱，后逢水灾，农作物又受害	《洋县志》
		柞水	45天无雪	《柞水县志》
		镇安	伏旱30天	《镇安县志》
	1978	西乡	伏旱长达37天	《西乡县志》

续表

朝代	年份	地点	灾 情	资料来源
中华人民共和国 57 次	1978	白河	4～6 月，90 天降雨量仅 83 毫米，沟溪断流，全县 700 多个生产队人畜饮水困难，41 000多亩玉米一半无收，豆类减产 70%	《白河县志》
		汉中	6 月初，旱情露头，全市 47 座水库干涸 34 座，13 座水库仅蓄水 4071 万立方米，东干渠断流，南干渠以北灌区旱情严重。全市 8000 多亩水田无水插秧，丘陵地区的人畜饮水发生困难	《汉中市志》
		南郑	灾害严重	《南郑县志》
		镇安	伏旱 30 天	《镇安县志》
		镇巴	秋，大旱，河水断流，全县 5 万亩回茬玉米、2 万亩中晚稻、1.4 万亩秋荞无收，10 万亩玉米、10.7 万亩豆类作物大部分减产	《镇巴县志》
		郧县	70 多天少雨	《中国气象灾害大典·湖北卷》
	1979	城固	夏旱，影响插秧，少插秧 9000 多亩，因杂交稻面积扩大到 6 万多亩，当年水稻增产。	《城固县志》
		南郑	灾害严重	《南郑县志》
		宁陕	夏旱成灾，竹山公社 6 月 3 日～7 月 3 日，一月未雨，旱象最烈	《宁陕县志》
		旬阳	自上年秋播至本年春，干旱 4 个多月，部分地方河沟断流，人畜用水困难，为近 20 年所少见	《旬阳县志》
		镇巴	全县 1 万亩旱塝田受旱，泾洋、渔渡尤甚	《镇巴县志》
	1980	安康	叶坪区寒流，春旱歉收，盛夏风害，蜡包虫伤害水稻	《安康县志》
		城固	自上年 9 月即少雨，插秧时大旱，全县抗旱插秧，插秧后继续少雨，全县秋粮受旱面积 11 万多亩。当年水稻、秋粮分别比上年减产	《城固县志》
		旬阳	因旱灾使 9.6 万亩作物受损失	《旬阳县志》
		洋县	春旱，夏粮减产三成多	《洋县志》
		镇安	伏旱	《镇安县志》
	1981	汉阴	春夏旱	《汉阴县志》
		南郑	灾害严重。1～6 月干旱少雨，半年降雨 175.5 毫米，比历年局期少降雨 114.4 毫米。县内多数河、泉、库水减少；濂水河断流，红寺坝水库仅存水 150 万立方米；另有 25 座水库、3600 口塘水已放干。1.5 万亩稻田未插秧，已插的有 5 万多亩龟裂；5.3 万亩旱地作物受旱。是年因先旱后涝，全年粮食总产 1.27 亿公斤，较 1980 年少收 0.52 亿公斤	《南郑县志》

续表

朝代	年份	地点	灾情	资料来源
中华人民共和国57次	1981	宁陕	春后少雨。6月旱象更烈，谷物受损，粮食欠收	《宁陕县志》
		石泉	春夏旱。粮食减产150万公斤	《石泉县志》
		旬阳	夏旱58天，伏旱25天，使665个生产队、45 500人用水发生困难，59万亩农田遭灾。1982年夏季干旱了两个月	《旬阳县志》
		洋县	夏旱，溪流断水，塘干涸	《洋县志》
		柞水	43天无雪	《柞水县志》
		镇安	连续干旱，洋芋严重减产，玉米、大豆严重缺苗	《镇安县志》
		安康	春旱之后的伏旱，河沟断流、库塘干涸、田地龟裂、农作物枯死，粮食产量锐减。至5月上旬，大部安康等地有三分之一的河流断流。地下水位普遍下降1～3米，灌溉用水紧张	《安康县志》
		镇巴	陆续干旱，渔渡、三元、简池、碾子等区的22个公社旱象严重，河水干枯，小溪断流。全县有7484亩水田无水插秧改种旱粮，已插上秧的干裂17 572亩，秧苗枯黄的4930亩	《镇巴县志》
	1982	安康	入夏先旱后涝，秋粮播种面积减少9.1万亩，禾苗受旱18万亩	《安康县志》
		城固	夏旱，抗旱插秧，插秧后部分高塝田缺水龟裂	《城固县志》
		汉阴	夏旱29天	《汉阴县志》
		南郑	灾害较轻	《南郑县志》
		宁强	全县性干旱，玉带河等河水断流，部分山坡玉米枯死，秋粮严重减产	《宁强县志》
		石泉	入夏后40多天，仅降雨16.7毫米。水田干裂，玉米干枯。粮食减产150万公斤。	《石泉县志》
		旬阳	夏季干旱了两个月	《旬阳县志》
		洋县	初夏干旱，降雨量仅20.8毫米	《洋县志》
		镇巴	持续干旱，简池、三元、碾子、渔渡等区的22个公社未下雨。灌溉面积较大的黎坝河、小沟河、黑草河、石巴子河、后河、南沟等45条小河断流；全县6.19万亩水田到“夏至”前4天还有1.8万亩无水插秧，两万多亩旱地无墒播种。已插秧田有5000多亩倒旱干裂	《镇巴县志》
		紫阳	6月，连旱26日，水稻插秧推迟，红苕面积减少	《紫阳县志》
	1983	城固	春旱，3月1日～4月7日，38天降水25.9毫米	《城固县志》

续表

朝代	年份	地点	灾情	资料来源
中华人民共和国57次	1984	旬阳	自去年秋至本年春（4月上旬）干旱5个多月，53万亩夏粮作物受灾，小麦减产10%	《旬阳县志》
		柞水	37天无雪	《柞水县志》
		石泉	夏旱。全县533条河沟断水，203口堰塘干枯。全县春夏播种面积27万亩。干旱面积达21万亩。粮食减产1250万公斤	《石泉县志》
		城固	春旱，3月1日～4月15日，46天降水26.6毫米。伏旱，7月16日～8月23日，39天降水39.3毫米	《城固县志》
		旬阳	自上年11月至本年5月，7个月内降水量少45%，5月11日前无透墒雨，对夏粮作物影响很大	《旬阳县志》
		镇巴	持续干旱	《镇巴县志》
	1985	安康	入伏后干旱33天，气温连续两天高达摄氏40度。全县秋粮受灾面积59万余亩，3.44万亩秋田龟裂干水	《安康县志》
		城固	春旱，3月1日～4月8日，39天降水18.8毫米。伏旱，7月14日～8月16日，34天仅降水36.7毫米	《城固县志》
		汉阴	7月16日至8月18日夏伏连旱34天，28乡166村1318个村民小组成灾。受灾农作物23.89万亩，全县粮食总产比上年减产433万公斤	《汉阴县志》
		汉中	夏旱，入伏后，持续高温未下透雨，全市受灾面积66 700余亩，近1000亩因灾无收。旱情发生后，市委、市政府领导带领干部深入农村，组织群众抗旱保秋	《汉中市志》
		岚皋	旱、涝、风、雹灾交替出现。7～8月，出现旱带，最高日气温40.4℃	《岚皋县志》
		留坝	正逢水稻孕穗、玉米授粉之际，久旱无雨，秋粮减收七成	《留坝县志》
		勉县	大旱不雨，旱粮枯死，水稻因高温缺水亦多病害	《勉县志》
		南郑	灾害严重	《南郑县志》
		宁陕	夏旱	《宁陕县志》
		石泉	夏旱。全县533条河沟断水，203口堰塘干枯。全县春夏播种面积27万亩。干旱面积达21万亩。粮食减产1250万公斤	《石泉县志》
		旬阳	冬至次年春连旱110多天，受干旱及病虫害影响全县小麦减产14%，7月20日～8月4日，伏旱半月之久，降水偏少51%，并伴随38度高温，8月中旬～9月4日又连续干旱，伏旱使全县116条河沟断流，近万人吃水发生困难，减产粮食6300余万斤，其他经济损失700多万元	《旬阳县志》

续表

朝代	年份	地点	灾 情	资料来源
中华人民共和国57次	1985	洋县	夏季持续干旱40多天，加之秋霖，农作物受灾面积27万多亩，粮食减产2166万公斤	《洋县志》
	1986	城固	春旱，3月1日～4月15日，46天降水28.6毫米。伏旱，7月11日～8月13日，34天仅降水31.4毫米，少部分高塝田稻禾焦枯。南山部分村队井水枯竭、饮水困难	《城固县志》
		佛坪	境内干旱，总降水量仅79毫米，全县受旱秋粮2万多亩	《佛坪县志》
		岚皋	以旱灾为主，暴、涝、洪、风交替发生。春、夏、秋季连旱百日	《岚皋县志》
		南郑	灾害较轻	《南郑县志》
		宁强	持续干旱31天，全县156条河水断流，256口塘库干涸，5万余人及1万余头牲畜饮水困难。夏粮受灾24.6万亩，塘库之鱼多因水涸而死	《宁强县志》
		宁陕	春旱	《宁陕县志》
		旬阳	7月5日～8月13日伏旱40余天，并伴随36度高温。全县274条沟溪断流，1624口井泉干涸，减产粮食7.9万斤	《旬阳县志》
		镇安	伏旱35天，高温38.2℃，全县有50个乡、353个村、1959个组、54 800户受灾，农田成灾28.2万亩，占秋粮总面积80.6%。287条河沟断水，致11 856户47 000多人饮水困难	《镇安县志》
		镇巴	伏旱，40天仅降雨95.5毫米。全县有93条河水断流，干旱长达40天。秋粮作物受灾面积31.2万多亩，其中水稻3.6万多亩，玉米23.5万多亩，秋杂粮受旱面积4.1万多亩	《镇巴县志》
		郧西	50多天降水偏少	《中国气象灾害大典·湖北卷》
	1987	安康	冬春少雨。2月4日汉江流量每秒44立方米，3月9日，汉江流量每秒37立方米，为历史最低枯水日	《安康县志》
		城固	春旱，3月11日～4月10日，31天仅降水29.2毫米	《城固县志》
		宁强	阳平关、广坪两区大旱，广坪尤重，旱情断续数月，山坡禾枯，农作物受灾严重	《宁强县志》
		旬阳	秋旱明显	《旬阳县志》
	1988	西乡	降水仅48毫米，全县有350条河沟断流，牧马河流量下降到1立方米每秒，28座水库、4800口堰塘全部放干，有18 900亩水田未插秧，24 000人生活用水紧缺，旱情为历年罕见	《西乡县志》

续表

朝代	年份	地点	灾　情	资料来源
中华人民共和国57次	1988	安康	6月中旬以后，旱情持续发展，仅八一、新民、许家河等六座较大水库有少量存水，57座水库和3700多口堰塘干枯，双溪、沈坝、洋溢、神滩等120条河沟断流。5.7万亩稻田干裂，玉米缺苗、红薯死苗均在30%左右，丘陵地区人畜饮水困难，有的地方农民因争水发生斗殴	《安康县志》
		城固	5月22日～7月2日，降雨15毫米，6月仅11.3毫米。同时高温，月气温偏高0.9～1.3℃。全县45座水库放空，4201口水塘排干。湑惠渠流量5.2立方米/秒，冷惠渠6月17日断流。稻田干白起裂57 115亩，水稻干死5381亩；旱粮作物干死1.75万亩，2300多亩烟叶、花生旱死；2.2万人、1.8万头牲畜饮水困难	《城固县志》
		佛坪	中旬至6月下旬，境内干旱，80多条沟溪干涸	《佛坪县志》
		汉中	夏旱，5月6日至7月2日持续干旱57天，1至6月降雨量比历年同期平均值减少三至四成，全市47座水库有17座干涸，555口池塘有427口无水，47处河沟断流，125眼机井干枯。石门水库马道来水量锐减至4.43立方米/秒，使全市受旱面积达12.5万亩，其中严重死苗的水稻、秋杂粮共16 862亩。10 988人，248头牲畜饮水困难。市委、市政府组织干部和群众，千方百计抗旱保苗，并拨抗旱资金13.3万元，群众自筹26万元，维修配套抽水设施185处，尽量截水，抽水，开源节流，减轻灾害损失，保住了秋粮丰收	《汉中市志》
		石泉	夏，高温、干旱，持续22天未下雨。最高气温38.6度。全县358口库塘干裂，161条河断流。饶峰河断流10天。稻田干裂，旱玉米苗枯萎，小水电不能发电。造成全县粮食减产720万公斤	《石泉县志》
		旬阳	冬春连旱，初夏干旱，5月下旬至7月上旬降水量偏少50%，35度高温长达8天，使931条沟溪断流，3316处井泉干固，51 125人、48 600头牲畜饮水困难，79.6%秋田遭灾	《旬阳县志》
		镇巴	持续干旱，全县285条河溪干涸，6条大河水流量锐减，夏粮减产14%，秋季作物受灾35.5万亩，其中无收1.87万亩	《镇巴县志》
	1989	佛坪	干旱少雨，插秧缺水	《佛坪县志》

续表

朝代	年份	地点	灾情	资料来源
中华人民共和国57次	1989	陕南	9～11月，陕南降水偏少2～4成	《中国气象灾害大典·陕西卷》
	1990	白河	冬，无透墒雨，一冬无雪	《白河县志》
		旬阳	夏秋连旱，7～10月降水偏少51%，初、中伏旱严重影响秋作物抽穗灌浆，全县728个村的53万亩秋田遭灾，258条河沟干枯，2.2万人缺水	《旬阳县志》
	1991	宁强	全年降雨量仅706.4毫米，为历史最低纪录	《宁强县志》
	1993	汉中	9～11月，汉中降水偏少2～4成	《中国气象灾害大典·陕西卷》
	1994	白河	7月10日～9月，全县降雨量仅27毫米，平均气温较历年同期高3℃以上，山溪断流，水井干涸，16乡178村严重干旱，77.4%的秋粮面积成灾，3.97万人，6.8万头牲畜饮水困难	《白河县志》
		安康	安康地区降水偏少3～5成	《中国气象灾害大典·陕西卷》
		汉中、南郑	汉中、南郑等地，降水仅为30～46毫米	《中国气象灾害大典·陕西卷》
	1995	白河	春夏，严重干旱，全县29.82万亩秋季作物中的27万亩受旱，重灾16万多亩，绝收7.4万亩，2.8万户饮水困难	《白河县志》
	1996	陕南	1～5月，陕南降水100～150毫米，偏少2～4成	《中国气象灾害大典·陕西卷》
	1997	汉中、安康	4～7月，陕南降水395毫米，汉中、安康地区稻田龟裂，给早秋作物生长和夏播工作带来严重困难。据统计，全省受旱面积打217.3万公顷	《中国气象灾害大典·陕西卷》
		城固	是年为干旱严重年份，夏伏、秋旱，全县水稻、秋杂粮、猕猴桃受灾严重，一些地方人畜饮水出现困难	1997～2002年版《城固年鉴》
	1998	陕南	从上年9月至本年3月上旬，全省大部地区降水量在160毫米以下，比正常年偏少5～8成。在此期间，陕南未灌溉麦田及旱田0～100cm土壤平均相对湿度仅为30%，一些地方干土层超过15厘米	《中国气象灾害大典·陕西卷》
		安康地区	6月14日至30日全区降水明显偏少，降水量仅5.7～19.2毫米，初夏干旱；7月14日～8月4日旬阳、安康、白河出现近20天的伏旱天气。9～11月，再次出现旱情。造成玉米、小麦减产	《安康地区年鉴1999》

续表

朝代	年份	地点	灾　情	资料来源
中华人民共和国57次	1999	陕南、安康	从上年9月至本年3月中旬，陕南降水114毫米。6～11月，安康大部分地区降水偏少2～5成，其中，紫阳偏少5～8成	《中国气象灾害大典·陕西卷》
		汉中地区	1998～1999年春干旱，伏秋连旱。322座水库蓄水不足亿立方米。12.7万人饮水困难。粮食受旱8.8万公顷。重旱6万公顷。干死绝收2.2万公顷	2000年版《汉中年鉴》
		城固	1～2月基本无降水，冬春连旱；7～8月严重缺水，18.5万亩农作物受灾，10.2万人饮水困难	1997～2002年版《城固年鉴》
		勉县	冬春连旱；伏旱	2000年版《勉县年鉴》
	2000	陕南	从上年11月至本年2月，陕南东部降水偏少2～5成，土壤底墒不足。加之春季气温持续偏高，且风大、扬沙、浮尘天气，造成土壤失墒加快，陕南东部地区旱情严重	《中国气象灾害大典·陕西卷》
		汉中地区	1999.11～2000.3，2000.4～6，2000.7～8月，三个时段出现严重干旱，夏粮、秋粮因干旱严重减产	2001年版《汉中年鉴》
		城固	1～3月降水量少，形成春旱；4～6月中，旱情加重。县境内一江五河接近断流	1997～2002年版《城固年鉴》
	2001	安康地区	干旱：7月上、中旬全市出现了区域性的历史上罕见的晴热少雨天气，降水明显偏少70%～90%，石泉、白河、汉阴、旬阳、镇坪天气炎热，降水少，少数山坡地水分不足，影响玉米授粉灌浆	2002年版《安康年鉴》
		汉中地区	冬、春、夏旱严重，年总降水量大幅度偏少，汉中市55座小型水库干枯，流域面积10万平方公里以上的大小500余条河流几乎全部断流	2002年版《汉中年鉴》
		城固	2月以来，春旱。干旱一直持续到7月	1997～2002年版《城固年鉴》
	2003	汉中地区	2月下旬～5月初，5月～7月初，干旱少雨，小麦、油菜严重受旱	2004年版《汉中年鉴》
	2004	旬阳、白河、安康	6月中旬到7月下旬，降水比常年少37%～77%，旬阳、白河、汉滨持续高温，底墒不足，出现旱情；7月下旬到8月中旬，旱情继续发展，中低山丘陵地区旱象严重	2005年版《安康年鉴》
		勉县	2004年6月30日到7月24日，连续干旱，降水量仅26.3毫米	2005～2006年版《勉县年鉴》
	2005	汉中地区	6月到8月中旬长期干旱，全市22.2%的水库干枯。农作物受灾4万公顷以上，绝收8518公顷。水稻、玉米重旱。18.96万人饮水困难	2005年版《汉中年鉴》

续表

朝代	年份	地点	灾情	资料来源
中华人民共和国57次	2005	勉县	2005年1月~4月底，全县出现冬春连旱，春旱严重	2005~2006年版《勉县年鉴》
	2006	安康地区	本年夏季高温干旱，出现夏旱、伏旱连秋旱天气，干旱程度仅次于1966、1999年。夏秋连旱造成全安康市流域面积5万平方公里以上河流600多条断流，72座水库干枯，全市18.5万人饮水困难	2007年版《安康年鉴》
		汉中地区	1月冬旱严重；5月下旬~8月下旬，夏伏连旱，284个小型水库干枯，多条河流断流，全市173.2万亩农作物受旱，13.38万人饮水困难	2007年版《汉中年鉴》
		南郑	6月下旬~8月中旬，高温晴热，持续干旱少雨，旱情严重	2007年版《南郑年鉴》
	2007	汉中地区	1月冬旱、4~5月中旬春旱、8月中旬到下旬伏旱，三个时段出现旱情，因旱绝收1085公顷。2042人饮水困难	2008年版《汉中年鉴》

附录3　历史时期以来汉江上游寒冻灾害年表

朝代	年份	地点	灾　情	资料来源
西周 2次	公元前895	安康、旬阳、白河	周孝王十五年，大雹，江汉冰，牛马死	乾隆《兴安府志》、乾隆《洵阳县志》、嘉庆《白河县志》
	公元前792	白河	周宣王三十六年，大雹，汉江结冰	《白河县志》
东周 2次	公元前435	勉县	周考王六年，六月，秦降雨雪	《勉县志》
	公元前426	勉县	周考王十五年，陕南大雹，汉江冰，牛马死	《勉县志》
西晋 1次	297	勉县	七月，雍、梁州陨霜杀秋禾	《勉县志》
		南郑	秋七月梁州陨霜杀秋禾	《南郑县志》
		汉中市	七月，梁州陨霜杀秋禾	《汉中市志》
		西乡	七月，雍、梁州陨霜杀秋禾	《西乡县志》
		汉中地区	晋元康七年，秋七月，雍梁州陨霜杀秋禾	《晋书·惠帝纪》
唐朝 1次	813	柞水	十月大霜、大雪，人多冻僵，雀鼠多死，田禾全部秋封	《柞水县志》
南宋 1次	1189	留坝	七月，凤州黑霜杀庄稼几尽，到冬，民饥荒	《留坝县志》
元朝 1次	1290	旬阳	五月，陕西陨霜杀稼	《旬阳县志》
明朝 15次	1449	郧县	汉水冰，人履其上	《中国气象灾害大典·湖北卷》
	1455	镇安	霜冻	《镇安县志》
	1459	旬阳	陕西初秋早霜，禾稼伤损	《旬阳县志》
	1473	旬阳	陕西冰厚五尺，间以杂沙	《旬阳县志》
	1477	旬阳	七月，陕西陨霜伤稼	《旬阳县志》
	1483	旬阳	陕西陨霜	《旬阳县志》
	1493	郧县	冬，11月大雪至初一，雷电大作，后5日雪止，人畜多冻死	《中国气象灾害大典·湖北卷》
	1521	白河	明正德十六年，秋，霜	《白河县志》
	1527	南郑	明嘉靖六年，陕南冻，龙江水合	《南郑县志》
		汉中地区	乌龙江水合	清嘉庆《汉南续修郡志》
	1533	镇安、山阳	3月大雪，花木尽枯	《陕西省自然灾害史料》
		镇安	三月，大雪，花木尽枯	《镇安县志》
	1535	汉中	明嘉靖十四年（1535），三月辛巳（4月22日），汉中陨霜杀麦	《明史》
		南郑	三（4）月辛巳（22日），汉中陨霜杀麦	《南郑县志》

续表

朝代	年份	地点	灾　情	资料来源
明朝15次	1535	汉中地区	三月辛巳（4月22日），汉中陨霜杀麦	《清史稿·灾异志》
	1537	白河	明嘉靖十六年，秋霜伤稼	嘉庆六年版《白河县志》
	1576	洋县、汉中	9月28日大雪，杀禾麦	《陕西省自然灾害史料》
		勉县	褒城九月初七大雪盈尺，杀禾稼	《勉县志》
		留坝	九月七日，大雪盈尺，霜冻庄稼	《留坝县志》
		南郑	九（9）月初七（28）日，汉中大雪盈尺杀秋禾	《南郑县志》
		汉中市	九月初七日，大雪盈尺，杀禾稼	《汉中市志》
		汉中地区	九月初七，汉中大雪盈尺，杀禾稼	雍正《陕西通志》
	1618	旬阳	四月辛亥（二十二日），陕西大雨雪	《旬阳县志》
	1643	镇巴、南郑、汉中	水冻	《陕西省自然灾害史料》
		汉中地区、南郑	明崇祯十六年（1643），汉中、南郑、定远冰冻	清嘉庆《汉南续修郡志》
		南郑	南郑冰冻，居民甚苦	民国十三年版《汉中府志》
清朝27次	1655	汉中地区	4月，黑霜杀麦，饥	《陕西省自然灾害史料》
		勉县	三月初四，黑霜杀麦，饥	《勉县志》
		留坝	黑霜杀麦，年饥，人口外流	《留坝县志》
		南郑	汉中三（4）月黑霜杀麦	《南郑县志》
		洋县	三月初四将黑霜，小麦受害减产	《洋县志》
		汉中市	三月初四日，汉中黑霜杀麦	《汉中市志》
		汉中地区	三月初，汉中降黑霜杀麦，饥	清嘉庆《汉南续修郡志》
		西乡	三月四日，汉中各县黑霜杀麦，饥，西乡三月陨黑霜	《西乡县志》
	1658	白河	清顺志十五年，秋霜	光绪十九年版《白河县志》
	1675	洋县	清康熙十四年1675霜冻，三月初二降黑霜，小麦叶枯如腐草	《洋县志》
	1682	旬阳	八月，陕西霜杀稼	《旬阳县志》
	1697	汉中地区	九月，西乡陨霜杀麦	《清史稿·灾异志》
	1736	镇安	10月早霜	《陕西省自然灾害史料》
		留坝	九月初一、二日，早霜伤禾	《留坝县志》
	1738	镇安	九月，白霜满地	《镇安县志》
	1748	镇安	三月，降黑霜，山果不实	《陕西省自然灾害史料》
	1807	镇安	三月，花木冻枯	《镇安县志》
	1814	柞水	秋，阴雨两月余，高山地区田禾全部秋封	《柞水县志》

续表

朝代	年份	地点	灾　情	资料来源
清朝27次	1826	旬阳	春三月，陕西陨霜杀麦	《旬阳县志》
	1834	柞水	九月二十一日早霜，高、中山庄稼秋封	《柞水县志》
		旬阳	春三月，陕西陨霜伤麦	《旬阳县志》
	1835	柞水	三月晚霜，麦苗多死	《柞水县志》
	1842	旬阳	四月（5月）大雪伤豆麦	光绪二十八年版《洵阳县志》
	1850	旬阳	十月，陕西雪深三尺，竹枝尽折	《旬阳县志》
	1855	柞水	春，黑霜遍地，麦苗无一成活	《柞水县志》
	1862	柞水	九月二十八日霜冻，高山地区庄稼全部秋封	《柞水县志》
	1863	镇巴	正月初十，雷鸣、大雨雪	《镇巴县志》
	1865	郧县	春，正月大雪，汉水冰，树木畜生多冻死	《中国气象灾害大典·湖北卷》
	1869	白河	二月二十六日，大雪	《白河县志》
	1870	旬阳	春，大雪伤稼	光绪二十八年版《洵阳县志》
	1892	紫阳	冬大雪，汉水为冰	《紫阳县志》
	1897	紫阳	冬大冰，山涧断流	民国十四年版《紫阳县志》
	1903	柞水	七至九月阴雨，庄稼全部秋封	《柞水县志》
	1905	柞水	春，三月黑霜，麦苗多死	《柞水县志》
	1908	镇安	八月，池河一带降黑霜	《镇安县志》
	1910	安康	二月落雪，平地深3尺	《安康县志》
中华民国23次	1914	柞水	7～9月，连续阴雨，高山多霜冻，庄稼全部秋封	《柞水县志》
	1920	留坝	8月25日，早霜伤禾	《留坝县志》
	1921	镇安	3月，降黑霜	《镇安县志》
	1922	汉中地区	十月初六（11月24日），洋县黑霜	1915～1925年版《秦中公报》
	1923	旬阳	4月17日陕南大雪为灾，田禾大受损伤	《旬阳县志》
		安康	三月初二（4月17）日，大雪为灾，田禾大受损伤	1915～1925年版《秦中公报》
	1925	佛坪	5月2日夜，陈家坝地区低温，油菜、洋芋等冻死	《佛坪县志》
	1926	佛坪	12月13日，突降大雪，断续半月，山沟中积雪1.3米多厚，许多竹、木压断	《佛坪县志》
		镇安	春，降黑霜，麦苗萎死	《镇安县志》
	1929	旬阳	冬春之交，陕西大雪六次，积厚三尺许，气候极寒，百年未见，洵阳4月8日遍地黑霜，豆麦冻死不少，所有果树都被摧残	《旬阳县志》
	1931	宁强	大雪	《陕西省自然灾害史料》
		柞水	风寒霜	《陕西省自然灾害史料》
		佛坪	3月27日，县境内下大雪，积雪1.3米多厚，树木、竹子多被压断	《佛坪县志》
		旬阳	陕西大雪数日，岩封谷冻，朔风凛冽	《旬阳县志》

续表

朝代	年份	地点	灾情	资料来源
中华民国23次	1931	汉中地区	2月14、15日，佛坪降黑霜，又吹寒风，麦苗冻枯，尽皆干死	1932年《陕赈特刊》
	1932	佛坪	2月14日和15日，寒风、霜、禾苗干枯；4月20日夜，佛坪大风雪，低温，油菜、洋芋冻死	《佛坪县志》
		勉县	1月中旬，黑霜杀死麦苗，2月中旬降黑霜	《勉县志》
		留坝	3至4月，降黑霜，吹冷风，黄雾交夹，麦田被杀	《留坝县志》
		宁陕	春夏霜雹屡降。禾苗焦枯	《宁陕县志》
		旬阳	3月中下旬，陕西狂风黑霜，几遍全省。各种禾苗俱行枯萎。夏收失望，粮价飞涨。人人惶恐，流亡复多	《旬阳县志》
		安康	三月中、下两旬狂风黑霜，几遍全省，各种禾苗，俱行枯萎，夏田失收，粮价飞涨，人人惶恐，流亡复多	《安康县志》
		紫阳	一月（2月）中旬黑霜，杀死春苗	《紫阳县志》
		洋县	三月降黑霜，禾苗枯萎，夏粮歉收	《洋县志》
	1933	南郑、汉阴、洋县、勉县	5月大雪、伤麦	《陕西省自然灾害史料》
		佛坪、旬阳	黑霜	《陕西省自然灾害史料》
		柞水	10月3日，高山地区霜冻	《柞水县志》
		勉县	5月，连降黑霜。大麦、小麦极受影响。褒城冬春雪雨未落，入春黑霜	《勉县志》
		留坝	4月，气候乍变，寒冷若冬，降黑霜数日，小麦、油菜受冻枯萎	《留坝县志》
		宁陕	春遭大风黑霜摧残，麦苗无收	《宁陕县志》
		旬阳	黑霜	《旬阳县志》
		南郑	5月连降黑霜，三麦极受影响	《南郑县志》
		洋县	三月连降黑霜，田禾大受损失	《洋县志》
		汉中地区	3～5月，沔县、褒城、南郑、洋县、佛坪、略阳先后霜冻，麦极受影响	1933年版《陕赈特刊》
		西乡	五月，连降黑霜，田禾大受亏损	《西乡县志》
	1936	宁强、镇巴、白河、西乡、石泉、佛坪	黑霜，入春伤麦	《陕西省自然灾害史料》
		汉中地区	宁羌、西乡、镇巴，入春麦苗遭黑霜，青苗枯槁，遍地荒凉	《陕西灾情档案》

续表

朝代	年份	地点	灾　情	资料来源
	1936	陕南	二月（3月），陕南霜冻，南郑、宁强、西乡、平利、白河、镇巴、石泉、镇坪、入春麦苗又遭黑霜，青苗枯槁，遍地荒凉	《中国气象灾害大典·陕西卷》
	1937	洋县	入冬后，农田普受黑霜，小麦、油菜受冻减产	《洋县志》
		西乡	农田普降黑霜	《西乡县志》
	1938	柞水	9月28日早霜，高山秋封，收获甚微	《柞水县志》
		旬阳	二月，高山地区雹落盈尺，桐正发花，被冻死殆尽。桐、漆、胡桃、菜等一概未收	《旬阳县志》
	1939	镇安	5月，降黑霜，山果毁尽	《镇安县志》
	1940	旬阳	秋，雨冻寒风为灾，高山收成大减，粮价腾贵	《旬阳县志》
	1941	镇安	秋，风霜低温	《镇安县志》
		旬阳	4月初旬，陕西黑霜迭降，狂风怒号	《旬阳县志》
	1942	宁强	6月中旬，冷坝遭霜灾	《宁强县志》
		镇安	春，青铜、木王、柴坪、黄龙、中山、茅坪、仁和、靖边、达仁等乡降黑霜，禾苗萎死	《镇安县志》
中华民国23次		西乡	四月，黑霜杀麦穗，春夏大饥，民食草根树皮	《西乡县志》
	1943	汉中、南郑	汉中、南郑、定远冰冻	嘉庆《汉南续修郡志》民国《续修南郑县志》、清光绪《定远厅志》
	1944	镇安	5月25日，浓霜	《陕西省自然灾害史料》
		留坝	5月上旬，气候异常，黑霜不断，夏季作物大部受灾	《留坝县志》
		宁陕	8月7～9日。降冷雨、雪片、冰雹，使玉米、水稻损失过半，田禾收成失望	《宁陕县志》
		镇安	5月25日晨，大坪一带气温骤寒，浓霜盖地，秋禾受害	《镇安县志》
	1945	柞水	2月28日黑霜，3月9日又降黑霜，麦苗全死	《柞水县志》
	1947	陕南	入春，黑霜	《陕西省自然灾害史料》
		旬阳	陕南入春以来，普遍遭受黑霜	《旬阳县志》
		安康	春，农田遍遭黑霜	《安康县志》
		南郑	陕南入春以来农田普遍遭受黑霜	《南郑县志》
		汉中市	入冬以来，农田普受黑霜	《汉中市志》
		汉中地区	陕南入春以来，农田普遍遭受黑霜	1945～1948年版《陕政通报》
	1948	留坝	秋末，大雪夹霜，2万余亩庄稼受霜冻	《留坝县志》
中华人民共和国45次	1949	镇巴	晚春霜雪，禾苗多死	《镇巴县志》

续表

朝代	年份	地点	灾情	资料来源
中华人民共和国45次	1950	留坝	春，降黑霜数日不断；5月3日又降大雪，本县夏季作物大部分受灾	《留坝县志》
		佛坪	4月，厚新、高炳地区降黑霜	《佛坪县志》
	1951	白河	5月27日，大雪，稻秧冻死过半	《白河县志》
		旬阳	春5月，竹园、观音、仙河三乡，小麦遭受冻害	《旬阳县志》
	1952	留坝	春，全县普遍发生晚霜冻害	《留坝县志》
		白河	3月14日，全县大雪，豆麦歉收	《白河县志》
		旬阳	春，桃园乡在小麦拔节扬花时，被冷风刮坏，以后又经雨涝冻死	《旬阳县志》
	1953	镇巴	5月20日、21日，梨溪坪一带降雪	《镇巴县志》
	1954	旬阳	9月6日，第六区（今小河区公馆等地）突降大雪，使未成熟的玉米、黄豆青空冻死	《旬阳县志》
		汉中地区	冬，长期严寒，胡豆受冻	《汉中市志》
	1955	郧县	12月26日，降大雪，低温，柑橘冻死	《中国气象灾害大典·湖北卷》
		旬阳	春久寒，8月中旬气候反常，高山降雪，双河区有11个乡受损，减产粮食40余石	《旬阳县志》
		城固	1月10日，城固低温－8.7℃，柑橘严重冻害	《城固县志》
	1956	镇巴	9月初，霜冻等灾害，受灾12万多亩，严重减产，高山尤甚	《镇巴县志》
		旬阳	秋，后山寒风、冷冻为灾。9月6日和17日，羊山大雪，深5寸，所有庄稼被冻	《旬阳县志》
	1957	柞水	9月25日，九间房霜冻	《柞水县志》
		佛坪	9月下旬至10月，境内霖雨、低温，全县粮食减产	《佛坪县志》
	1958	柞水	9月28日，九间房霜冻	《柞水县志》
		留坝	3月27日，气温突降，晚间降霜。3月28日早最低气温－5℃，全县小麦、油菜、洋芋等禾苗全被寒霜冻死，大部分禾田翻耕后种植玉米	《留坝县志》
		佛坪	4月25日，西岔河、十亩地、大河坝、石墩河等地降大雪，地面积雪约50厘米左右，洋芋、包谷苗冻死，夏粮减产	《留坝县志》
		镇安	5月中旬，气温突降至零下1℃，严重霜冻，对农作物危害甚大	《镇安县志》
	1959	佛坪	5月19日龙草坪地区降大雪，厚约50厘米；22～23日，又遭黑霜，洋芋、包谷苗冻死甚多	《留坝县志》
		镇巴	5月19～23日，泾洋、观音、简池、青水等降霜、雪，影响夏粮成熟	《镇巴县志》

续表

朝代	年份	地点	灾　情	资料来源
中华人民共和国45次	1959	旬阳	4月16日，公馆、熊耳、大岭一带连吹2～3天冷风. 21日气温降至零度。5月份圣驾、卷棚等地降大雪	《旬阳县志》
		汉中、安康、镇巴	5月18日，宝鸡、汉中、安康下雪后，20日气温下降到－4～－5℃，霜层有铜钱厚，地面、河溪均已冻结。安康谷苗、水稻全部冻死。镇巴沿山地区洋芋、玉米减速产40%～50%	《中国气象灾害大典·陕西卷》
	1960	留坝	11月21日，全县霜冻，农作物大部受灾	《留坝县志》
		旬阳	9月中旬，张坪乡发生风灾，风后高山脑上部分玉米、黄豆受冻，叶茎枯黄，不再生长	《旬阳县志》
		略阳	10月23日，略阳大雪，气温降低，形成“秋封”，白雀寺公社1.31万亩豆类受损	《略阳县志》
		陕南	3月中下旬，关中、陕南地区先后出现霜冻，地面最低温度降到零下3℃左右，小麦和油菜等夏田受害。安康地区，受灾农田866.7公顷。汉中地区镇巴、西乡、城固、汉中县的山地，受冻农田2.3万公顷	《中国气象灾害大典·陕西卷》
	1961	旬阳	4月，很多地方吹冷风，刮黄砂	《旬阳县志》
	1962	镇安	霜冻灾，1268亩农作物受灾	《镇安县志》
		陕南	4月3日，关中、陕南夏禾受严重冻害。共计76个县（市）受灾，夏粮作物受灾36.7万公顷，成灾21.5万公顷（其中以小麦受灾最重），受灾油料作物1.5万公顷	《中国气象灾害大典·陕西卷》
	1963	柞水	八，九两月阴雨，庄稼全部秋封	《柞水县志》
		留坝	5月中旬，闸口石公社降霜，洋芋1000亩全部冻死，小麦1651亩死苗。5月25日，火烧店乡太子岭村降霜，小麦、洋芋冻死半数	《留坝县志》
		洋县	霜冻，旱、涝、雹、虫灾后又遭霜冻，总受灾面积19万亩，减产550万公斤	《洋县志》
	1964	白河	豌豆结角，小麦扬花时阴雨冷冻，全县8000余亩豌豆、5700余亩小麦无收，农民月平均口粮5公斤以下的有903个生产队，政府调拨救济粮食35万公斤	《白河县志》
		旬阳	3月以后，全县除赵湾等少数公社外，气温下降，作物普遍受冻	《旬阳县志》
	1965	旬阳	霜冻使4千多亩农田受灾	《旬阳县志》
	1967	洋县	1月16日，遭霜冻，最低气温－10.1℃，日平均气温低于－5℃持续5天，部分柑橘受冻死亡，部分地区蚕豆、油菜减产	《洋县志》
		西乡	4月，清明大雪，压断树丫，夏粮作物减产	《西乡县志》

续表

朝代	年份	地点	灾情	资料来源
中华人民共和国45次	1968	镇安	4月下旬，连续两天温度在零度以下，农作物严重受损	《镇安县志》
		宁强、勉县、西乡	4月23～24日，因寒潮降温，宁强县1333公顷小麦、油菜和近66.7公顷水稻、秧苗受严重冻害；勉县、西乡水稻烂秧	《中国气象灾害大典·陕西卷》
		宁强、佛坪	4月24日，宁强城关地区日平均气温骤降至－11.5℃，大雪纷至，2万亩小麦、油菜和近千亩水稻秧苗遭受冻害。4月25日，佛坪西岔河、十亩地等地大雪，积厚约50厘米，洋芋、包谷冻死，夏粮减产	《宁强县志》
	1969	留坝	4月，全县连续霜冻，果树落花，小麦、油菜半数冻坏	《留坝县志》
		镇安	4月上旬，连续三天最低气温在－3℃以下，夏粮减产	《镇安县志》
		安康	早春黑霜	《留坝县志》
		西乡	沙河部分地区3月降雪，豆麦受损	《西乡县志》
		郧县	柑橘遭到中度和重度的冻害	《中国气象灾害大典·湖北卷》
		陕南	3月28日、4月3～4日两次寒潮，关中、陕南气温降到0℃以下，小麦、油菜、果树受冻害	《中国气象灾害大典·陕西卷》
	1970	柞水	9月30日，县城附近霜冻	《柞水县志》
		留坝	4月27日，城关镇霜冻，小麦冻死半数	《留坝县志》
	1971	柞水	4月10日，县城附近晚霜	《柞水县志》
	1972	白河	4月12日，县城附近大雪，西沟公社黄家湾一带菜苗大部冻死	《白河县志》
		陕南	4月8～11日，陕南、关中阴雨、雪、低温，勉县极端最低气温－0.2℃，水稻烂秧、玉米烂种。8月28日至9月5日，陕南阴雨、低温、秋封之害，水稻减产	《中国气象灾害大典·陕西卷》
	1975	留坝	冬，霜冻不断，气温严寒，小麦、油菜等受害严重；次年春旱夹晚霜，夏粮减产近30％	《留坝县志》
		洋县	12月25日遭霜冻，最低气温－9.2℃，持续7天，部分柑橘受冻死亡，部分地区蚕豆、油菜减产	《洋县志》
		城固	1975年冬长期严寒，12月15日绝对低温－9.3℃，柑橘遭受冻害	《城固县志》
		勉县、洋县	12月15日，勉县最低气温－8.6℃，25日，洋县最低气温－9.2℃，部分柑橘冻死，棕树、油菜、蚕豆等也受害严重	《中国气象灾害大典·陕西卷》
	1976	柞水	4月19日，县城附近晚霜	《柞水县志》

续表

朝代	年份	地点	灾　情	资料来源
中华人民共和国45次	1976	佛坪	7月，低温	《佛坪县志》
		白河	冬，奇寒，部分橘柑树冻死	《白河县志》
		汉中地区	春寒，全区冻死油菜4万亩、小麦5万亩	《汉中市志》
		陕南大部分地区	冬春气候寒冷，陕南大部分地区受冻害。汉中地区冻死油菜2667公顷，小麦3333公顷。佛坪县，110公顷小麦被冻死。8月下旬，关中和汉中、商洛等区旬平均温度不足20℃，较常年约低3～4℃，冷害严重。关中棉桃霉烂，陕南水稻不能安全齐穗，严重减产	《中国气象灾害大典·陕西卷》
		郧县	2月14～18日，郧县等地降温冰雪灾害，造成电线杆和高压线杆压倒	《中国气象灾害大典·湖北卷》
	1979	宁强	4月12日凌晨，强寒流侵入本县，6至7级大风自北而南横扫全县，气温骤降，最低至－0.7℃。五丁关以南风雪交加，高山31个社191个生产大队，积雪6至15厘米。巴山迎风山坳积雪尺余。全县4.9万多亩小麦、1.7万多亩豌豆、7000多亩油菜、5400亩洋芋严重受损	《宁强县志》
		旬阳	春，豌豆开花时节，全县降大雪，出现“倒春寒”	《旬阳县志》
		南郑	4月1～3日和4月12～13日两次霜冻，使6.34万亩春季作物受害，夏粮减产190万公斤；同时使已下种的32 450多公斤杂交稻种受损。秋季霜冻未成灾	《南郑县志》
		汉中地区	4月，南郑霜冻，夏粮、水稻育秧受害。4月1日、12日和5月6日，略阳三次降雪，41个乡镇7.75万亩小麦、油菜受害。4月12日，宁强寒流入境，气温骤降，31个公社、191个生产队7.84万亩夏季作物受灾	《汉中地区志》
		汉中、安康、商洛地区	4月1日和11～12日，全省气温急剧下降，普降雪、霜。汉中、渭南、咸阳、宝鸡等地区，小麦受灾面积4.4万公顷，占播种面积的38%，失收373公顷；油菜受灾面积3.4万公顷，占播种面积的50%。受灾地区还有安康、商洛和榆林	《中国气象灾害大典·陕西卷》
	1980	城固	3月，城固低温，仅文川乡小麦减产60多万斤	《汉中地区志》
		郧西	大风暴雪袭击，受灾7447人，受灾面积9350亩，成灾8150亩，损坏房屋1413间，伤2人	《中国气象灾害大典·湖北卷》
	1981	柞水	秋阴雨，高山秋封	《柞水县志》
		留坝	3月7日，马道、火烧店等地霜冻，大部分小麦被冻死	《留坝县志》

续表

朝代	年份	地点	灾情	资料来源
中华人民共和国45次	1981	白河	春，低温，夏旱、秋涝，成灾面积95 000余亩	《白河县志》
		旬阳	洛河公社阴历二月半到三月半阴雨，并出现严重低温。是秋，城关区低温为害	《旬阳县志》
	1982	留坝	5月12日，全县气温平均下降4.8℃，马道区早秧因霜冻死苗	《留坝县志》
		佛坪	1月24～25日，小雨夹雪，落地成黑色冰凌，俗称油光凌	《留坝县志》
		宁强	5月，宁强中坝子下雪，高寒山区作物受害	《宁强县志》
	1983	旬阳	7月前后，高山地区受到低温冻害	《旬阳县志》
		城固	3月4日，霜冻，城固部分小麦遭受冻害	《汉中地区志》
		紫阳	1983年夏，本县多雨，长期时低温。7月22日（农历六月十三），大巴山区高山地带竟然降雪半小时，成为罕见的六月雪	《紫阳县志》
	1984	柞水	4月16日，晚霜	《柞水县志》
	1986	汉中地区、安康地区	4月25日至5月1日，汉中、安康地区阴雨低温，水稻烂秧，汉中地区烂秧率20%以上，安康地区30%～40%。10月29日，勉县柑橘受冻枯死	《中国气象灾害大典·陕西卷》
	1987	留坝	4月2日，全县大雪，气温下降4℃，次日早霜，小麦、油菜大部分受害	《留坝县志》
		白河	3月31日，大雪，电话线断数10处，树、竹压折甚多	《白河县志》
		城固	3月31日，城固五里、大盘、东河、八角等乡降雪，油菜成灾5113亩	《汉中地区志》
		城固	1987年3月31日下午5～10时，二里区五里、大盘、东河、八角等乡降大雪，油菜成灾5113亩	《城固县志》
	1989	宁强	1989年1月21日夜，大雪积厚24厘米，是近30年中有记载的最大值。许多树枝被积雪压折，县境部分公路被封，车辆停驶	《宁强县志》
	1990	全省、汉中地区	1～2月，全省多雪，各地下大雪或暴雪，2月13日至23日，汉中地区因雪致使95万亩小麦、油菜受灾	《中国气象灾害大典·陕西卷》
		留坝	秋末，江口区降霜不断，小麦受害	《留坝县志》
	1991	宁强	12月23日至翌年1月10日，宁强气温18天处于－11.6℃，冻土层达8厘米，小麦、油菜、果树、苗木冻死或冻坏	《汉中地区志》
		汉中地区	12月24～30日，汉中市遭受了强寒潮袭击，致使该市适宜温暖气候的农作物、牲畜、果树、蔬菜以及群众用水管理遭受了严重的灾害损失。城固、汉台、洋县等地30%～40%橘树被冻死。夏粮作物受灾面积达55%	《中国气象灾害大典·陕西卷》

续表

朝代	年份	地点	灾　情	资料来源
中华人民共和国57次	1992	宁强	1992年7月10日，本县部分地区遭受暴风雨和冰雹袭击。冰雹直径大者50毫米，地面厚度33毫米。受灾最重的有阳平关、代家坝、大安、巴山4区14乡7339户3.37万人。直接经济损失701.6万元	《宁强县志》
	1993	留坝	春，鲜家坝、南河、柳川等乡黑霜，坡地小麦全被冻死	《留坝县志》
		南郑	1月1～3日，南郑严重低温冷冻，最低气温－8.9℃，13.29万亩小麦、油菜、蔬菜，2.38万亩果树受损，冻死牛、猪、羊132头（只），涉及全县66个乡（镇）、343村、2479组、81 332户，因雪倒房17户、47间	《汉中地区志》
	1995	留坝	秋，火烧店、闸口石乡降霜，小麦、油菜受害	《留坝县志》
	1996	陕南	3月中旬至4月下旬，全省气温持续偏低，3月下旬最低气温陕南仅1℃，安康大部分地区的极端最低气温还有0℃以下的记录。“倒春寒”使农作物发育期推迟，农事活动推后	《中国气象灾害大典·陕西卷》
	1998	陕南	3月8日，城固县高坝乡遭受冻雨袭击，电力线路结冰，压断电杆、电线。3月18到25日，全省气温剧降，持续雨雪天气，大部地区连续3～5天最低气温低于0℃，关中、陕南部分小麦、油菜、猕猴桃受冻	《中国气象灾害大典·陕西卷》
	1999	城固	12月份气温偏低出现轻度冻害	1997～2002年版《城固年鉴》
	2001	汉中地区	4月9～11日，出现多年罕见的风、雹、雨雪相加的灾害性天气，冻害造成110.9万亩农作物受灾，绝收14.2万亩。成灾42.9万人	2002年版《汉中年鉴》
		安康地区	2001年4月上旬末出现区域性寒潮天气，伴随大风、冰雹、雨夹雪等灾害性天气，造成几十年少见的雪冻灾害，使生长旺盛的小麦损失惨重，造成夏粮减产	2002年版《安康市年鉴》
		城固	4月9～11日、21～23日出现两次倒春寒，小麦、油菜秧苗冻死。造成严重农业损失	1997～2002年版《城固年鉴》
	2006	汉中地区	3月11～14日出现强倒春寒，12日由雨转雪，14日雪后霜冻；4月11～15日再次出一倒春寒。两次低温寒害使油菜、洋芋、蔬菜受灾严重，共造成经济损失8342.4万元	2007年版《汉中年鉴》
	2008	安康地区	2008年1～2月份，出现罕见的大范围低温、雨雪、冰冻天气过程，造成冬洋芋、小麦、柑橘、枣产量减少，品质下降	2009年版《安康年鉴》

注：附录1～3各县县志除特别注明版本外，其余为中华人民共和国成立后版本，为各县地方志编纂委员会所编写，具体出版信息详情请见参考文献.

参考文献

一、地方志和年鉴

安康地区年鉴编缉部.《安康地区年鉴 1993》. 安康：安康市年鉴编缉部出版，1999.

安康市地方志编纂委员会.《安康地区志》. 西安：陕西人民出版社，2004.

安康市地方志编纂委员会.《安康县志》. 西安：陕西人民教育出版社，1989.

安康市人民政府主办.《安康年鉴 2002》. 安康：安康市年鉴编缉部出版，2003.

安康市人民政府主办.《安康年鉴 2003》. 安康：安康市年鉴编缉部出版，2004.

安康市人民政府主办.《安康年鉴 2004》. 安康：安康市地方志办公室出版，2005.

安康市人民政府主办.《安康年鉴 2005》. 安康：安康市地方志办公室出版，2006.

安康市人民政府主办.《安康年鉴 2006》. 安康：安康市地方志办公室出版，2007.

安康市人民政府主办.《安康年鉴 2007》. 安康：安康市地方志办公室出版，2008.

安康市人民政府主办.《安康年鉴 2008》. 安康：安康市地方志办公室出版，2009.

安康市人民政府主办.《安康年鉴 2009》. 安康：安康市地方志办公室出版，2010.

白河县地方志编纂委员会.《白河县志》. 西安：陕西人民出版社出版.

城固县地方志编纂委员会.《城固县志》. 西安：陕西人民出版社，1994.

岚皋县志编纂委员会.《岚皋县志》. 西安：陕西人民出版社，1993.

汉中地区水利志编纂委员会.《汉中地区水利志》. 西安：陕西人民出版社，1994.

汉中市地方志办公室.《汉中年鉴 2004》. 汉中：汉中市地方志办公室，2004.

汉中市地方志办公室.《汉中年鉴》. 汉中：汉中市地方志办公室，2001～2010 年.

汉中市地方志办公室.《汉中年鉴 2003》. 西安：三秦出版社，2003.

汉中市地方志办公室.《汉中年鉴 2000》. 西安：三秦出版社，2000.

汉中市地方志编纂委员会.《汉中地区志》. 西安：三秦出版社，2005.

汉中市地方志编纂委员会.《汉中市志》. 北京：中共中央党校出版社，1994.

汉中市军事志编撰委员会.《汉中市军事志》. 西安：陕西人民出版社，2002.

勉县志编纂委员会.《勉县志》. 北京：地震出版社，1989.

南郑县地方志编纂委员会.《南郑县志》. 北京：中国人民公安大学出版社，1990.

宁陕县地方志编纂委员会.《宁陕县志》. 陕西人民出版社，1992.

宁强县志地方志编纂委员会.《宁强县志》. 西安：陕西师范大学出版社，1995.

陕西年鉴编辑部编.《陕西年鉴》1987 卷. 西安：陕西人民出版社，1988.

陕西地方志编纂委员会.《陕西省志·水利志》. 西安：陕西人民出版社. 1999.

陕西历史自然灾害简要纪实编委会.《陕西历史自然灾害简要纪实》. 北京：气象出版社，2002.

陕西省地方志编纂委员会.《陕西省志·地理志》. 西安：陕西人民出版社，2000.
陕西省地方志编纂委员会.《陕西省志·民政志》. 西安：陕西人民出版社，2003.
陕西省地方志编纂委员会.《陕西省志·气象志》. 北京：气象出版社，2001.
陕西省抗旱办公室农业气象中心.《陕西省干旱灾害年鉴（1949—1995）》. 西安：西安地图出版社，1999.
陕西省留坝县地方志纂委员会.《留坝县志》. 西安：陕西人民出版社，2002.
陕西省勉县地方志办公室.《勉县年鉴 2005—2006》. 勉县：《勉县年鉴》编缉部，2007.
陕西省勉县地方志办公室.《勉县年鉴 2003—2004》. 勉县：《勉县年鉴》编缉部，2005.
陕西省勉县史志办公室.《勉县年鉴 2000》. 勉县：勉县史志办公室，2001.
陕西省南郑县地方志办公室.《南郑年鉴 2007》. 南郑：南郑县地方志办公室，2007.
陕西省气象局气象台.《陕西省自然灾害史料》. 西安：陕西省气象局内部资料，1976.
陕西省气象局气象台.《陕西省自然灾害史料》. 1976.
陕西师范大学地理系.《安康地区地理志》. 北京：人民教育出版社，1986.
石泉县地方志编纂委员会.《石泉县志》. 西安：陕西人民出版社，1991.
商洛市地方志编纂委员会.《商洛地区志》. 北京：方志出版社，2006.
王丽.《陕西水文志》. 北京：中国水利水电出版社，2007.
温克刚.《中国气象灾害大典·湖北卷》. 北京：气象出版社，2007.
温克刚.《中国气象灾害大典·陕西卷》. 北京：气象出版社，2005.
武功地方志编纂委员会.《武功县志》. 西安：陕西人民出版社，2001.
杨武圣，王志学.《陕西省志·气象志》. 北京：气象出版社，2001.
洋县地方志编纂委员会.《洋县志》. 西安：三秦出版社，1996.
西乡县地方志编纂委员会.《西乡县志》. 西安：陕西人民出版社，1991.
旬阳县地方志编纂委员会.《旬阳县志》. 北京：中国和平出版社出版，1996.
镇安县志编纂委员会.《镇安县志》. 西安：陕西人民教育出版社，1995.
镇巴县地方志编纂委员会.《镇巴县志》. 陕西人民出版社，1996.
中共城固县委，城固县人民政府.《城固年鉴（1997—2002）》，城固：中共城固县县志办，2004.
中共洋县县委，洋县人民政府.《洋县年鉴 2002—2003，2004—2005，2006—2007》. 洋县：洋县地方志办公室，2004，2006，2008.
中国气象灾害大典编委会.《中国气象灾害大典陕西卷》. 北京：气象出版社，2005.
紫阳县地方志编纂委员会.《紫阳县志》. 西安：三秦出版社出版发行，1989.
柞水县志编纂委员会.《柞水县志》. 陕西人民出版社，1998.

二、期刊论文和论著

安康特大洪水分析小组.《汉江安康“83·7”特大洪水分析》. 水文，1986，(2)：6～12.
白开霞，查小春，黄春长，等.《汉江上游郧县庹家洲河段全新世古洪水研究》. 水土保持通报，2013，33（4）：295～301.
鲍媛媛，阿布力米提，李峰，等.《2001 年华西秋雨时空分布特点及其成因分析》. 应用气象学报，2003，14（3）：215～222.
蔡树明，陈国阶.《汉江流域可持续发展的思考》. 长江流域资源与环境，2000，9（4）：

411～418.

蔡新玲，贺皓，王繁强，等.《陕西省近47a来降水变化分析》. 中国沙漠，2010，30（2）：445～451.

蔡新玲，孙娴，乔秋文，等.《气候变化对汉江上游径流的影响》. 气候变化研究进展，2008，4（4）：220～224.

蔡新玲，吴素良，贺皓，等.《变暖背景下陕西极端气候事件变化分析》. 中国沙漠，2012，32（4）：1095～1101.

蔡运龙.《全球气候变化下中国农业的脆弱性与适应对策》. 地理学报，1996，51（3）：202～212.

曹铁华，刘亚军，蒋春姬，等.《吉林省气候变化对玉米气象产量的影响》. 玉米科学，2010，18（2）：142～145.

曹文静，李强子，蒙继华，等.《基于GIS的气温插值方法比较》. 中国农业气象，2007，28（S）：175～178.

曹银真.《古水文学及其研究方法》. 地理研究，1988，7（2）.

长江流域规划办公室水文处.《水利工程使用水文水利计算》. 北京：水利出版社，1980.

长江流域规划办公室水文局.《水文测验学术讨论论文选集》. 贵阳：贵州人民出版社，1983.

陈宝霞.《旱灾安康的忧患》. 陕西水利，1995，6：12～13.

陈德牛，高家祥.《中国经济动物志，陆生软体动物》. 北京：科学出版社，1987.

陈高庸等.《中国历代天灾人祸表》. 上海：上海书店，1986.

陈华，郭生练，郭海晋，等.《汉江流域1951—2003年降水气温时空变化趋势分析》. 长江流域资源与环境，2006，15（3）：340～345.

陈华，闫宝伟，郭生练，等.《汉江流域径流时空变化趋势分析》. 南水北调与水利科技，2008，6（3）：49～53.

陈吉阳.《中国西部山区全新世冰碛地层的划分及地层年表》. 冰川冻土，1987，9（4）：319～328.

陈家其，姜彤，许朋柱.《江苏省近两千年气候变化研究》. 地理科学，1998，（3）：219～226.

陈敬安，万国江，唐德贵，等.《洱海近代气候变化的沉积物粒度与同位素记录》. 自然科学进展，2000，10（3）：253～259.

陈骏，李峻峰，仇纲，等.《陕西洛川黄土化学风化程度的地球化学研究》. 中国科学：D辑，1997，27（5）：531～536.

陈丽化，缪昕，于众.《扫描电镜在地质上的应用》. 北京：科学出版社，1986.

陈隆勋，朱文琴，王文，等.《中国近45年来气候变化的研究》. 气象学报，1998，56（3）：257～271.

陈明彬，朱琳，郭兆夏等.《商洛市农业气候资源开发与利用》. 商洛市气象局，2005：9～11.

陈铁梅，杨全，胡秋艳等.《湖北"郧县人"化石地层的ESR测年研究》. 人类学学报，1996，15（2）：114～118.

陈文.《El Nino 和 La Nina 事件对东亚冬夏季风循环的影响》. 大气科学, 2002, 26 (5): 595～610.
陈业新.《灾害与两汉社会研究》. 上海: 上海人民出版社, 2004.
陈赞廷, 胡汝南, 张优礼.《黄河 1958 年 7 月大洪水简介》. 水文, 1981, (3): 44～47.
陈志梅, 刘兆桐, 张晓慧, 等.《青岛近百年的旱涝变化特征分析》. 海洋预报, 2006, 23 (2): 72～78.
陈志清.《黄河龙门——三门峡段河漫滩组成物质的粒度特征》. 地理学报, 1997, 52 (4): 308～315.
成爱芳, 赵景波.《武威地区清代——民国时期干旱灾害特征研究》. 干旱区资源与环境, 2012, 26 (1): 98～103.
成都地质学院.《沉积岩石学》. 北京: 地质出版社, 1980.
成都地质学院陕北队.《沉积岩 (物) 粒径分析及其应用》. 北京: 地质出版社, 1976.
池子华.《流民问题与社会控制》. 南宁: 广西人民出版社, 2001.
丛树铮, 胡四一.《洪水频率分析的若干问题》.《应用概率统计》, 1989, 5 (4): 258～388.
崔建新, 周尚哲.《4000a 前中国洪水与文化的探讨》. 兰州大学学报 (自然科学版), 2003, 39 (3): 94～97.
崔讲学, 徐双柱, 王仁乔, 等.《2005 年汉江秋汛气象水文特征分析》. 暴雨灾害, 2007, 26 (4): 289～294.
崔锦泰.《小波分析导论》. 西安: 西安交通大学出版社, 1995.
崔磊, 迟道才, 赵宏兴.《1951～2006 年丹东地区旱涝特征初步分析》. 中国农村水利水电, 2009 (7): 58～60.
崔晓军.《陕西历史自然灾害简要纪实》. 北京: 气象出版社, 2002.
崔之久, 宋长青.《内蒙大青山全新世冰缘现象及环境演变》. 冰川冻土, 1992, 14 (4): 325～331.
大气科学辞典编委会.《大气科学辞典》. 北京: 气象出版社, 1994.
代敏.《春去春又回——地球上的周期性现象探秘》. 武汉: 武汉测绘大学出版社, 1997.
戴枫年.《石英砂粒表面微结构特征的研究》. 中国沙漠, 1986, 6 (3): 20～28.
党海山.《秦巴山地亚高山冷杉 (Abiesfargesii) 林对区域气候的响应》. 中国科学院研究生院博士学位论文, 2007.
党红梅, 石明生, 王显安, 等.《安康近 50 年气候变化的初步分析》. 陕西气象, 2006: 16～18.
邓成龙, 刘青松, 潘永信, 等.《中国黄土环境磁学》. 第四纪研究, 2007, 27 (2): 193～209.
邓拓.《中国救荒史》. 北京: 北京出版社, 1998.
丁金梅, 延军平.《近 50 年陕甘宁地区气候变化特征分析》. 干旱区资源与环境, 2007, 21 (6): 124～129.
丁一汇, 任国玉.《中国气候变化科学概论》. 北京: 气象出版社, 2008.
董宁.《曹县近 50 年降水序列变化规律及干旱预测》. 现代农业科技, 2009 (4):

287～288.
窦明，谢平，夏军，等.《南水北调中线工程对汉江水华影响研究》. 水科学进展，2002，13（6）：714～718.
杜军，胡军，周保琴，等.《西藏一江两河流域作物气候生产力对气候变化的响应》. 干旱地区农业研究，2008，26（1）：141～145.
杜荣骞，《生物统计学》. 北京：高等教育出版社，1981.
费杰，侯甬坚，刘晓东，等.《基于黄土高原南部地区历史文献记录的唐代气候冷暖波动特征研究》. 中国历史地理论丛，2001，16（4）：74～81.
冯彩琴，董婕.《陕南地区近47年来气温、降水变化特征分析》. 干旱区资源与环境，2011，25（8）：122～127.
冯富强，李建军，郝苏娟，等.《气候变化对宝鸡小麦种植的影响分析》. 陕西农业科学，2007，（4）：102～103.
冯和法.《中国农村经济资料》. 上海：上海黎明书局，1935.
冯利华，陈立人.《20世纪长江的3次巨洪》. 自然灾害学报，2001，10（1）：8～11.
冯明，陈正洪，刘可群，等.《湖北省主要农业气象灾害变化分析》. 中国农业气象，2006，27（4）：343～348.
冯明，王保家，熊守权.《1998年长江大洪水与大气环流和海温异常分析》. 长江流域资源与环境，2000，9（1）：112～117.
冯佩芝，李翠金，李小泉，等.《中国主要气象灾害分析》. 北京：气象出版社，1985.
冯炎，何长春.《从汉江安康83.7特大洪水特性探讨雨洪关系》. 水利学报，1986，(7)：37～42.
符淙斌，王强.《气候突变的定义和检测方法》. 大气科学，1992，16（4）：482～493.
符涂斌，滕星林.《我国夏季的气候异常与埃尔尼诺/南方涛动现象的关系》. 大气科学，1988（特刊）：133～141.
傅朝，王毅荣.《中国黄土高原月降水对全球变化的响应》. 干旱区研究.2008，25（3）：447～451.
高国甫，李学春，王平娃，等.《黄河河口镇至龙门区间洪水特性分析》. 西北水资源与水工程，2002，13（2）：32～35.
葛本伟，黄春长，周亚利，等.《龙山文化末期泾河特大洪水事件光释光测年研究》. 第四纪研究，2010，30（2）：422～429.
葛全胜，方修琦，郑景云.《中国过去3ka冷暖千年周期变化的自然证据及其集成分析》. 地球科学进展，2002d，17（1）：96～103.
葛全胜，方修琦，郑景云.《中国历史时期温度变化特征的新认识》. 地理科学进展，2002e，21（4）：311～317.
葛全胜，方修琦，郑景云.《中国历史时期温度变化特征的新认识——纪念竺可桢〈中国过去五千年温度变化初步研究〉发表20周年》. 地理科学进展，2002a，21（4）：311～317.
葛全胜，郑景云，方修琦，等.《过去2000年中国东部冬半年温度变化》. 第四纪研究，2002c，22（2）：166～173.

葛全胜，郑景云，郝志新，等．《过去2000年中国气候变化的若干重要特征》．中国科学：地球科学，2012，42（6）：934～942.

葛全胜，郑景云，满志敏，等．《过去2000年中国东部冬半年温度变化序列重建及初步分析》．地学前缘，2002b，9（2）：169～181.

葛全胜．《中国历朝气候变化》．北京：科学出版社，2011.

葛兆帅，杨达源，李徐生，等．《晚更新世晚期以来的长江上游古洪水记录》．第四纪研究，2004，24（5）：555～560.

葛兆帅，杨达源，谢悦波，等．《沁河流域全新世特大洪水及其重现期初步研究》．自然灾害学报，2004，13：144～148.

龚子同．《中国土壤系统分类》．北京：科学出版社，1999.

顾洪亮，黄春长，周亚利，等．《汉江上游湖北段低阶地风成黄土——古土壤释光测年研究》．第四纪研究，2012，32（3）：516～526.

郭其蕴，王继琴．《中国与印度夏季风降水的比较研究》．热带气象学报，1988，4（1）：53～60.

郭维东，裴国霞，韩会玲．《水力学》．北京：中国水利水电出版社，2005.

郭永强，黄春长，庞奖励，等．《汉江旬阳至白河段万年尺度洪水流量恢复比较研究》．自然灾害学报，2014，23（3）：41～50.

郭兆元．《陕西土壤》．北京：科学出版社，1992.

郭正堂，FedoroffN，刘东生．《全新世与上次间冰期气候差异的古土壤记录》．第四纪研究，1993，13（1）：41～53.

郭正堂，Petit-MaireN，刘东生．《全新世期间亚洲和非洲干旱区环境的短尺度变化》．古地理学报，1999，1（1）：69～74.

国家文物局．《中国文物地图集·陕西分册》．西安：地图出版社，1998.

国务院新闻办公室．《1998中国大洪水》．北京：五洲传播出版社，1998.

郝高建．《黄河晋陕峡谷吴堡——延长段全新世古洪水水文学研究》．陕西师范大学博士学位论文，2012：53～102.

郝志新，葛全胜，郑景云．《过去2000年中国东部地区的极端旱涝事件变化》．气候与环境研究，2010，15（4）：388～394.

何报寅，张穗，蔡述明．《近2600年神农架大九湖泥炭的气候变化记录》．海洋地质与第四纪地质，2003，23（2）：110～115.

何佳，牛玉梅．《华北地区夏季降水变化特征和极端降水多、少年环流异常特征分析》．宁夏技术工程，2010，9（3）：197～201.

何艳芳，张哓．《陕西省1980—2006年气候变化时空特征研究》．干旱区资源与环境，2011，25（11）：59～63.

何毅，王飞，穆兴民．《渭河流域60年来气温变化特征与区域差异》．干旱区资源与环境，2012，26（9）：14～21.

何云玲，鲁枝海．《近60年昆明市气候变化特征分析》．地理科学，2012，32（9）：1119～1124.

和婉琳，徐宗学．《渭河流域近40年降水变化规律及其干旱预测》．人民黄河，2007，

1 (1)：36～38.
贺晋云，张明军，王鹏，等.《近50年西南地区极端干旱气候变化特征》. 地理学报，2011，66 (9)：1179～1190.
鹤年.《旧中国土匪揭秘》(下册). 北京：中国戏剧出版社，1998.
红梅，党海山，张全发.《汉江上游金水河流域近50年气候变化特征及其对生态环境的影响》. 长江流域资源与环境，2009，18 (5)：459～465.
胡安焱，郭生练，陈华，等.《基于小波变换的汉江径流量多时间尺度分析》. 人民长江，2006，37 (11)：61～63.
胡明思，骆承政.《中国历史大洪水》. 北京：中国书店出版社，1988.
胡汝骥，马虹，樊自立，等.《近期新疆湖泊变化所示的气候趋势》. 干旱区资源与环境，2002，16 (1)：20～27.
胡双熙，徐齐治，张维祥，等.《青藏高原东北部边缘区栗钙土的历史演变》. 土壤学报，1991，28 (2)：202～210.
湖北省文物局.《湖北省南水北调工程重要考古发现 (1)》. 北京：文物出版社，2007.
湖北省文物局.《湖北省南水北调工程重要考古发现 (2)》. 北京：文物出版社，2010.
虎亚伟，庞奖励，黄春长，等.《汉江上游郧西段全新世古洪水水文学研究》. 自然灾害学报，2012，21 (5)：55～62.
华东石油学院勘探系，基础地质，石油地质教研室.《沉积岩》. 北京：石油化学工业出版社，1977.
华东石油学院岩矿教研室.《沉积岩石学》(上册). 北京：石油工业出版社，1982.
黄朝迎，张清.《暴雨洪水灾害对公路交通的影响》. 气象，2000，26 (9)：12～14.
黄春长.《环境变迁》. 北京：科学出版社，1998.
黄春长.《渭河流域3100多年前资源退化与人地关系演变》. 地理科学，2001，21 (1)：30～35.
黄春长.《渭河流域全新世黄土与环境变迁》. 地理研究，1989，8 (1)：20～31.
黄春长，庞奖励，查小春，等.《黄河流域关中盆地史前大洪水研究——以周原漆水河谷地为例》. 中国科学D辑：地球科学，2011，41：1658～1669.
黄春长，庞奖励，陈宝群，等，《渭河流域先周——西周时代环境和水土资源退化及其社会影响》. 第四纪研究，2003，23 (4)：404～414.
黄春长，庞奖励，黄萍，等.《关中盆地西部黄土台塬全新世气候事件研究》. 干旱区地理，2002，25 (1)：10～15.
黄春长，延军平.《气候突变的哲学启示》. 自然辩证法研究，1997，13 (3)：19～22.
黄凤春，黄旭初.《湖北郧县乔家院春秋殉人墓》. 考古，2008，(4)：28～49.
黄河水利委员会.《黄河干支流主要断面1919—1960年水量、沙量计算成果》. 郑州：黄河水利委员会，1962.
黄河水利委员会勘测规划设计院.《1843年8月黄河中游洪水》. 水文，1985 (3)：57～63.
黄培华，李文森.《湖北郧县曲远河口的地貌、第四纪地层和埋藏环境》. 江汉考古，1995，(4)：3～86.

黄萍，庞奖励，黄春长.《渭北黄土台塬全新世地层高分辨率研究》. 地层学杂志，2001，25（2）：107～110.

黄臻，王建力，王勇.《长江三峡巫山第四纪沉积物粒度分布特征》. 热带地理，2010，30（1）：30～33.

黄忠恕.《长江流域历史水旱灾害分析》. 人民长江，2003，34（2）：1～3.

霍坎松.《湖泊沉积学原理》. 郑光膺译. 北京：科学出版社，1992.

佳宏伟.《清代汉江上游的气候变化与生态环境变迁之关系试探》. 安康师专学报，2004：85～90.

江立华，孙洪涛.《中国流民史·古代卷》. 合肥：安徽人民出版社，2001.

姜逢清，朱诚，穆桂金，等.《新疆洪旱灾害扩大化：人类活动影响分析》. 地理学报，2002，57（1）：57～66.

焦克勤，姚檀栋，李世杰，等，《西昆仑山32ka来的冰川与环境演变》. 冰川冻土，2000，33（3）：150～156.

鞠明库.《灾害与明代政治》. 北京：中国社会科学出版社，2011.

鞠笑生，杨贤为，陈丽娟，等.《我国单站旱涝指标确定和区域旱涝级别划分的研究》. 应用气象学报，1997，8（1）：26～33.

康兴成，程国栋，陈发虎，等.《祁连山中部公元904年以来树木年轮记录的旱涝变化》. 冰川冻土，2003，25（5）：518～525.

孔昭宸，杜乃秋，许清海，等.《中国北方全新世大暖期植物群的古气候波动》//施雅风.《中国全新世大暖期气候与环境》. 北京：科学出版社，1992.

来天成，郝宗刚.《安康"83.3"洪水灾害及防汛工作简析》. 灾害学，1991，6（3）：55～60.

赖祖铭，叶伯生.《西北地区河川径流变化及其趋势》//施雅风.《气候变化对西北华北水资源影响研究》. 济南：山东科技出版社，1995.

蓝永超，马全杰，康尔泗，等.《ENSO循环与黄河上游径流的丰枯》. 中国沙漠，2002，22（3）：262～266.

蓝勇.《唐代气候变化与唐代历史兴衰》. 中国历史地理论丛，2001，16（1）：4～16.

雷祥义.《秦岭凤州黄土研究》. 陕西地质，1998，16（2）：45～57.

雷祥义.《秦岭黄土—古土壤发育时的植被与环境》. 海洋地质与第四纪地质，2000，20（1）：73～79.

雷兴鹤，《清代甘肃陇东地区水旱灾害成因探析》. 西安石油大学学报（社会科学版），2011（5）：106～112.

李长安，黄俊华，张玉芬，等.《黄河上游末次冰盛期古洪水事件的初步研究》. 地球科学：中国地质大学学报，2002，27（4）：456～458.

李长安，张玉芬，袁胜元，等.《江汉平原洪水沉积物的粒度特征及环境意义——以2005年汉江大洪水为例》. 第四纪研究，2009，29（2）：276～281.

李长傅，彭芳草.《略论历史时期气候研究的观点与方法问题——以河南历史干旱研究为例》. 河南师大学报（自然科学版），1983，（3）：17～23.

李崇银，龙振夏.《准两年振荡及其对东亚大气环流和气候的影响》. 大气科学，1992，

16（2）：167～176.
李鼎新，赵庚申.《陕西境内汉江流域黄泥巴及其改良》. 土壤，1961（9）：46～54.
李红春，顾德隆，DortePaulse，等.《陕南石笋稳定同位素记录中的古气候和古季风信息》. 地震与地质，2000，22（S1）：63～78.
李红军，江志红，魏文寿，等.《近40年来塔里木河流域旱涝的气候变化》. 地理科学，2007，27（6）：801～807.
李虎侯.《光释光断代》. 核电子学与探测技术，2000，20（3）：217～228.
李吉均，冯兆东.《横断山脉的第四纪冰川遗迹》. 兰州大学学报，1984，（增刊）：61～72.
李军社.《汉江秋汛雨洪特性分析及对策》. 陕西水利，2010（1）：113～114.
李克让.《中国气候变化及其影响》. 北京：海洋出版社，1992.
李克让，陈育峰.《中国全球气候变化影响研究方法的进展》. 地理研究，1999，18（2）：14～23.
李明新，吕孙云，徐德龙.《汉江上游水资源量变化趋势分析》. 人民长江，2008，39（17）：49～53.
李偏，张茂恒，孔兴功，等.《近2000年来东亚夏季风石笋记录及与历史变迁的关系》. 海洋地质与第四纪地质，2010，30（4）：201～209.
李启良.《陕西安康地区新石器时代遗址调查》. 考古，1983（6）：484～495.
李庆宝.《汉江上游十大洪水气象特征分析》. 灾害学，1991，6（2）：39～44.
李庆祥，董文杰，李伟，等.《近百年中国气温变化中的不确定性估计》. 科学通报，2010，55（16）：1544～1554.
李胜利，赵景波.《渭河西安高陵耿镇历史时期古洪水研究》. 中国沙漠，2007，27（3）：379～384.
李双双，延军平，万佳.《全球气候变化下秦岭南北气温变化特征》. 地理科学，2012，32（7）：853～858.
李思悦，刘文治，顾胜，等.《南水北调中线水源地汉江上游流域主要生态环境问题及对策》. 长江流域资源与环境，2009，18（3）：275～280.
李文浩，《汉江上游流域水文特性分析》. 水资源与水工程学报，2004，15（2）：54～58.
李小燕.《陕南降水变化时空差异分析》. 陕西理工学院学报（自然科学版）. 2012，28（5）：74～77.
李小燕，任志远，张翀.《陕南气温变化的时空分布》. 资源科学，2012，34（5）：927～932.
李晓刚，黄春长，庞奖励，等.《关中西部漳水河全新世古洪水平流沉积地层研究》. 地层学杂志，2009，33（2）：198～205.
李晓刚，黄春长，庞奖励，等.《汉江上游白河段万年尺度洪水水文学研究》. 地理科学，2012，32（8）：971～978.
李晓刚，黄春长，庞奖励，等.《黄河壶口段全新世古洪水事件及其水文学研究》. 地理学报，2010，65（11）：1371～1380.
李晓刚.《黄河中游吴堡——宜川段全新世古洪水水文学研究》. 陕西师范大学硕士学位论文，2009：33～43.

李新周，刘晓东，马柱国．《近百年来全球主要干旱区的干旱化特征分析》．干旱区研究，2004，11（2）：97～103.
李燕．《古代黄河中游环境变化和灾害对于都市迁移发展的影响研究》．陕西师范大学硕士学位论文，2007：17～23.
李燕，黄春长，殷淑燕，等．《古代黄河中游的环境变化和灾害》．自然灾害学报，2007，16（6）：8～14.
李幼木．《汉江安康流域洪水规律分析及水库对安康城区的防洪作用》．科技综述，2007，（10）：37～40.
李瑜琴．《泾河流域全新世环境演变及特大洪水水文学研究》．陕西师范大学博士学位论文，2009.
李瑜琴．《泾河上游全新世黄土——古土壤序列微量元素分布特征及环境变化》．中国生态农业学报，2009，17（3）：416～422.
李瑜琴，黄春长，查小春，等．《泾河中游龙山文化晚期特大洪水水文学研究》．地理学报，2009，64（5）：541～552.
李元芳．《西汉古黄河三角洲初探》．地理学报，1994，49（6）：543～549.
李震宇，朱荫湄，王进．《杭州西湖沉积物的若干物理和化学性状》．湖泊科学，1998，10（1）：79～84.
李铮华，王玉海．《黄土沉积的地球化学记录与古气候演化》．海洋地质与第四纪地质，1998，18（2）：41～47.
李中轩，朱诚，张广胜，等．《湖北辽瓦店遗址地层记录的环境变迁与人类活动的关系研究》．第四纪研究，2008，28（6）：1145～1159.
李宗省，何元庆，辛惠娟，等．《我国横断山区 1960—2008 年气温和降水时空变化特征》．地理学报，2010，65（5）：563～579.
梁亮，夏正楷，刘德成．《中原地区距今 5000－4000 年间古环境重建的软体动物化石证据》．北京大学学报（自然科学版），2003，39（4）：532～537.
梁中效．《历史时期秦巴山区自然环境的变迁》．中国历史地理论丛，2002，17（3）：39～47.
列宁．《列宁全集》（第 55 卷）．北京：人民出版社，1990.
林而达，张厚瑄，王京华．《全球气候变化对中国农业影响的模拟》．北京：中国农业出版社，1997.
刘爱霞，卢金发．《黄河中游悬移质泥沙粒径与流域环境的关系》．地理学报，2002，57（2）：232～237.
刘东生．《黄土与环境》．北京：科学出版社，1985.
刘贵春，李彩芸，李州英．《2005 年黄河上游汛期水情分析》．甘肃水利水电技术，2006，（3）：251～252.
刘洪滨，邵雪梅．《采用秦岭冷杉年轮宽度重建陕西镇安 1755 年以来的初春温度》．气象学报，2000，58（2）：223～234.
刘洪滨，邵雪梅．《利用树轮重建秦岭地区历史时期初春温度变化》．地理学报，2003，58（6）：897～884.

刘会玉，林振山，张明阳.《建国以来中国洪涝灾害成灾面积变化的小波分析》. 地理科学，2005，25（1）：43～48.

刘建芳，查小春，黄春长，等.《汉江上游郧县尚家河段全新世古洪水水文学研究》. 水土保持学报，2013，27（2）：1～6.

刘九夫，张建云.《20世纪我国暴雨和洪水极值的变化》. 中国水利，2008，（2）：35～37.

刘俊菊，杜国云，孙祝友，等.《德州市近50a来旱涝特征分析》. 水土保持研究，2008，15（1）：173～175.

刘康利，施昌成.《1987—1989年陕西安康地区新石器时代遗址调查》. 考古，1994，（6）：509～513.

刘科，查小春，黄春长，等.《基于HEC—RAS模型的汉江上游庹家洲河段古洪水流量重建研究》. 干旱区资源与环境，2014，28（10）：184～190.

刘升发，石学法，刘焱光，等.《近2ka以来东海内陆架泥质区记录的高分辨率古气候演化》. 海洋学报，2011，33（3）：85～93.

刘思峰，郭天榜，党耀国，等.《灰色系统理论及其应用》. 北京：科学出版社，1999.

刘涛，黄春长，庞奖励，等.《汉江上游郧县五峰段史前大洪水水文学恢复研究》，地理学报，2013，68（11）：1568～1577.

刘伟，钟巍，薛积彬，等.《明清时期广东地区气候变冷对社会经济发展的影响》. 华南师范大学学报（自然科学版），2006，8（3）：134～138.

刘贤赵，张安定，李嘉竹.《地理学数学方法》. 北京：科学出版社，2009.

刘晓东，安芷生，方建刚，等.《全球气候变暖条件下黄河流域降水的可能变化》. 地理科学，2002，22（5）：513～519.

刘晓琼，刘彦随，延军平，等.《生态脆弱区多年气候变化特征分析——以陕西榆林市为例》. 干旱区资源与环境，2008，22（1）：54～59.

刘新平，刘存侠.《教育统计与测评导论》. 北京：科学出版社，2002.

刘秀铭，刘东生，Heller F，等.《中国黄土磁化率与第四纪古气候研究》. 地质科学，1992，12（增刊）：279～285.

刘秀铭，刘东生，Shaw J，等.《中国黄土磁性矿物特征及其古气候意义》. 第四纪研究，1993，13（3）：281～287.

刘雪梅，陈波，林丽红，等.《倒春寒天气对水稻烂秧的影响评估方法》. 贵州气象，2000，24（4）：22～27.

刘引鸽，李团胜.《陕西省旱涝变化研究》. 西北大学学报自然科学版，2006，36（4）：651～654.

刘禹，安芷生，Linderholm H W，等.《青藏高原中东部过去2485年以来温度变化的树轮记录》. 中国科学（D辑：地球科学），2009，39（2）：166～176.

刘月英，王耀先，张文珍，等.《南四湖贝类资源调查》. 贝类学论文集（第二辑）. 北京：科学出版社，1986：71～76.

卢修富.《安康市水文特性》. 水资源与水工程学报，2009，8（4）：154～157.

卢越，查小春，黄春长，等.《汉江上游东汉时期洪水事件的文献记录》. 干旱区研究，

2014，31（3）：489～494.

鲁西奇.《历史时期汉江流域农业经济区的形成与演变》. 中国农史.1999（1）：35～45.

陆桂荣，郑美琴，袁安芳，等.《日照市旱涝变化特征分析》. 中国农业气象，2009，30（3）：436～439.

陆宏英，汪志国，吴成泽.《民国时期安徽淮河流域自然灾害的社会影响》. 池州学院学报，2009，23（5）：110～115.

鹿化煜，安芷生.《黄土高原红粘土与黄土古土壤粒度特征对比：红粘土风成成因的新证据》. 沉积学报，1999，（2）：226～232.

鹿化煜，安芷生.《黄土高原黄土粒度组成的古气候意义》. 中国科学：D辑，1998，28（3）：278～283.

鹿化煜，安芷生.《洛川黄土记录的最近2500ka东亚冬夏季风变化周期》. 地质评论，1998，44（5）：553～558.

鹿化煜，安芷生.《洛川黄土粒度组成的古气候意义》. 科学通报，1997，42（1）：66～69.

鹿化煜，安芷生，杨文峰.《洛川黄土序列时间标尺的初步建立》. 高校地质学报，1996，2（2）：230～236.

鹿化煜，张红艳，王社江，等.《东秦岭南洛河上游黄土地层年代的初步研究及其在旧石器考古中的意义》. 第四纪研究，2007，27（4）：559～567.

鹿化煜，周亚利，Mason J，等.《中国北方晚第四纪气候变化的沙漠与黄土记录——以光释光年代为基础的直接对比》. 第四纪研究，2006，26（6）：888～894.

吕光圻，任齐.《黄河"89.7"暴雨洪水简析》，人民黄河，1990（2）：21～25.

吕厚远，韩家懋，等.《中国现代土壤磁化率分析及其古气候意义》. 中国科学（B），1994，24（1）：1290～1297.

骆承政.《中国历史大洪水资料调查资料汇编》. 北京：中国书店，2006.

马春梅，朱诚，郑朝贵.《晚冰期以来神农架大九湖泥炭高分辨率气候变化的地球化学记录研究》. 科学通报，2008，53（11）：26～37.

马开玉，丁裕国，屠其璞.《气象统计原理与方法》. 北京：气象出版社，1993.

马龙，吴敬禄.《新疆湖泊沉积记录的气候水文变化及其环境效应》. 干旱区研究，2009，26（6）：786～791.

马文进，李鹏，任小风，等.《黄河中游府谷——吴堡区间水温特性分析》. 水文，2002，22（5）：59～61.

马文升.《为思想预防事疏陈子龙》.《明经世文编卷62》. 北京：中华书局，1962.

马玉改，黄春长，周亚利.《汉江上游尚家河段全新世古洪水事件光释光测年研究》. 沉积学报，2014，32（2）：306～313.

满志敏.《黄淮海平原历史气候变化》//邹逸麟.《黄淮海平原历史地理》. 合肥：安徽教育出版社，1993.

满志敏，张修桂.《中国东部中世纪温暖期的历史证据和基本特征的初步研究》，张兰生.《中国生存环境历史演变规律研究（一）》. 北京：海洋出版社，1993.

毛成本，杨飞，朱前斌.《安康市2011年"9.19"暴雨洪水分析》. 陕西水利，2012（1）：

23～26.
毛明策.《近百年来关中平原旱涝震荡多尺度分析》. 水土保持研究，2010，17（3）：40～43.
毛沛妮，庞奖励，黄春长，等.《汉江上游郧西段归仙河口剖面全新世古洪水事件研究》，水土保持通报，2014，28（2）：306～312.
毛泽东.《毛泽东选集》（第1卷）. 北京：人民出版社，1991.
茅盾.《茅盾说神话》. 上海：上海古籍出版社，2000.
宁向玲，董婕，延军平.《陕西省60a气温时空变化特征》. 干旱气象，2011，29（4）：455～460.
农业气象卷编委会.《中国农业百科全书农业气象卷》. 北京：农业出版社，1986.
庞奖励，黄春长，查小春，等.《关中地区“塿土”诊断层的形成过程及意义探讨》. 中国农业科学，2008，41（4）：1064～1072.
庞奖励，黄春长. 2003.《青藏高原冰芯记录与黄土堆积和深海沉积对比》. 高原气象，2000，19（4）：504～511.
庞奖励，黄春长. 2003.《一万年以来西安地区古土壤特征与气候波动变化研究》，高原气象，22（1）：79～83.
庞奖励，黄春长，查小春，等.《汉江上游谷地全新世风成黄土及其成壤改造特征》. 地理学报，2011，66（11）：1562～1573.
庞奖励，黄春长，刘安娜，等.《黄土高原南部全新世黄土—古土壤序列若干元素分布特征及意义》. 第四纪研究，2007，27（3）：357～364.
庞奖励，张旭，黄春长，等.《黄土高原南缘风尘堆积与现代土壤发育的关系研究》. 沉积学报，2007，25（3）：417～423.
庞文保.《陕西汉中盆地水稻倒春寒几种预防方法的比较研究》. 中国农业气象，1999，20（2）：52～54.
彭广，刘立威，刘敏，等.《洪涝》. 北京：气象出版社，2003：1～12.
彭维英，殷淑燕，刘晓玲，等.《汉江上游安康市近50年旱涝特征分析》. 江西农业学报，2011，23（5）：144～148.
彭祖厚.《陕西省安康专区的黄泥巴》. 土壤通报，1962（5）：30～36.
仇立慧，黄春长.《黄河中游古代瘟疫与环境变化的关系及其对城市发展影响研究》. 干旱区资源与环境，2007，21（4）：37～41.
钱锦霞，赵桂香，李芬，等.《晋中市近40年气候变化特征及其对玉米生产的影响》. 中国农业气象，2006，27（2）：125～129.
乔晶，庞奖励，黄春长，等.《汉江上游郧县段全新世古洪水滞流沉积物特征》，地理科学进展，2012，31（11）：1467～1474.
乔晶，庞奖励，黄春长，等.《汉江上游郧县前坊段全新世古洪水水文学研究》. 长江流域资源与环境，2012，21（5）：533～539.
乔来禄，高治定，慕平.《黄河小浪底河段古洪水期行洪断面的论证》. 人民黄河，1998，20（8）：8～11.
秦大河，陈振林，罗勇，等.《气候变化科学的最新认知》. 气候变化研究进展，2007，

3 (2): 63～73.

丘华昌.《试论鄂北豫西南黄褐土的某些发生学特征》. 华中农学院学报, 1984 (4): 46～57.

屈振江, 鲁渊平, 雷向杰.《陕西近45a各季气温和降水异常时空特征分析》. 干旱区资源与环境, 2010, 24 (7): 110～114.

任国玉.《科尔沁沙地东南缘近3000年来植被演化与人类活动》. 地理科学, 1999, 19 (1): 42～48.

任国玉, 封国林, 严中伟.《中国极端气候变化观测研究回顾与展望》. 气候与环境研究, 2010, 15 (4): 337～353.

任国玉, 郭军, 徐铭志, 等.《近50年中国地面气候变化基本特征》. 气象学报, 2005, 63 (6): 942～956.

任国玉, 张兰生.《科尔沁沙地麦里地区晚全新世植被变化》. 植物学报, 1997, 39 (4): 353～362.

任明达, 缪昕.《石英砂表面的微结构: 一种沉积环境标志》. 地质论评, 1984, 30 (1): 36～41.

任明达, 王乃梁.《现代沉积环境概论》. 北京: 科学出版社, 1981.

荣风聪, 徐德龙.《丹江口水利枢纽对汉江中下游防洪影响分析》. 人民长江, 1998, 29 (3): 14～16.

陕西省地情网地情资料库. http: //www. sxsdq. cn/dqzlk/index. htm.

邵天杰, 赵景波.《关中平原近200年来洪涝灾害研究》. 干旱区研究, 2008, 25 (1): 41～46.

邵晓华, 汪永进, 程海, 等.《全新世季风气候演化与干旱事件的湖北神龙架石笋记录》. 科学通报, 2006, 51 (1): 80～86.

邵晓梅, 许月卿, 严昌荣.《黄河流域降水序列变化的小波分析》. 北京大学学报 (自然科学版), 2006, 42 (4): 503～509.

沈长云.《论禹治洪水真象兼论夏史研究诸问题》. 史学月刊, 1994 (6): 71～77.

沈大军, 刘昌明, 陈传友.《南水北调中线工程对汉江中下游的影响分析》. 地理学报, 1996, 51 (5): 426～430.

沈桂环, 李军社.《汉江上游“2010.7”特大暴雨洪水分析》. 资源环境, 2011, 4 (3): 66～68.

沈浒英, 匡奕煜, 訾丽.《2010年长江暴雨洪水成因及与1998年洪水比较》. 人民长江, 2011, 42 (6): 11～14.

沈玉昌.《汉水河谷的地貌及其发育历史》. 地理学报, 1956, 22 (4): 295～321.

施雅风.《中国冰川与环境》. 北京: 科学出版社, 2000.

施雅风, 姜彤, 苏布达, 等.《1840年以来长江大洪水演变与气候变化关系初探》. 湖泊科学, 2004, (4): 289～297.

施雅风, 孔昭宸, 王苏民, 等.《中国全新世大暖期的气候波动与重要事件》. 中国科学: B辑, 1992, (12): 1300～1308.

施雅风, 孔昭宸, 王苏民, 等.《中国全新世大暖期气候与环境的基本特征》//施雅风,孔昭宸．中国全新世大暖期气候与环境．北京：海洋出版社，1992.
施雅风，沈永平，胡汝骥．《西北气候由暖干向暖湿转型的信号、影响和前景初步探讨》．冰川冻土，2000，24（3）：219～226.
施雅风，沈永平，李栋梁，等．《中国西北气候由暖干向暖湿转型的特征和趋势探讨》．第四纪研究，2003，23（2）：152～164.
施雅风，姚檀栋，杨保．《近2000a古里雅冰芯10a尺度的气候变化及其与中国东部文献记录的比较》．中国科学：D辑，1999，29（增1）：79～86.
石建省，石迎春，等．《黄土堆积序列“高温烧失量”指标对古气候演化的指示意义》．地理学与国土研究，2002，18（4）：104～106.
史辰羲，莫多闻，刘辉，等．《江汉平原北部汉水以东地区新石器晚期文化兴衰与环境的关系》．第四纪研究，2010，30（2）：335～343.
史辅成，易元俊，高治定．《1933年8月黄河中游洪水》．水文，1984，（6）：55～58.
史辅成，易元俊，慕平．《黄河历史洪水调查、考证和研究》．郑州：黄河水利出版社，2002：43～123.
水利部水文司．《中国水文志》．北京：中国水利水电出版社，1997.
水运技术词典编辑委员会．《水运技术词典》，《港口与航道工程分册》．北京：人民交通出版社，1987.
宋佃星，延军平，马莉．《近50年来秦岭南北气候分异研究》．干旱区研究，2011，28（3）：492～498.
宋连春，邓振镛，董安祥，等．《干旱》．北京：气象出版社，2003.
宋正海．《中国古代重大自然灾害和异常年表总集》．广州：广东教育出版社，1992.
苏连璧．《汉江洪水成因及其出现规律》．人民长江，1981（4）：82～87.
苏留新．《民国时期河南水旱灾害与乡村社会》．郑州：黄河水利出版社，2004.
隋玉柱．《黄土不同指标的古环境意义探讨》．中国沙漠，2006，26（1）：14～19.
孙本文．《现代中国社会问题》（第三册）．北京：商务印书馆，1943.
孙东怀，安芷生，吴锡浩，等．《最近150ka黄土高原夏季风气候格局的演化》．中国科学（D辑），1996，26（5）：417～422.
孙东怀，鹿化煜，David Rea，等．《中国黄土粒度的双峰分布及其古气候意义》．沉积学报，2000，18（3）：327～334.
孙建中．《黄土学》．香港：香港考古学会，2005.
孙莉英，毛小苓，黄铮，等．《洪水灾害对区域可持续发展的长期影响分析》．北京大学学报，2009（2）：121～129.
孙然好，潘保田，牛最荣，等．《河西走廊近50年来地表水资源时间序列的小波分析》．干旱区地理，2005，28（4）：455～459.
孙荣强．《干旱定义及其指标评述》．灾害学，1994，9（1）：17～21.
孙素梅，黄春长，庞奖励，等．《黄土地区河谷全新世古洪水平流沉积物特征研究》．土壤通报，2009，40：72～76.
孙耀峰，高会杰，王少杰，等．《倒春寒对小麦的危害及预防措施》．种业导刊，2010，（5）．

孙中山.《孙中山全集》(第二卷). 北京：中华书局，1982.

谭亮成，安芷生，蔡演军，等.《4.2kaBP气候事件在中国的降雨表现及其全球联系》. 地质论评，2008，54 (1)：95～104.

谭作刚.《清代汉江上游地区的移民、农业垦殖与自然环境的恶化》. 中国农史，1986 (4)：1～10.

唐克丽，贺秀斌.《黄土高原全新世黄土——古土壤演替及气候演变的再研讨》. 第四纪研究，2004，24 (2)：129～139.

唐启义，冯明光.《使用统计分析及其DPS数据处理系统》. 科学出版社，2002.

陶诗言，陈隆勋.《夏季亚洲大陆上空大气环流的结构》. 气象学报，1957，23 (3)：234～247.

陶诗言，张庆云.《亚洲冬夏季风对ENSO事件的响应》，大气科学，1998，22 (4)：399～407.

陶卫宁.《历史时期陕南汉江走廊人地关系地域系统研究》陕西师范大学博士论文. 2000：1～224.

田培栋.《明清时代陕西社会经济史》. 北京：首都师范大学出版社，2000.

童国榜，吴锡浩，童琳，等.《太白山最近1000年的孢粉记录与古气候重建尝试》. 地质力学学报，1998，4 (4)：58～63.

童国榜，张俊牌，范淑贤，等.《秦岭太白山顶近千年来的环境变化》. 海洋地质与第四纪地质，1996，16 (4)：95～104.

涂荣玲，陈菊秀.《丹江口水库前后期和丹碾区间设计洪水》. 人民长江，1987 (11)：40～46.

万红莲，黄春长，查小春，等.《渭河宝鸡峡全新世古洪水事件研究》. 陕西师范大学学报(自然科学版)，2010，38 (2)：77～80.

万红莲，黄春长，庞奖励，等.《渭河宝鸡峡全新世特大洪水水文学研究》. 第四纪研究，2010，30 (2)：430～440.

汪竟生.《前冬高原东部冷暖的环流特征与汉江上游地区的"秋封"》. 陕西气象，1983，(3)：7～11.

汪卫国，冯兆东，李心清，等.《蒙古北部Gun Nuur湖记录的全新世气候突发事件》. 科学通报，2004，49 (1)：27～33.

汪志国. 近代安徽：《自然灾害重压下的乡村社会》. 合肥：安徽人民出版社，2008.

王宝灵.《中国西北地区6月降水量最近30年明显递增》. 气象，1997，23 (6)：37～39.

王超然.《1904年7月黄河上游及川西北洪水》. 水文，1986，(4)：51～54.

王充.《论衡注释》(第二卷). 北京大学历史系《论衡》注释小组. 北京：中华书局，1979.

王二虎，仝文伟，鲁建立，等.《开封市近60年来旱涝发生规律及对农业影响的分析》. 河南科学，2010，28 (8)：941～944.

王国安.《关于我国水库的防洪标准问题》. 水利学报，2002，12：22～25.

王国庆，张建云，贺瑞敏，等.《黄河兰州上游地区降水、气温变化及趋势诊断》. 干旱区资源与环境，2009，23 (1)：77～81.

王海军，张勃，赵传燕，等.《中国北方近 57 年气温时空变化特征》. 地理科学进展，2009，28（4）：643～650.
王恒松.《汉江上游和渭河流域全新世沉积物光释光测年研究》. 陕西师范大学博士学位论文，2012a：14～19.
王恒松，黄春长，周亚利，等.《关中西部千河流域全新世古洪水事件光释光测年研究》. 中国科学 D 辑：地球科学，2012c，42（3）：390～401.
王恒松，黄春长，周亚利，等.《渭河咸阳段全新世古洪水事件光释光测年研究》. 沉积学报，2012b，30（2）：346～355.
王红亚，石元春，于澎涛，等.《河北平原南部曲周地区早、中全新世冲积物的分析及古环境状况的推测》. 第四纪研究，2002，22（4）：381～393.
王晖.《尧舜大洪水与中国早期国家的起源》. 陕西师范大学学报，2005，34.
王建林，林日暖.《中国西部农业气象灾害》. 北京：气象出版社，2003.
王劲松，费晓玲，魏锋.《中国西北近 50a 来气温变化特征的进一步研究》. 中国沙漠，2008，28（4）：724～732.
王娟，黄春长，庞奖励，等.《渭河下游全新世古洪水滞留沉积物研究》. 水土保持通报，2011，31（5）：1～6.
王丽娟，庞奖励，黄春长，等.《甜水沟全新世黄土——古土壤序列风化程度及意义》. 地理科学进展，2011，30（3）：379～384.
王龙升，黄春长，庞奖励，等.《汉江上游旬阳段古洪水水文学研究》. 陕西师范大学学报（自然科学版），2012，40（1）：88～93.
王龙升，黄春长，庞奖励，等.《旬阳东段汉江全新世古洪水研究》. 地理科学进展，2012b，31（9）：1141～1148.
王娜，孙娴，蔡新玲，等.《安康水库蓄水前后上游气候变化特征》. 气象科技，2010，38（5）：649～653.
王鹏祥.《西北地区干湿演变及其成因分析》. 南京信息工程大学博士学位论文，2008：24～98.
王巧萍.《重庆移民会馆产生和兴盛的原因探析》. 重庆工商大学学报（社会科学版），2005，（22）.
王清.《大禹治水地理背景》. 中原文物，1999，（1）：34～42.
王庆斋，马晓.《1997—08 黄河洪水气象成因分析》. 河南气象，1999，（2）：10～11.
王善序，陈剑池，荣风聪.《论适线法在洪水频率分析中的应用》. 水文，1992，12（6）：3～10.
王绍武.《近百年气候变化与变率的诊断研究》. 气象学报，1994，52（3）：261～273.
王绍武.《小冰期气候的研究》. 第四纪研究，1995（3）：202～212.
王绍武.《中国小冰期的气候》. 第四纪研究，1998，18（1）：54～64.
王绍武，蔡静宁，朱锦红.《中国气候变化的研究》. 气候与环境研究，2002，7（2）：137～145.
王绍武，龚道溢.《对气候变暖问题争议的分析》. 地理研究，2001，20（2）：153～160.
王绍武，龚道溢.《全新世几个特征时期的中国气温》. 自然科学进展，2000，10（4）：

325～332.

王绍武，叶谨林.《近百年全球气候变暖的分析》. 大气科学，1995，19（5）：545～553.

王寿森.《陕西历史自然灾害简要纪实》. 北京：气象出版社，2002.

王苏民，王富葆.《全新世气候变化的湖泊记录》//施雅风.《中国全新世大暖期气候与环境》. 北京：海洋出版社，1992.

王威，陈敏.《2005 年汉江"10.3"洪水调度思考》. 人民长江，2006，37（8）：105～108.

王巍.《公元前 2000 年前后我国大范围文化变化的原因探讨》. 考古，2004.1：67～77.

王夏青，黄春长，庞奖励，等.《北洛河宜君段全新世古洪水滞流沉积层研究》. 海洋地质与第四纪地质.2011，31（6）：137～146.

王夏青，黄春长，庞奖励，等.《黄河壶口至龙门段全新世古洪水滞流沉积物研究》. 土壤通报，2011，42（4）：781～787.

王晓喆，延军平，李长献.《El Nino/La Nina 事件对许昌气候的影响》. 江西农业学报，2010，22（10）：89～92.

王旭仙，武麦凤，吕俊杰，等.《2005 年渭河、汉江流域一次致洪暴雨过程浅析》. 灾害学，2007，22（3）：68～71.

王学琪.《汉江上游流域暴雨洪水特征》. 陕西水利，1988（1）：26～33.

王燕，王润元，王毅荣，等.《近 37 年甘肃省夏季旱涝特征分析》. 干旱地区农业研究，2009，27（3）：214～220.

王颖，〔加〕B. 迪纳瑞尔.《石英砂表面结构模式图集》，1～3，北京：科学出版社，1985.

王永炎，滕志宏，岳乐平.《黄土中石英颗粒表面结构与中国黄土的成因》. 地理学报，1982，37（1）：35～40.

王云，魏复盛.《土壤环境元素化学》. 北京：中国环境科学出版社，1995.

王志伟，翟盘茂.《中国北方近 50 年干旱变化特征》. 地理学报，2003，58（增刊）：61～68.

韦玉春，黄春长，孙根年.《汉中盆地全新世沉积物成因研究》. 干旱区地理，2000，23（1）：37～43.

卫金容.《汉江上游区域枯季径流预报研究》. 陕西水利，2010（2）：129～130.

魏凤英.《现代气候统计诊断预测技术》. 北京：气象出版社，1999.

文启忠.《中国黄土地球化学》. 北京：科学出版社，1989.

文杨，黄春长，庞奖励，等.《关中盆地黄土剖面古洪水平流沉积物鉴别研究》. 干旱区资源环境，2008，22（6）：90～94.

吴忱，许清海，马永红，等.《黄河下游河道变迁的古河道证据及河道整治研究》. 历史地理，2001，上海人民出版社.

吴国雄，孟文.《赤道印度洋——太平洋地区海气系统的齿轮式耦合和 ENSO 事件Ⅰ. 资料分析》. 大气科学，1998，22（4）：470～480.

吴风声，梁宗锁.《秦岭山区玉米秋封灾害简析》. 灾害学，1992，7（1）：95～96.

吴宏岐，党安荣.《隋唐时期气候冷暖特征与气候波动》. 第四纪研究.1998（1）：

31～38.

吴乃琴，裴云鹏，吕厚远，等.《黄土高原35万年来冬、夏季风变化周期的差异——陆生蜗牛化石的证据》. 第四纪研究，2001，21（6）：540～550.

吴帅虎，庞奖励，黄春长，等.《汉江上游郧县辽瓦店全新世古洪水研究》. 水土保持通报，2012，32（6）：182～186.

吴文晖.《灾荒下中国农村人口与经济之动态》. 中山文化教育纪馆季刊，1937，4（1）：47.

吴文祥，葛全胜.《夏朝前夕洪水发生的可能性及大禹治水真相》. 第四纪研究，2005，25（6）：741～749.

吴文祥，刘东生.《4000aB. P. 前后东亚季风变迁与中原周围地区新石器文化的衰落》. 第四纪研究，2004，24（3）：278～284.

吴月英，彭丽功.《长江入海悬移质泥沙粒度与流量、含沙量的关系》. 泥沙研究，2005，（1）：26～32.

吴忱.《古河道与古水文：兼谈海河平原的古洪水》//《华北平原古河道研究论文集》. 北京：中国科学技术出版社，1991.

武汉水利电力学院水力学教研室.《水力学》. 北京：高等教育出版社，1986.

夏明方.《民国时期自然灾害与乡村社会》. 北京：中华书局，2000.

夏商周断代工程专家组.《夏商周断代工程1996—2000年阶段成果报告（简本）》. 北京：世界图书出版公司，2000.

夏玉梅.《大小兴安岭高位泥炭孢粉记录及泥炭发育和演替过程研究》. 地理科学，1996，16（4）：337～344.

夏玉梅，汪佩芳.《密山杨木3000多年来气候变化的泥炭记录》. 地理研究，2000，19（1）：53～59.

夏正楷，王赞红，赵青春.《我国中原地区3500aBP前后的异常洪水事件及其气候背景》. 中国科学（D辑：地球科学），2003，33（9）：881～888.

夏正楷，杨晓燕.《我国北方4kaB. P. 前后异常洪水事件的初步研究》. 第四纪研究，2003，23（6）：667～674.

向文英.《工程水文学》. 重庆：重庆大学出版社，2003.

萧正洪.《环境与技术选择——清代中国西部地区农业技术地理研究》. 北京：中国社会科学出版社，1998.

谢义炳.《中国夏半年几种降水天气系统的分析研究》. 气象学报，1956，7（1）：1～23.

谢又予.《沉积地貌分析》. 北京：海洋出版社，2000.

谢又予，崔之久，李洪云.《扫描电镜下石英砂的表面结构特征及其地质解译》. 石油与天然气地质，1981，2（1）：66～74.

谢远云，李长安，王秋良，等.《江汉平原近3000年来古洪水事件的沉积记录》. 地理科学，2007，27（1）：81～84.

谢悦波，费宇红，沈起鹏.《古洪水平流沉积与水位》. 地球学报，2001，22（4）：320～323.

谢悦波，姜红涛.《古洪水研究：挖掘河流大洪水的编年史》. 南京大学学报：自然科学版，2001，37（3）：390～395.
谢悦波，王井泉，李里．《2360aBP古洪水对小浪底设计洪水的作用》．水文，1998，6：18～23.
谢悦波，王文辉，王平．《古洪水平流沉积粒度特征》．水文，2000，20（4）：18～20.
谢悦波，杨达源．《古洪水平流沉积基本特征》．河海大学学报，1998，26（6）：5～10.
谢悦波，张素亭，毕东生．《古洪水行洪断面面积的估算》．河海大学学报，1999，27（5）：8～11.
新华报业网，http：//news. xhby. net/system/2010/07/19/010795657. shtml. 2010-07-19.
熊炳恒，陈凡．《陕西境内汉江上游水文特性》．西北水力发电，1987，3（1）：7～13.
熊毅，李庆逵．《中国土壤》．北京：科学出版社，1987.
徐建华．《现代地理学中的数学方法》，第2版．北京：高等教育出版社，2002.
徐叔鹰，张维信，徐德馥．《青藏高原东北边缘地区冰缘发展探讨》，冰川冻土，1984，6（2）：15～25.
徐伟，刘茂，杨杰，等．《基于HEC-RAS的淮河淮南段洪水漫顶风险分析》．长江科学院院报，2011，28（7）：13～18.
徐馨，何才华，沈志达，等．《第四纪环境研究方法》．贵阳：贵阳科技出版社，1992.
徐旭生．《中国古史的传说时代》．北京：文物出版社，2003.
徐兆生．《丹江口水库流域地形及建库后对降水的影响》．地理学与国土研究，1986，2（2）：57～64.
徐志仿，徐铜，浦前超．《丹江口库区及上游水资源保护与管理》．人民长江，2011，42（2）：16～20.
徐宗学，张楠．《黄河流域近50年降水变化趋势分析》．地理研究，2006，1（1）：27～34.
许洁，黄春长，庞奖励，等．《汉江上游安康东段全新世古洪水沉积学与水文学研究》．湖泊科学，2013，25（3）：445～454.
许靖华．《太阳、气候、饥荒和民族大迁移》．中国科学（D辑），28（4）：366～384.
许清海，肖举乐，中村俊夫，等．《孢粉记录的岱海盆地1500年以来气候变化》．第四纪研究，2004，24（3）：341～347.
薛平栓．《陕西历史人口地理》．北京：人民出版社，2001.
延军平．《渭河谷地的气候干暖化与未来趋势》．环境科学，1999，20（2）：85～87.
延军平，黄春长．《ENSO事件对陕西气候影响的统计分析》．灾害学，1998，13（4）：38～42.
延军平，黄春长，陈瑛．《跨世纪全球环境问题及行为对策》．北京：科学出版社．
延军平，郑宇．《秦岭南北地区环境变化响应比较研究》．地理研究，2001，20（5）：576～682.
闫军辉，延军平．《全球气候变化下秦岭南北气候生产力时空对比研究》．农业现代化研究，2009，30（5）：587～590.
阎桂林．《湖北"郧县人"化石地层的磁性地层学初步研究》．地球科学——中国地质大学学报，1993，18（2）：221～226.

杨达源，谢悦波.《古洪水平流沉积》. 沉积学报，1997，15（3）：29～32.

杨达源，谢悦波.《黄河小浪底段古洪水沉积与古洪水水位的初步研究》. 河海大学学报，1997，25（3）：86～89.

杨晓华，杨小利.《基于 Z 指数的陇东黄土高原干旱特征分析》. 干旱地区农业研究，2010，28（3）：248～253.

杨晓燕，夏正楷，崔之久.《黄河上游全新世特大洪水及其沉积特征》. 第四纪研究，2005，25（1）：80～85.

杨永德，邹宁，郭希望，等.《汉东白河水文站设计洪水分析计算》. 水资源研究，1997，18（3）：36～38.

姚鲁烽.《全新世以来永定河洪水的发生规律》. 地理研究，1991，10（3）：59～67.

姚平，黄春长，庞奖励，等.《北洛河中游黄陵洛川段全新世古洪水研究》. 地理学报，2008，63（11）：1198～1206.

姚檀栋，王宁练.《冰芯研究的过去、现在和未来》. 科学通报，1997，42（3）：225～230.

姚玉璧，肖国举，王润元，等.《近 50 年来西北半干旱区气候变化特征》. 干旱区地理，2009，32（2）：159～165.

叶植.《湖北郧县西峰汉墓群发掘简报》. 江汉考古，2011，4：39～56.

殷春敏，邱维理，李容全.《全新世华北平原古洪水》. 北京师范大学学报（自然科学版），2001，37（2）：280～284.

殷淑燕，黄春长.《汉江上游近 50a 来降水变化与暴雨洪水发生规律》. 水土保持通报，2012a，32（1）：19～25.

殷淑燕，黄春长.《两汉时期长安与洛阳都城水旱灾害对比研究》. 自然灾害学报，2008，17（4）：66～71.

殷淑燕，黄春长，查小春.《论极端性洪水灾害与全球气候变化——以汉江和渭河洪水灾害为例》，自然灾害学报，2012b，21（5）：41～48.

殷淑燕，黄春长，仇立慧等.《历史时期关中平原水旱灾害与城市发展》. 干旱区研究，2007，24（1）：77～82.

殷淑燕，黄春长，仇立慧，等.《关中地区历史时期蝗灾统计及其影响浅析》. 干旱区资源与环境，2006，20（5）：159～162.

殷淑燕，黄春长，延军平.《陕西渭北旱塬近 43 年气候暖干化研究》. 陕西师范大学学报（自然科学版），2000，28（1）：119～122.

殷淑燕.《近 40 年秦岭南北地区气候变化及与 El Nino/La Nina 事件相关性分析》. 山地学报，2002，20（4）：110～113.

殷淑燕，王海燕，王德丽，等.《陕南汉江上游历史洪水灾害与气候变化》. 干旱区研究，2010，27（4）：522～527.

尹云鹤，吴绍洪，陈刚.《1961—2006 年我国气候变化趋势与突变的区域差异》. 自然资源学报，2009，24（12）：2147～2157.

于成龙，张海林，刘丹.《黑龙江省极端温度时空演变特征分析》. 东北林业大学学报，2008，36（10）：33～36.

余克服．《南海珊瑚礁及其对全新世环境变化的记录与响应》．中国科学：地球科学. 2012，42（8）：1160～1172.

俞平伯．《俞平伯散文杂论编》．上海：上海古籍出版社，1990.

俞伟超．《龙山文化与良渚文化衰变的奥秘》．文物天地，1992，(3)：9～11.

郁科科，赵景波，罗大成．《河西走廊明清时期旱灾与干旱气候事件》．干旱区研究，2011，28（2）：288～293.

袁宝印，邓成龙，吕金波，等．《北京平原晚第四纪堆积期与史前大洪水》．第四纪研究，2002，22（5）：474～481.

袁嘉祖．《灰色系统理论及其应用》．北京：科学出版社，1991.

袁珂、《中国神话通论》，成都：巴蜀书社，1991.

袁林．《西北灾荒史》．兰州：甘肃人民出版社，1994.

袁胜元，赵新军．《古洪水事件的判别标志》．地质科技情报，2006，25（4）：55～58.

岳乐平，杨利荣，李智佩，等．《西北地区干枯湖床沉积粒度组成与东亚沙尘天气》．沉积学报，2004，22（2）：325～331.

臧增亮，包军，赵建宇，等．《ENSO对东亚夏季风和我国夏季降水的影响研究进展》．解放军理工大学学报（自然科学版)，2005，6（4）：394～398.

翟盘茂，李晓燕，任福民．《厄尔尼诺》．北京：气象出版社，2003.

翟盘茂，潘晓华．《中国北方近50年温度和降水极端事件变化》．地理学报，2003，58：1～10.

詹道江，谢悦波．《古洪水研究》．北京：中国水利水电出版社，2001.

詹道江，谢悦波．《洪水计算的新进展：古洪水研究》．水文，1997（1）：1～6.

詹道江，叶守泽．《工程水文学》．北京：中国水利水电出版社，2000.

展望，杨守业，刘晓理，等．《长江下游近代洪水事件重建的新证据》．科学通报，2010，55（19）：1908～1913.

张爱民，马晓群，杨太明，等．《安徽省旱涝灾害及其对农作物产量影响》．应用气象学报．2007（5）：619～626.

张波，冯风，张纶，等．《中国农业自然灾害史料集》．西安：陕西科学技术出版社，1994.

张冲，赵景波．《厄尔尼诺/拉尼娜事件对长江流域气候的影响研究》．水土保持通报，2011，31（3）：1～13.

张冲，赵景波，罗小庆，等．《近60年ENSO事件与甘肃气候灾害相关性研究》，干旱区资源与环境，2011，25（11）：106～113.

张春林，赵景波，牛俊杰．《山西黄土高原近50年来气候暖干化研究》．干旱区资源与环境，2008，22（2）：70～74.

张春霞，张茂恒，李偏，等．《2592～1225a B. P. 湖北神农架石笋氧同位素记录及区域气候意义》．地理科学，2010，30（6）：950～954.

张存杰，王宝灵，刘德祥，等．《西北地区旱涝指标的研究》．高原气象，1998，17（4）：381～389.

张德二．《我国中世纪温暖期气候的初步研究》．第四纪研究，1993，(1)：7～15.

张德二.《中国三千年气象记录总集（3～4集）》. 南京：江苏教育出版社，2004.
张洪刚，王辉，徐德龙，等.《汉江上游降水与径流变化趋势研究》. 长江科学院院报，2007，24（5）：27～30.
张家富，莫多闻，夏正楷，等.《沉积物的光释光测年和对沉积过程的指示意义》. 第四纪研究，2009，29（1）：23～33.
张建，曹志红.《清代安康地区水灾的时空分布》. 安康学院学报，2009，21（3）：86～88.
张俊民，龚子同，陈志诚，等.《湖北省过渡带的土壤类型》. 土壤，1989，21（2）：91～97.
张俊娜，夏正楷.《中原地区4ka BP前后异常洪水事件的沉积证据》. 地理学报，2011，66（5）：685～697.
张楷.《汉江上游暴雨洪水特性研究》. 灾害学，2006，21（3）：98～102.
张兰生，方修琦，任国玉，等.《我国北方农牧交错带的环境演变》. 地学前缘，1997，4（1）：127～136.
张立伟，延军平，刘阳.《咸阳气候变化及其对农作物气候生产力的影响》. 中国农业气象，2011，32（2）：250～254.
张利平，陈小凤，赵志鹏，等.《气候变化对水文水资源影响的研究进展》. 地理科学进展，2008，27（3）：60～67.
张美良，程海，林玉石，等.《贵州荔波地区2000年来石笋高分辨率的气候记录》. 沉积学报，2006，24（3）：339～348.
张美良，林玉石，朱晓燕，等.《云南宁蒗地区中全新世晚期气候变化的石笋记录》. 海洋地质与第四纪地质，2006，26（1）：35～40.
张丕远.《中国历史气候变化》. 济南：山东科学技术出版社，1996.
张丕远，葛全胜，张时煌，等.《2000年来我国旱涝气候演化的阶段性和突变》. 第四纪研究，1997，（1）：433～436.
张丕远，王铮，刘啸雷，等.《中国近2000年来气候演变的阶段性》. 中国科学（B辑），1994，24（9）：998～1008.
张强，杨达源，施雅风.《川江中坝遗址5000年来洪水事件研究》. 地理科学，2004，24（6）：715～720.
张强，张存杰，白虎志，等.《西北地区气候变化新动态及对干旱环境的影响：总体暖干化，局部出现暖湿迹象》. 干旱气象，2010，28（1）：1～7.
张荣霞，隋岩，杨秀华，等.《聊城地区气候变化对农业的影响与对策》. 中国农业气象，2010，31（增1）：40～42.
张嵩午.《汉中水稻秋封及其马尔柯夫链分析》. 西北农学院学报，1983，3（2）：49～58.
张文河，穆桂金.《烧失量测定有机质和碳酸盐的精度控制》. 干旱区地理，2007，30（3）:455～459.
张锡昌.《战时的中国经济》. 上海：科学书店，1934.
张翔，张扬，陈晓丹，等.《汉江上游流域产水产沙时空规律研究》. 南水北调与水利科技，2008，8（4）：71～74.

张永红，葛徽衍．《陕西省作物气候生产力的地理分布与变化特征》．中国农业气象，2006，27（1）：38～40.

张玉芬，李长安，陈国金，等．《江汉平原湖区周老镇钻孔磁化率和有机碳稳定同位素特征及其古气候意义》．地球科学：中国地质大学学报，2005，30（1）：114～120.

张玉芬，李长安，韩晓飞，等．《长江、汉江沉积物磁学特征比较研究》．第四纪研究，2009，29（2）：282～289.

张玉柱，黄春长，庞奖励，等．《汉江与渭河大洪水滞流沉积物性质对比分析》．水土保持学报，2012，26（1）：102～105.

张钰敏，殷淑燕．《安康地区历史时期水旱灾害与城市迁移重建研究》．水土保持通报，2012，32（6）：211～216.

张洲．《周原的环境与文化》．西安：三秦出版社，1998.

张祖陆．《鲁北平原黄河古河道初步研究》．地理学报，1990，45（4）：457～466.

章有义．《中国近代农业史资料第三辑：1927—1937》．上海：上海三联书店，1957.

赵澄林，朱筱敏．《沉积岩石学》．北京：石油工业出版社，2001.

赵春明，刘雅鸣，张金良，等．《20世纪中国水旱灾害警示录》．郑州：黄河水利出版社，2002.

赵得爱，李长安，孙习林．《江汉平原全新世埋藏古树的发现及其意义》．第四纪研究，2010，30（1）：228～229.

赵德芳，孙虎，延军平，等．《陕南汉江谷地近年气候变化及其生态环境意义》，山地学报，2005，23（3）：313～318.

赵汉光，张先恭．《东亚季风和我国夏季雨带的关系》．气象，1996，22（4）：8～12.

赵红莉，陈宁，蒋云钟，等．《汉江上游水资源时空演变及成因分析》．南水北调与水利科技，2009，7（6）：90～93.

赵景波，顾静．《关中平原全新世土壤与环境研究》．地质论评，2009，55（5）：753～760.

赵景波，黄春长．《陕西黄土高原晚更新世环境变化》．地理科学，1999，19（6）：565～569.

赵景波，马莉．《明代陕南地区洪涝灾害研究》．地球科学与环境学报，2009，31（2）：207～211.

赵景波，王长燕．《兰州黄河高漫滩沉积与洪水变化研究》．地理科学，2009，29（3）：409～414.

赵景波．《西北黄土区第四纪土壤与环境》．西安：陕西科技出版社，1994.

赵景波，张冲．《延安地区明代干旱灾害与气候变化研究》．地球科学与环境学报，2010，32（4）：430～435.

赵磊，高秀华，李栋．《滨州市旱涝灾害成因分析及防御对策》．海河水利，2005（6）：11～12.

赵明，黄春长，庞奖励，等．《北洛河中游白水段峡谷全新世特大洪水水文学研究》．自然灾害学．2011，20（5）：155～161.

赵振国.《厄尔尼诺现象对北半球大气环流和中国降水的影响》. 大气科学，1996，20（4）：422～428.

郑景云，葛全胜，方修琦，等.《基于历史文献重建的近2000年中国温度变化比较研究》，气候学报，2007，65（3）：428～439.

郑景云，葛全胜，郝志新，等.《1736～1999年西安与汉中地区年冬季平均气温序列重建》. 地理研究，2003，22（3）：343～348.

郑景云，郝志新，狄小春.《历史环境变化数据库的建设与应用》. 地理研究，2002，21（2）：146～154.

郑树伟，庞奖励，黄春长，等.《汉江上游郧县曲远河河口段全新世古洪水水文状态研究》，长江流域资源与环境，2013，22（12）：1608～1613.

中国国家博物馆编.《文物夏商周史》，北京：中华书局，2009.

中国科学院登山科学考察队.《南伽巴瓦峰地区自然地理与自然资源》. 北京：科学出版社，1996.

中国社会科学院考古研究所.《武功发掘报告——浒西庄与赵家来（崖）》. 北京：文物出版社，1988.

中国社会科学院考古研究所.《中国考古学中碳十四年代数据集（1965—1991）》. 北京：文物出版社，1991.

中国社会科学院历史研究所资料编纂组.《中国历代自然灾害及历代盛世农业政策资料》. 北京：北京农业出版社，1988.

中央气象局气象科学研究院天气气候研究所.《寒露风》. 北京：农业出版社，1980.

周芳，查小春，黄春长，等.《马莲河全新世古洪水沉积学和水文学研究》. 地理科学进展. 2011，30（9）：1081～1087.

周亮，黄春长，周亚利.《汉江上游郧西郧县段古洪水事件光释光测年及其对气候变化的响应》，地理研究，2014，33（6）：1178～1192.

周亮，黄春长，周亚利，等.《汉江上游郧县段全新世特大洪水事件光释光测年研究》. 长江流域资源与环境，2013，22（4）：517～526.

周群英，黄春长，庞奖励，等.《黄土高原褐土和黑垆土剖面中Rb和Sr分布与全新世成土环境变化》，土壤学报，2003，40（4）：490～496.

周晓红，赵景波.《关中地区1500年来洪水灾害与气候变化分析》. 干旱地区农业研究，2008，26（2）：247～250.

周秀骥，赵平，刘舸，等.《中世纪暖期、小冰期与现代东亚降水年代—百年尺度变化特征分析》. 科学通报，2011，56（25）：2060～2067.

周亚利，鹿化煜，张家富，等.《高精度光释光测年揭示的晚第四纪毛乌素和浑善达克沙地沙丘的固定与活化过程》. 中国沙漠，2005，25（3）：342～350.

周幼吾，郭东信，邱国庆，等.《中国冻土》. 北京：科学出版社，2000.

周云庵.《秦岭森林的历史变迁及其反思》. 中国历史地理论丛，1993，（1）：55～68.

朱诚，马春梅，王慧麟，等.《长江三峡库区玉溪遗址T0403探方古洪水沉积特征研究》. 科学通报，2008，53（增刊I）：1～16.

朱诚，马春梅，张文卿，等.《神农架大九湖15.753KaB.P. 以来的孢粉记录和环境演变》. 第四纪研究，2006，26（5）：814～826.

朱诚，于世永，卢春成.《长江三峡及江汉平原地区全新世环境考古与异常洪涝灾害研究》. 地理学报，1997，52（3）：268～278.

朱诚，郑朝贵，马春梅，等.《长江三峡库区中坝遗址地层古洪水沉积判别研究》. 科学通报，2005，50（20）：2240～2250.

朱凤祥，袁祖亮.《中国灾害通史》. 郑州大学出版社，2009.

朱海峰，郑永宏，邵雪梅，等.《树木年轮记录的青海乌兰地区近千年温度变化》. 科学通报，2008，53（15）：1835～1841.

朱鹤健，何宜庚.《土壤地理学》. 北京：高等教育出版社，2000.

朱利，张万昌.《基于径流模拟的汉江上游区水资源对气候变化响应的研究》. 资源科学，2005，27（2）：16～22.

朱前斌.《安康"7·18"暴雨洪水分析》. 陕西水利，2011，(4)：125～126.

朱士光.《清代黄河流域生态环境变化及其影响》. 黄河科技大学学报，2011，13（2）：17～22，29.

朱士光，王元林，呼林贵.《历史时期关中地区气候变化的初步研究》. 第四纪研究，1998，18（1）：1～11.

朱向锋，黄春长，庞奖励，等.《渭河天水峡谷全新世特大洪水水文学研究》. 地理科学进展，2010，29（7）：840～846.

朱震达.《汉江上游丹江口至白河间的河谷地貌》. 地理学报，1955，21（3）：259～270

竺可桢.《中国近 5000 年气候变迁初步研究》. 中国科学：B 辑，1973，16（2）：226～256.

竺可桢.《南宋时代气候之揣测》. 科学，1924，10（2）：151～161.

庄圣森，庄希澄，董爱红.《闽江流域特大暴雨洪水分析与探讨》. 水资源研究，2009，30（1）：14～28.

查小春，黄春长，庞奖励，等.《汉江上游郧西段全新世古洪水事件研究》. 地理学报，2012，67（5）：671～680.

查小春，黄春长，庞奖励，等.《泾河流域不同时间尺度洪水序列频率分析对比研究》. 地理科学，2009，29（6）：858～863.

查小春，黄春长，庞奖励.《关中西部漆水河全新世特大洪水与环境演变》. 地理学报，2007，62（3）：291～300.

查小春.《全球气候暖干化对秦岭南北河流径流泥沙的影响研究》. 干旱区研究，2002，19（3）：62～66.

查小春，黄春长，庞奖励，等.《泾河中游现代洪水痕迹调查对实测洪水的校核》. 水土保持通报，2009，29（3）：149～153.

三、西文文献

Baker V R. Palaeoflood hydrology in a global context. *Catena*，2006，66（1/2）.

Briffa K R. Annual climate variability in the Holocene：interpreting the message of ancient trees. *Quaternary Science Reviews*，2000，19.

Cosford J，Qing H，Eglington B et al. East Asian monsoon variability since the Mid-Holocene recorded in a high-resolution，absolute-dated aragonite speleothem from eastern China. *Earth and Planeary Science Letters*，2008，275.

Ely L L. Response of extreme floods in the southwestern United States to climatic variations in the late Holocene. *Geomorphology*，1997，19.

Frich P，Alexander L V，Della M P ，et al. Observed coherent changes in climatic extremes during the second half of the twenticth century. *Climate Research*，2002，19：193～212.

Hassan F. Nile flood discharge during the Medieval Climate Anomaly. *PAGES News*，2011，19（1）：30～31.

Haug G H ，Hughen K A，Sigman D H，et al.，Southward migration of the intertropical convergence zone through the Holocene. *Science*，2001，293：1304～1308.

Hebbeln D，Knudsen K L，Gyllencreutz R，et al. Late Holocene coastal hydro-graphic and climate changes in the eastern North Sea. *The Holocene*，2006，16（7）：987～1001.

Hong Y T，Jiang H B，Liu T S，et al. Response of climate to solar forcing recorded in a 6000-year $\delta^{18}O$ time-series of Chinese peat cellulose. *The Holocene*，2000，10：1～7.

Huang C C，Jia Y F，Pang J L，et al. Holocene colluviation and its implications for tracing-human-inducedsoil erosion and redeposition on thepiedmont loess lands of the Qinling Mountains，northern China. *Geoderma*，2006，136：838～851.

Huang C C，Pang J L，Chen S E. Charcoal records of the fire history in the Holocene loess-soil sequences over the southern Loess Plateau of China. *Palaeogeography Palaeoecology Palaeoclimatology*，2006，239：28～44.

Huang C C，Pang J L，Chen S E，et al. Holocene dust ac-cumulation and the formation of policyclic cinnam on soils in the Chinese Loess Plateau. *Earth Surface Pro-cesses and Landforms*，2003，28（12）：1259～1270.

Huang C C，Pang J L，Huang P. Anearly Holocene erosion phase on the loess tablelands in-the southern Loess Plateau of China，China. *Geomorphology*，2002，43（3/4）：209～218.

Huang C C，Pang J L，Su H X，et al. Climatic and anthropogenic impacts on soil formation in the semiarid loess table land in the middle reaches of the Yellow River，China. *Journal of Arid Environments*，2007b，71：280～298.

Huang C C，Pang J L，Su H X，et al. The ustic isohumisol（Chernozem）distributed over the China modern soil or palaeosol? *Geoderma*，2009，150：344～358.

Huang C C，Pang J L，Zha X C，et al. Extraordinary floods of 4100-4000aBP recorded at the Late-Neolithic ruins in the Jinghe River gorges，middle reach of the Yellow River，China. *Palaeogeography，Palaeoclimatology，Palaeoecology*，2010，289（3）：1～9.

Huang C C，Pang J L，Zha X C，et al. Extraordinary floods related to the climatic event at 4200aBP on the Qishuihe River，middle reaches of the Yellow River，China. *Quaternary Science Reviews*，2011，30：460～468.

Huang C C，Pang J L，Zha X C，et al. Extraordinary hydro-climatic events during the period AD

200—300 recorded by slackwater deposits in the upper Hanjiang River valley, China. *Palaeogeography, Palaeoclimatology, Palaeoecology*, 2013, 374: 274～283.

Huang C C, Pang J L, Zha X C, et al. Impact of monsoonal climatic change on Holocene overbank flooding along Sushui River, middle reach of the Yellow River, China. *Quaternary Science Reviews*, 2007a, 26 (17/18): 2247～2264.

Huang C C, Pang J L, Zhou Q Y, et al. Holocene pedogenic change and the emergence and decline of rain-fed cereal agriculture on the Chinese Loess Plateau. *Quaternary Science Reviews*, 2004, 23: 2529～2539.

Huang C C, Zhao S C, Pang J L, et al. Climatic aridityand the relocations of the Zhou Culture in the southernLoess Plateau of China. *Climatic Change*, 2003, 61 (3): 361～378.

IPCC. Report Climate Change 2007: Impacts, Adaptation, and Vulnerability. Cambridge: Cambridge University Press, 2007.

IPCC. Summary of Policymakers of Climate Change 2007. The Physical Science Basis Contribution of Working Group I to the Fourth Assessment Report of the Intergovernmental Panel on Climate Change. Cambridge, UK: Cambridge University Press, 2007.

IPCC work group Ⅰ, Scientific Assessment of Climate. IPCC supplement, Houston J. T. ED, Cambrige Cambridge University Press, 1992.

James C K. Sensitivity of modern and Holocene floods to climate change. *Quaternary Science Reviews*, 2000, 19 (1～5): 439～457.

Kale V S, Singhvi A K, Mishra P K, et al. Sediemntary records and luminescence chronology of late Holocene palaeofloods in the Luni River, The Desert, northwest India. *Catean*, 2000, 40: 337～358.

Karl T R, Knight R W. Secular trends of precipitation amount, frequency, and intensity in the USA. *Bull Amer*. Meteor. Soc, 1998, 79: 231～241.

Kaufman D S, Schneider D P, McKay N P, Ammann C M, Bradley R S, Briffa K R, Miller G H, Otto-Bliesner B L, Overpeck J T, Vinther B M. Recent warming reverses long-term arctic cooling. *Science*, 2009, 325: 1236～1239.

Knox J C. Sensitivity of modern and Holocene floods to climate change. *Quaternary Science Reviews*, 2000, 19 (1～5): 439～457.

Laird K R, Fritz S C, Cumming B F. A diatombased reconstruction of drought intensity, duration, and frequency from Moon Lake, North Dakota: a subdecadal record of the last 2300 years. *Journal of Paleolimnology*, 1998, 19: 161～179.

Lau K M, Weng H. Climate signal detection using wavelet transform: How to make a time series sing. *Bulletin of the American Meteor-ological Society*, 1995, 76: 2391～2402.

Loehle C, McCulloch H. Correction to: a 2000-year global temperature reconstruction based on non-tree ring proxies. *Energy and environment*, 2008, 19 (1): 92～100.

Meese D A, Gow A J, Grootes P, et al. The accumulation record from the GISP2 Core as an indicator of climate change throughout the Holocene. *Science*, 1994, 266: 1680～1682.

Meyers S D, Kelly B G, O'Brien J J. An introduction to wavelet analysis in oceanography and meteorology: With application to the dispersion of Yanai waves. *Monthly Weather Review*, 1993, 121: 2858～2866

MorenoA, Péreza A, Frigola J, et al. The Medieval Climate Anomaly in the Iberian Peninsula reconstructed from marine and lake records. *Quaternary Science Reviews*, 2012, 43 (8): 16～32.

O'Brien S R, Mayewski P A, Meeker L D, et al. Complexity of Holocene climate as reconstructed from a Greenland ice core. The Scientific Monthly, 1995, 270 (5244): 1962～1964.

Stone D A, Weaver A J, Zwiers F W. Trends in Canadian precipitation intensity. Atmos Ocean, 1999, 2: 321～347.

Tan M, Cai B G. Preliminary calibration of stalagmite oxygen isotopes from eastern monsoon China with northern Hemisphere temperature. *Page News*, 2005, 13 (2): 16～17.

Tewari A P, Jangpangi B S. The retreat of the snot of the Pindari Glacier. *IASH Publ*. No. 58, 1962: 245～248.

Thorndycraft V R, Benito G, RicoM A, et a. l A long-term flood discharge record derived from slackwater flood deposits of the Llobregat River, NE Spain. *Journal of Hydrology*, 2005, 313: 16～31.

Torrence C, Compo G P. A practical guide to wavelet analysis. *Bulletin of the American Meteorological Society*, 1998, 79: 61～78.

Tucker C J, Nicholsen S E. Variation in the size of the Sahara Desert from 1984—1997. *Ambio*, 1999, 28 (7): 582～591.

Wang Y J, Chan H, Edwards R L, et al. The Holocene Asian monsoon: Links to solar changes and North Atlantic climate. Science, 2005, 308: 854～857.

Yamamoto R, Sakurai Y. Long-term intensification of extremely heavy rainfall intensity in recent 100 years. *World Resource Review*, 1999, 11: 271～281.

Yancheva G, Nowaczyk N R, Mingram J et al. Influence of the intertropical connergence zone on the East Asian monsoon. *Nature*, 2007, 445: 74～77.

Yang D Y, Ge Y, Xie Y B, et al. Sedimentary records of large Holocene floods from the middle reaches of the Yellow River, China. *Geomorphology*, 2000, 33: 73～88.

Yao T D, Thompson L G. Trend and features of climatic changes in the past 5000 years recorded by the Dunde ice core, *Annals of Glaciology*, 1992, (16): 21～24.

Yin S Y, Huang C C, Li Q Y. Historical drought and water disasters in the Weihe Plain. *Journal of Geographical sciences*. 2005, 15 (1): 97～105.

Zhang H C, Ma Y Z, Wunnemann B, et al. A Holocene climatic record from arid northwestern China. *Paleogeogr Paleoclimatol Paleoecol*, 2000, 162: 389～401.

Zhang Y Z, Huang C C, Pang J L, et al. Holocene paleofloods related to climatic events in the upper reaches of the Hanjiang River valley, middle Yangtze River basin, China. *Geomorphology*, 2013, 195: 1～12.

Zha X C, Huang C C, Pang J L. Palaeofloods recorded by salckwater deposits on the

Qishuihe River in the middle reaches of the Yellow River. *Journal of Chinese Geography*, 2009, 19 (6): 681～690.

Zhu Y M, Yang X. Joint propagating patterns of SST and SLP anomalies in the North Pacific on Bidecadal and Pentadecadal Timescales. *Advances in Atmospheric Sciences*, 2000, 20 (5): 694～710.

彩图 1　汉江上游地形图

资料来源:Google 卫星地图

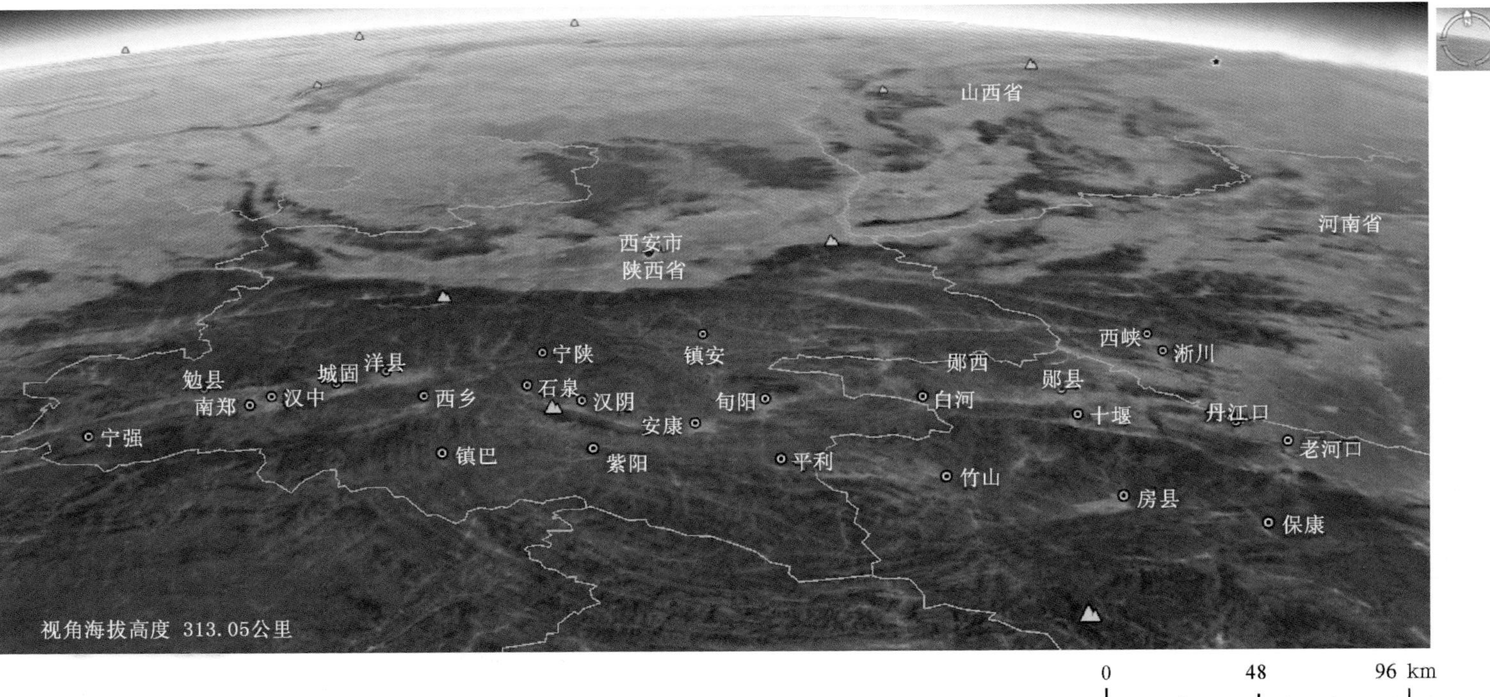

彩图 2　汉江上游遥感影像图

资料来源:Google earth 遥感影像

彩图 3　秦巴山区地理形势与交通图(蓝色粗线示汉江上游地区与外界的主要交通道路

资料来源:史念海:《河山集·四集》,西安:陕西师范大学出版社,1991 年,第 249 页,附图袋 26

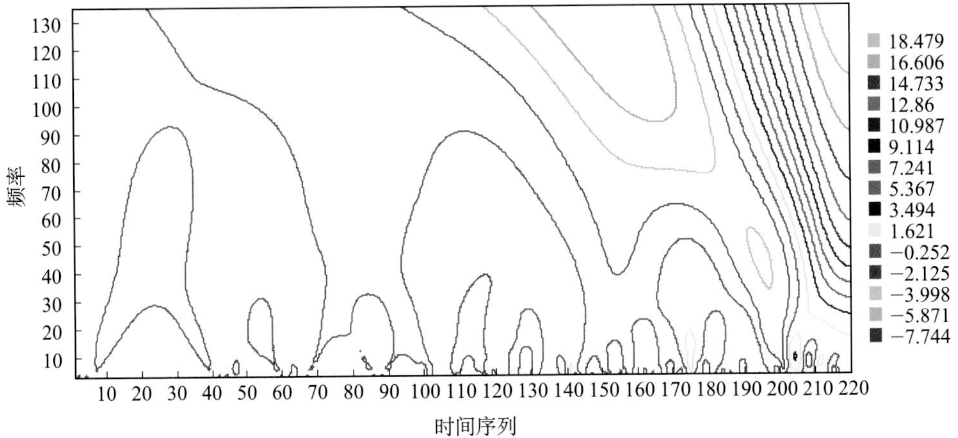

彩图 4　汉江上游地区洪涝灾害时间序列周期变化小波分析图

（公元前 208～公元 2010 年）

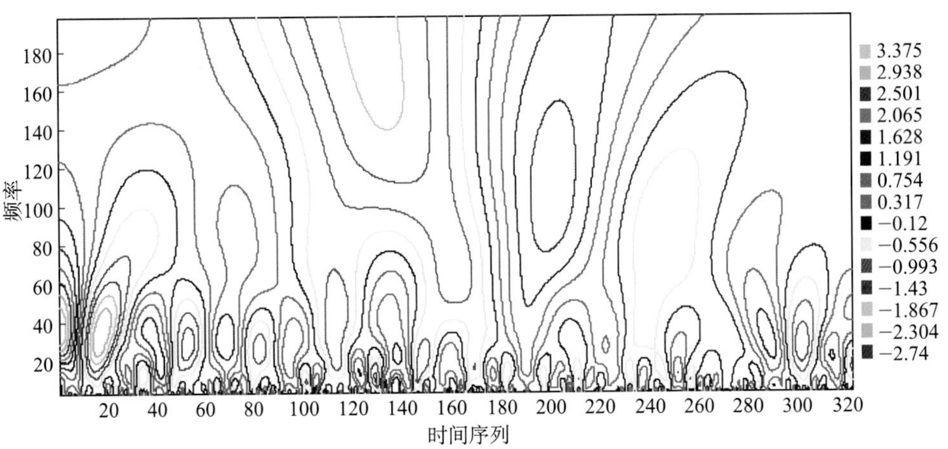

彩图 5　汉江上游地区洪涝灾害等级序列周期变化小波分析图

（公元前 208～公元 2010 年）

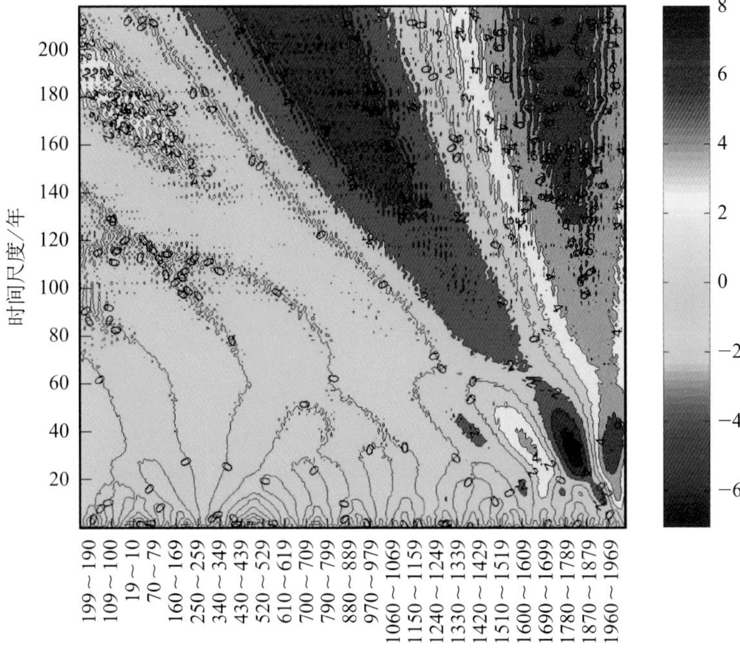

彩图 6　汉江上游地区干旱灾害时间序列周期变化
（公元前 190～公元 2010 年）

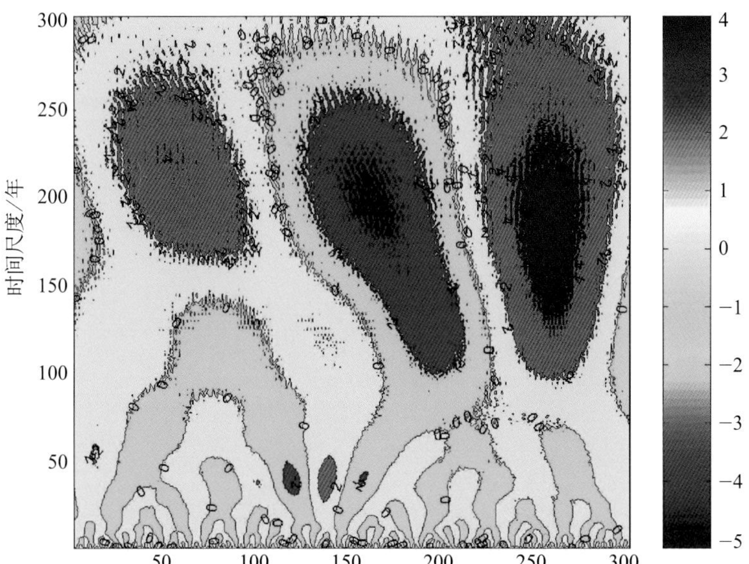

彩图 7　汉江上游地区干旱灾害等级序列周期变化
（公元前 190～公元 2010 年）

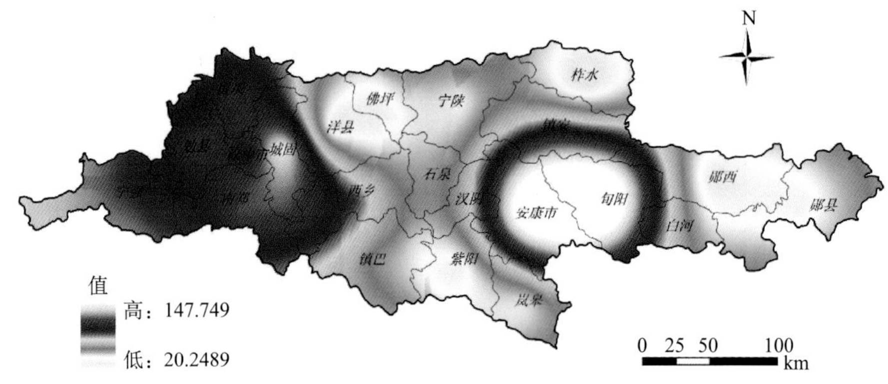

彩图 8　汉江上游地区洪涝灾害频次空间差异图

（公元前 208～公元 2010 年）

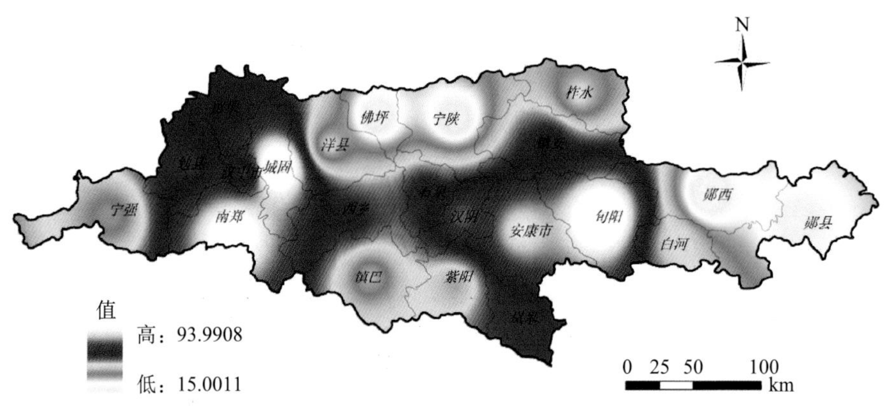

彩图 9　汉江上游地区干旱灾害频次空间差异图

（公元前 190～公元 2010 年）

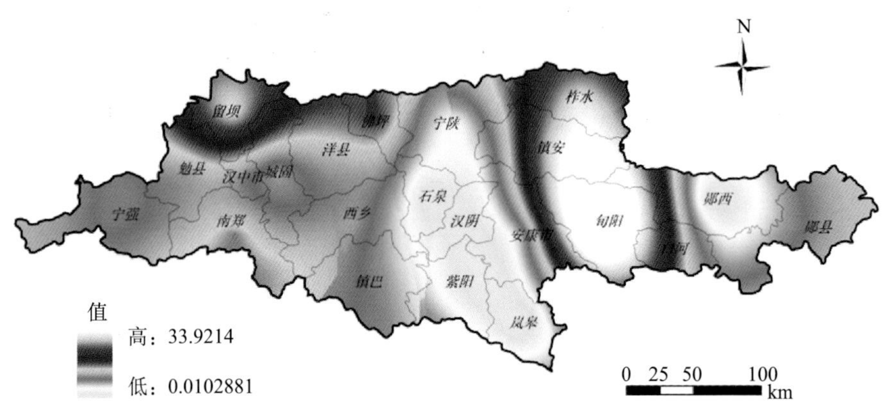

彩图 10　汉江上游地区寒冻灾害频次空间差异图

（公元前 900～公元 2010 年）

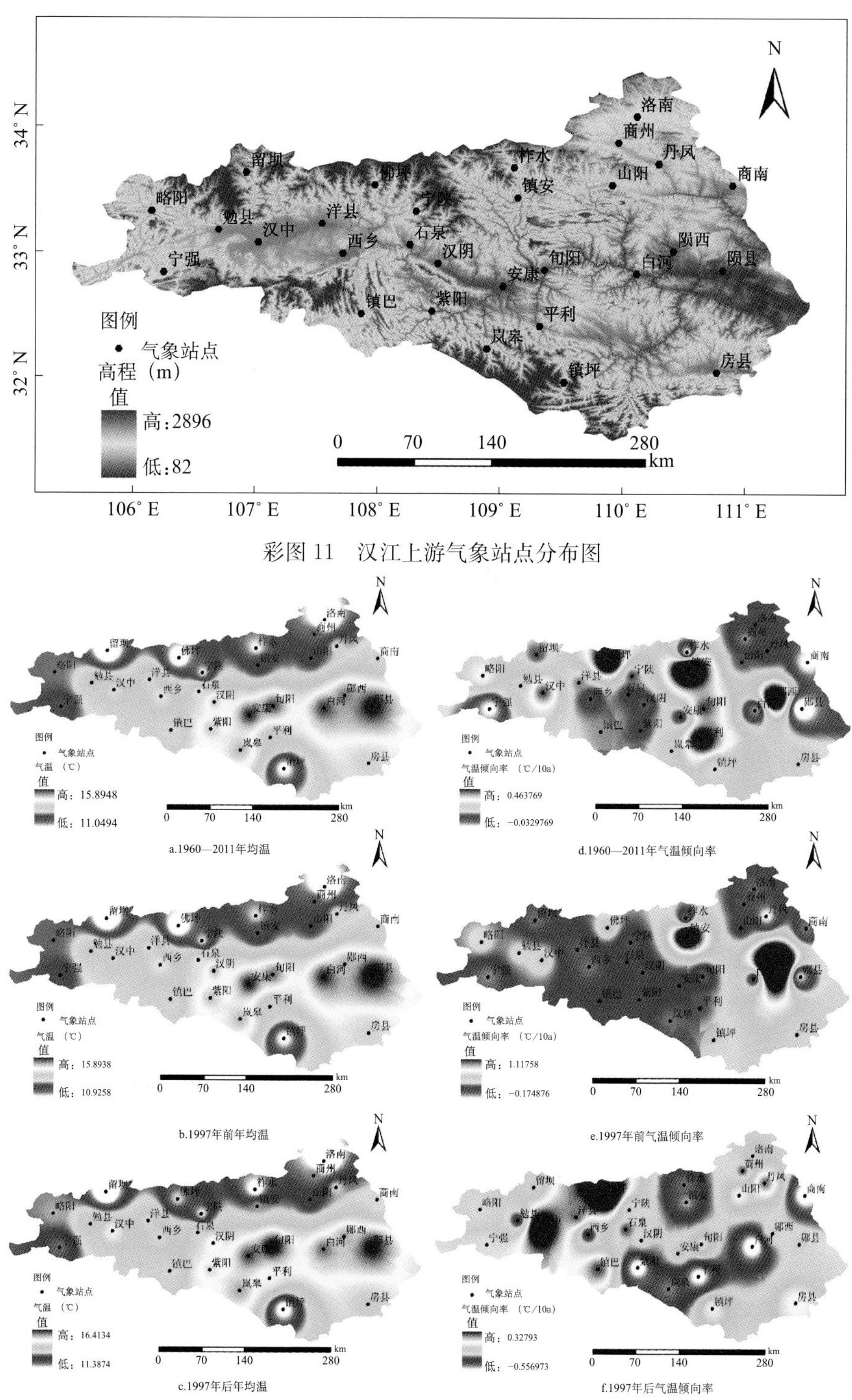

彩图 11　汉江上游气象站点分布图

彩图 12　汉江上游年平均气温年际变化的空间分布（1960～2011 年）

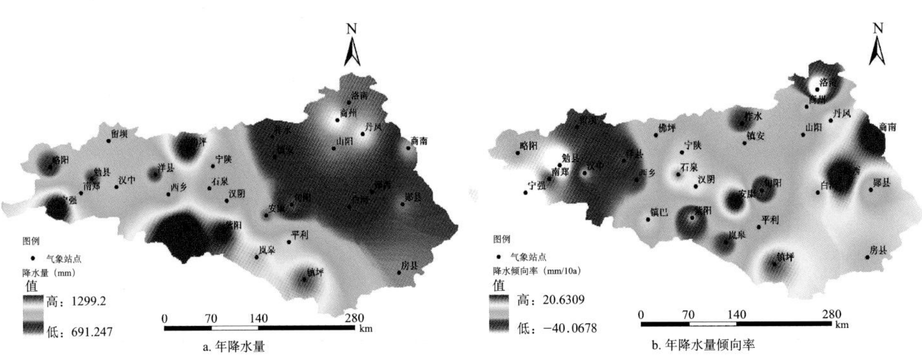

彩图 13　汉江上游年降水量（a）及倾向率（b）的空间分布（1960～2010 年）

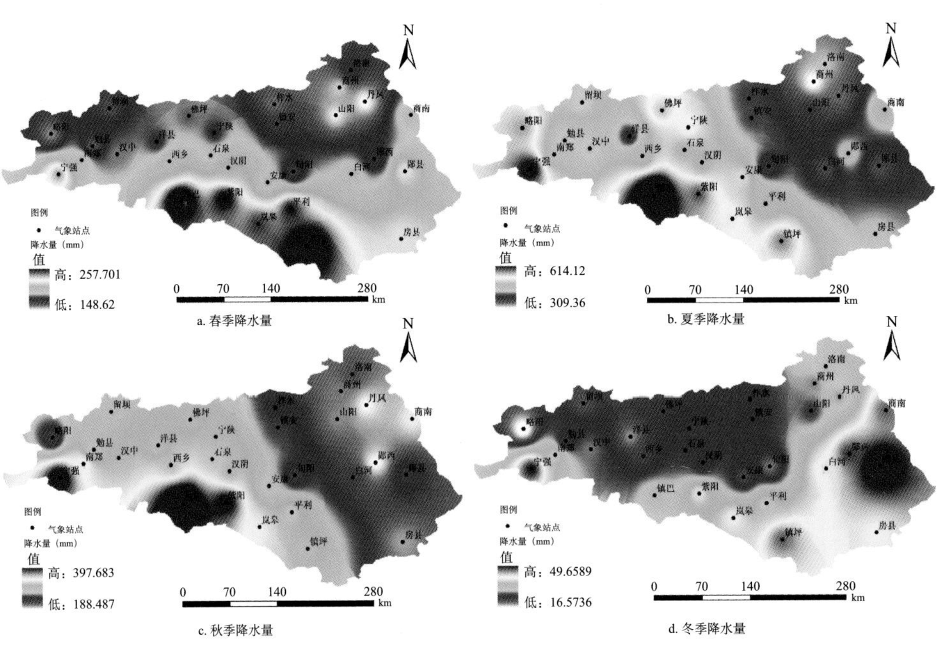

彩图 14　汉江上游季节降水量的空间分布（1960～2010 年）